新世纪计算机课程系列精品教材

计算机软件技术基础

（第2版）

主　编　李天博
副主编　陆继远　刘跃峰
　　　　刘　超　徐玲芳

东南大学出版社
·南　京·

内 容 简 介

本书共分 9 章，介绍了计算机软件技术的基础知识，主要内容包括：算法与程序设计基础、数据结构及其应用、数据库技术、操作系统、计算机网络基础、管理信息系统、软件工程以及信息安全。其中，每章都既有原理阐述又有实例介绍。

本书为计算机基础教育用书，旨在培养非计算机专业学生的计算机应用能力，可作为非计算机软、硬件相关专业的教材以及计算机等级考试和计算机资格认证考试的参考资料，也可为广大从事计算机应用工作的科技人员提供参考。

图书在版编目(CIP)数据

计算机软件技术基础 / 李天博主编—2 版.
—南京：东南大学出版社，2011.2 （2025.2 重印）
（新世纪计算机课程系列精品教材）
ISBN 978－7－5641－2637－7

Ⅰ.①计… Ⅱ.①李… Ⅲ.①软件－高等学校－教材 Ⅳ.①TP31

中国版本图书馆 CIP 数据核字(2011)第 019733 号

计算机软件技术基础(第 2 版)

出版发行	东南大学出版社
出 版 人	江建中
社 址	南京市四牌楼 2 号
邮 编	210096
经 销	江苏省新华书店
印 刷	广东虎彩云印刷有限公司
开 本	787 mm×1092 mm 1/16
印 张	21.25
字 数	530 千字
版 次	2004 年 8 月第 1 版 2011 年 2 月第 2 版
印 次	2025 年 2 月第 5 次印刷
书 号	ISBN 978 - 7 - 5641 - 2637 - 7
印 数	6001—6300
定 价	50.00 元

（凡因印装质量问题，请与我社读者服务部联系。电话：025 - 83795801）

第 2 版前言

计算机软件技术的发展日新月异，计算机软件技术也应用于生产、生活的各个方面。掌握必要的计算机软件技术基础理论知识，已经成为对高等学校理工科学生必需的基本要求。编者集多年的实际应用与教学实践，广泛收集最新资料编写了本书。

本书共分 9 章，具体内容如下：

第 1 章介绍了计算机软件技术发展及相关的基本概念。

第 2 章介绍了算法与程序设计方面的基础知识，用简洁的篇幅阐述了迭代法、递推法、递归法、穷举法、分治法、贪心法、回溯法等程序设计方法。

第 3 章介绍了数据结构的基本概念，详细阐述了线性表、栈、队列、树、图等数据结构的概念与应用，以及排序与检索。

第 4 章介绍了数据库技术的产生、发展和基本原理。阐述了数据库技术的基本概念、数据库系统结构、数据库管理系统、数据模型。讨论了关系数据库的基本原理和关系代数理论。详细介绍了关系数据库标准语言 SQL，含数据定义、查询、更新、视图等操作。简要介绍了关系模式的规范化理论和数据库设计的过程。

第 5 章介绍了操作系统的基本概念和原理，分为处理器管理、存储管理、设备管理、文件管理等几部分。

第 6 章一方面以 ISO/OSI 参考模型为背景介绍了计算机网络的基本概念、原理和设计方法；另一方面以 TCP/IP 协议族为线索详细讨论了各种常用的网络互联协议和网络应用协议，并简单讨论了网络管理。

第 7 章首先对网络信息安全的威胁与需求进行了分析，介绍了几种常用的网络安全技术；然后对网络安全技术进行了较为详细的介绍，包括防火墙技术、密码与认证技术、网络防攻击与入侵检测技术以及网络防病毒技术。

第 8 章首先介绍了管理信息系统的概念，以及管理信息系统的开发和建设策略，同时介绍了管理信息系统的发展，其中对目前比较热门的 ERP 进行了详细的分析，最后以某炼油厂的管理信息系统的建设为例，帮助大家更好地了解与掌握管理信息系统的开发与建设。

第 9 章介绍了软件危机和软件工程、软件生存周期、软件项目计划后，按照软件开发流程的顺序，依次介绍了软件需求分析、总体设计、详细设计、软件编码、软件测试和软件维护。并且介绍了面向对象的软件工程以及目前具有代表性的系统建模语言——统一建模语言 UML。

本书由李天博任主编，并统稿，第 1、第 2、第 5 章由徐玲芳编写，第 3 章由李天博编写，第 4、第 9 章由陆继远编写，第 6、第 7 章由刘跃峰编写，第 8 章由刘超编写。

由于编者水平有限，时间仓促，不足和错误之处在所难免，恳请读者批评指正。

编　者

2010 年 11 月

目　　录

1 计算机软件技术基础概论

作为20世纪最重要的技术成果之一，计算机技术在日常生活中无处不在，成为各行各业专业技术人员不可或缺的必备工具。在计算机大幅度普及与计算机网络高度发展的今天，计算机的应用已经渗透到社会、生活的各个领域，有力地推动了信息社会的发展。

1.1 计算机基础

1.1.1 计算机的发展概况

1946年第一台电子计算机问世以来，计算机科学与技术堪称迄今为止发展最快、应用面最广的一门学科。通常人们以计算机物理器件的革新为标志，把计算机的发展划分为四个重要阶段。

第一代(1946—1958)是电子管时代，计算机的主要逻辑元件是电子管，主存储器先采用延迟线，后采用磁鼓磁芯，使用磁带作为外存储器。软件方面，用机器语言和汇编语言编写程序。第一代的特点是：计算机体积庞大、运算速度低(每秒只有几千次到几万次)、成本高、可靠性差，主要用于科学计算、军事和科研等方面的工作。

第二代(1959—1964)是晶体管时代，计算机的主要逻辑元件更新为晶体管，主存储器采用磁芯，使用磁带和磁盘作为外存储器。软件方面，开始使用管理程序，在后期出现了简单的操作系统，有了FORTRAN、COBOL等高级程序设计语言。计算机应用由单纯的数值计算扩展到数据、事物处理等方面，计算机的整体性能有了较大的提高，运行速度可达每秒几十万次，体积大大缩小，在可靠性上也有较大的提高。

第三代(1965—1970)是集成电路时代，用中小规模集成电路取代分立元件，采用了半导体存储器，使用磁盘作为外存储器。软件方面，操作系统在规模与复杂性上日益完善，高级程序设计语言进一步完善和发展，出现了结构化和模块化的程序设计方法。计算机的运行速度也提高到每秒几十万次到几百万次，可靠性和存储容量进一步提高，外部设备种类繁多，计算机和通信密切结合起来，广泛地应用到科学计算、数据处理、事务管理、工业控制等领域。

第四代(1971年以后)是大规模和超大规模集成电路时代，计算机的主要逻辑元件被大规模和超大规模集成电路所取代，主存储器采用半导体存储器，外存储器采用大容量的软、硬磁盘。软件方面，操作系统不断发展和完善，同时数据库技术、通信软件也产生并得到了广泛的应用与发展。计算机的运行速度可达每秒上千万次到万亿次，计算机的存储容量和可靠性又有了很大提高，功能也更加完备。计算机的性能与外设的更新速度也不断加快。在这一时期计算机的类型除小型、中型、大型机外，开始向巨型机和微型机(个人计算机)两个方面发展。计算机逐步进入了办公室、学校和家庭。

新一代计算机，也就是第五代还处在研制阶段，人们通常认为它的产生标志与前几代有所不同，不再是物理器件的更新。人们设想，新一代的计算机应该是信息技术、高速存储技术、通信技术和人工智能相结合而构成的智能化的计算机系统。

计算机在我国的发展也日新月异，我国国防科学技术大学 1983 年研制成功"银河-Ⅰ"巨型计算机，运行速度达每秒 1 亿次；1992 年研制出巨型计算机"银河-Ⅱ"，运行速度为每秒 10 亿次；1997 年研制的"银河—Ⅲ"巨型计算机，运行速度已达到每秒 130 亿次，其系统的综合技术已达到当前国际先进水平，2010 年由国防科技大学研制的"天河一号"超级计算机，速度达千万亿次，成为全球最快的超级计算机。2002 年 9 月 28 日，中国科学院在北京宣布我国第一款商品化的通用高性能 CPU——拥有自主知识产权的"龙芯"1 号研制成功，并可大批量生产。这款首枚中国自主研发的高性能通用 CPU 芯片采用 0.18 μm 工艺制造，目前主频最高可以达到 266 MHz，填补了我国计算机行业在微处理器方面的空白。

1.1.2 计算机的特点

计算机作为一种通用的数据处理工具，它具有以下主要特点：

(1)运算速度快　如今的计算机系统的运算速度非常高，使大量的复杂的科学计算问题得以解决。

(2)计算精确度高　科学技术的发展特别是尖端科学技术的发展，需要高度精确的计算。而计算机是一部工作时不受人为因素干扰的具有高度的精确性的计算设备，这也是其精华所在，也正是如此，人们才越来越依赖计算机。

(3)具有记忆能力　计算机不仅能进行计算，还能把参加运算的数据、程序以及中间结果和最后结果保存起来，以备后用；通过编码技术还可以对各种信息(如语言、文字、图形、图像、音乐等)进行算术和逻辑运算，以及其他处理。

(4)自动操作功能　这部会"计算"的机器可以按人们事先编好的程序自动进行，不需要人工干预，从而为高度自动化奠定基础。

1.1.3 计算机的应用

计算机地出现在解放人的大脑的同时，也为许多新兴技术和新学科的发展奠定了基础。计算机应用于社会的各个领域，改变了人们的工作、学习和生活的方式，推动着社会的发展。通常，人们将计算机的应用归纳为以下几个方面：

(1)科学研究与计算　这是计算机最初的最基本的应用。计算机开始就是为解决科学研究和工程设计中遇到的大量数学问题的数值计算而研制的计算工具。随着现代科学技术的进一步发展，数值计算在现代科学研究中的地位不断提高，同时在尖端科学领域中显得尤为重要。

(2)数据处理　在科学研究和工程技术中，会得到大量的原始数据，其中包括大量图片、文字、声音等信息处理，数据处理就是对数据进行收集、分类、排序、存储、计算、传输等操作。数据处理也被称为信息处理，信息处理已成为当代计算机的主要任务，是现代化管理的基础。

(3)生产过程控制　是指通过计算机对某一过程进行自动操作，不需人工干预，能按人预定的目标和预定的状态进行过程控制，主要用于制造业。这里的过程控制是对工作现场的各种信息与数据实时采集、检测、处理和判断，由工业计算机按最佳值进行调节的过程。

(4)计算机辅助功能　常见的有计算机辅助设计(Computer Aided Design，CAD)、计算机辅助制造(Computer Aided Manufacturing，CAM)、计算机辅助测试(Computer Aided

Test,CAT)、计算机集成制造系统(Computer Integrated Manufacturing System,CIMS),以及计算机辅助教学(Computer Aided Instruction,CAI)等。

(5)人工智能(Artificial Intelligence,AI) 是指计算机模拟人类某些智力行为的理论、技术和应用。机器人是计算机人工智能的典型例子。

(6)多媒体技术应用 随着电子技术特别是通信和计算机技术的发展,人们已经有能力把文本、音频、视频、动画、图形和图像等各种信息综合起来,构成一种全新的概念——“多媒体(Multimedia)”,在医疗、教育、商业、银行、保险、行政管理、军事、工业、广播和出版等诸多领域中广泛应用。

随着网络技术的发展,计算机的应用进一步深入到社会的各行各业,计算机应用的各个方面也相互融合、相互渗透。总之,计算机的广泛应用将推动信息社会更快地向前发展。

1.2 计算机系统

1.2.1 计算机系统

对于系统,通常要从整体性、层次性和适应性等几个方面来考虑。一般认为计算机系统由硬件系统和软件系统两大部分组成。

所谓硬件(Hardware),指计算机的物理存在,包括计算机的物理设备本身及其各种物理外设。软件(Software),是指计算机程序、方法、规则的文档以及在计算机运行它时所需数据的集合。通常提到“计算机”,应当是指包含有硬件系统和软件系统的计算机系统。

计算机的基本组成结构是由冯·诺依曼提出的,称之为冯·诺依曼原理。他认为计算机应当由运算器、控制器、存储器、输入设备和输出设备五个基本部分组成,也称计算机的五大部件。具体结构与数据流如图 1-2-1 所示。

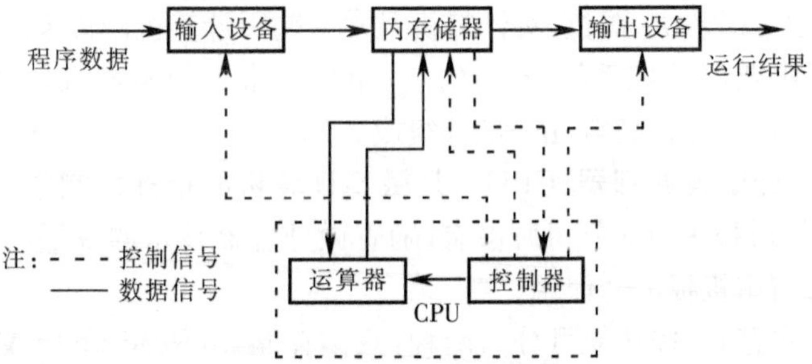

图 1-2-1 计算机基本结构

(1)运算器 即算术逻辑单元(Arithmetic Logic Unit,ALU),是计算机对数据进行加工处理的部件,其主要功能是对二进制数码进行加、减、乘、除等算术运算和与、或、非等逻辑运算。运算器在控制器的控制下工作,运算结果由控制器指挥输入、输出或存储。

(2)控制器 控制器主要由指令寄存器、译码器、程序计数器和操作控制器等组成,用来控制计算机各部件协调工作,并使整个处理过程有条不紊地进行。其基本功能就是从内存中取指令和执行指令,即控制器按程序计数器的指令地址从内存中取出该指令进行译码,然后根据该指令功能向有关部件发出控制命令,执行该指令。另外,控制器在工作过程中,还要接受各部件反馈回来的信息。

(3)存储器　存储器具有记忆功能,用来保存信息,如数据、指令和运算结果等。存储器可分为内存储器与外存储器两种。

① 内存储器(又称内存或主存)　可直接与 CPU 进行数据交换,一般容量较小、速度快,用来存放当前运行程序的指令和数据。内存由许多存储单元组成,每个单元能存放一个二进制数,或一条由二进制编码表示的指令。存储器的存储容量以字节(Byte)为基本单位,每个字节都拥有其唯一的编号,为"地址",以便实现对存储器中信息的按地址读写。

为了度量数据存储容量,将 8 位二进制码(8 Bits)称为 1 个字节(Byte)。字节是计算机中数据处理和存储容量的基本单位。1 024 个字节称为 1 K 字节,1 024 K 个字节称 1 兆字节(1 MB),1 024 M 个字节称为 1 吉字节(1 GB),1 024 G 个字节称为 1 太字节(1 TB)。

② 外存储器(又称外存或辅存)　它是内存容量的扩充,一般容量大、价格低,但存储速度稍慢,一般用来存放大量暂时不用的程序、数据和中间结果,需要时,可成批地和内存储器进行信息交换。外存只能与内存交换信息,不能被计算机系统的其他部件直接访问。常用的外存有磁盘、磁带、光盘,以及一些移动存储设备等。

(4)输入/输出设备　输入/输出设备简称 I/O(Input/Output)设备。用户通过输入设备将程序和数据输入计算机,输出设备将计算机处理的结果(如数字、字母、符号和图形)显示或打印出来。常用的输入设备有:键盘、鼠标器、扫描仪、数字化仪等。常用的输出设备有:显示器、打印机、绘图仪等。

通常运算器和控制器被集成在一起称为中央处理器,又称 CPU(Central Processing Unit)。我们常说的计算机主机是由 CPU、内存储器及其他组件组成的,而主机以外的装置称为外设,外设包括 I/O 设备、外存储器等。

1.2.2　常用微型计算机中的硬件资源

计算机作为一种新型家电已经以不可逆转的步伐走进我们的生活。在我国有着庞大的兼容机市场,我们常常说装机、攒机、买计算机通常是购买计算机硬件系统资源,然后再根据自己的需求配置所需要的软件系统或资源。就市场上常见的兼容机,一般由微处理器、内存、外存、主机板、基本 I/O 设备等几个部分组成。

(1)微处理器　即中央处理器(CPU),是微型计算机的指挥控制中心。目前微处理器市场基本被 Intel 公司和 AMD 公司所占有,随着微处理器技术的发展,其频率会被不断提高。微处理器通常与主机板配套使用。

(2)内存储器(主存)　按功能可分为两种:只读存储器(Read Only Memory,ROM)和随机(存取)存储器(Random Access Memory,RAM)。通常所说的内存是指 RAM,常见的配置为 64 MB、128 MB,甚至更高。另外,随着微机 CPU 工作频率的不断提高,RAM 的读写速度相对较慢,为解决内存速度与 CPU 速度不匹配,从而影响系统运行速度的问题,在 CPU 与内存之间设计了一个容量较小(相对主存)但速度较快的高速缓冲存储器(Cache),简称快存。

(3)外存储器　又称辅助存储器。外存主要由磁表面存储器、半导体存储器和光盘存储器等组成。磁表面存储器可分为磁盘、磁带两大类。磁盘有软盘和硬盘的区分。

软磁盘存储器(Floppy Disk)简称软盘。按尺寸可分为 3.5 in (1 in=2.54 cm)(1.44 MB)和5.25 in(1.2 MB)两种。软盘和软盘驱动器是一个使用率和故障率都很高的部件。在使用软盘时要特别注意:不要触摸裸露的盘面;不要用重物压片;不要弯曲或折断盘片;远离强磁场;防止阳光照射。

硬磁盘存储器(Hard Disk)简称硬盘。硬盘是由涂有磁性材料的合金圆盘组成,是微机系统的主要外存储器(或称辅存)。硬盘按盘径大小可分为3.5 in、2.5 in、1.8 in等。目前大多数微机上使用的硬盘是3.5 in的。硬盘有一个重要的性能指标是存取速度,影响存取速度的因素有:平均寻道时间、数据传输率、盘片的旋转速度和缓冲存储器容量等。一般来说,转速越高的硬磁盘寻道的时间越短,而且数据传输率也越高。

磁带存储器,也称为顺序存取存储器(Sequential Access Memory,SAM),即磁带上的文件依次存放。磁带存储器存储容量很大,但查找速度慢,在微型计算机上一般用做后备存储装置,以便在硬盘发生故障时,恢复系统和数据。

光盘存储器(Optical Disk)是一种利用激光技术存储信息的装置。目前用于计算机系统的光盘有三类:只读型光盘、一次写入型光盘和可擦写型光盘。

以上介绍的外存的存储介质,都必须通过机电装置才能进行信息的存取操作,这些机电装置为驱动器,例如软盘驱动器(软盘片插在驱动器中读写)、硬盘驱动器、磁带驱动器和光盘驱动器等。随着大规模集成电路的发展与元器件成本的降低,USB存储器(简称U盘)也因其大容量、小巧、方便,应用日益广泛,是目前比较常用的半导体存储设备。软盘、磁带等存储设备已经被淘汰了。

(4)基本I/O设备　常用的包括键盘、鼠标、显示器、打印机等。

键盘(Keyboard)是用户与计算机进行交流的主要工具,是计算机最重要的输入设备,也是微型计算机必不可少的外部设备。键盘通常由三部分组成:主键盘、小键盘、功能键。

鼠标(Mouse)也是微机上的一种常用的输入设备。目前常用的鼠标有机械式和光电式两类。

显示器(Monitor)是微型计算机不可缺少的输出设备。显示器是用光栅来显示输出内容的,光栅的像素应越小越好,光栅的密度越高,即单位面积的像素越多,分辨率越高,显示的字符或图形也就越清晰细腻。常用的分辨率有:640×480、800×600、1 024 ×768、1 280 ×1 024等。像素色度的浓淡变化称为灰度。显示器按输出色彩可分为单色显示器和彩色显示器两大类;按其显示器件可分为阴极射线管(CRT)显示器和液晶(LCD)显示器;按其显示器屏幕的对角线尺寸可分为14 in、15 in、17 in和21 in等几种。分辨率、彩色数目及屏幕尺寸是显示器的主要指标。显示器必须配置正确的适配器(显示卡),才能构成完整的显示系统。

打印机(Printer)是计算机产生硬拷贝输出的一种设备,提供用户保存计算机处理的结果。打印机的种类很多,按工作原理可分为击打式打印机和非击打式打印机。目前微机系统中常用的针式打印机(又称点阵打印机)属于击打式打印机;喷墨打印机和激光打印机属于非击打式打印机。

1.3 计算机软件及其发展

1.3.1 计算机软件的基本概念

计算机系统是由软件系统和硬件系统两大部分构成,配置再高、再好的硬件系统,若没有合适的软件支持,也不能发挥其功能。

软件(Software),是指计算机程序、方法、规则的文档以及在计算机运行它时所需数据的集合。计算机的软件系统可以分为系统软件和应用软件两大部分。其中,系统软件是控制和协调微机及其外设、支持应用软件的开发和运行的软件系统,通常包括操作系统、编译程序、系统服务诊断程序、语言处理程序、数据库管理系统和网络通信系统等。应用软件种类繁多,涉及社会生产、生活的各个领域,直接服务于用户,一般被分为两大类,即专用软件和通用软件,前者是为特定需要开发的实用程序,后者是为广大计算机用户服务的通用软件工具。

相对于硬件产品,软件一般具有如下特点:

(1)软件是一种逻辑的产品　软件是无形的,是脑力劳动的结晶;软件产品是以程序和文档的形式存在,通过在计算机硬件中运行来体现它的作用。

(2)软件产品的质量体现方式不同　硬件产品一旦过时就成为废品,只能被抛弃;而软件产品只有在实际问题求解过程被证实是可行的,且被用户所接受,才能成为产品,也才有存在的价值。软件在质量保证方面比硬件具有更大的灵活性。

(3)软件产品的成本构成不同　硬件产品的成本构成以有形物质为主,软件产品的成本构成中人力资源占有相当的比重。在软件产品的生命周期中,设计、生产只占很小比重,而维护却占了很大比重。

(4)软件产品的生命周期和失败曲线不同　对于软件而言,不存在折旧和磨损问题,如果需要的话可以永远使用下去。当开发过程中的错误被纠正后,其故障率便下降到一定的水平并保持相对稳定,直到该软件废弃不用。

(5)软件产品的静态和动态属性　软件是由程序和相关文档资料组成的。程序是求解某个特定问题的算法和数据结构的代码集合,它具有双重属性:一方面,它是求解客观问题的逻辑描述,是供阅读和交流的,它的表示是静态的;另一方面,程序最终是通过运行去执行特定的操作和数据处理,它又具有极其复杂和丰富内涵的动态属性。程序的双重属性决定了判别程序正确与否也要有双重标准。

1.3.2　软件的发展和软件危机

在计算机技术发展的不同阶段,对软件的认识是不尽相同的。目前世界各发达国家都把计算机软件技术列为国家发展的关键技术。

1)软件的发展

自从1946年第一台计算机问世以来,就有了程序的概念,而程序就是软件的前身。伴随着计算机技术的发展,软件的发展经历了程序设计、软件和软件工程三个时代。

(1)程序设计时代(1946—1955)　这个时代的计算机硬件的特点是:逻辑电路由电子管组成,计算机内存容量小,运行速度慢,外部设备少,系统稳定性很差。这一时期人们只关心硬件的性能和指标;系统设计与实现是以硬件为中心,而不关心程序设计,编程处于从属地位。这时只有程序和程序设计的概念,程序设计的工具是机器语言、汇编语言及服务性程序。

(2)软件时代(1955—1970)　这一时期的硬件已广泛采用晶体管和小规模集成电路,计算机内存容量增大,运算速度加快,外部设备较为齐全,运行稳定性高;计算机产量急剧上升,销售额爆炸性增长,程序员需求量猛增,造成软件人员奇缺。这时已提出软件概念,软件工具已使用第二代语言,如FORTRAN、ALGOL、COBOL等编译系统。操作系统实用化,数据库处于试验阶段;生产方式已进入作坊式的小集团合作方式。

(3)软件工程时代(1970—至今)　在 20 世纪 60 年代中后期,传统的软件开发方法不能适应大型软件的生产,导致软件危机。人们想到用工程化的方法来生产软件,把注意力集中到软件开发的方法、技术和原理上。从此软件生产开始进入软件工程时代。

表 1-3-1 所示为软件发展的三个时代与特点的比较。

表 1-3-1　计算机软件发展的三个时代及其特点

特　点	程序设计	软　件	软件工程
软件含义	程　序	程序及说明书	程序、文档及数据
程序设计语言	汇编及机器语言	高级语言	软件语言:包括需求定义、软件功能、软件设计、程序设计语言等
软件工作范围	程序编写	程序设计和测试	软件生存周期各阶段任务
需求者	程序设计者本人	少数用户	市场用户
开发软件的组织	个人	开发小组	开发小组及大、中型软件开发机构
软件规模	小型	中、小型	大、中、小型
决定质量的因素	个人程序设计技术	开发小组技术水平	管理水平
开发技术和手段	程序、标准子程序库	结构化程序设计方法	数据库、开发工具、环境、网络和分布式开发技术,面向对象程序设计技术等
维护责任者	程序设计者	开发小组	专职维护人员
硬件特征	速度慢、内存小、可靠性、稳定性差	速度快、内存大、可靠性、稳定性有明显提高	向超高速、大容量、微型化及网络化方向发展
软件特征	完全不受重视	软件技术发展不能满足需求,出现软件危机	开发技术有进步,但未获得突破性进展,未完全摆脱软件危机
应用范围	科学计算	数值、非数值应用	各个领域的应用

在软件工程时代,人们的注意力集中到软件设计方面,提出新的程序设计方法,如自顶向下、逐步求精的结构程序设计方法,模块化设计方法等,这些方法被称为首批原理,即第一代软件技术;在 1972～1975 年,随着软件生存周期模型的提出,人们把注意力集中到软件测试方面,提出了若干新的软件测试技术、测试方法、测试原理以及软件确认和验证的理论,被称为第二代软件技术;1976～1980 年开始提出了若干处理需求定义方面的技术,即为第三代软件技术;20 世纪 80 年代后,人们开始把软件工程各阶段的工具集成到一起,形成集成

软件开发环境，更有效地支持软件开发的工程化，使软件产品质量和可靠性得到提高。

2)软件危机

如今的计算机硬件发展已进入一个新的历史阶段。硬件产品更新换代的周期已大大缩短，质量越来越稳定可靠，产品已形成系列化、标准化，硬件产品的生产采用了最高精尖的现代化工具和手段，自动成批生产，“即插即用”已不再是宣传口号，“信息唾手可得”已经成为现实。与此同时，计算机软件成本却在逐年上升，质量没有可靠的保证，软件开发的生产率也远远跟不上普及计算机应用的要求。软件已经成为限制计算机发展的关键因素。

社会对计算机应用的需求已远远超过现阶段计算机技术所能求解和处理的问题规模和领域。软件系统规模越来越庞大，越来越复杂，生产难度和生产成本越来越高。随着计算机应用的日益普及，软件数量急剧膨胀。在程序运行时发现的错误必须设法改正；用户有了新的需求时必须相应的修改程序；硬件或操作系统更新时，通常需要修改程序以适应新的环境。上述种种软件维护工作，以令人吃惊的比例耗费资源。更严重的是，许多程序的个体化特性使得它们最终成为不可维护的。

社会的大需求、生产的高成本、生产过程的高度复杂、生产效率的低下等多个因素构成软件生产的恶性循环，由此产生软件危机。

软件危机是指在计算机软件的开发和维护过程中所遇到的一系列严重问题。具体地说，软件危机主要体现如下：

(1)软件开发进度难以预测。

(2)软件开发成本难以控制。

(3)用户对软件产品的功能难以满足。

(4)软件产品的质量无法保证，系统中的错误难以消除。软件是逻辑产品，质量问题很难以统一的标准度量，因而造成质量控制困难。软件产品并不是没有错误，而是盲目检测很难发现错误，而隐藏下来的错误往往是造成重大事故的隐患。

(5)软件产品难以维护。软件产品本质上是开发人员的代码化的逻辑思维活动，他人是难以替代的。即便是开发者本人，也很难及时检测、排除系统故障。为使系统适应新的硬件环境，或根据用户的需要在原系统中增加一些新的功能，又可能增加系统中的错误；

(6)软件通常缺少适当的文档资料。计算机软件是程序和相关文档资料的统称，是软件必不可少的重要组成部分。实际上，软件的文档资料是开发组织和用户之间的权利和义务的合同书，是系统管理者、总体设计者向开发人员下达的任务书，是系统维护人员的技术指导手册，是用户的操作说明书。缺乏必要的文档资料或者文档资料不合格，将给软件开发和维护带来许多严重的困难和问题。

(7)软件开发效率低下，难以满足社会需求的增长率。软件产品“供不应求”的现象导致计算机硬件的巨大潜力得不到充分利用。

当然，软件危机的表现还远不止这些。如今，业界人士已达成共识，只有彻底解决软件危机，才能从根本上提高软件开发的生产率，才能真正满足信息化、数字化、网络化社会对计算机应用的需求。

3)解决软件危机的途径

经过长期的研究和探索，人们在经历了从不重视软件而吃尽了苦头到重新认识软件的本质、深入了解软件的内在规律、研究软件开发的技术与方法的根本转变后，开始找出解决软件危机的途径。

解决软件危机要从组织管理措施和技术方法措施两个方面综合考虑。

软件开发不是某种个体劳动的神秘技巧，而应该是一种组织良好、管理严密、各类人员协同配合、共同完成的工程项目。软件生产也必须采用现代化、社会化的组织管理方式，必须充分吸取和借鉴人类长期以来从事各种工程项目所积累的行之有效的原理、概念、技术和方法，特别要吸取几十年来人类从事计算机硬件研究和开发的经验教训。

组织管理方式现代化还必须和生产技术和方法改进提高相结合。应该推广使用在实践中总结出来的成功的开发软件的技术和方法，并且研究探索更好更有效的技术和方法。应该开发和使用更好的软件工具。正如机械工具可以“放大”人类的体力一样，软件工具可以“放大”人类的智力。在软件开发的每个阶段都有许多繁琐重复的工作需要做，在适当的软件工具辅助下，开发人员可以把这类工作做得既快又好。如果把各个阶段使用的软件工具有机地集合成一个整体，支持软件开发的全过程，则称为软件工程支撑环境。

总之，为了解决软件危机，既要有技术措施（方法和工具），又要有必要的组织管理措施。软件工程正是从管理和技术两方面研究如何更好地开发和维护计算机软件的一门新兴的工程学科。

1.3.3 微型计算机的软件配置

应用软件是指计算机用户为某一特定应用而开发的软件。对于微机软件的基本配置，现介绍如下：

1)操作系统 OS(Operating System)

操作系统是最基本、最重要的系统软件。它负责管理计算机系统的全部软件资源和硬件资源，合理地组织计算机各部分协调工作，为用户提供操作和编程界面。随着计算机技术的迅速发展和计算机的广泛应用，用户对操作系统的功能、应用环境、使用方式不断提出了新的要求，因而逐步形成了不同类型的操作系统。任何一套计算机，都必须在操作系统的支持下才能运行。当前，常用的微机配置的操作系统有 Windows、Linux 等。

2)程序设计语言

人和计算机交流信息使用的语言称为计算机语言或称程序设计语言。计算机语言通常分为机器语言、汇编语言和高级语言三类。

(1) 机器语言(Machine Language)　机器语言是一种用二进制代码“0”和“1”形式表示的，能被计算机直接识别和执行的语言。用机器语言编写的程序，称为计算机机器语言程序。它是一种低级语言，用机器语言编写的程序不便于记忆、阅读和书写。通常不用机器语言直接编写程序。

(2) 汇编语言(Assemble Language)　汇编语言是一种用助记符表示的面向机器的程序设计语言。汇编语言的每条指令对应一条机器语言代码，不同类型的计算机系统一般有不同的汇编语言。用汇编语言编制的程序称为汇编语言程序，机器不能直接识别和执行，必须由“汇编程序”（或“汇编系统”）翻译成机器语言程序才能运行。这种“汇编程序”就是汇编语言的翻译程序。汇编语言适用于编写直接控制机器操作的低层程序，它与机器密切相关。

(3) 高级语言(High Level Language)　高级语言是一种比较接近自然语言和数学表达式的一种计算机程序设计语言。一般用高级语言编写的程序称为“源程序”，计算机不能识别和执行，将源程序翻译成机器指令，通常有编译和解释两种方式。编译方式是将源程序整个编译成目标程序，然后通过链接程序将目标程序链接成可执行程序。解释方式是将源程序逐句翻译，翻译一句执行一句，边翻译边执行，不产生目标程序。

常见的高级语言程序有：

• BASIC 语言是一种简单易学的计算机高级语言。尤其是 Visual Basic 语言，具有很强的可视化设计功能。给用户在 Windows 环境下开发软件带来了方便，是重要的多媒体编程工具语言。

• FORTRAN 是一种适合科学和工程设计计算的语言，它具有大量的工程设计计算程序库。

• PASCAL 语言是结构化程序设计语言，适用于教学、科学计算、数据处理和系统软件的开发。在 Windows 环境下，发展为 Delphi，其可视化设计功能，不逊于任何其他的程序设计语言。

• C 语言是一种具有很高灵活性的高级语言，适用于系统软件、数值计算、数据处理等，使用非常广泛。目前，常用的有 Turbo C、Visual C＋＋、C＋＋ Builder 等。

• JAVA 语言是近几年发展起来的一种新型的高级语言。它简单、安全、可移植性强。JAVA 适用于网络环境的编程，多用于交互式多媒体应用。

3)数据库管理系统

数据库管理系统(Database Management System，DBMS)的作用是管理数据库，有效地进行数据存储、共享和处理的工具。目前，微机系统常用的单机数据库管理系统有 DBASE、FoxBase、Visual FoxPro、Power Builder 等，适合于网络环境的大型数据库管理系统有 Sybase、Oracle、DB2、SQL Server 等。当今数据库管理系统主要用于档案管理、财务管理、图书资料管理、仓库管理、人事管理等数据处理。

4)网络应用与管理软件

随着计算机网络的飞速发展，网络的信息共享优势与海量信息存储功能，使得人们对计算机网络的依赖也越来越强，从而出现 了许多网络应用与管理软件。这类软件种类繁多，涉及工作、学习、生活和娱乐等各个方面。

5)应用软件

(1)文字处理软件　文字处理软件主要用于用户对输入到计算机的文字进行编辑并能将输入的文字以多种字形、字体及格式打印出来。目前常用的文字处理软件有 Microsoft Word、WPS 等。

(2) 表格处理软件　表格处理软件是根据用户的要求处理各式各样的表格并存盘打印出来。目前常用的表格处理软件有 Microsoft Excel 等。

(3) 实时控制软件　用于生产过程自动控制的计算机一般都是实时控制的。它对计算机的速度要求不高但对可靠性要求很高。用于控制的计算机，其输入信息往往是电压、温度、压力、流量等模拟量，将模拟量转换成数字量后计算机才能进行处理或计算。这类软件一般统称为监察控制和数据采集(Supervisory Control And Data Acquisition，SCADA)软件。目前 PC 机上流行的 SCADA 软件有 FIX、INTOUCH、LOOKOUT 等。

当然，由于人们对计算机应用的要求不同，所以对计算机软件的需求也不尽相同。

1.4　多媒体计算机

1.4.1　多媒体的基本概念

1)媒体与多媒体技术

我们所看到的报纸、杂志、电影、电视等，都是以各自的媒体传播信息的，例如，报纸、杂志是以文字、图形等作为媒体；电影电视是以文字、声音、图形、图像作为媒体。如今，媒体在计算机领域有了新的含义，表现在两个方面：一是指用以存储信息的实体，如磁带、磁盘、光盘和半导体存储器；另一种是指多媒体技术中的媒体，即指信息载体，如文本、声频、视频、图形、图像、动画等。

多媒体技术是指利用计算机技术把各种信息媒体综合一体化，使它们建立起逻辑联系，并进行加工处理的技术。所谓“加工处理”主要是指对这些媒体的录入及对信息进行压缩和解压缩、存储、显示、传输等。

2)多媒体技术的特性

多媒体技术具有以下五种特性：

(1) 多样性　指计算机所能处理的信息从最初的数值、文字、图形扩展到声音和视频信息(运动图像)。视频信息的处理是多媒体技术的核心。

(2) 集成性　是指将多媒体信息有机地组织在一起，综合表达某个完整内容。

(3) 交互性　是指提供人们多种交互控制能力，使人们获取信息和使用信息，变被动为主动。交互性是多媒体技术的关键特征。

(4) 实时性　多媒体技术需要同时处理声音、文字、图像等多种信息，其中声音和视频图像还要求实时处理。因此，还需要能支持对多媒体信息进行实时处理的操作系统。

(5) 数字化　是指多媒体中的各个单媒体都是以数字形式存放在计算机中。多媒体技术包括数字信号的处理技术、音频和视频技术、多媒体计算机系统(硬件和软件)技术、多媒体通信技术等。

1.4.2　多媒体计算机系统

多媒体计算机系统是指能对多媒体信息进行获取、编辑、存取、处理、加工和输出的一种交互性的计算机系统。多媒体计算机系统一般由多媒体计算机硬件系统和多媒体计算机软件系统组成。多媒体计算机硬件系统包括多媒体计算机(如个人机、工作站、超级微机等)、多媒体输入/输出设备(如打印机、绘图仪、音响、电视机、录像机、录音机、喇叭、高分辨率屏幕等)、多媒体存储设备(如硬盘、光盘、声像磁带等)、多媒体功能卡(视频卡、声音卡、压缩卡、加电控制卡、通信卡)、操纵控制设备(如鼠标、键盘、操纵杆、触摸屏等)等装置组成。

多媒体计算机软件系统包括支持多媒体功能的操作系统(如 Windows、Linux 等)、多媒体数据开发软件、多媒体压缩/解压缩软件、多媒体声像同步软件、多媒体通信软件、各种多媒体应用软件等组成。

如今的家用个人计算机系统，都是一个简单的多媒体系统。

1.4.3　多媒体技术的应用

随着多媒体技术的不断进步和发展，多媒体技术的应用领域已十分广泛，它不仅覆盖了计算机的绝大部分应用领域，同时还开拓了新的应用领域。例如，教育与训练、演示系统、咨询服务、信息管理、宣传广告、电子出版物、游戏与娱乐、广播电视、通信等领域。随着计算机网络技术和多媒体技术的发展，可视电话、视频会议系统将为人们提供更全面的信息服务。利用 CD -ROM 大容量的存储空间与多媒体声像功能的结合还可以提供百科全书、旅游指南系统、地图系统等电子工具和电子出版物。多媒体电子邮件、电脑购物等都是多媒体技术在信息领域中的应用。

多媒体技术的应用将会渗透进每一个信息领域，使传统信息领域的面貌发生根本的变化。

习　题　1

1-1　简述计算机发展的几个阶段及各阶段的特点。

1-2　计算机的应用领域有哪些？你认为计算机当前最重要的应用是什么？

1-3　计算机由哪几个部分组成？各部分的功能是什么？

1-4　微型计算机的外存储设备目前主要有哪些？

1-5　简述软件产品的特点。

1-6　软件危机主要体现在哪些方面？

1-7　什么是机器语言、汇编语言、高级语言？

1-8　汇编语言和高级语言能直接被机器识别和执行吗？为什么？

1-9　对计算机的高级程序设计语言而言，什么是编译方式？什么是解释方式？

1-10　什么是多媒体？多媒体技术的特性有哪些？其应用主要体现在哪些方面？

2 算法与程序设计

在学习本章以前，大家应当接触过计算机的相关基础知识，学习过C语言程序设计及一些基本算法。本章的主要目的是给读者概括地介绍算法的分析和程序设计的主要技术，以开阔思路，为软件技术基础其他内容的学习奠定基础。

2.1 算法分析

要使计算机完成人们预定的工作，首先必须为如何完成预定的工作设计一个算法，而后根据算法编写程序。计算机程序要对问题的每个对象和处理规则给出正确详尽的描述，其中程序的数据结构和变量用来描述问题的对象，程序结构、函数和语句用来描述问题的算法。算法和数据结构是程序的两个重要方面，这二者的有机结合就构成了程序。

程序设计是以算法为基础的，但是一个可以完成任务的算法并不一定是好的算法。对算法进行分析是一个复杂的事情，通常用执行算法时所占用的空间大小和消耗时间的多少作为衡量算法优劣的标准。即算法的分析主要包含时间和空间两个方面，称为时间复杂度和空间复杂度。

在算法分析中，用数学符号“O”来表示复杂度的数量级(Order)。例如，

$O(1)$ 常量级；

$O(n)$，$O(n^2)$，…，$O(n^k)$为多项式级；

$O(\log_2 n)$，$O(n\log_2 n)$为对数级；

$O(2^n)$，$O(e^n)$为指数级。

2.1.1 时间复杂度

任何算法都可以通过实时测试得到其时间上的消耗，但是实际上算法的时间消耗，与计算机的硬件资源和软件环境有十分密切的关系，因此这种实测并不能真正反映出算法的优劣。对算法的优劣进行估算常利用频度和时间复杂度来衡量。算法中某一具体语句在算法的运行过程中执行的次数即为该语句的频度，记作 $F(n)$；而时间复杂度是以算法中频度最大的语句来度量的，可记作 $T(n) = O(F(n))$。

例如，下面程序段的时间复杂度为 $O(n^3)$：

```
for (k=0; k<n; k++)
  for (j=0; j<n; j++)
    for (i=0; i<n; i++) a[i] = 1;
```

一般情况下，算法的执行时间绝大部分消耗在循环和递归上，在进行时间复杂度分析的时候要首先考虑这部分算法。

2.1.2 空间复杂度

算法实现所占用的存储空间一般可以分为三块：

(1) 指令、常数和系统变量所占用的存储空间。

(2) I/O 数据所占用的存储空间。

(3) 算法执行过程中所需的辅助空间。

对算法的空间复杂度分析，自然是指对其执行过程中所需辅助空间大小的分析。

当然，空间复杂度与时间复杂度的表示类似，也用 O(n)表示。常见的几种空间复杂度有：O(1)，O(n)，$O(n^2)$，$O(n^3)$等。在上例中，辅助变量为 i，j，k 与 n 没有关系，所以其空间复杂度为 O(1)，为常量级。

实际上，算法的时间复杂度和空间复杂度是一对矛盾，要节省算法的执行时间就必须占用更多的存储空间，要节省存储空间就必然会增加算法的执行时间，两者难以兼顾。当然在具体的程序设计中，对时间和空间的消耗，要根据具体问题而有所侧重。在软件设计中，要力求正确、易读、高效、占用空间少。

2.1.3 算法的描述

通俗地讲，算法就是对特定问题的求解步骤的一种描述，是指令的有限序列。作为算法，应当有以下几个特性：

(1)有穷性　每条指令执行的次数与时间都是有限的，必须在若干步之后终止。

(2)确定性　每条指令的含义明确，不能存在二义，即在相同条件下的结果唯一。

(3)可行性　算法所描述的操作可以通过有限的基本操作实现。

(4)输入　一个算法应当有 0 个或多个输入。

(5)输出　一个算法应当有 1 个或多个输出。

对于算法，可以通过算法描述语言来表达，也可以选用某一种高级语言在计算机上实现。常用的算法描述有：

(1)自然语言描述　自然语言就是人们日常使用的语言，这种描述算法，比较习惯和容易接受，但是叙述较繁琐和冗长，容易出现“歧义性”，因此在进行算法描述时要慎用该方法。

(2)程序流程图描述　流程图是用一组几何图形表示各种类型的操作，在图形上用扼要的文字和符号表示具体的操作，并用带有箭头的流线表示操作的先后次序。表 2-1-1 列出了常用的流程图符号及其含义。

表 2-1-1　常用的流程图符号及其含义

图形符号	名　称	含　义
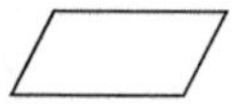	起止框	表示算法的开始或结束
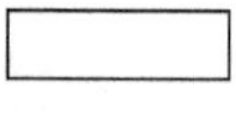	I/O 框	表示进行的输入/输出操作
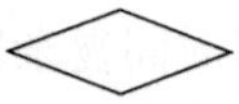	处理框	表示某一处理或运算的功能
	判断框	根据给定的条件是否满足决定算法的执行路径
→	流　线	表示程序执行的路径，箭头代表方向
	连接符	表示算法流向的出口点或入口点，同一对出口与入口的连接符内，必须标以相同的数字或字母

(3)类 PASCAL 语言描述　用一种类似于 PASCAL 语法规则的程序语言来描述算法，在算法中可随意注释，无须考虑是否合乎语法约束。

(4)高级语言描述　用严谨的某一高级语言的语法和函数描述算法。

C 语言是当前最流行的一门高级语言，也是当前大部分院校都学习的一门语言，所以本教材后续章节中出现的算法均用 C 语言进行描述。

一个优秀的算法还应达到如下指标：

①正确性　任何算法都必须首先能正确地解决问题。

②可读性　方便程序设计人员的阅读和交流。

③健壮性　在算法执行过程中，遇到非法的输入信息时，算法要作出适当的反应而不是输出一些莫名其妙的信息或结果。

④高效性　有效使用存储空间并有较高的时间效率。

2.2　程序设计基础

通常，程序的结构有顺序结构、分支结构和循环结构三种形式，这几种程序结构在任何高级程序设计的学习过程中都可以遇到，而程序设计的方法或者说算法设计的技术却多种多样。算法又可分为数值计算算法和非数值计算算法，本节将介绍几种最常用的算法。

2.2.1　迭代法

迭代法是一种用于求解方程或方程组近似根的算法设计方法。

例如，对于方程 $f(x)=0$，通过相应的数学推导可以得到 $x=g(x)$，其求根过程为：

(1)将方程的任意一个近似根赋给变量 x_0。

(2)将 x_0 的值保存于变量 x_1，然后计算 $g(x_1)$，并将结果存于变量 x_0。

(3)当 x_0 与 x_1 的差的绝对值不小于指定的精度(E)要求时，重复第 2 步。

若方程有根且用上述方法计算出来的近似根序列收敛，则按上述方法求得的 x_0 就是方程的根。

上述算法用 C 语言程序的形式表示如下：

```
{ x0 = 初始近似值;
do { x1 = x0;
  x0 = g(x1);
 } while ( fabs(x0-x1) > E );          /* E 为求值的精度 */
printf("该方程的近似根为:%f \",x0);
}
```

在使用迭代法求根时，应注意如下两种可能发生的情况：

(1)若方程无解，算法求出的近似根序列就不会收敛，迭代过程会变成死循环。所以在使用迭代算法前应先考察方程是否有解，并在程序中对迭代的次数给予限制。

(2)方程虽然有解，但迭代公式选择不当，或迭代的初始近似根选择不合理，也会导致迭代失败。

2.2.2 递推法

递推法是利用问题本身所具有的一种递推关系求问题解的一种方法。设要求问题规模为 N 的解，当 N=1 时，解或为已知，或能非常方便地得到解。能采用递推法构造算法的问题必须有递推性质，当得到问题规模为 i－1 的解后，由问题的递推性质，能根据已求得的规模为 1，2，…，i－1 的一系列解，构造出问题规模为 i 的解。这样，算法可从 i=0 或 i=1 出发，重复地由已知规模为 i－1 的解，通过递推，获得规模为 i 的解，直至得到规模为 N 的解。

例如，可以使用"递推"法输出费波那契(Fibonacci)数列前 20 项的值。费波那契数列是这样一个数列：其第 0 个元素为 0，第 1 个元素为 1，其后的所有元素的值为其前面两个元素值之和，即

$$\{0,1,1,2,3,5,8,13,21,34,55,\cdots\}$$

该数列的递推过程可用如下公式表示为：$f(0)=0$；$f(1)=1$；$f(n)=f(n-2)+f(n-1)$ $(n>1)$。

通过上述分析，输出斐波那契数列(前 20 项)的 C 语言程序片段如下：

```
int f[20];                    /* 用数组来存储数列的前 20 项 */
f[0] = 0;
f[1] = 1;
for (int i=0; i<20; i++)
{ if (i > 1)
      f[i] = f[i-2] + f[i-1];  /* 递推公式 */
      printf(" Fibonacci[%d] = %d\n",i,f[i]);
}
```

这类算法的前提是必须要知道一个初始值，并且可用适当的公式来描述相邻几个数据项的关系，并根据这个关系来进行推导。

2.2.3 递归法

递归是设计和描述算法的一种有力的工具，在复杂算法的描述中被经常采用。一般来说，若一个对象部分地由自己组成或按自己定义，则可称之为递归的。在递归的定义中至少要有一条是非递归的，作为递归的终止条件，即边界条件。

一个问题要采用递归方法来解决必须符合以下三个条件：

(1)可把一个问题转化为一个新问题，而这个新问题的解决方法仍与原问题的解法相同。

(2)可通过转化过程使问题得到解决。

(3)必定要有一个明确的结束递归的条件，否则递归将会无止境地进行下去。

递归算法的执行过程分递推和回归两个阶段。在递推阶段，把较复杂的问题(规模为 n)的求解推到比原问题简单一些的问题(规模小于 n)的求解。在回归阶段，当获得最简单情况的解后，逐级返回，依次得到稍复杂问题的解。

编写递归函数时要注意，函数中的局部变量和参数只是局限于当前调用层，当递推进入"简单问题"层时，原来层次上的参数和局部变量便被隐蔽起来。在一系列"简单问题"层，它们各有自己的参数和局部变量。

例如，上面介绍的斐波那契数列，若要计算其第 n 项，由于已知 f(0)=0；f(2)=1，这就是递归的截止条件，是递归算法不可缺少的部分。求斐波那契第 n 项的算法用 C 语言的递归函数形式描述如下：

```
int Fib(int n)
  { if (n == 0) return(0);
    if (n == 1) return(1);
    if (n > 1) return(Fib(n-1) + Fib(n-2)); /* 递归调用部分 */
  }
```

递归按其调用方式分为：

(1)直接递归　递归过程 P 直接自己调用自己。

(2)间接递归　即 P 包含另一过程 Q，而 Q 又调用 P。

由于递归引起一系列的函数调用，并且可能会有一系列的重复计算，递归算法的执行效率相对较低。但是递归也有其长处，它能使一个蕴含递归关系且结构复杂的程序简捷精炼，增加可读性。特别是在难于找到从边界到解的全过程的情况下，如果把问题推进一步设其结果仍维持原问题的关系，则采用递归算法编程比较合适。

当某个递归算法能较方便地转换成递推算法时，通常按递推算法编写程序。另外，数学上早已证明递归算法可以转换为迭代算法，因此选用递归还是迭代，应视问题而定。在数据结构中树的定义及其许多运算都是通过递归的方法实现的。

2.2.4 穷举法

穷举法的基本思想是根据题目的部分条件确定答案的大致范围，并在此范围内对所有可能的情况逐一验证，直到全部情况验证完毕。若某个情况经验证符合题目的全部条件，则为本问题的一个解；若全部情况经验证后都不符合题目的全部条件，则本题无解。穷举法也称枚举法。

用穷举法解题时，就是按照某种方式列举问题答案的过程。针对问题解的数据类型而言，常用的列举方法有如下三种：

(1)顺序列举　是指答案范围内的各种情况很容易与自然数对应甚至就是自然数，可以按自然数的变化顺序去列举。

(2)排列列举　有时答案的数据形式是一组数的排列，列举出所有答案所在范围内的排列，为排列列举。

(3)组合列举　当答案的数据形式为一些元素的组合时，往往需要用组合列举。组合是无序的。

著名的百钱买百鸡问题就是穷举法的典型应用，在公元五世纪，我国数学家张丘建在其《算经》一书中提出了“百鸡问题”：

“鸡翁一值钱 5，鸡母一值钱 3，鸡雏三值钱 1。百钱买百鸡，问鸡翁、母、雏各几何?”这个问题的数学方程可列出如下：

$$Cock + Hen + Chick = 100$$

$$Cock \times 5 + Hen \times 3 + Chick / 3 = 100$$

显然这是一个不定方程，适合于用“穷举法”求解。依次取 Cock 值域中的一个值，然后求其他两数，满足条件的就是解。

该问题的C语言程序算法如下：

```
int Cock, Hen, Chick;              /* 定义公鸡,母鸡,鸡雏三个变量 */
Cock = 0;
while (Cock <= 19)                 /* 公鸡最多不可能大于 19 */
{ Hen = 0;
  while (Hen <= 33)                /* 母鸡最多不可能大于 33 */
  { Chick = 100 - Cock - Hen;
    if (Cock*15+Hen*9+Chick==300)  /* 为方便,将数量放大三倍比较 */
      printf("\n 公鸡=%d\n 母鸡=%d\n 鸡雏=%d",Cock,Hen,Chick);
    Hen=Hen+1;
  }
  Cock=Cock+1;
}
```

2.2.5 分治法

分治法(Divide and Conquer)是把一个规模为N的问题分成两个或多个较小的与原问题类型相同的子问题,通过对子问题的求解,并把子问题的解合并起来从而构造出整个问题的解,即对问题各个击破、分而治之。如果子问题的规模仍然相当大,仍不足以很容易地求得它的解,这时可以对此子问题重复地应用分治策略。

由于分治策略是把问题分成较小的与原问题类型相同的子问题,对子问题的处理过程与对原问题的处理过程是相同的。所以,分治法处理问题的算法可以自然地写成一个递归的过程。

用分治法编写的过程通常包括以下几个部分:①基值处理部分(即把问题分解到足够小要进行的处理);②分解问题部分;③递归调用部分;④合并处理部分。对于一些具体的问题,某些部分彼此之间可能并无明显界限,可能互相渗透,也可能合为一部分。但递归调用部分明显区分于其他部分。

分治法所能解决的问题一般具有以下几个特征:

(1)该问题的规模缩小到一定的程度就可以容易地解决。

(2)该问题可以分解为若干个规模较小的相同问题。

(3)利用该问题分解出的子问题的解可以合并为该问题的解。

(4)该问题所分解出的各个子问题是相互独立的,即子问题之间不包含公共的子问题。

上述的第一条特征是绝大多数问题都可以满足的,因为问题的计算复杂性一般是随着问题规模的增加而增加;第二条特征是应用分治法的前提,它也是大多数问题可以满足的,此特征反映了递归思想的应用;第三条特征较关键,能否利用分治法完全取决于问题是否具有第三条特征,如果具备了第一条和第二条特征,而不具备第三条特征,则可以考虑贪心法或动态规划法;第四条特征涉及分治法的效率,如果各子问题是不独立的,则分治法要做许多不必要的工作,重复地解公共的子问题,此时虽然可用分治法,但一般用动态规划法较好。

分治法在每一层递归上都有三个步骤:

(1)分解　将原问题分解为若干个规模较小、相互独立、与原问题形式相同的子问题。

(2)解决　若子问题规模较小而容易被解决则直接解，否则递归地解各个子问题。

(3)合并　将各个子问题的解合并为原问题的解。

分治法的合并是算法的关键所在。有些问题的合并方法比较明显，有些问题合并方法比较复杂，或者是有多种合并方案，或者是合并方案不明显。究竟应该怎样合并，没有统一的模式，需要具体问题具体分析。

分治策略应用得较广泛，例如，快速排序算法就是基于分治策略的一个排序算法。对于序列 A[1:N]，按照分治法的思想分析快速排序：

(1)分解　以元素 A[p]为基准元素将 A[p:r]划分为三段 A[p:q−1]、A[q]和 A[q+1:r]，使 A[p:q−1]中任何一个元素都小于 A[q]，A[q+1:r]中任何一个元素大于等于 A[q]，下标 q 在划分过程中动态确定。

(2)求解　通过递归调用快速排序算法分别对 A[p:q−1] 和 A[q+1:r]进行排序。

(3)合并　由于 A[p:q−1] 和 A[q+1:r]的排序都是在原位置进行的，所以对本问题就不必进行任何合并操作了。

其具体的 C 程序实现，将在第 3 章排序部分介绍。

根据分治法的分割原则，人们从大量实践中发现，在用分治法设计算法时，最好使子问题的规模大致相同。也就是将一个问题分成大小相等的 k 个子问题的处理方法是行之有效的。许多问题可以取 k=2。当然，这种使子问题规模大致相等的做法是出自一种平衡子问题的思想，它总是比子问题规模不等的做法要好。

2.2.6　贪心法

贪心法(Greedy)基本思想为：如果从某一给定的集合中选出一个子集，能够满足题目所给的要求，这个子集就是一个可行解。当然，这个解并不一定是唯一的。贪心法把构造可行解的工作分成许多阶段来完成。在各个阶段中，选择那些在某些意义下是局部最优的方案，期望各阶段的局部最优的选择带来整体最优。但是，该方法不是每次都能成功地产生出一个整体最优解。贪心法是不追求最优解的，只希望得到较为满意的解。贪心法在每一阶段都保持着局部最优，但各阶段结果综合之后的结果可能不令人满意，甚至有可能是可行的最差结果。

使用贪心法，首先要根据问题的特点确定一种度量好坏的标准，然后按照这个标准对处理序列中的每个对象逐个进行考察，如果被考察的元素符合给定的标准，就把该元素加入到局部的最优解中。由于度量的标准可能有不同的观点，因此如何选择适当的标准往往是能否达到整体最优解的关键。

在设计贪心算法时，要用到从 1 到 n 的循环，这个循环将问题分成 n 个阶段完成。循环体内首先进行局部最优的选择：从所给集合中选出满足题目所要求的解，并把它包括进解的集合中。然后对选择条件进行修改。贪心算法的各个阶段的局部最优的选择，一经确定就固定地作为解序列的一部分。n 步的选择就可得到一个较好的次优解(有可能是最优解，但是最优解一般是需经排列所有测试才能得到的)。

贪心法常常可得到一个次优解。对某些问题，只有通过系统的、彻底的搜索才能得到最优解，从而使求得最优解的代价甚高，但是只要求得一个与最优解相差不多的次优解就可满足要求时，选用贪心法可以很快地得到较好的解，因为它省去了为找最优解要穷尽所有可能而必须耗费的大量时间。贪心法常以当前情况为基础作最优选择，而不考虑各种可能的整体情况，所以贪心法也不要求回溯。

例如，已知 5 个城市之间有班机传递邮件，目的是为了寻找一条耗油量较少的飞行路线。5 个城市的联系网络如图 2-2-1所示。图中编号的结点表示城市，两个城市之间的连线上的值表示班机沿该航线飞行的耗油量，并假定从城市 X 到 Y 和城市 Y 到 X 之间的耗油量是相同的。

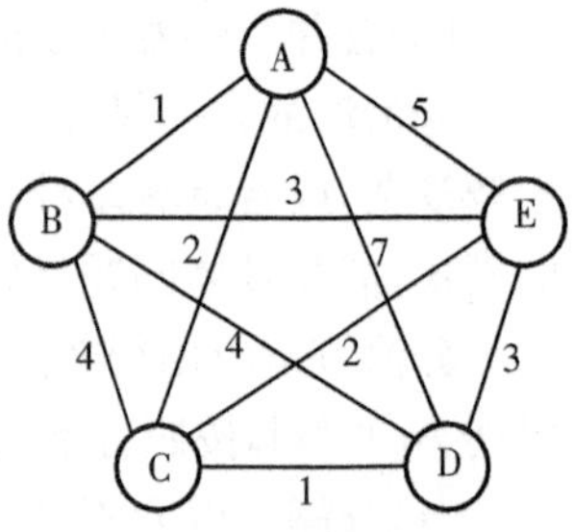

图 2-2-1　5 个城市的联系网络图

对于该问题，运用贪心法分析：

(1)在每一步前进的选择上，选取相对当前城市耗油量最小的航线。

(2)根据图示，若从 A 出发，按照路线 A—B—E—C—D—A，总耗油量＝14；若路线为 A—E—C—D—B—A，则总耗油量＝13，所以，这样的贪心法并不一定能得出最佳解。

(3)为求最佳航线，必须分别以各个城市为出发点来考虑所有情况，即对每个城市都重复贪心算法。

再如平时购物找钱时，为使找回的零钱的硬币数最少，不考虑找零钱的所有方案，而是从最大面值的币种开始，按递减的顺序考虑各币种，先尽量用大面值的币种，当不足大面值币种的金额时才去考虑下一种较小面值的币种。这就是在使用贪心法。这种方法在这里总是最优，是因为银行对其发行的硬币种类和硬币面值的巧妙安排。如只有面值分别为 1，5 和 11 单位的硬币，而希望找回总额为 15 单位的硬币。按贪心算法，应找 1 个 11 单位面值的硬币和 4 个 1 单位面值的硬币，共找回 5 个硬币。但最优的解应是 3 个 5 单位面值的硬币。

2.2.7　回溯法

有些问题，要求找到一组解，或要求找到一个满足某些条件的最优解。对于这样的问题，可以通过彻底的搜索方法来解决。然而彻底的搜索，要进行大量的比较，大量的舍弃，要以大量的运算时间为代价，有时甚至大到连计算机也承受不了的程度。因此用“穷举”的方法来解决某些实际问题往往是不实际的，而回溯算法就是解决这类问题的一个很好的方法。

回溯法也称为试探法，该方法首先暂时放弃关于问题规模大小的限制，并将问题的候选解按某种顺序逐一枚举和检验。当发现当前候选解不可能是解时，就选择下一个候选解；倘若当前候选解除了还不满足问题规模要求外，满足所有其他要求时，继续扩大当前候选解的规模，并继续试探。如果当前候选解满足包括问题规模在内的所有要求时，该候选解就是问题的一个解。在回溯法中，放弃当前候选解，寻找下一个候选解的过程称为回溯。扩大当前候选解的规模，以继续试探的过程称为向前试探。

八皇后问题是一个古老而著名的问题，是回溯算法的典型例题。该问题是 19 世纪著名的数学家高斯 1850 年提出：在 8×8 格的国际象棋上摆放八个皇后，使其不能互相攻击，即任意两个皇后都不能处于同一行、同一列或同一斜线上，问有多少种摆法。

引入一个整型一维数组 col[]来存放最终的结果，col[i]就表示在棋盘第 i 列、col[i]行有一个皇后。为了使程序在找完了全部解后回溯到最初位置，设定 col[0]的初值为 0，即当回溯到第 0 列时，说明程序已求得全部解，结束程序运行。

为了方便算法的实现，引入三个整型数组来表示针对当前列在三个方向上的状态：

a[]　a[i]=0 表示第 i 行上还没有皇后；

b[]　b[i]=0 表示第 i 列反斜线/上没有皇后；

c[]　c[i]=0 表示第 i 列正斜线\上没有皇后。

棋盘中同一反斜线/上的方格的行号与列号之和相同；同一正斜线\上的方格的行号与列号之差均相同，这就是判断斜线的依据。

初始时，所有行和斜线上均没有皇后，从第 1 列的第 1 行配置第一个皇后开始，在第 m 列，col[m]行放置了一个合理的皇后，准备考察第 m+1 列时，在数组 a[]，b[]和 c[]中为第 m 列，col[m]行的位置设定有皇后标志；当从第 m 列回溯到第 m－1 列，并准备调整第m－1 列的皇后配置时，清除在数组 a[]，b[]和 c[]中设置的关于第 m－1 列，col[m－1]行有皇后的标志。一个皇后在 m 列，col[m]行方格内配置是合理的，由数组 a[]，b[]和 c[]对应位置的值都为 1 来确定。该算法的 C 语言描述如下：

```
int col[9],a[9],b[17],c[17],i,j=1;
int OK = 1;
for (int i=1; i<=8; i++)
  a[i] = 1;
for (int i=1; i<=16; i++)
  b[i] = c[i] = 1;
col[1]=1;
col[0]=0;
do { if (OK)
      if (j == 8)
        { printf("列\t 行");
          for (int i=1; i<=8; i++)
            printf("%3d\t%d\n",i,col[i]);
          while (col[j] == 8)
          { j--;
            a[col[j]] = b[j+col[j]] = c[8+j-col[j]] = 1;
          }
          col[j] ++;
        }
      else
        { a[col[j]] = b[j+col[j]] = c[8+j-col[j]] = 0;
          col[++j] = 1;
        }
    else
      { while (col[j] == 8)
        { j --;
          a[col[j]] = b[j+col[j]] = c[8+j-col[j]] = 1;
        }
      col[j] ++;
```

```
        }
        OK = a[col[j]]&&b[j+col[j]]&&c[8+j-col[j]];
    } while (j! =0);
```

回溯法求解算法也常常被编写成递归函数。由于用回溯方法解决问题时逐步产生出的解的序列是不能一经产生就固定不变的，而是一旦所产生的部分解不合题意就要回溯，修改刚产生出来的解，因此回溯问题的算法中常常要用到栈，要消耗一定的辅助空间。

2.2.8　动态规划法

对有些问题的求解可以先把该问题分解为若干较小的子问题，通过求解子问题而得到原问题的解。如果分解的子问题数目不多，子问题之间界限明显，则可以应用分治法来解这些问题。但有些问题常常没有办法把它们分成较小数目的子问题，在这种情况下，可以试着把问题分成必要多的子问题，每个子问题又可以分成数目不确定的必要多的子子问题，这样就会产生大量的子问题。如果分得的子问题界限不清，互相交叉，则在这些子问题中会存在一些完全相同的子问题，因而在解这类问题时，将可能重复多次解同一个子问题。这种重复当然是不必要的，避免的方法可以在解决一个子问题后把它的解(包括其子问题的解)保留下来，若遇到求解与之相同的子问题的时候，就可以把它找出来直接使用。为解问题而将它的子问题的解填入表中以待需要时直接使用，这样的方法就是动态规划法(Dynamic Programming)。

动态规划的实质是分治思想和解决冗余，因此，动态规划是一种将问题实例分解为更小的、相似的子问题，并存储子问题的解而避免计算重复的子问题，以解决最优化问题的算法策略。

动态规划法与分治法和贪心法类似，它们都是将问题实例归纳为更小的、相似的子问题，并通过求解子问题产生一个全局最优解。其中贪心法的当前选择可能要依赖已经作出的所有选择，但不依赖于有待做出的选择和子问题。因此贪心法自顶向下，一步一步地作出贪心选择；而分治法中的各个子问题是独立的(即不包含公共的子子问题)，因此一旦递归地求出各子问题的解后，便可自下而上地将子问题的解合并成问题的解。但不足的是，如果当前选择可能要依赖子问题的解时，则难以通过局部的贪心策略达到全局最优解；如果各子问题是不独立的，则分治法要做许多不必要的工作，重复地解公共的子问题。

解决上述问题的办法是利用动态规划。该方法主要应用于最优化问题，这类问题会有多种可能的解，每个解都有一个值，而动态规划找出其中最优(最大或最小)值的解。若存在若干个取最优值的解的话，它只取其中的一个。在求解过程中，该方法也是通过求解局部子问题的解达到全局最优解，但与分治法和贪心法不同的是，动态规划允许这些子问题不独立(亦即各子问题可包含公共的子子问题)，也允许其通过自身子问题的解作出选择，该方法对每一个子问题只解一次，并将结果保存起来，避免每次碰到时都要重复计算。

因此，动态规划法所针对的问题有一个显著的特征，即它所对应的子问题树中的子问题呈现大量的重复。动态规划法的关键就在于，对于重复出现的子问题，只在第一次遇到时加以求解，并把答案保存起来，让以后再遇到时直接引用，不必重新求解。

由上看到，动态规划法是将一系列的子问题的解确定后填入表中，从而导出原问题的解。而贪心算法是进行了一系列的挑选，确定了一个较好的解。两者的相同点是它们都作出一系列的确定。它们的区别在哪里呢？一个区别是，动态规划法先求子问题的解，然后通过求解子问题构造原问题的解；而贪心算法是直接地解原问题；另一区别是动态规划法一般产生多个子问题的解，从中选择最优解，而贪心法每阶段只作一个挑选。

如上动态规划法把问题分成许多的子问题，每个子问题的解都是局部最优的，局部最优解构成的整体解不一定是最优的。一系列的决定结果导致了一个动态规划的最优解。动态规划法通过对若干局部最优解的比较，去掉了次优解。从而产生了更高一层次的局部最优解，保持了每个新产生的解都是该层次的局部最优解。相当于对较低层次的局部最优解进行贪心的选择而得到高一级的局部最优解，因而最终产生一个最高层次的局部最优解，它就是原问题所求的整体的最优解。

经常会遇到的复杂问题不能简单地分解成几个子问题，而会分解出一系列的子问题。简单地采用把大问题分解成子问题，并综合子问题的解导出大问题的解的方法，问题求解耗时会按问题规模呈幂级数增加。

为了节约重复求解相同子问题的时间，引入一个数组，不管它们是否对最终解有用，把所有子问题的解存于该数组中，这就是动态规划法所采用的基本方法。

习 题 2

2-1 简述算法的基本概念。

2-2 何谓时间复杂度和空间复杂度？

2-3 分别简述本章所述的各种算法。

2-4 打印所有的“水仙花数”，所谓“水仙花数”是指一个三位数，其各位数字立方和等于该数字本身。

2-5 一个数如果恰好等于它的因子之和，这个数就称为“完数”。例如，6 的因子为 1，2，3，而 6＝1＋2＋3，因此 6 是“完数”。编程序找出 1 000 以内的所有完数。

2-6 求出具有下列两个性质的最小自然数 n：

(1)n 是个 6 位数。

(2)若将 n 的各位数移到其余各位之前，所得的新数是 n 的 4 倍。

2-7 猴吃桃：有一天小猴子摘下了若干个桃子，当即吃掉了一半，还觉得不过瘾，又多吃了一个。第 2 天接着吃了剩下的桃子中的一半，仍不过瘾，又多吃了一个。以后每天都是吃尚存桃子的一半零一个。到第 30 天早上小猴子再去吃桃了时，看到只剩下一个桃子了。问小猴子第 1 天共摘下了多少个桃子？

2-8 分别用穷举法、回溯法和递归法找出 n 个自然数(1，2，…，n)中的 r 个数的组合。例如，n＝5，r＝3，可能的组合有 543，532，452 等。

3 数据结构及其应用

计算机科学是一门研究数据表示和数据处理的科学。数据是计算机化的信息，它是计算机可以直接处理的最基本和最重要的对象。在计算机应用领域中，无论是进行科学计算或数据处理、过程控制，还是对文件的存储和查找，都是对数据进行加工处理的过程。要设计出一个结构好效率高的程序，必须研究数据的特性及数据间的相互关系及其对应的存储表示，并利用这些特性和关系设计出相应的算法和程序。

3.1 数据结构概述

3.1.1 数据结构研究的内容

在计算机发展的初期，人们使用计算机的目的主要是处理数值计算问题。使用计算机来解决具体问题，一般需要经过下列步骤：首先要从该具体问题抽象出一个适当的数学模型，然后设计或选择一个解此数学模型的算法，最后编出程序进行调试、测试，直至得到最终的解答。

早期的计算机处理、运算的对象是简单的整型、实型或布尔类型数据，程序设计者的主要精力是集中于程序设计的技巧上，而非数据结构。随着计算机应用领域的扩大和软、硬件技术的发展，非数值计算问题越来越重要。据统计，当今处理非数值计算问题占了计算机应用的 90%以上。这类问题涉及的数据结构更为复杂，数据元素之间的相互关系一般无法用数学方程式加以描述。因此，解决这类问题的关键不再是数学分析和计算方法，而是合适的数据结构，才能有效地解决问题。例如金融管理、文献查找、商业系统、学生信息检索系统、图书管理系统等等，都属于这一类问题。

数据结构是介于数学、计算机硬件和计算机软件之间的一门计算机科学与技术专业的核心课程，广泛地应用于信息科学、系统工程、应用数学以及各种工程技术领域。所有的计算机系统软件和应用软件都要用到各种类型的数据结构。因此，要想更好地运用计算机来解决实际问题，仅掌握几种计算机程序设计语言是难以应付众多复杂的问题的。数据结构的掌握对于学习操作系统、编译原埋、数据库管理系统、软件工程、人工智能等其他课程都是十分有益的。

3.1.2 有关概念和术语

为了便于以后的学习，首先了解一些与数据结构相关的基本概念和术语。

数据(Data)是信息的载体，是可以被计算机识别、存储并加工处理的描述客观事物的信息符号的总称。在计算机科学中，数据就是计算机加工处理的对象，它有着极其广泛的含义，可以是数值数据，也可以是非数值数据。数值数据是一些整数、实数或复数，主要用于工程计算、科学计算和商务处理等；非数值数据包括字符、文字、图形、图像、语音等。

数据元素(Data Element)表现为数据集合中的一个个体,是数据的基本单位。数据元素可以由若干个具有不同数据类型的数据项(Data Item)组成。在不同的情况下,数据元素又被称为元素、结点、顶点、记录等。例如,学籍管理系统中学生信息表的一个数据元素就表示为一个学生的记录,一般由学生的学号、姓名、性别、籍贯、出生年月等数据项组成。组成数据元素的各个数据项也被称为数据域或字段,在这些数据项中,能够用来唯一地标识某一记录的数据项被称为主关键字。例如,学生记录中的学号,可以唯一的标识某一个具体的学生。当然,在解决实际应用问题时是把记录当作一个基本单位进行访问和处理的。

数据对象(Data Object)是具有相同性质的数据元素的集合。在面向对象的程序设计中,它可以被看做数据元素类(Data Element Class)。在某个具体问题中,数据元素都具有相同的性质,属于同一数据对象(数据元素类),数据元素是数据元素类的一个实例。例如,在交通咨询系统的交通网中,所有的顶点是一个数据元素类,顶点 A 和顶点 B 各自代表一个城市,是该数据元素类中的两个实例,其数据元素的值分别为 A 和 B。

数据结构(Data Structure)是指同一数据对象中各个数据元素间存在的一种或多种关系。数据结构有两个要素,一个是数据元素的集合,另一个是建立在数据元素集合之上的关系的集合。可以用集合论的方法来定义数据结构,将之表示为一个二元组,即

$$DS = (D, R)$$

其中,D 是数据元素的有限集合,R 是定义在 D 上的关系的有限集合。这种定义方式可以用来描述广泛的数据结构问题,是计算机进行数据处理的基础。

数据结构包括数据的逻辑结构和物理结构。数据的逻辑结构是从具体问题抽象出来的数学模型,是描述数据元素及其关系的数学特性的。而数据的物理结构是逻辑结构在计算机主存储器中的映像,又称为存储结构。通常讨论的数据结构是指其逻辑结构。

数据的存储结构可采用顺序存储或链式存储的方法。顺序存储是把逻辑上相邻的元素存储在物理位置相邻的存储单元中,由此得到的存储表示称为顺序存储结构。链式存储方法对逻辑上相邻的元素不要求其物理位置相邻,元素间的逻辑关系通过附设的指针字段来表示,由此得到的存储表示称为链式存储结构。顺序存储结构是一种最基本的存储表示方法,通常借助于程序设计语言中的数组来实现;链式存储结构通常借助于程序设计语言中的指针类型来实现。

当然,存储结构除了常用的顺序存储和链式存储外,还有索引存储和散列存储。

3.1.3 数据类型与抽象数据类型

数据类型(Data Type)是和数据结构密切相关的一个概念,在用高级语言编写的程序中,每个变量、常量或表达式都有一个它所属的确定的数据类型。类型显式地或隐含地规定了在程序执行期间变量或表达式所有可能的取值范围,以及在这些值上允许进行的操作。因此,数据类型是一个值的集合和定义在这个值集上的一组操作的总称,是程序设计语言中允许的变量类型。

在高级程序设计语言中,数据类型可分为:基本类型、构造类型。一般情况下,基本类型是不可分解的基本数据单位。如 C 语言中整型、字符型、浮点型、双精度型等。而构造类型则可以有多个域(字段)按某种结构组成的,是可分解的,其中的任意域可以是基本类型,也可以是其他构造类型。

在数据类型的基础上,抽象数据类型(Abstract Data Type)是指一个数学模型以及定义

在该模型上的一组操作。抽象数据类型的定义取决于它的一组逻辑特性，而与其在计算机内部如何表示和实现无关。即不论其内部结构如何变化，只要它的数学特性不变，都不影响其外部的使用。

首先说，数据类型与抽象数据类型实质上是类似的。例如，各种计算机都拥有的整数类型就可以看作抽象数据类型，尽管它们在不同处理器上的实现方法可以不同，但由于其定义的数学特性相同，在用户看来都是相同的。对于整数类型而言，定义在该类型之上的数学运算是相同的。因此，“抽象”的意义在于数据类型的数学抽象特性。

但是，抽象数据类型的范畴更广，它不再局限于已经定义并实现的数据类型（固有数据类型），还包括用户在设计软件系统时自己定义的数据类型。为了提高软件的复用性，在程序设计中，要求在构成软件系统的每个相对独立的模块上，定义一组数据和施于这些数据上的一组操作，并在模块的内部给出这些数据的表示及其操作的细节，而在模块的外部使用的只是抽象的数据及抽象的操作。例如，如果提到线性表，自然其中就隐含着对线性表的诸如插入、删除、排序和查找等等操作。

总之，抽象数据类型的定义可以由一种数据结构和定义在其上的一组操作组成，而数据结构又包括数据元素及元素间的关系，因此抽象数据类型一般可以由元素、关系及操作三种要素来定义。

抽象数据类型的特征是使用与实现相分离，实行封装和信息隐蔽。就是说，在抽象数据类型设计时，把类型的定义与其实现分离开来。

3.2　线性表(Linear List)

线性表是最简单、最基本，也是最常用的一种线性结构。在数据处理中，大量的以表格形式出现的数据，都可以表示为线性表的形式。

3.2.1　线性表的定义与运算

1)线性表的定义

线性表作为一种线性结构，其数据元素之间呈现的是一种线性关系，也就是具有相同属性的数据元素间“一个接一个地排列”。在日常生活中，有很多这样的实例，如学生信息表是一个线性表；一个字符串也是一个线性表；26 个英文字母构成的字母表也是线性表。

总之，线性表是具有相同属性的数据元素的有限序列，一般可表示为

$$L = (a_1, a_2, \cdots, a_{i-1}, a_i, a_{i+1}, \cdots, a_n)$$

其中，L 为线性表；$a_i(i=1,\cdots,n)$是属于某一数据对象的元素；$n(n\geqslant 0)$为表长，当 $n=0$ 时为空表。

线性表的特点较为明显，表中相邻元素间存在着顺序线性关系。在线性表中，将 a_{i-1} 称为 a_i 的直接前趋，a_{i+1} 称为 a_i 的直接后继。也就是对于表中任意元素 a_i：

当 $i=1$ 时，a_i 是表中第一个元素，没有前趋；

当 $i=n$ 时，a_i 是表中最后一个元素，没有后继；

当 $i=2,3,\cdots,n$ 时，有且仅有一个直接前趋 a_{i-1}；

当 $i=1,2,\cdots,n-1$ 时，有且仅有一个直接后继 a_{i+1}。

可以将线性表用二元组的形式表示为

$$L = (D,R)$$

其中,$D=(a_1,a_2,\cdots,a_n)$为数据对象,$R=\{(a_{i-1},a_i)\mid a_{i-1},a_i\in D,i\in[2,n]\}$ 为建立在 D 上的关系的集合。

在这里要注意:a_i就是序号为 i 的数据元素($i=1,2,\cdots,n$),可将它的数据类型抽象地定义为 DataType。DataType 根据具体问题而定,如在学生情况信息表中,它是用户自定义的一个结构体;在字符串中,它是字符型。

2)线性表的基本操作

数据结构的运算是定义在逻辑结构层次上的,而运算的具体实现是建立在存储结构上的,因此下面定义的线性表的基本运算作为逻辑结构的一部分,每一个操作的具体实现只有在确定了线性表的存储结构之后才能完成。对于线性表上的基本操作有:

(1)线性表初始化　构造一个空的线性表。

(2)求线性表的长度　按某算法,求出并返回线性表中的所含元素的个数。

(3)取表元　根据某算法,返回线性表中的某一确定元素的值或地址。

(4)按值查找　在给定线性表中查找满足预定条件数据元素,返回在 L 中首次出现的值为 x 的那个元素的序号或地址,称为查找成功;否则,在 L 中未找到值为 x 的数据元素,返回一特殊值表示查找失败。

(5)插入操作　在线性表 L 的第 i 个位置上插入一个值为 x 的新元素,使原序号为 $i,i+1,\cdots,n$ 的数据元素的序号变为 $i+1,i+2,\cdots,n+1$,插入后,表长=原表长+1。

(6)删除操作　操作结果:在线性表 L 中删除序号为 i 的数据元素,删除后使序号为 $i+1,i+2,\cdots,n$ 的元素变为序号为 $i,i+1,\cdots,n-1$,新表长=原表长−1。

通常所说的某数据结构上的基本运算,并不是它的全部运算,而是一些常用的最基本的运算。并且每个基本运算在实现时也可能根据不同的存储结构派生出一系列相关的运算来。例如。线性表的查找有上面所述的按值查找,也还会有按序号查找。没有必要定义出它的所有运算,大家在掌握了某一数据结构上的基本运算后,可以融会贯通,实现其他运算。上述各操作中的线性表 L 只是一个抽象在逻辑结构层次的线性表,尚未涉及其存储结构。定义在逻辑结构层次的操作,是不能用具体的某种程序语言写出具体的算法的,只有在存储结构确立之后,才能有具体的算法实现。

3.2.2 线性表的顺序存储及运算

1)顺序表

顺序表也称为向量,即用一块地址连续的存储空间顺序存放线性表的各个数据元素,如图 3-2-1 所示。若 a_1的存储地址为 $Loc(a_1)$,每个数据元素占 k 个存储地址,则线性表第 i 个数据元素的地址为

$$Loc(a_i) = Loc(a_1) + (i-1) * k \qquad 1\leqslant i\leqslant n$$

也就是只要知道顺序表的首地址和每个数据元素所占地址单元的个数就可求出第 i 个数据元素的地址,所以顺序表可以按数据元素的序号进行随机存取,因此也被称为随机存储结构。其特点是以元素在计算机主存的物理位置的相邻来表示线性表中数据元素之间的逻辑关系。

在高级程序设计语言中,通常用一维数组来表示顺序表。考虑到线性表的运算有插入、

删除等运算，即表长是可变的，因此数组的容量需设计得足够大（MAXSIZE）。C 语言中，线性表中的数据从 Data[0]开始依次顺序存放的，图 3-2-1 就是 C 语言中顺序表的存储示意图。

	0	1	…		i−1	i	…	n−1	…		MAXSIZE−1
Data	a_1	a_2	…	a_{i-1}	a_i	a_{i+1}	…	a_n	…	…	

图 3-2-1　线性表的顺序存储示意

当然，当前线性表中的实际元素个数可能未达最大容量，所以需要设置一个整型变量 Last 来记录当前线性表的实际长度，即最后一个元素在数组中的位置。这样当表空时 Last ＝－1。对线性表的这种存储描述是多种多样的，例如用 C 语言定义为

```
DataType Data[MAXSIZE];
int Last;
```

若从结构性上考虑，可将 Data 和 Last 封装成一个构造类型，作为顺序表的类型如下：

```
struct SList
{ DataType Data[MAXSIZE];
  int Last;             };
```

定义一个顺序表：

```
struct SList L;
```

在以后的算法实现中，对顺序表的定义多采用构造类型表示，大家在阅读算法时注意相关数据结构的类型说明。

2）顺序表基本运算的算法实现

（1）顺序表的初始化　初始化即构造一个空表，将 L 设为指针参数，将表中 Last 指针置为－1，表示没有数据元素。

【算法 3-2-1】　顺序表的初始化。

```
struct SList InitSList(struct SList L)
 {
   L.Last = -1;            /* 将表结构中实际长度置为－1，表示为一空表 */
   return L;
 }
```

如果调用函数为主函数，则对初始化函数的调用如下：

```
main()
  { struct SList L;
    L = InitSList();        /* C 程序中函数的调用 */
   ……
  }
```

（2）插入运算　线性表的插入是指在表的第 i 个位置上插入一个值为 x 的新元素。若插入前为表长为 n 的线性表：

$$\{a_1, a_2, \cdots, a_{i-1}, a_i, a_{i+1}, \cdots, a_n\}$$

插入后成为表长为 n+1 的线性表：

$$\{a_1, a_2, \cdots, a_{i-1}, x, a_i, a_{i+1}, \cdots, a_n\}$$

i 的取值范围为 $1 \leqslant i \leqslant n+1$。上述从第 i 个元素到第 n 个元素的移动不仅表现为其逻辑意义上的移动，而且是其在物理存储空间上的顺序移动。顺序表上完成这一运算则通过以下步骤进行：

① 将 $a_i \sim a_n$ 顺序向下移动，为新元素让出位置。

② 将 x 置入空出的第 i 个位置。

③ 修改 Last 指针（相当于修改表长），使之仍指向最后一个元素。

【算法 3-2-2】 顺序表的插入运算。

```
int InsertSList(struct SList L,int i,DataType x)   /* i 取值从 0 到 MAXSIZE－1 */
{ int j;
  if (L. Last == MAXSIZE－1)                        /* 表满则不能插入 */
  { printf("表满"); return(－1); }
  if ((i<0 || i>L. Last))                           /* 检查插入位置的合理性 */
  { printf("插入位置错"); return(0); }
  for(j=L. Last; j>=i－1; j－－)                   /* 结点后移，为插入腾出空间 */
    L. Data[j+1] = L. Data[j];
  L. Data[i－1] = x;                                 /* 新元素插入 */
  L. Last++;                                         /* 调整 Last 指向最后元素 */
  return (1);                                        /* 成功返回 1 */
}
```

由上述算法可以看出，顺序表插入运算的运行时间主要消耗在数据元素的移动上，在第 i 个位置上插入 x，从 a_i 到 a_n 都要向下移动一个位置，共需要移动 $n-i+1$ 个元素，而 i 的取值范围为 $1 \leqslant i \leqslant n+1$，即有 $n+1$ 个位置可以插入。设在第 i 个位置上作插入的概率为 P_i，则平均移动数据元素的次数：

$$E_m = \sum_{i=1}^{n+1} P_i(n-i+1)$$

设 $P_i = 1/(n+1)$，即在插入位置等概率的情况下：

$$E_m = \sum_{i=1}^{n+1} P_i(n-i+1) = \frac{1}{n+1}\sum_{i=1}^{n+1}(n-i+1) = \frac{n}{2}$$

也就是在顺序表上做插入操作平均需移动表中一半的元素，显然其时间复杂度为 $O(n)$。

(3)删除运算　线性表的删除运算是指将表中第 i 个元素从线性表中去掉，若删除前的线性表表长为 n

$$\{a_1, a_2, \cdots, a_{i-1}, a_i, a_{i+1}, \cdots, a_n\}$$

删除后的线性表表长为 $n-1$

$$\{a_1, a_2, \cdots, a_{i-1}, a_{i+1}, \cdots, a_n\}$$

i 的取值范围为：$1 \leqslant i \leqslant n$。顺序表上完成这一运算的步骤如下：

① 将 $a_{i+1} \sim a_n$ 顺序向上移动；

② 修改 Last 指针（相当于修改表长）使之仍指向最后一个元素。

【算法 3-2-3】 顺序表的删除运算。

```
int DelSList(struct SList L; int i)               /* i取值从 0 到 MAXSIZE-1 */
{ int j;
  if((i<0) || (i>L.Last+1))                       /* 判断删除位置是否合法 */
    { printf ("表中不存在第 i 个元素");
      return(0);                                  }
  for(j=i; j<L.Last; j++)
    L.Data[j] = L.Data[j+1];                      /* 后续记录前移 */
  L.Last—;
  return(1);                                      /* 删除成功,返回 1 */
}
```

与插入运算类似,上述算法的时间也主要消耗在表中元素移动上。在删除第 i 个元素时,其后面的元素 a_{i+1}～a_n 都要向前移动一个位置,共移动了 n－i 个元素,故其平均移动数据元素的次数为

$$E_{del}=\sum_{i=1}^{n}P_i(n-i)$$

在等概率情况下,$P_i=1/n$,则

$$E_{del}=\sum_{i=1}^{n}P_i(n-i)=\frac{1}{n}\sum_{i=1}^{n+1}(n-i)=\frac{n-1}{2}$$

这说明在顺序表上作删除运算时,大约也需要移动表中一半的元素,该算法的时间复杂度为 O(n)。

对于顺序表的查找、排序等运算,将在第 3.8 节中介绍。

3.2.3　线性表的链式存储和运算

如上所述,在对顺序表进行插入、删除时需要通过大量数据元素的移动来实现,严重影响运行效率。而线性表链式存储结构,它不需要用地址连续的存储单元来实现,因为它不要求逻辑上相邻的两个数据元素物理上也相邻,可以很方便地实现线性表的插入、删除运算。

1)单链表

单链表一般包括两个部分:数据元素的自身信息和后继数据元素的存储地址,分别为数据域和指针域,这两部分信息共同组成一个结点,其结构如图 3-2-2 所示。n 个数据元素组成的线性表通过各个结点的指针域分散地串联在一起,即为链表。由于每个结点只有一个指向后继元素的指针,故也称为单链表。

链表是由一个个结点构成的,结点定义如下:

```
struct LinkList
{ DataType data;
  struct LinkList *next;
};
```

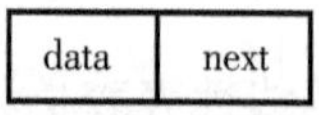

图 3-2-2　单链表的结点结构

定义链首指针变量:

```
struct LinkList *H;
```

由于链表是一种关于线性表的存储结构,要处理的是结点间逻辑结构,对每个结点存储

的具体地址并不关心，在逻辑上相邻的两个数据元素在存储的物理地址上不必相邻。故常用图 3-2-3 的形式表示单链表。

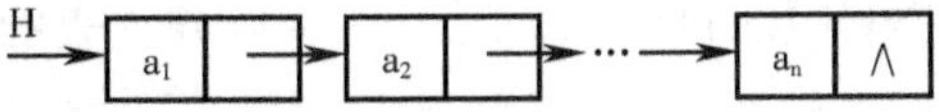

图 3-2-3　链表示意图

任何一个单链表，都必须有一个链首指针，如图 3-2-3 中的链首指针 H，它存放链表的首结点的地址，当链首指针为"NULL"时表示链表是一个空表。

在对链表进行具体操作时，要定义相应的指针变量：struct LinkList ＊p；

C 语言中提供了三个函数来处理链表相关的问题：

malloc　动态地分配存储空间；

free　动态地回收存储空间；

sizeof　测算某种结构所需存储空间的大小。

例如：

```
p = (struct LinkList *)(sizeof(struct LinkList));
/* 动态分配存储空间，返回该空间的首地址 */
free(p);                          /* 动态释放指针 p 所指向的存储空间 */
```

p 所指向的结点的数据域可表示为（＊p）. data 或 p－＞data，指针域为（＊p）. next 或 p－＞next，为形象起见，常用后一种方式表示。

2）单链表的基本运算

（1）建立单链表　链表与顺序表不同，它是一种动态存储结构，表中的每个结点所占用的存储空间都是在程序运行过程中根据需求而动态产生的，所以单链表的建立要从空表开始。每读入一个数据元素则动态申请一个结点，将之插在链表中合适的位置。而对于新表的生成，一般将它插入到表尾。如图 3-2-4 所示即为单链表$\{a_1, a_2, a_3, a_4, a_5\}$的建立过程。初始时链首指针 H＝NULL，辅助的指针变量为 p。

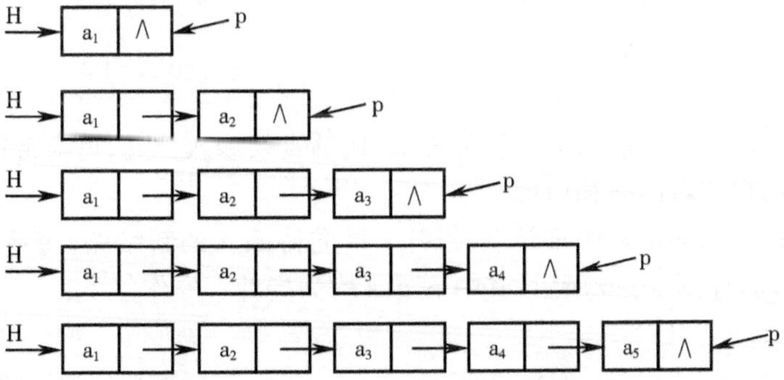

图 3-2-4　在尾部插入建立单链表的过程

【算法 3-2-4】　建立单链表。

```
struct LinkList *CreatLList()
{ struct LinkList *H= NULL, *p, *q; /* 链首为 H,q 为表尾指针 */
  int x;                            /* 假设 DataType 为整型 */
  scanf("%d",&x);
  while (x ! = Flag)                /* 设 Flag 为表结束标志，为某一常数 */
```

```
    { p = (struct LinkList * )malloc(sizeof(struct LinkList));
      p->data = x;
      if (H == NULL) H= s;            /* 建立表的第一个结点 */
      else q->next = s;               /* 其他结点插入表尾 */
      q = p;                          /* 调整表尾指针 */
      scanf("继续输入:%d",&x);        /* 输入其他结点的数据域信息 */
    }
  if (r != NULL) r->next = NULL;      /* 非空表的最后结点的指针域为空 */
  return H;
}
```

对于上面的算法，为了运算的方便可以在链表中加入表首结点。表首结点的数据域无定义，指针域中存放的是表中第一个结点的地址，当表为空时表首结点的指针域也为空。图 3-2-5(a)、(b)分别是带头结点的单链表空表和非空表的示意图。

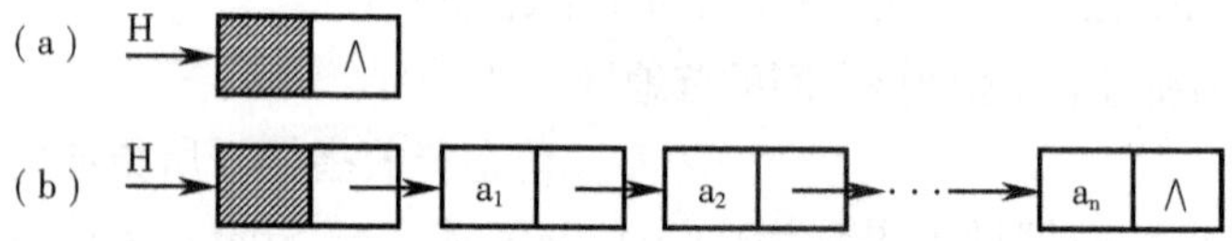

图 3-2-5　带头结点的单链表

(2)求表长　对于上述带表首结点的单链表，线性表的长度是不包括首结点的。

【算法 3-2-5】 求单链表长度(**L** 为带链首结点的单链表)。

```
int LengthLList (struct LinkList * L)
  { struct LinkList * p = L->next;    /* p 指向表首结点 */
    int j = 0;                        /* j 为表长计数器 */
    while ( p != NULL )
    { p = p->next; j++ }              /* p 所指的是第 j 个结点 */
    return j;
  }
```

(3)线性链表的插入　插入运算较为复杂，包括查找插入位置、重新链接两部分的操作。而对于插入位置，存在着前插和后插。

前插：设指针 p 指向链表中某结点，指针 s 指向待插入的新结点，将新结点插入到指针 p 指向的结点之前，如图 3-2-6 所示，其中 p,q,s 均为指针。操作如下：

```
q = L->next;
while (q->next != p) q = q->next;     /* 需要查找 p 的直接前驱 */
s->next = q->next;
q->next = s;
```

后插：后插比前插简单了很多，因为不需要寻找插入位置，设指针 p 指向链表中某结点，s 指向待插入新结点，将新结点插入到指针 p 指向的结点之后，如图 3-2-7 所示。操作如下：

```
s->next=p->next;
p->next=s;
```

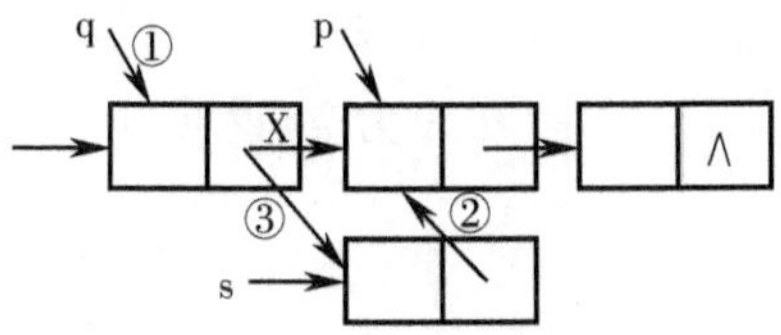

图 3-2-6 在 * p 之前插入 * s

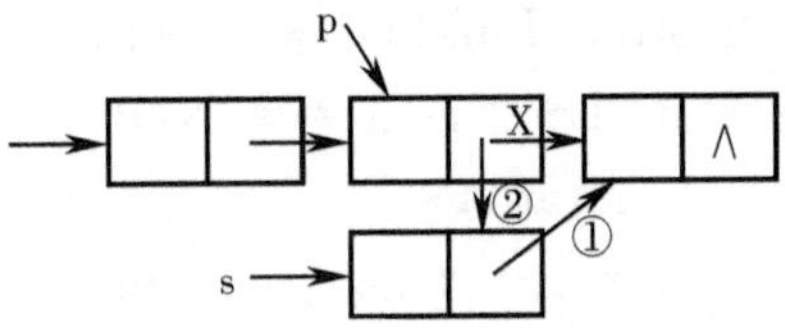

图 3-2-7 在 * p 之后插入 * s

后插操作的时间复杂性为 O(1),前插操作因为要找 p 的前驱,时间复杂性为 O(n)。根据上述叙述,现设计单链表的插入运算如下。

【算法 3-2-6】 单链表的插入运算:在表首指针为 L 的链表中,在值为 a 的结点后插入一值为 b 的新结点。若表空,则 b 为表第一结点;若表中无值为 a 的结点,则将 b 插入表尾。

```
int InsertLList(struct LinkList * L,int a,int b)    /* 设数据元素的类型为 int */
{ struct LinkList  * p,  * s;
   s = (struct LinkList  * )malloc(sizeof(struct LinkList));
                                                    /* 申请空间存储新结点 */
   s->data = b;
   if (L->next == NULL)                             /* 空表 */
     { L->next = s;
       return 1; }
 p = L->next;
 while ((p ! = NULL) && (p->data ! = a))            /* 寻找插入位置 */
   p = p->next;
  s->next=p->next; p->next= s;
  return 2;
 }
```

显然,该算法的时间复杂度为 O(n)。

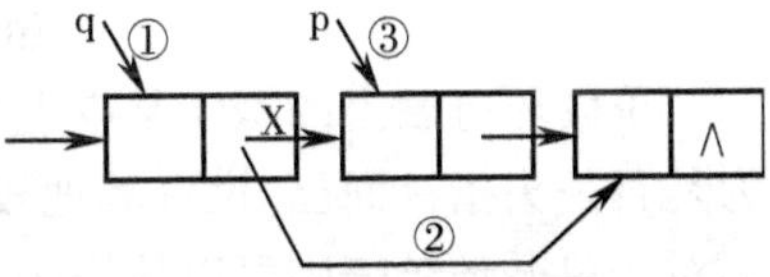

图 3-2-8 删除结点 p

(4)删除 链表中结点的删除操作如图 3-2-8 所示。由图 3-2-8 可知,要实现对结点 * p 的删除,首先要找到 * p 的前驱结点 * q,然后完成指针的操作即可。删除操作可由下列语句实现:

```
q->next = p->next;
free(p);
```

如果 * p 的后继结点存在,要删除它,则可以通过下面语句完成:

```
s = p->next;
p->next = s->next;
free(s);
```

显然,删除结点 p 时,需要查找 * p 的前驱,时间复杂性为 O(n);若要删除 p 的后继,时间复杂性为 O(1)。在调整完相应的链表指针后,切记要释放被删除结点。

【算法 3-2-7】 单链表的删除运算:在表首为 L 的单链表中,删除数据元素值为 a 的结点。若表空或表中无元素 a,返回错误标志;若存在则删除之。

```
int DeleteLList(struct LinkList * L,int a)      /* 设数据元素的类型为 int */
```

```
{ struct LinkList *p, *s;
  if (L->next == NULL)                              /* 表为空,返回 0 */
     return 0;
  p = L->next; s = p;
  while ((p != NULL) && (p->data != a))  /* 查找值为 a 的结点 */
    { s = p;
      p = p->next; }
  if (p == NULL) return 1;                          /* 表中无值为 a 的结点 */
  s->next = p->next;
  free(p);
  return 2;
}
```

上述算法,由于存在着查找运算,算法的时间复杂度为 O(n)。

3)链表的其他形式

单链表的每个结点只有一个指针域指向其后继结点,有的时候为了操作的方便,也可构造其他形式的链表。

(1)单向循环链表　即表中的最后一个结点的指针域非空,而是指向表首,从而使链表的首尾结点相连,构成了单循环链表。

如图 3-2-9 所示,(a)为单向循环空链表,(b)为单向循环链表,都是带表首结点的。

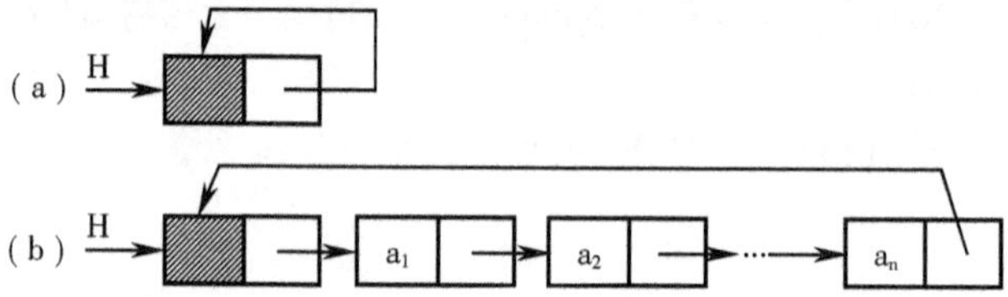

图 3-2-9　带头结点的单循环链表

单循环链表上的操作基本上与非循环链表相同,只是将原来判断指针是否为 NULL 变为是否是头指针而已,没有其他较大的变化。对于单链表只能从头结点开始遍历整个链表,而对于单循环链表则可以从表中任意结点开始遍历整个链表,不仅如此,有时对链表常做的操作是在表尾、表头进行,此时可以改变一下链表的标识方法,不用头指针而用一个指向尾结点的指针 R 来标识,可以使得操作效率得以提高。

(2)双向链表　由于存在着双向,所以链表中的每个结点都有两个指针,分别指向其前驱和后继。其结构如图 3-2-10所示。

pri	data	next

图 3-2-10　双向链表结构

双向链表结点的定义如下:

```
struct DLinkList
  { DataType data;
    struct DLinkList *pri, *next; }
```

和单链表类似,双向链表通常也是用头指针标识的,可以带头结点和做成循环结构。图 3-2-11 是带头结点的双向循环链表示意图,其中,(a)为空表,(b)为一双向循环链表。当然,双向链表插入、删除运算要注意修改两个指针。

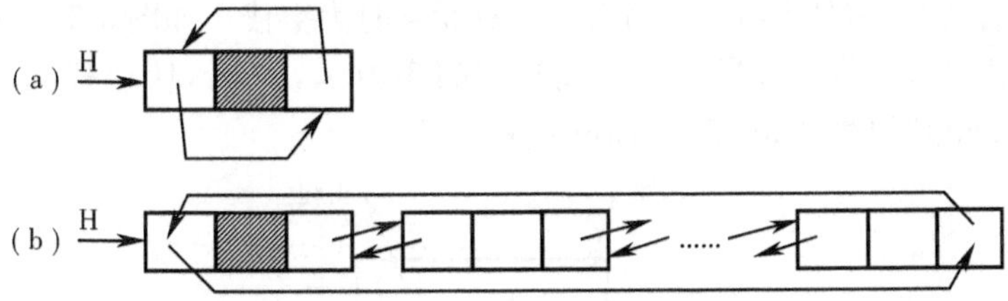

图 3-2-11 带头结点的双向循环链表

3.2.4 顺序表和链表的比较

本节介绍的线性表的逻辑结构及它的两种存储结构:顺序表和链表,其优点和缺点各不相同。

顺序存储有三个优点:

(1)方法简单,各种高级语言中都有数组,容易实现。

(2)不用为表示结点间的逻辑关系而增加额外的存储开销。

(3)顺序表具有按元素序号随机访问的特点。

但顺序表也有两个致命的缺点:

(1)在顺序表中做插入删除操作时,平均移动大约表中一半的元素,因此对于表长较大的顺序表效率低。

(2)需要预先分配足够大的存储空间,估计过大,可能会导致顺序表后部大量闲置;预先分配过小,又会造成溢出。

链表的优缺点恰好与顺序表相反。

在实际应用中存储结构的选用应当视具体问题具体分析,一般可以考虑以下几点:

(1)线性表的长度　由于顺序表的存储空间是静态分配的,在程序执行过程中其占用的存储空间固定不变,而链表是动态分配存储空间的,所以当对线性表的长度或存储规模相对固定时,采用顺序表;反之,采用链表。

(2)线性表要进行的操作　顺序表连续顺序存放,随即存取,所以适合频繁查找的操作。但是当线性表要进行大量的删除、插入运算时,用顺序存储会导致大量的元素移动,所以易采用链表。

(3)采用的程序设计语言　顺序表容易实现,并且任何高级语言中都有数组类型,链表的操作是基于指针的,只适合提供指针操作的程序设计语言。

3.3 堆栈和队列

堆栈和队列是在软件设计中常用的两种非常重要的线性数据结构,因其逻辑结构和线性表相同,是两种特殊的线性表。但是由于其运算规则较普通的线性表增加了约束和限制,故称之为限定性数据结构。

3.3.1 堆栈(Stack)及其应用

1)堆栈的定义

堆栈是限定只能在表的一端进行插入和删除的线性表。允许插入、删除的一端为栈顶

(Top),另一端称为栈底(Bottom)。当表中没有元素时为空栈。如图 3-3-1 所示栈中有三个元素,进栈的顺序是 a_1,a_2,a_3,当需要出栈时其顺序为 a_3,a_2,a_1,所以栈又称为"后进先出(Last In First Out)"的线性表,简称 LIFO 表。

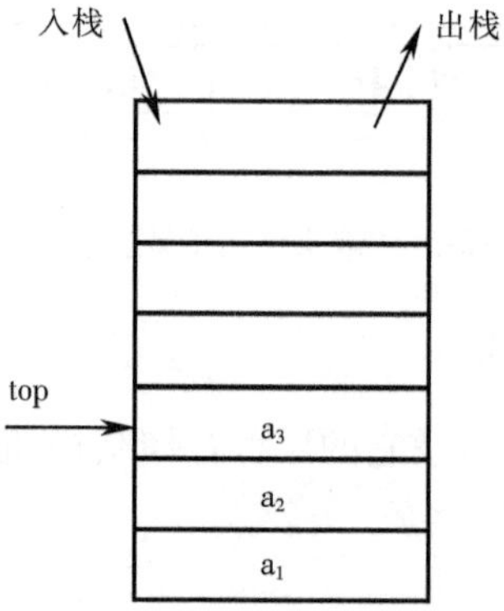

图 3-3-1　堆栈示意图

栈的这种结构与形式,在生活中到处都有。例如餐厅里盘子的叠放,通常最新放上的盘子总是在最上边,而取盘子时总是先取最上边的。在程序设计中,常常需要用栈来保存中间结果和临时数据,例如在汇编中用于保存断点的操作就必须用到堆栈。

2)堆栈的存储及其基本运算

由于栈是运算受限的线性表,因此线性表的存储结构对栈也是适用的,只是操作不同而已。栈的基本运算有:构造空栈、入栈、出栈、读栈顶元素等。下面就堆栈的不同存储结构来讨论其基本运算。

(1)顺序栈　顺序栈即用顺序存储方式实现的栈。与顺序表的定义相同,栈中的数据元素用一个预设的足够长度的一维数组来实现:DataType data[MAXSIZE],MAXSIZE 为一常数,表示堆栈的最大容量。栈底位置可设在数组的任一位置,栈顶随着插入和删除而变化,一般用一个整型变量 top 作为栈顶的指针。通常可以将 data 和 top 封装在一个结构中:

```
struct SStack
  { DataType data[MAXSIZE];           /* 用于存放堆栈元素的数组 */
    int top;                           /* 顺序栈的栈顶指针 */
  };
```

通常,将 top = 0 设为栈底,空栈时栈顶指针 top == −1。入栈时,栈顶指针加 1;出栈时,栈顶指针减 1。对于顺序栈,当 top == MAXSIZE−1 时,栈满,此时再有元素进栈,栈"上溢"。当 top = −1 时,栈空,此时做出栈操作,栈"下溢"。栈操作的示意图如图 3-3-2 所示。

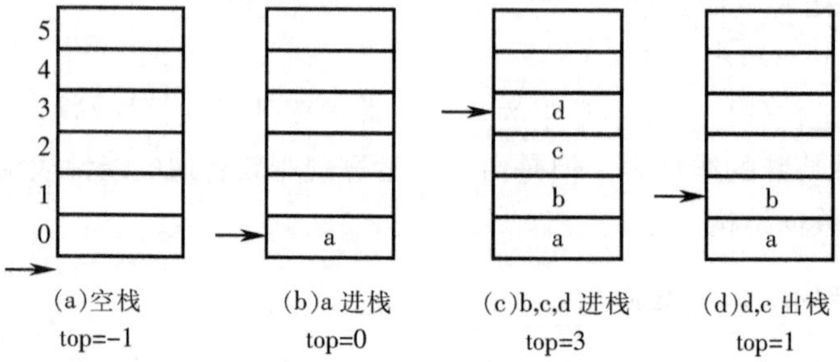

图 3-3-2　堆栈的进栈、出栈示意

图 3-3-2 中，栈的最大容量 MAXSIZE 为 6，图(a)表示空栈；图(b)表示元素 a 进栈后的情况；图(c)为 b、c、d 依次进栈之后的情况；图(d)为 d、c 相继出栈后的结果。出栈时，一定是栈顶元素先出，如对(c)在元素 d 未出栈的情况下，c 是不能出栈的。在上述存储结构上栈的基本操作如下：

【算法 3-3-1】 置空栈，首先建立栈空间，然后初始化栈顶指针。

```
struct SStack InitSStack()
{ struct SStack S;
  S.top=-1;                          /* 栈空，栈顶指针为-1 */
  return S;
}
```

【算法 3-3-2】 判空栈，空返回 1，非空返回 0。

```
int EmptySStack(struct SStack *S)
  { if (S.top == -1)
      return 1;                      /* 栈空，栈顶指针为-1 */
  else return 0;
  }
```

【算法 3-3-3】 入栈，将值为 **x** 的元素压入堆栈。

```
int PushSStack (struct SStack *S, DataType x)
{ if (S.top == MAXSIZE-1)
  { printf("栈满，不能进栈");
    return 0;
  }
 else
  { S.top++;
    S.data[S.top] = x;
    return 1;
  }
}
```

【算法 3-3-4】 出栈，将栈顶元素从栈中弹出，通过变量 x 得到其值。

```
int PopSStack(struct SStack *S, DataType *x)
  { if (S.top == -1)
    { printf("栈空，不能出栈");
      return 0;
  }
 else
  { *x = S.data[S.top];              /* 栈顶元素存入*x带回 */
    S.top--;
    return 1;
  }
}
```

【算法 3-3-5】 取栈顶元素，返回栈顶元素的值而不删除它。

```
DataType TopSStack(struct SStack * S)
 { if (S.top == -1)
   { printf("栈空，无元素");
     return 0;
   }
else
   return(S.data[S.top]);
}
```

(2)链栈　类似于链表，用链式存储结构实现的栈即为链栈。通常用单链表的形式表示，即：

```
struct LinkStack
   { DataType data;                    /* 栈数据元素类型 */
     struct LinkStack * next;          /* 链栈指针 */
   };
```

因为栈中的主要运算是在栈顶插入、删除，显然把链表的头部做栈顶是较方便的。通常，当栈的最大容量事先不能估计时，就采用链栈。链栈通常表示成图 3-3-3 的形式，对于无链首结点的单向链栈，其基本操作如下：

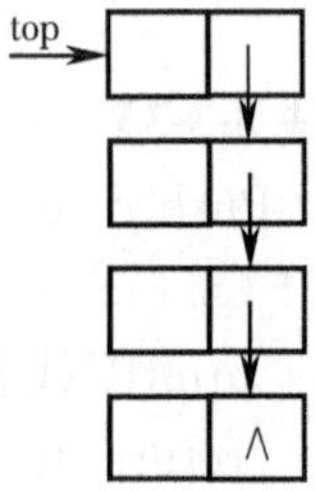

图 3-3-3　链栈示意图

【算法 3-3-6】 置空栈，即产生空栈指针。

```
struct LinkStack InitLinkStack()
{ return NULL; }   /* 空链栈的栈顶指针为空 */
```

【算法 3-3-7】 判栈空，在 top 为空的情况下，链栈为空。

```
int EmptyLinkStack(struct LinkStack * top)
   { if (top == NULL)
        return 1;                      /* 空返回 1 */
     else
      return 0;
   }
```

【算法 3-3-8】 入栈，将值为 x 的元素压入堆栈。

```
int PushLinkStack(struct LinkStack * top, DataType x)
{ struct LinkStack * p;
   p = (struct LinkStack *)malloc(sizeof(struct LinkStack));
                                            /* 动态分配存储空间 */
   p->data = x;
   p->next = top;                          /* 将新元素插入栈顶 */
   top = p;
   return 1;
}
```

【算法 3-3-9】 出栈，将栈顶元素删除，并通过变量 x 返回其值。

```
struct LinkStack *PopLinkStack(struct LinkStack *top, DataType *x)
{ struct LinkStack *p;
  if (top == NULL)
    { printf("栈空返回");
      return NULL;
    }
else
   { *x = top->data;                        /* 取栈顶元素的值 */
     p = top;
     top = top->next;                       /* 调整栈顶指针 */
     free(p);                               /* 释放原栈顶元素 */
     return top;
   }
}
```

3)栈的应用

栈是“先进后出”的线性表，应用非常广泛。例如在表达式求值、程序的嵌套和递归，以及回溯求解等程序设计中都有堆栈的应用，下面以表达式求值加以说明。

程序设计语言中的大量的表达式，通常是以大家所熟悉的公式形式出现，需要相应的编译系统根据表达式的内容，将之翻译成机器指令序列，这必须使用堆栈来完成。

对表达式求值而言，最常用的方法是算符优先算法。该算法的表达式是由操作数、运算符、括号组成。根据操作数的数目，运算符又分为单目运算符和双目运算符。而运算类型通常有算术运算、关系运算、逻辑运算。在此只讨论最简单的双目运算的算术表达式。

在编译系统中，根据运算符位置的不同，表达式分为前缀表达式、中缀表达式和后缀表达式，前缀表达式和后缀表达式分别称为波兰式和逆波兰式，它们在编译程序中有着非常重要的作用。在系统设计中经常使用的是中缀表达式和后缀表达式。

(1)中缀表达式　通常普通的公式所呈现的形式即为中缀表达式。这种方式描述的运算，存在着一定的运算顺序，因此需要将运算符分成若干等级，称为优先数。假设所讨论的算术运算符包括：+ 、- 、*、/、^(乘方)、;(结束符)等，则其运算规则为：

运算符：^　*　/　+　-　;

优先数：3　2　2　1　1　0

为了正确地翻译表达式，需要设计两个堆栈，用于存放操作数(NS)和运算符(OS)。首先，在 OS 中放入结束符“;”，然后对表达式自左而右进行扫描，对所遇到的符号进行如下处理：

①若为操作数，将其压入数栈 NS。

②若为运算符且非“;”，将其与符栈 OS 的栈顶元素进行优先数比较。若其优先数大于 OS 栈顶元素的优先数，则将之压入 OS 栈；若不大于，则从数栈 NS 中弹出两个操作数 x，y，再将符栈 OS 的栈顶元素@弹出，进行 x@y 运算得到结果 R，并将 R 存入数栈 NS。

③若运算符为“;”且 OS 的栈顶也为“;”，表示表达式处理结束，则数栈 NS 的栈顶元素就是所求表达式的值。

例如，表达式为“1+4*2^3/5-6;”，其求值过程如图 3-3-4 所示。

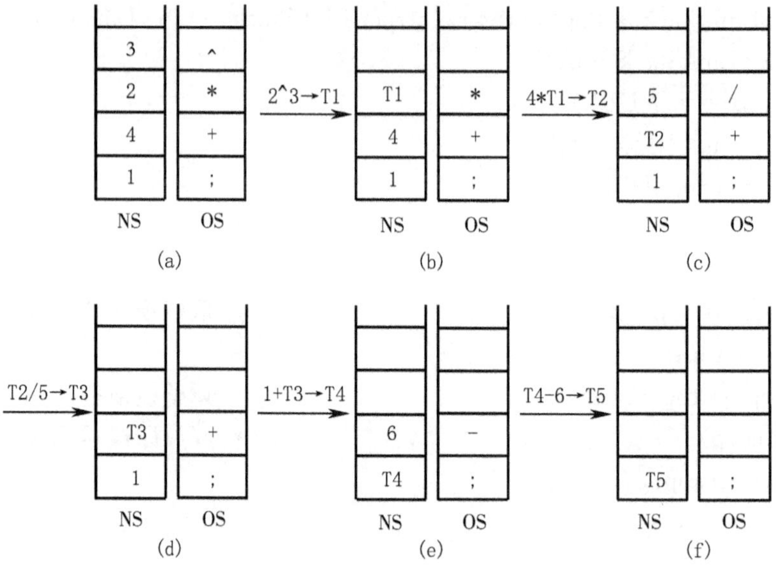

图 3-3-4　利用堆栈进行表达式求值的过程

(2)后缀表达式　后缀表达式的运算符在运算对象之后。一般情况下,编译程序常把中缀表达式首先转换成等价的后缀表达式。在后缀表达式中,不存在括号,所有的计算按运算符出现的顺序,严格从左向右进行,所以也不用再考虑运算优先数。

例如,中缀表达式“1＋4＊2^3/5－6”的后缀表达式为:“1423^＊5/＋6－”。

后缀表达式的算法比中缀表达式简单得多。具体做法:从左向右扫描表达式时,每遇到一个操作数就送入数栈 NS 中保存,每遇到一个运算符就从 NS 栈中取出两个操作数进行当前的计算,然后把结果再入栈,直到整个表达式结束,这时送入 NS 栈顶的值就是结果。

假设所处理的表达式是合乎语法的,故勿需语义检查。用字符数组 S 存储一个正确的后缀表达式,“;”为表达式结束符,为方便起见,假定运算数都只有一位。其中函数 strtofloat,floattostr 为字符串与浮点数的转换函数,在许多程序设计语言中都有对应的函数,若没有读者可自行编制。

【算法 3-3-10】　利用堆栈的后缀表达式求值算法。

```
float ExpCalcul(char *S)              /* 后缀表达存储于字符串数组 S */
{ struct SStack NS;                   /* NS 为单字节数栈 */
  char *ch, *a, *b;
  float x, y, z;
  ch = *S++;                          /* 取表达式中的第一个字符 */
  InitSStack(NS);                     /* 初始化数栈 NS */
  while (ch != ';')                   /* “;”表示表达式的结束 */
  { if ((ch>=0) && (ch<=9))           /* 若所取字符为数字,则压入数栈 NS */
      PushSStack(NS,ch);
    else { PopSStack(NS,&a);
         y = strtofloat(a);           /* 从数栈 NS 中取操作数 1 并转换为浮点数 */
         PopSStack(NS,&b);
         x = strtofloat(b);           /* 从数栈 NS 中取操作数 2 并转换为浮点数 */
```

```
        switch(ch)          /* 判断运算符,进行运算组合,假设就这几种运算 */
        { case ch =='+':z = x + y; break;
          case ch =='-':z = x - y; break;
          case ch ==' * ':z = x * y; break;
          case ch =='/':z = x / y; break;
          … …
        }
        c = floattostr(z);
        PushSStack(NS,c) ;     /* 将运算结果转换为单字节数据,并压入数栈 */
      }
    ch = *S++;                  /* 取表达式中的下一个字符 */
   }
  PopSStack (NS,&a);            /* NS 栈顶元素即为运算结果 */
    z = strtofloat(a);
    return z;
  }
```

3.3.2 队列及其基本运算

1)队列(Queue)

在实际应用中,还有一种“先进先出(First In First Out,FIFO)”的限定性数据结构,即只允许在表一端进行插入,在表的另一端进行删除运算的线性表,这种数据结构被称为队或队列。允许进行插入的一端为队尾(rear),而允许删除的一端为队首 (front)。如图 3-3-5 所示为一个队列型结构图,在实际的应用中,需要用两个指针 rear,front 分别来标识队首和队尾。

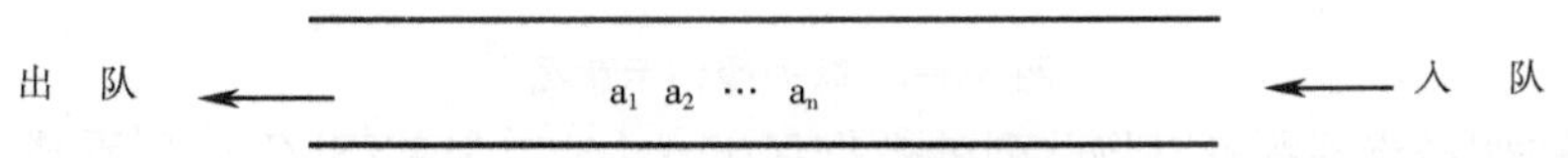

图 3-3-5 队列示意图

在日常生活中,也有很多队列应用的例子,比如大家到食堂排队买饭,服务员总是给先来的人服务,后来的人等候前面的人离开后才能接受服务。

2)队列的存储实现及运算实现

在队列上进行的基本操作有:构造空队、入队、出队、读队头元素、判队空等。与线性表、栈类似,队列也有顺序存储和链式存储两种存储方法。

(1)顺序队　顺序存储的队即为顺序队。因为队的队头和队尾都是活动的,因此,除了队列的数据区外还有队头、队尾两个指针。跟顺序栈的定义类似,顺序队的数据结构可定义如下:

```
struct SQueue
{ DataType Data[MAXSIZE];
  /* 队列中元素的存储,MAXSIZE 为队列的最大容量 */
  int rear,front;              /* 队首指针 front,队尾指针 rear */
 } SQ;
```

初始时，SQ. front = SQ. rear = −1；

在不考虑溢出的情况下，入队操作队尾指针加 1，指向新位置后，元素入队。操作为：SQ. rear++；SQ. Data[SQ. rear] = x；

在不考虑队空的情况下，出队操作队头指针加 1，表明队头元素出队。操作为：SQ. front++；x = SQ. Data[SQ. front]；

队中元素的个数：m = SQ. rear − SQ. front；

队满时：m = MAXSIZE；队空时：m = 0。

按照上述思想建立空队及入队、出队的操作如图 3-3-6 所示，设 MAXSIZE=10。

从图 3-3-6 中所示操作步骤可以看到，随着入队、出队的进行，会使整个队列整体向后移动，出现图 3-3-6(d)中的现象，即队尾指针已经移到了最后，再有元素入队就会出现溢出，而此时队列并未填满，这种情况被称为假溢出。这是由于"队尾入、队头出"的操作所造成。

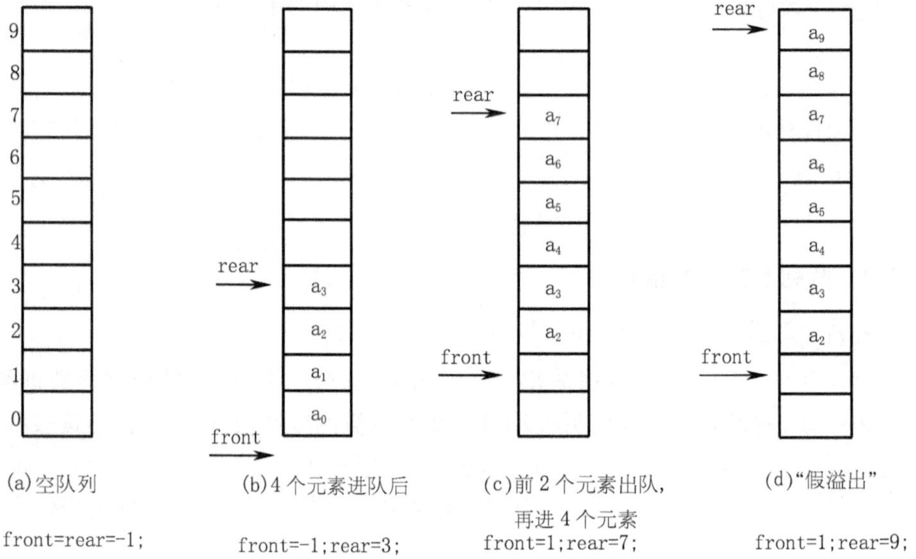

图 3-3-6 队列操作示意图

为了解决假溢出问题可以将队列的数据区 Data[0... MAXSIZE−1]看成头尾相接的循环结构，头尾指针的关系不变，将其称为循环队列，其操作如图 3-3-7 所示。

因为是头尾相接的循环结构，入队时的队尾指针加 1 操作修改为：SQ. rear = (SQ. rear + 1) % MAXSIZE；出队时的队头指针加 1 操作修改为：SQ. front=(SQ. front + 1) % MAXSIZE。

从图 3-3-7 所示的循环队可以看出，图(a)中具有 a_5，a_6，a_7，a_8 四个元素，此时 front = 4，rear = 8；随着 a_9～a_{14} 相继入队，队中具有了 10 个元素，显然队满，此时 front = 4，rear = 4，如图(b)所示，可见在队满情况下有：front = rear；若在图(a)情况下，a_5～a_8 相继出队，此时队空，front = 8，rear = 8，如图(c)所示，即在队空情况下也有：front = rear。就是说这种循环队列的"队满"和"队空"的条件是相同的，解决这个问题的方法有以下两种：

一种方法是增加一个存储队中元素个数的变量如 num，当 num = 0 时队空，当 num = MAXSIZE 时为队满；另一种方法是少用一个元素空间，把图(d)所示的情况就视为队满，此时的状态是队尾指针加 1 就会从后面赶上队头指针，这种情况下队满的条件是：(rear+1) % MAXSIZE= SQ. front，从而就把空队和满队区别开来了。

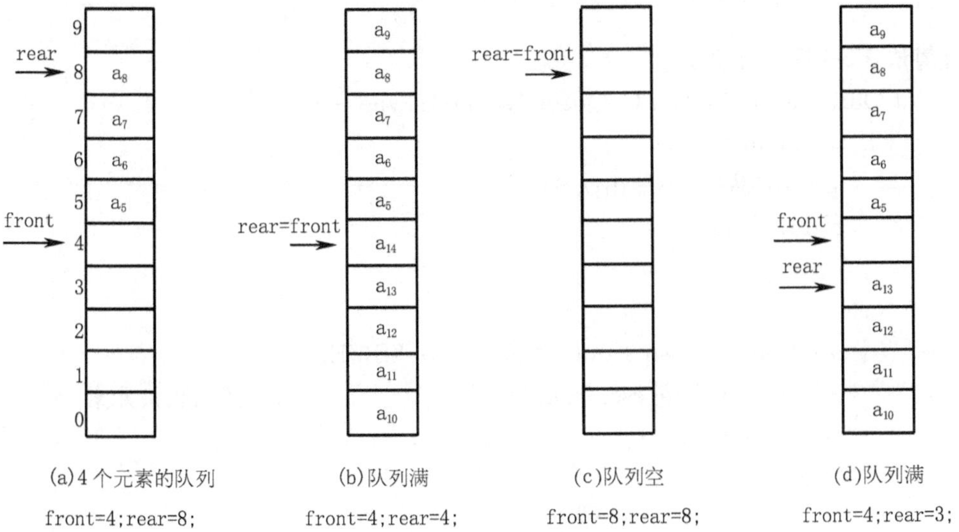

图 3-3-7　循环队列操作示意

在解决上述冲突的情况下，实际工作中常常用到的就是循环顺序队列。上述第一种解决办法的循环队列的类型定义及基本运算如下：

```
struct CSQueue                          /* 循环队列 */
  { DataType data[MAXSIZE];            /* 数据的存储区 */
    int front, rear;                    /* 队头队尾指针 */
    int num;                            /* 队中元素的个数 */
  }
```

【算法 3-3-11】　置空队(初始化队列)。

```
struct CSQueue InitCSQueue()
  { struct CSQueue csq;
    csq.front = csq.rear = -1;          /* 循环队列为空的初始状态 */
    csq.num = 0;
    return csq;
  }
```

【算法 3-3-12】　入队。

```
int InCSQueue(struct CSQueue csq, DataType x)
  { if (csq.num == MAXSIZE)
     { printf("队满,不能入队");
       return -1;
     }
    else
    { csq.rear = (csq.rear + 1) % MAXSIZE;
      csq.data[csq.rear] = x;
      csq.num++;
      return 1;
    }
```

```
}
```

【算法 3-3-13】 出队。

```
int OutCSQueue(struct CSQueue csq,DataType * x)
  { if (csq. num==0)
    { printf("队空,不能出队");
      return -1;
    }
    else
    { csq. front = (csq. front + 1) % MAXSIZE;
      * x = csq. data[csq. front];                /* 读出队头元素 */
      csq. num--;
      return 1;
    }
  }
```

(2)链队 链式存储的队即为链队,和链栈类似用单链表来实现。据队列的 FIFO 原则,为了操作上的方便,分别需要一个队首指针 front 和队尾指针 rear,如图 3-3-8 所示。

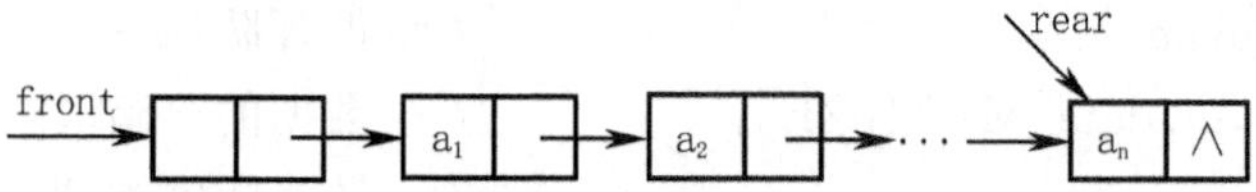

图 3-3-8 链队示意图

图 3-3-8 中指针 front 和 rear 是两个独立的指针变量,从结构性上考虑,通常将二者封装在一个结构中。链队的描述如下:

```
struct LQNode                                /* 链队结点 */
{ DataType data;
  struct LQNode * next;
};
struct LQueue                                /* 链队 */
{ struct LQNnode * front, * rear; };
```

定义一个指向链队的指针:LQueue * q;链队一般都要带队首结点。按这种方式建立的带首结点的链队如图 3-3-9 所示。

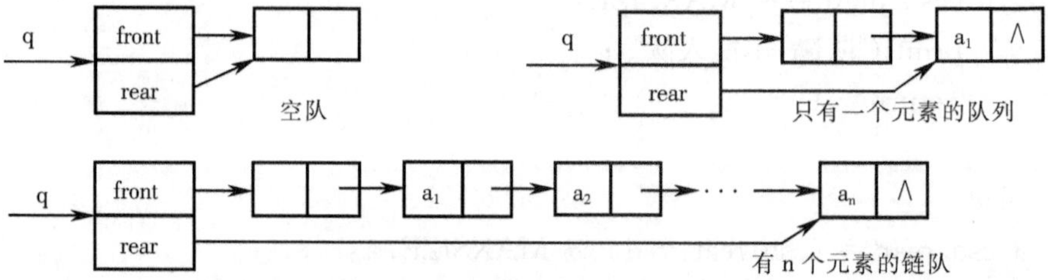

图 3-3-9 带首结点的链队(首、尾指针一起封装)

链队的基本运算如下:

【算法 3-3-14】创建带头结点的空队。

```
struct LQueue * InitLQueue()              /* 通过函数名传值 */
  { struct LQueue *q;
    struct LQNode *p;
    q = (struct LQueue *)malloc(sizeof(struct LQueue));
                                          /* 动态分配首尾指针 */
    p = (struct LQNode *)malloc(sizeof(struct LQNode));
                                          /* 动态分配队首结点 */
    p->next = NULL;                       /* 队为空队 */
    q->front = q->rear = p;               /* 队首、队尾指针相同 */
    return q;
  }
```

【算法 3-3-15】 入队，将值为 **x** 的元素加入队列。

```
int InLQueue(struct LQueue *q,DataType x)
{ struct LQNode *p, *q;
  p = (struct LQNode *)malloc(sizeof(struct LQNnode));
  p->data = x; p->next = NULL;
  q->rear->next = p;                      /* 将新结点加入链队队尾 */
  q->rear = p;                            /* 调整队尾指针 */
  retrun 1;
}
```

【算法 3-3-16】 判断队空。

```
int EmptyLQueue(struct LQueue *q)
{ if (q->front == q->rear)
    return 1;                             /* 队空返回 1 */
else
    return 0;                             /* 队非空返回 0 */
}
```

【算法 3-3-17】 出队。

```
int OutLQueue(struct LQueue *q,DataType *x)
                                          /* 通过*x将队首元素的值带回 */
{ struct LQNnode *p;
  if (EmptyLQueue(q))
  { printf ("队空，不能出队");
    return 0;
  }
else
  { p = q->front->next;
    q->front->next = p->next;             /* 修改队尾指针 */
    x = p->data;                          /* 队头元素放 x 中 */
    free(p);
```

```
        if (q->front->next == NULL)     /* 队列中最后一个元素出队后 */
          q->rear = q->front;
        return 1;
      }
    }
```

3)队列应用举例

队列的操作一般满足 FIFO 的原则,常常被应用于模拟排队的问题中。例如,操作系统中的多道程序中的 CPU 管理、缓冲区设计都是采用队列这种数据结构来实现的。同时,在学习图的遍历时涉及队列的应用,在此不再举例了。

3.4　数组与特殊矩阵

在各种高级语言中,数组有着广泛的应用。从数据结构的观点上看,数组是线性表的推广,这表现为数据元素本身仍然是由一个个表构成。本节主要讨论多维数组的逻辑结构和存储结构、特殊矩阵,以及矩阵的压缩存储等。

3.4.1　数组(Array)

数组作为是线性表的推广,其特点是数组中的元素本身可以是具有某种结构的数据,但属于同一数据类型。例如,可以把一维数组看作一个线性表的顺序存储,而把二维数组看作"数据元素是一维数组"的一维数组,三维数组可以看作"数据元素是二维数组"的一维数组,依此类推,可以将其结构和性质推广到 n 维数组中去。所以在这里只讨论二维数组,对于二维数组,其每个元素既受到行关系的制约,又受到列关系的制约。图 3-4-1 是一个 m 行 n 列的二维数组。

$$\begin{bmatrix} a_{11} & a_{12} & \cdots & a_{1n} \\ a_{21} & a_{22} & \cdots & a_{2n} \\ \vdots & \vdots & & \vdots \\ a_{m1} & a_{m2} & \cdots & a_{mn} \end{bmatrix}$$

图 3-4-1　m×n 的二维数组

在高级语言对数组的定义中,它是一个具有固定格式和数量的数据有序集,每一个数据元素有惟一的一组下标来标识。在数组上不能做插入、删除数据元素的操作。并且,数组一旦被定义,每一维的大小及上下界都不能改变。在数组中通常做下面两种操作:

(1)取值操作　给定一组下标,读其对应的数据元素。

(2)赋值操作　给定一组下标,存储或修改与其相对应的数据元素。

3.4.2　数组的顺序存储

因为计算机的内存地址空间是线性的,数组被作为向量存储。当数组的行列固定后,根据数组元素的下标可以得到它的存储地址。对于一维数组按下标顺序分配存储空间即可。但是对于多维数组,就存在按行优先顺序存放和按列优先顺序存放两种存储方式。

按行优先顺序存放:是以行为主序(或先行后列)的顺序存放,如 PASCAL、C 语言等程序设计语言中用的是以行为主的顺序分配,即一行分配完接着分配下一行。按列优先顺序存放:是以列为主序(先列后行)的顺序存放,如 FORTRAN 语言中,用的是以列为主序的分配顺序,即一列一列地分配。以行为主序时最右边的下标先变化,即最右下标从小到大,循环一遍后,右边第二个下标再变……从右向左,最后是左下标。以列为主序分配的规律恰好相反：最左边的下标先变化，即最左下标从小到大，循环一遍后，左边第二个下标再变……从左向右，最后是右下标。

例如，对于如图 3-4-2 所示一个 3×2 二维数组，若按行优先序存放，在内存中的顺序为：a_{11}，a_{12}，a_{21}，a_{22}，a_{31}，a_{32}；若按列优先序存放，则为：a_{11}，a_{21}，a_{31}，a_{12}，a_{22}，a_{32}。

$$\begin{bmatrix} a_{11} & a_{12} \\ a_{21} & a_{22} \\ a_{31} & a_{32} \end{bmatrix}$$

图 3-4-2　3×2 数组

对于任意 m×n 二维数组，可以根据元素的下标得到其地址的计算公式。设数组的首地址为 $LOC(a_{11})$，每个数组元素占据 D 个存储单元，按行优先序存放，则数组中任一元素 a_{ij} 的存储地址的计算公式为

$$LOC(a_{ij}) = LOC(a_{11}) + ((i-1) * n + j-1) * D \qquad i,j \in [1,n]$$

同样，也可以得到按列优先序存放时，元素 a_{ij} 的存储地址的计算公式为

$$LOC(a_{ij}) = LOC(a_{11}) + ((j-1) * m + i-1) * D \qquad i,j \in [1,n]$$

在 C 语言中，一般将数组的下界定义为 0，则上述计算公式，可改为

$$LOC(a_{ij}) = LOC(a_{00}) + (i * n + j) * D \qquad i,j \in [0,n)$$

3.4.3　特殊矩阵的压缩存储

通常，用二维数组来表示矩阵结构是非常恰当的。在数值分析中经常会出现一些阶数很高，但形式特异的矩阵，例如对称矩阵、三角矩阵、带状矩阵、稀疏矩阵等矩阵，按通常的二维数组的方式存放，就有可能会存在着大量的相同元素或零元素。为节约存储空间，就需要对这些矩阵进行压缩存储，即为多个值相同的元素分配同一个存储空间，或者不为零元素分配空间。

1）对称矩阵

对于一个 n 阶方阵 A，若有 $a_{ij}=a_{ji}$，其中 $1 \leqslant i,j \leqslant n$，则可称 A 为对称矩阵。图3-4-3就是一个对称矩阵。由于对称矩阵关于主对角线对称，因此只需存储上三角或下三角部分即可，这样就把 n^2 个数据元素压缩存储到了[n(n+1)/2]个存储空间中了。不失一般性，只存储下三角中的元素 a_{ij}，其特点是中 $j \leqslant i$ 且 $1 \leqslant i \leqslant n$，对于上三角中的元素 a_{ij}，它和对应的 a_{ji} 相等，因此当访问的元素在上三角时，直接去访问和它对应的下三角元素即可。图 3-4-3 的按行优先序的压缩存储结果为：{1,3,2,5,4,3,7,6,9,4}，可以压缩存储于一个一维数组中。

$$A = \begin{bmatrix} 1 & 3 & 5 & 7 \\ 3 & 2 & 4 & 6 \\ 5 & 4 & 3 & 9 \\ 7 & 6 & 9 & 4 \end{bmatrix}$$

图 3-4-3　对称矩阵

同上，求其任意元素 a_{ij} 存储地址的计算公式为

$$LOC(a_{ij}) = LOC(a_{11}) + (i*(i-1)/2 + j-1) * D$$

当 j>i 时，可将 i,j 的值互换，而求出地址。显然，这种压缩存储也使用于下三角阵、上三角阵。

2）带状矩阵

对于一个 n 阶矩阵 A，如果存在最小正数 m，满足当 $|i-j| \geqslant m$ 时，$a_{ij}=0$，则可称之为带状矩阵，称 $w=2m-1$ 为矩阵 A 的带宽。带宽 w=3 的带状矩阵为三对角阵。如图3-4-4就是一个 w=3 的带状矩阵（三对角阵），在这种矩阵中，所有非零元素都集中在以主对角线为中心的带状区域中，即除了主对角线和它的上下方若干条对角线的元素外，所有其他元素都为零。

$$A = \begin{bmatrix} a_{11} & a_{12} & 0 & 0 \\ a_{21} & a_{22} & a_{23} & 0 \\ 0 & a_{32} & a_{33} & a_{34} \\ 0 & 0 & a_{43} & a_{44} \end{bmatrix}$$

图 3-4-4　w=3 带状矩阵

对于带状矩阵的压缩存储有两种方法：一种方法是将矩阵压缩到一个 n 行 w 列的二维

数组中；另一种方法是将矩阵压缩到向量中去。一般地，采用按行优先序的方式来压缩带状矩阵。对应于图 3-4-4 的带状矩阵可压缩存储为：$\{a_{11}, a_{12}, a_{21}, a_{22}, a_{23}, a_{32}, a_{33}, a_{34}, a_{43}, a_{44}\}$，对应的非零元素 a_{ij} 的存储地址计算公式为

$$LOC(a_{ij}) = LOC(a_{11}) + (2*(i-1)+j-1)*D$$

3)稀疏矩阵

在科学与工程计算中，有一种矩阵，其中存在着大量的值为零或相等的元素，称为稀疏矩阵。对于 m×n 的稀疏矩阵，通常其中的非零元素个数 $t << m*n$。在实际的应用或计算中，有时可能会遇到阶数很高的稀疏矩阵，若按常规分配方法，顺序分配在计算机内将是相当浪费内存的，有时甚至是无法实现的。为此，对该类矩阵只存放非零元素。这样，不仅节省了存储空间，还可以减少大量的零元素的无谓运算。这类矩阵的零元素分布一般是没有规律的，所以不仅要存储非零元素的值，还要存储其所在的行或列号。下面就讨论一些常用的稀疏矩阵压缩存储方法。

(1)稀疏矩阵的三元组表存储　将三元组按行优先的顺序，同一行中列号从小到大的规律排列成一个线性表，称为三元组表，采用顺序存储方法存储该表。

如图 3-4-5 就为一个阶数较低的稀疏矩阵，这个稀疏矩阵对应的三元组表为

$$A = \begin{bmatrix} a_{11} & 0 & 0 & a_{14} & a_{15} \\ 0 & a_{22} & 0 & 0 & 0 \\ 0 & 0 & 0 & 0 & a_{35} \\ 0 & 0 & 0 & 0 & 0 \\ a_{51} & 0 & a_{53} & 0 & 0 \end{bmatrix}$$

图 3-4-5　稀疏矩阵

$$\begin{cases} 行：1 & 1 & 1 & 2 & 3 & 5 & 5 \\ 列：1 & 4 & 5 & 2 & 5 & 1 & 3 \\ 值：a_{11} & a_{14} & a_{15} & a_{22} & a_{35} & a_{51} & a_{53} \end{cases}$$

三元组表示的稀疏矩阵的数据结构，可定义如下：

```
struct SNode                    /* 三元组中元素的定义 */
{ int i,j;                      /* 非零元素的行号、列号 */
  DataType v;                   /* 非零元素的值 */
};
struct SMatrix                  /* 三元组矩阵的定义 */
{ int mu,nu,tu;                 /* 矩阵的行数、列数及非零元素的个数 */
  struct SNode data[MAX];             /* 三元组表 */
};
```

当矩阵的阶数非常大时，这样的存储方法确实节约了存储空间。转置是矩阵的一种最简单运算，例如，将一个 m×n 稀疏矩阵 A，转置存储为 n×m 稀疏矩阵 B，用三元组表示的稀疏矩阵的转置运算如下：

【算法 3-4-1】　三元组表示的稀疏矩阵转置。

```
void TransMAT(struct SMatrix *A,struct SMatrix *B)
  { int p, q, col;
    B = malloc(sizeof(SMatrix));          /* 动态分配存储空间 */
    B->mu = A->nu;                        /* 截取矩阵的行、列、非零元个数 */
    B->nu = A->mu;
    B->tu = A->tu;
    if (B->tu > 0)                        /* 有非零元素则转换 */
```

```
{ q = 0;
for (col = 1; col <= (A->nu); col++)    /* 按 A 的列序转换 */
for (p=1; p <= (A->tu); p++) /* 扫描整个三元组表 */
if (A->data[p].j == col )
{ B->data[q].i = A->data[p].j ;
  B->data[q].j = A->data[p].i ;
  B->data[q].v = A->data[p].v;
  q++;
 }
}
}
```

一般 m×n 矩阵的转置运算，用双重循环，其时间复杂度为 O(m * n)。通过上述分析，算法的时间主要耗费在 col 和 p 的二重循环上，所以时间复杂性为 O(n * tu)，当 tu<<m * n 时，显然即节省时间，又节省空间。

对于稀疏矩阵的压缩存储顺序存储方式还有带辅助向量的三元组表示、伪地址法等，都没有什么特别之处，读者可以参考其他资料学习和了解。

上面讨论的都是用顺序表的方式压缩存储稀疏矩阵，在做一些操作(如加法、乘法)时，非零项数目及非零元素的位置会发生变化，这时这种表示就十分不便。其实也可以用链表解决其存储问题。

(2)带行指针向量的单链表　本方法是设置一个行指针向量，向量中的每一个元素为一个指针，指向本行的第一个非零元素结点，若本行无非零元素，则指针为空。矩阵中每一个非零元素由三个域组成，分别为列、元素的值，以及指向本行下一个非零元素的指针，同一行的非零元素构成了一个单向链表，故称带行指针向量的单链表。这种方式，有多少行就有多少个行指针，在每行上元素的个数是动态的。其结点的数据结构可定义为：

```
struct LNode                /* 单链表中结点的定义 */
 { int col;                 /* 非零元素的列坐标 */
   DataType value;          /* 非零元素值 */
   struct LNode *next;      /* 指向同行下一非零元素的指针 */
 };
```

图 3-4-5 所示稀疏矩阵表示为带行指针向量的单链表如图 3-4-6 所示。同样，也可构造出带列指针向量的单链表。

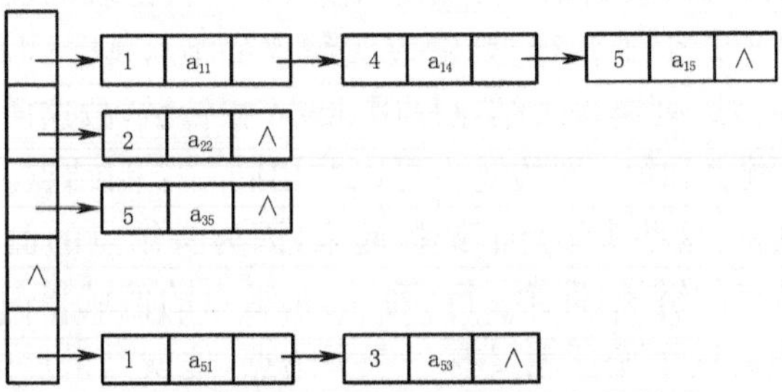

图 3-4-6　带行指针向量的单链表

(3)稀疏矩阵的十字链表存储　十字链表是一种动态的存储结构，在需要频繁地改变系数矩阵中非零元素的个数、位置的情况下，采用十字链表来表示稀疏矩阵是比较方便的。

用十字链表表示稀疏矩阵的基本思想是：对每个非零元素存储为一个结点，结点由 5 个域组成，其结构如图 3-4-7 所示，其中：row 域为非零元的行号，col 域为非零元的列号，v 域为相应元素的值，right，down 是两个指针域，分别指向该结点的行相邻非零元素及列相邻非零元素。图 3-4-5 所示稀疏矩阵用十字链表形式可表示为图 3-4-8。

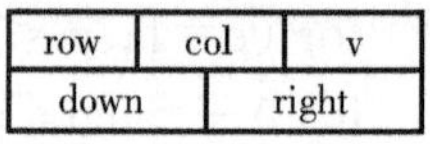

图 3-4-7　十字链表的结点结构

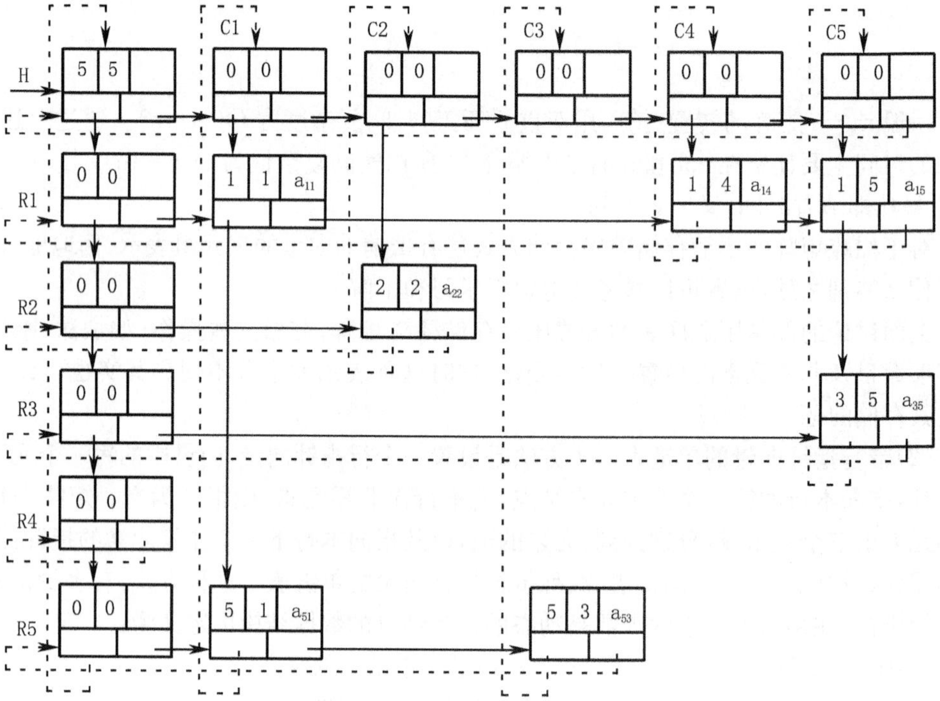

图 3-4-8　稀疏矩阵的十字链表表示

稀疏矩阵中每一行的非零元素按其列号从小到大顺序由 right 域链成一个带表头结点的循环行链表，同样每一列中的非零元素按其行号从小到大顺序由 down 域也链成一个带表头结点的循环列链表。即每个非零元素 a_{ij} 既是第 i 行循环链表中的一个结点，又是第 j 列循环链表中的一个结点。行链表、列链表的头结点的 row 域和 col 域置 0。每一列链表的表头结点的 down 域指向该列链表的第一个元素结点，每一行链表的表头结点的 right 域指向该行表的第一个元素结点。由于各行、列链表头结点的 row 域、col 域和 v 域均为零，行链表头结点只用 right 指针域，列链表头结点只用 down 指针域，故这两组表头结点可以合用，也就是说对于第 i 行的链表和第 i 列的链表可以共用同一个头结点。为了方便地找到每一行或每一列，将每行(列)的这些头结点们链接起来，因为头结点的值域空闲，所以用头结点的值域作为连接各头结点的链域，即第 i 行(列)的头结点的值域指向第 i+1 行(列)的头结点……形成一个循环表。这个循环表又有一个头结点，这就是最后的总头结点，指针 H 指向它。总头结点的 row 和 col 域存储原矩阵的行数和列数。

结点的结构定义如下：

```
struct MLNode                          /* 十字链表的数据结构 */
 { int row, col;                       /* 行、列下标 */
   struct MLNode *down, *right;        /* 下、右指针 */
   DataType v;                         /* 元素的值 */
 };
```

可以通过建立稀疏矩阵 A 的十字链表来了解其运算方式，算法的设计思想是：首先建立每行（每列）只有头结点的空链表，并建立起这些头结点拉成的循环链表；然后每输入一个三元组（i，j，a_{ij}），则将其结点按其列号的大小插入到第 i 个行链表中去，同时也按其行号的大小将该结点插入到第 j 个列链表中去。在算法中将利用一个辅助数组 MLNode *hd[s+1]；其中 s=max(m , n)，hd [i]指向第 i 行（第 i 列）链表的头结点。这样做可以在建立链表时随机的访问任何一行（列），为建表带来方便。

【算法 3-4-2】 十字链表的建立运算。

```
void CreatMLink(struct MLNode * H) /* 通过函数名传回十字链表的头指针 */
  { int s, m, n, tu, i, r, c; DataType v; /* 假设 DataType 为 int */
    struct MLNode *p, *q , *cp[], *rp[];
    scanf("%d, %, %d", &m, &n, &tu);
                                    /* 输入矩阵的行、列，及非 0 元素个数 */
    p = (struct MLNode *)malloc(sizeof(struct MLNode));
                                    /* 初始表头结点 */
    p->row = m; p->col = n; H = p;
                                    /* 存入行、列数 */
    cp[0] = H; rp[0] = H;           /* cp、rp 分别为列、行向量指针 */
    for(i=1; i<n; i++)              /* 建立列表首指针 */
  { p=(struct MLNode *)malloc(sizeof(struct MLNode));
    p->row=0; p->col=0; cp[i]=p; p->right=p; p->down=p; cp[i-
1]-right=p;
  }
  cp[n]->right=H;                   /* 将头结点们形成循环链表 */
  for (i=1; i<=m; i++)              /* 建立行表首指针 */
  { p=(struct MLNode *)malloc(sizeof(struct MLNode));
  P->row=0; p->col=0; rp[i]=p; p->right=p; p->down=p; rp[i-1]
-right=p;
  }
    rp[n]->right=H;
    for(i=1; i<=tu; i++)
  { scanf("%d, %d, %d", &r, &c, &v); /* 输入一个三元组(行/列/值)，设值为 int */
    p=(struct MLNode *)malloc(sizeof(struct MLNode));
    p->row=r; p->col=v; p->v=v; q=rp[r];
    while((q->right ! =rp[r]) && (q->right->col<c)) q=q->right;
```

```
        p->right=q->right;              /* 在行上插入 */
        q->right=p; q=cp[c];
        while(q->down != cp[c]) && (q->down->row<r))  q=q->down;
        p->down=q-> down; q->down=p;
                                        /* 在列上插入 */
    }
  }
```

上述算法中，建立头结点循环链表时间复杂度为 O(s)，插入每个结点到相应的行表和列表的时间复杂度是 O(t * s)，这是因为每个结点插入时都要在链表中寻找插入位置，所以总的时间复杂度为 O(t * s)。该算法对三元组的输入顺序没有要求。如果输入三元组时是按以行(或列)为主序输入的，则每次将新结点插入到链表的尾部，改进算法后，时间复杂度为 O(s+t)。

3.5 树与二叉树

前面介绍的数据结构都属于线性结构，这种结构的特点是逻辑结构简单，易于进行查找、插入和删除等基本操作，其主要用于对客观世界中具有单一的前驱和后继的数据关系进行描述。在现实生活中，许多事物的关系并非这样简单，如人类社会的族谱、各种社会组织机构以及城市交通网络等，这些事物中的联系都是非线性的，采用非线性结构进行描述会更明确和便利。

所谓非线性结构是指，在该结构中至少存在一个数据元素，有两个或两个以上的直接前驱(或直接后继)元素。树和图就是两种非常重要的非线性结构，可以用来描述客观世界中广泛存在的层次结构和网状结构的关系。

本节就树、二叉树的相关概念以及二叉树应用进行讨论。

3.5.1 树

1)树的定义

树(Tree)是由 n(n≥0)个数据元素构成的有限集合 T；当 n=0 时，树为空树；若 n! =0，则其中必然有且只有一个被称为根结点(Root)的数据元素，根结点没有前驱；其余数据元素被分成 m(m≥0)个互不相交的集合 $T_1, T_2, \cdots, T_m$，其中的每一个集合 $T_i(0 \leqslant i \leqslant m)$本身又是一棵树，为根结点的子树。

在树的定义中用了递归概念，也就是用树来定义树。树的定义还可形式化的描述为二元组的形式为

$$Tree = (T, R)$$

其中，T 为树中数据元素的集合，R 为建立在 T 上的数据元素之间关系的集合：

当树为空树时，$T = \varnothing, R = \varnothing$；

当树不为空树时，存在着惟一的称为根的数据元素 Root∈T，在关系 R 下无前驱；

若 $T_C = T - \{Root\} != \varnothing$，则 T 可表示为：$T_C = T_1 \cup T_2 \cup \cdots \cup T_m$ 且 $T_i \cap T_j = \varnothing$ $(i \neq j, 1 \leqslant i \leqslant m, 1 \leqslant j \leqslant m)$；$R = \{\langle Root, R_i \rangle, i=1,2,\cdots,m\}$，其中，Root 为树 T 的根结点，$R_i$ 是树 T 的根结点 Root 的子树 T_i 的根结点。

图 3-5-1 就是一棵具有 9 个结点的树，即 T＝{A,B,C,…,H,I}，结点 A 为树 T 的根结点，除根结点 A 之外的其余结点分为两个不相交的集合：T_1＝{B,D,E,F,H,I}和 T_2＝{C,G}，T_1 和 T_2 构成了结点 A 的两棵子树，T_1 和 T_2 本身也分别是一棵树。以此类推，可将每棵子树都分解到只有一个结点。

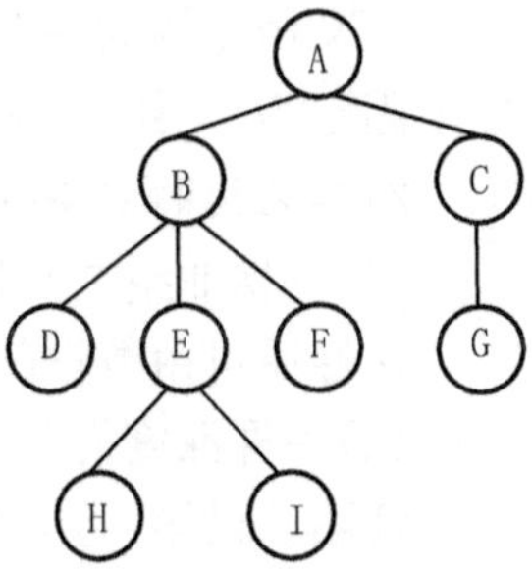

图 3-5-1 普通树结构示意

从树的定义和图示可以看出，树具有下面两个特点：

(1)树的根结点没有前驱结点，除根结点之外的所有结点有且只有一个前驱结点。

(2)树中所有结点可以有零个或多个后继结点。

2)树的相关术语

简而言之，树是一种分层、分支的数据结构。结合图 3-5-1 来介绍树的相关术语。

(1)结点的度　结点所拥有的子树的数目，如图 3-5-1 中结点 B 的度为 3。

(2)叶子结点　度为 0 的结点，又称为终端结点，如图 3-5-1 中 D,H 等。

(3)分枝结点　度不为 0 的结点称为分支结点，或者称为非终端结点，如图 3-5-1 中 B，C 等。

(4)孩子、双亲、兄弟　树中一个结点的子树的根结点称为这个结点的孩子，而这个结点为其孩子结点的双亲，同一个双亲的孩子结点互称为兄弟，如图 3-5-1 中 B 是 D,E,F 的双亲，D,E,F 是 B 的孩子，D,E,F 互为兄弟。

(5)结点的层数　根结点的为第一层，其余结点的层数等于它的双亲结点的层数加 1，例如，结点 D 的层次为 3。

(6)树的深度　即树中结点的最大层数，图 3-5-1 所示树的深度为 4。

(7)树的度　即树中各结点度的最大值，图 3-5-1 所示树的度为 3，可以称之为三叉树。

(8)有序树和无序树　若一棵树中结点的各子树从左到右是有次序的，不能互换位置，则称这棵树为有序树；反之，则称为无序树。

(9)森林　即 m(m≥0)棵互不相交的树的集合。

3.5.2 二叉树

1)二叉树的基本概念

二叉树(Binary Tree)是 n(n≥0)个数据元素的有限元素集合，该集合或为空，或由一个根结点和两个分别称为左子树和右子树的互不相交的二叉树组成。当集合为空时，称为空二叉树。

与树的定义类似，二叉树也是采用递归方式定义的。只是二叉树的子树是有序的，有着明显的左、右之分，如若颠倒，就变成了另一棵不同的二叉树，所以二叉树具有五种基本形态，如图 3-5-2 所示。

图 3-5-2 二叉树的五种基本形态

二叉树是树的一个子集，它继承了树的属性，树的相关术语对二叉树同样适用。只是它的度固定为 2，因此具有了普通树所不具备的特殊性质。

2)二叉树的主要性质

(1)一棵非空二叉树的第 i 层上最多有 2^{i-1} 个结点($i \geqslant 1$)。

该性质可由数学归纳法证明(证明略)。

(2)一棵深度为 h 的二叉树中，最多具有 2^h-1 个结点。

证明　设第 i 层的结点数为 $X_i(1 \leqslant i \leqslant h)$，深度为 h 的二叉树的结点数为 M，$X_i$ 最多为 2^{i-1}，则有

$$M = \sum_{i=1}^{h} X_i \leqslant \sum_{i=1}^{h} 2^{i-1} = 2^h - 1$$

(3)对于一棵非空的二叉树，若其有 n_0 个叶子结点，有 n_2 个度为 2 的结点，则有

$$n_0 = n_2 + 1$$

证明　设 n 为二叉树的结点总数，n_1 为二叉树中度为 1 的结点数，则有

$$n = n_0 + n_1 + n_2 \tag{3-5-1}$$

在二叉树中，除根结点外，其余结点都有惟一的一个进入分支。设 B 为二叉树中的分支数，那么有

$$B = n - 1 \tag{3-5-2}$$

这些分支是由度为 1 和度为 2 的结点发出的，一个度为 1 的结点发出一个分支，一个度为 2 的结点发出两个分支，所以有

$$B = n_1 + 2n_2 \tag{3-5-3}$$

综合式(3-5-1)、式(3-5-2)、式(3-5-3)式可以得到：$n_0 = n_2 + 1$。

(4)对于具有 n 个结点的完全二叉树，如果按照从上至下和从左到右的顺序对二叉树中的所有结点从 1 开始顺序编号，则对于任意的序号为 i 的结点，有

如果 $i>1$，则序号为 i 的结点的双亲结点的序号为 $[i/2]$；

如果 $i-1$，则序号为 i 的结点是根结点，无双亲结点；

如果 $2i \leqslant n$，则序号为 i 的结点的左孩子结点的序号为 2i；

如果 $2i>n$，则序号为 i 的结点无左孩子；

如果 $2i+1 \leqslant n$，则序号为 i 的结点的右孩子结点的序号为 $2i+1$；

如果 $2i+1>n$，则序号为 i 的结点无右孩子。

此外，若对二叉树的根结点从 0 开始编号，则相应的 i 号结点的双亲结点的编号为 $(i-1)/2$，左孩子的编号为 $2i+1$，右孩子的编号为 $2i+2$。

此性质可采用数学归纳法证明(略之)。

3)特殊形式的二叉树

(1)满二叉树　深度为 h 且含有 2^h-1 个结点的二叉树，其结点编号按自上而下、自左而右的顺序，这样的一棵二叉树称作满二叉树。图 3-5-3 中，图(a)就是一棵满二叉树，图(b)则不是满二叉树。满二叉树的叶子只能在最下层。图中结点旁边的数字标号即为结点的编号。

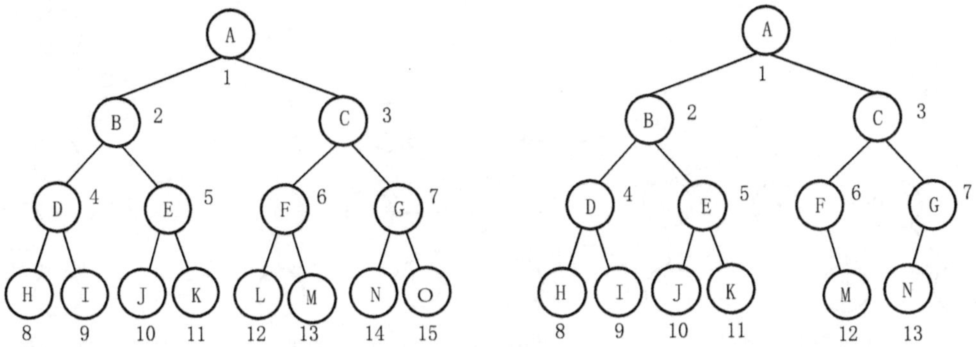

(a)满二叉树　　(b)非满二叉树

图 3-5-3　满二叉树和非满二叉树示意图

(2)完全二叉树　一棵有 n 个结点的二叉树,按与满二叉树相同的方式自上至下、自左到右进行编号,若 n 个结点的编号与满二叉树中 1～n 个结点的编号完全相同,则称这棵二叉树为完全二叉树。对于完全二叉树,其叶子结点只能出现在最下层和次下层,且最下层的叶子结点集中在树的左部。显然,满二叉树必定是完全二叉树,而完全二叉树未必是满二叉树。如图 3-5-4 所示,图(a)为完全二叉树,图(b)不是完全二叉树。

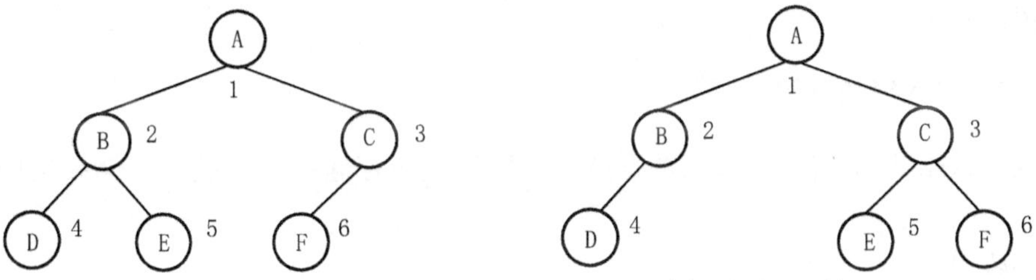

(a)完全二叉树　　(b)非完全二叉树

图 3-5-4　完全二叉树和非完全二叉树

4)树、森林与二叉树的转换

由于树的形式较为复杂,多分支的树型结构处理起来远远不如二叉树方便实用。为此就要设定相应的转换规则,用二叉树结构表示树和森林。

(1)树转换为二叉树　对于无序树,树中结点的各孩子的次序是无关紧要的,而二叉树中结点的孩子是有明显的左、右区别的。为避免树转换后发生混淆,要限定树中所有结点的孩子结点要从左到右遵循一定的次序,约定最左边的孩子为其第一个孩子。在此前提下,将普通树转换为二叉树的方法是:

① 在树中所有相邻的兄弟之间加一条连线。

② 对树中的每个结点,只保留它与第一个孩子结点之间的连线,删去它与其他孩子结点之间的连线。

③ 以树的根结点为轴心,将整棵树顺时针转动一定的角度,使之结构分支与层次分明。

图 3-5-5 给出了树到二叉树的转换过程。通过这个转换可以看出,在二叉树中,左分支上的各结点在原来的树中是父子关系,而右分支上的各结点在原来的树中是兄弟关系。由于树的根结点没有兄弟,所以变换后的二叉树的根结点的右孩子必为空。

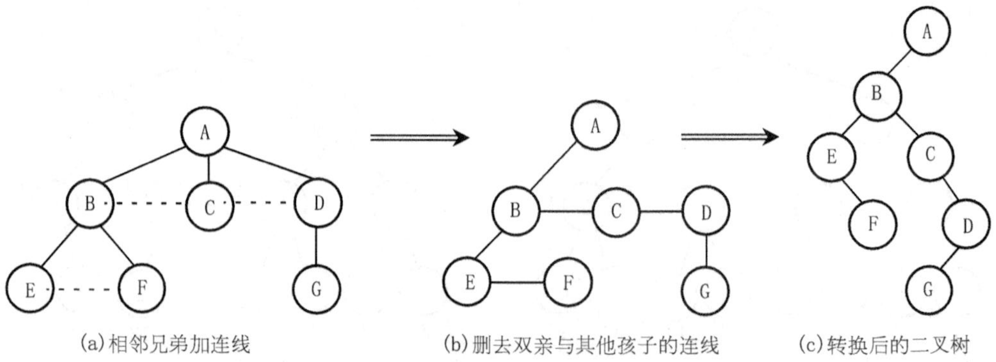

图 3-5-5　树到二叉树的转换过程

(2)森林转换为二叉树　有了普通树到二叉树的转换,也可以将森林转换为二叉树。在转换之前,要将森林中各棵树的根当成兄弟,就可以用下述方式,将森林转换为二叉树:

① 将森林中的每棵树转换成相应的二叉树。

② 保持第一棵(最左边的树)二叉树不动,从第二棵二叉树开始,依次把后一棵二叉树的根结点作为前一棵二叉树根结点的右孩子,当所有二叉树连起来后,此时所得到的二叉树就是由森林转换得到的二叉树。

树到二叉树的转换以及森林到二叉树的转换结果都是惟一的、可逆的,也就是可以转换还原为树或森林。

3.5.3　二叉树的存储

同线性数据结构类似,二叉树的存储也可以用顺序存储结构和链式存储结构两种方式实现。

1)二叉树的顺序存储结构

所谓二叉树的顺序存储,是指用一组连续的存储单元存放二叉树中的结点。一般是按照二叉树结点从上至下、从左到右的顺序存储。这样结点在存储位置上的前驱、后继关系并不能反映出它们的逻辑关系,只有在通过一些特别的方法确定这些结点逻辑关系后,这种存储才有意义。通常完全二叉树和满二叉树比较适合采用顺序存储,这是因为这两种结构的二叉树中的结点的序号可以惟一地反映出结点间的逻辑关系,采用顺序存储既节省空间,又可以用数组元素的下标值惟一地确定结点在二叉树中的位置及结点间的关系。对于普通的二叉树,按上述方式顺序存储,则数组元素下标间关系是不能够正确反映二叉树中结点间的逻辑关系的,所以必须增添一些空结点,使之在形式上与完全二叉树相同,再用一维数组顺序存储;或者在结构中添加一些新的属性来描述数据元素间关系。

图 3-5-6 给出的是普通二叉树,可以将其改造成完全二叉树形态,然后再顺序存储。当然,由于增加了一些并不存在的空结点,这种存储会造成空间的一些浪费。对于极端右单支树,是不宜用顺序存储结构的。

二叉树的顺序存储表示可简单地用一维数组来描述,对于树中任意结点 i,若左孩子存在,则其编号为 2i;若右孩子存在,则其编号为 2i+1。

2)二叉树的链式存储结构

二叉树的链式存储结构即用链表来表示二叉树,用链指针来指示元素的逻辑关系。比较常见的方式是二叉链表存储,这种方式的链表中每个结点由三个域组成,分别为数据域、

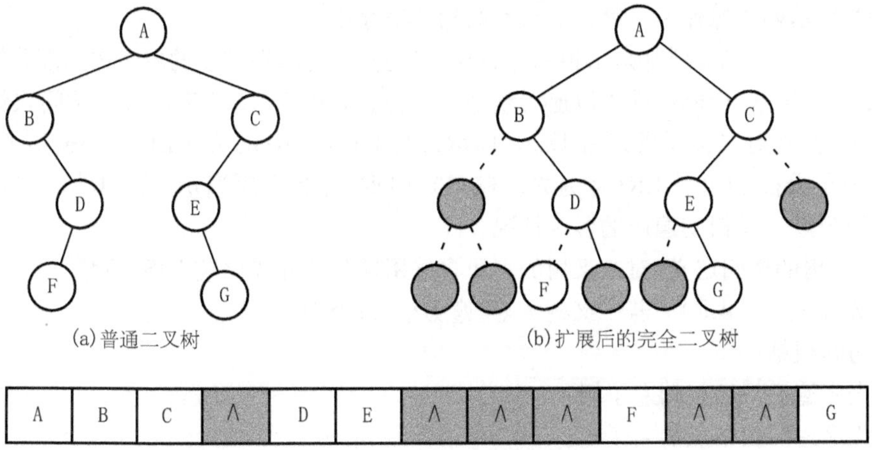

(a)普通二叉树　(b)扩展后的完全二叉树

(c)改造后完全二叉树顺序存储状态

图 3-5-6 一般二叉树及其顺序存储示意图

左孩子指针、右孩子指针。结点的存储结构为：

Lchild	Data	Rchild

其中，Data 域存放某结点的数据信息；Lchild 与 Rchild 分别存放指向左孩子和右孩子的指针，当左孩子或右孩子不存在时，相应指针域值为空(用符号∧或 NULL 表示)。

由于二叉链表结构灵活、操作方便，对于一般情况的二叉树，甚至比顺序存储结构还节省空间，所以二叉链表是最常用的二叉树存储方式，但是二叉链表中无法由结点直接找到其双亲。本书后面所涉及到的二叉树的链式存储结构不加特别说明的都是指二叉链表结构。

二叉树的二叉链表存储表示的 C 语言程序定义如下：

```
struct BTNode
{ DataType Data;              /* 在下述涉及的具体算法中,假设数据类型为 int */
  struct BTNode *Lchild; *Rchild;      /* 左右孩子指针 */
};
```

3.5.4 二叉树的遍历

遍历是指循着某条搜索路线，依次访问某数据结构中的全部结点，每个结点被访问且只被访问一次。对于线性数据结构，这种访问很容易实现；但是对于非线性的数据结构，遍历就不是那么简单。由于二叉树的顺序存储是对非线性数据结构的线性化，所以在以下对二叉树遍历的讨论中，通常只考虑二叉树的链式存储方式。

1)二叉树的遍历

遍历是二叉树中经常要用到的一种操作。因为在实际应用问题中，常常需要按一定顺序对二叉树中的每个结点逐个进行访问，查找具有某一特点的结点，然后对这些满足条件的结点进行处理。

跟遍历的定义类似，二叉树的遍历是指按照某种顺序访问二叉树中的每个结点，使每个结点被访问一次且仅被访问一次。

通过一次完整的遍历，可使二叉树中结点信息由非线性排列变为某种意义上的线性序列。也就是说，遍历操作本身就是非线性结构的线性化。

由于任一非空二叉树都是由根结点、根结点的左子树和根结点的右子树三部分组成，因此只要依次遍历这三部分，就可以遍历整个二叉树。若以 D、L、R 表示分别访问根结点、左子树、右子树，则对二叉树可以有 DLR、LDR、LRD、DRL、RDL 和 RLD 六种遍历方式。一般，限定先左后右，通过 DLR（称为先序遍历）、LDR（称为中序遍历）和 LRD（称为后序遍历）就足以反映二叉树的遍历的各种情况。

由二叉树的递归定义，对二叉树的遍历自然用递归的方式比较方便、清楚。

(1)先序遍历(DLR)　若二叉树为空，遍历结束；否则：

① 访问根结点。

② 先序遍历根结点的左子树。

③ 先序遍历根结点的右子树。

【算法 3-5-1】 先序遍历二叉树的递归算法。

```
void DLR(BTNode * T)
{ if (T == NULL) return;              /* 递归调用的结束条件 */
  printf("%d ",T->Data);              /* 访问结点的数据域(设为整型) */
  DLR(T->Lchild);                     /* 先序递归遍历 T 的左子树 */
  DLR(T->Rchild);                     /* 先序递归遍历 T 的右子树 */
}
```

对于图 3-5-4(a)所示的二叉树，进行先序遍历可得的结点序列为：A B D E C F。

(2)中序遍历(LDR)　若二叉树为空，遍历结束；否则：

① 中序遍历根结点的左子树。

② 访问根结点。

③ 中序遍历根结点的右子树。

【算法 3-5-2】 中序遍历二叉树的递归算法。

```
void LDR(BTNode * T)
{ if (T == NULL) return;              /* 递归调用的结束条件 */
  LDR(T->Lchild);                     /* 中序递归遍历 T 的左子树 */
  printf("%d ",T->Data);              /* 访问结点的数据域 */
  LDR(T->Rchild);                     /* 中序递归遍历 T 的右子树 */
}
```

对于图 3-5-4(a)所示的二叉树，进行中序遍历所得的结点序列为：D B E A F C。

(3)后序遍历(LRD)　若二叉树为空，遍历结束；否则：

① 后序遍历根结点的左子树。

② 后序遍历根结点的右子树。

③ 访问根结点。

【算法 3-5-3】 后序遍历二叉树的递归算法。

```
void LRD(BTNode * T)
{ if (T == NULL) return;              /* 递归调用的结束条件 */
  LRD(T->Lchild);                     /* 后序递归遍历 T 的左子树 */
  LRD(T->Rchild);                     /* 后序递归遍历 T 的右子树 */
```

```
    printf("%d ",T->Data);          /* 访问结点的数据域 */
  }
```

对于图 3-5-4(a)所所示的二叉树,进行后序遍历所得的结点序列为:D E B F C A。

对于树的遍历,也可以借助于堆栈、队列等数据结构,实现对二叉树的非递归遍历。通过借助队列,实现树的按层次遍历,以了解树的非递归遍历。

(4)层次遍历　二叉树的层次遍历,是指从二叉树的第一层(根结点)开始,从上至下逐层遍历,在同一层中,则按从左到右的顺序对结点逐个访问。对于图 3-5-4(a)所示的二叉树,按层次遍历所得到的结果序列为:A B C D E F。

对二叉树的层次遍历,要借助于队列实现。遍历从二叉树的根结点开始,首先将根结点指针入队列,然后从队首取出一个元素,每取一个元素,执行下面两个操作:

①访问该元素所指结点。

②若该元素所指结点的左、右孩子结点非空,则将该元素所指结点的左孩子指针和右孩子指针顺序入队。

此过程不断进行,当队列为空时,二叉树的层次遍历结束。

【算法 3-5-4】 本算法中,二叉树以二叉链表存放,一维数组 Q[MAXNODE]用以实现队列,变量 f 和 r 分别表示当前队首、队尾指针。

```
void LOrder(BTNode *T)              /* 层次遍历二叉树 T */
{ BTNode Q[MAXNODE];/* 辅助队列,MAXNODE 为最大的队列容量 */
  int f,r;                          /* 队列的首、尾指针 */
  if (T == NULL) return;            /* 空树,直接返回 */
  f = -1;                           /* 队首,队尾指针初始化 */
  r = 0;
  Q[r] = T;                         /* 树根进队 */
  while( f != r )
   { f++;
     printf("%d",Q[f]->Data);       /* 访问队首结点的数据域 */
     if (Q[f]->Lchild != NULL)      /* 将队首结点的左孩子结点入队列 */
      { r++;
        Q[r] = Q[f]->Lchild;
      }
  if (Q[f]->Rchild != NULL)         /* 将队首结点的右孩子结点入队列 */
     { r++;
        Q[r] = Q[f]->Rchild;
     }
  }
}
```

2)由遍历序列恢复二叉树

通过前面的讨论,可以知道任意二叉树的先序序列,中序序列和后序序列都是惟一的。因此若已知结点的先序、中序序列,就可以惟一地确定一棵二叉树。

根据定义,二叉树的先序遍历是先访问根结点,其次再按先序遍历方式遍历根结点的左子树，最后按先序遍历方式遍历根结点的右子树。这就是说，在先序序列中，第一个结点一定是二叉树的根结点；另一方面，中序遍历是先遍历左子树，然后访问根结点，最后再遍历右子树。这样，根结点在中序序列中必然将中序序列分割成两个子序列，前一个子序列是根结点的左子树的中序序列，而后一个子序列是根结点的右子树的中序序列。根据这两个子序列，在先序序列中找到对应的左子序列和右子序列。在先序序列中，左子序列的第一个结点是左子树的根结点，右子序列的第一个结点是右子树的根结点。这样，就确定了二叉树的三个结点。同时，左子树和右子树的根结点又可以分别把左子序列和右子序列划分成两个子序列，如此递归下去，当取尽先序序列中的结点时，便可以得到一棵二叉树。

同样的道理，由二叉树的后序序列和中序序列也可惟一地确定一棵二叉树。

例如，已知一棵二叉树的先序序列与中序序列分别为：A B C D E F G H I、B C A E D G H F I。若需恢复该二叉树，首先，由先序序列可知，结点 A 是二叉树的根结点。其次，根据中序序列，在 A 之前的所有结点都在左子树上，而 A 之后的所有结点都在右子树上，所以 B C 为 A 左子树上的结点，D E F G H I 为 A 右子树上的结点。用这种方式继续分析下去，就可以得到整个二叉树，这同样是一个递归过程。

需要指出的是，如果只知道二叉树的先序序列和后序序列，则不能惟一地确定一棵二叉树。

3）二叉树遍历的应用

二叉树遍历算法是其各种操作的基础，下面介绍几个遍历操作的典型应用。

【算法 3-5-5】 查找数据元素：即在 T 为二叉树的根结点指针的二叉树中查找数据元素 x。查找成功时返回该结点的指针；查找失败时返回空指针。

```
BTNode *Search(BTNode *T,int x) /* 在以T为根的二叉树中查找数据元素 x */
{ if (T->Data == x) return T;              /* 查找成功 */
  if (T->Lchild != NULL)                    /* 在左子树上查找 */
    return(Search(T->Lchild,x));
  if (T->Rchild != NULL)                    /* 在右子树上查找 */
    return(Search(T->Rchild,x));
  return NULL;                              /* 查找失败 */
}
```

【算法 3-5-6】 统计出给定二叉树中叶子结点的数目。

```
int CountLeaf(BTNode *T)        /* T指向二叉树的根结点 */
{ if (T == NULL) return(0);
  if (T->Lchild == NULL && T->Rchild == NULL)
    return(1);
  return(CountLeaf(T->Lchild) + CountLeaf(T->Rchild));
}
```

二叉树遍历算法的应用还有很多，例如，求结点的双亲、求结点的孩子、判定结点的层次、计算二叉链的深度等。

3.5.5　二叉树应用(哈夫曼树)

1)哈夫曼树的基本概念及构造

哈夫曼(Huffman)树,是指对于一组带有确定权值的叶结点,构成的具有最小带权路径长度的二叉树,也称最优二叉树。

二叉树的路径长度是指由根结点到所有结点的路径长度之和,记作 PL。例如,对于图 3-5-4(a)所示的二叉树,PL=0+1+1+2+2+2=8。二叉树的带权路径长度,则是这一概念推广。设二叉树具有 n 个带权值的叶结点,那么从根结点到各个叶结点的路径长度与相应结点权值的乘积之和叫做二叉树的带权路径长度,记为

$$WPL=\sum_{k=1}^{n} W_k \cdot L_k$$

其中,W_k为第 k 个叶结点的权值,L_k为第 k 个叶结点的路径长度。如图 3-5-7 所示的二叉树,它的带权路径长度值 WPL=2×2+3×2+4×2+5×2=28。

对于一组给定权值的结点,可以构造出不同的带权二叉树。例如,给出 4 个叶结点,设其权值分别为 1,3,5,7,就可以构造出多个二叉树。这些二叉树的带权路径长度将各不相同。图 3-5-8 给出了其中五个不同形状的二叉树。

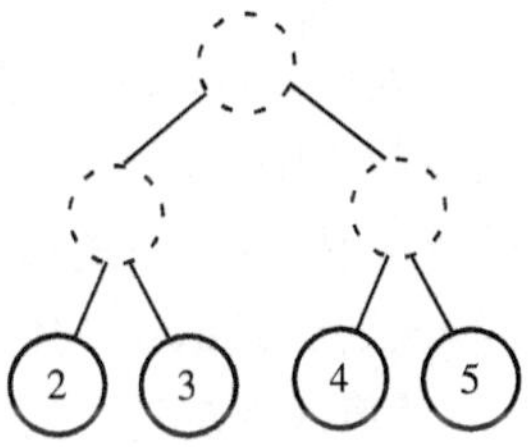

图 3-5-7　一个带权二叉树

这五棵树的带权路径长度分别为:

(a)WPL=1×2+3×2+5×2+7×2=32

(b)WPL=1×3+3×3+5×2+7×1=29

(c)WPL=1×2+3×3+5×3+7×1=33

(d)WPL=7×3+5×3+3×2+1×1=43

(e)WPL=7×1+5×2+3×3+1×3=29

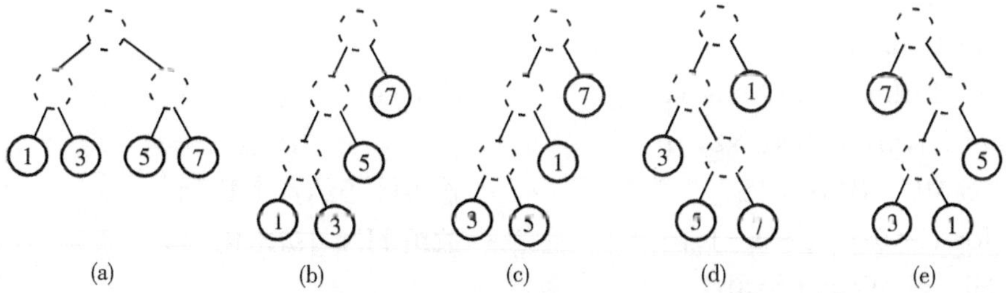

图 3-5-8　具有相同叶子结点和不同带权路径长度的二叉树

在这些不同形态的二叉树中,只有带权路径长度最小的二叉树才是哈夫曼树。因此,要使二叉树的 WPL 值最小,必须使权值越大的叶结点越靠近根结点,而权值越小的叶结点越远离根结点。依据这一特点,哈夫曼提出构造这种树的基本思想:

(1)由给定的 n 个权值{W_1,W_2,…,W_n}构造 n 棵只有一个叶结点的二叉树,从而得到一个二叉树的集合 F={T_1,T_2,…,T_n}。

(2)在 F 中选取根结点的权值最小和次小的两棵二叉树作为左、右子树,构造一棵新的二叉树,这棵新的二叉树根结点的权值为其左、右子树根结点权值之和。

(3)在集合 F 中删除作为左、右子树的两棵二叉树,并将新建立的二叉树加入到集合 F 中。

(4)重复(2)、(3)两步，当F中只剩下一棵二叉树时，这棵二叉树便是所要建立的哈夫曼树。

图3-5-9描述了将叶结点权值集合为W={1,3,5,7}的构造为哈夫曼树的过程。

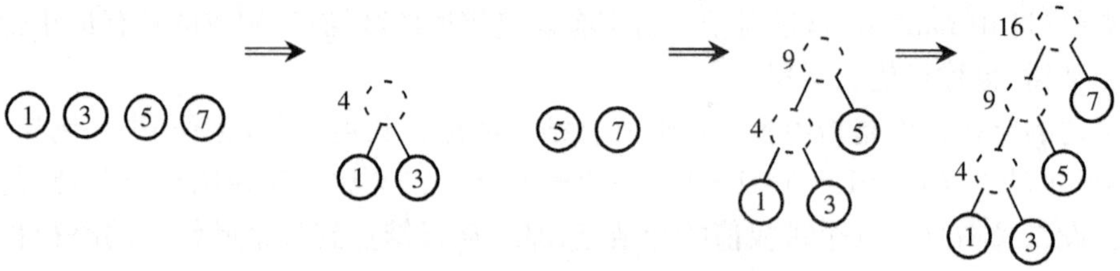

图3-5-9　哈夫曼树的建立过程

在计算机上实现哈夫曼树的构造算法，必须确定其存储结构。根据二叉树的性质可知，具有n个叶子结点的哈夫曼树共有2n－1个结点，用数组来存储整个哈夫曼树，数组的容量设置为2n－1，数组元素的结构形式如下：

Weight	Lchild	Rchild	Parent

其中，Weight域保存结点的权值，Lchild和Rchild域分别保存该结点的左、右孩子结点在数组中的序号，从而建立起结点之间的关系。为了判定一个结点是否已加入到要建立的哈夫曼树中，可通过Parent域的值来确定。初始时Parent的值为－1，当结点加入到树中时，该结点Parent的值为其双亲结点在数组HN中的序号，不会是－1。

【算法3-5-7】　哈夫曼树的构造算法如下：

```
struct HTNode                         /* 哈夫曼树的结点类型定义 */
{ int Weight;
  int Parent;
  int Lchild;
  int Rchild; };
void Huffman(HTNode HN[])             /* 哈夫曼树的构造算法 */
{ int i,j,m1,m2,x1,x2,n;
  scanf("%d",&n);                     /* 输入叶子结点个数 */
  for (i=0;i<2*n-1;i++)               /* 数组HN[]初始化 */
{ HN[i].Weight = 0;
  HN[i].Parent = -1;
  HN[i].Lchild = -1;
  HN[i].Rchild = -1;
}
for (i=0; i<n; i++)
  scanf("%d",&HN[i].Weight);          /* 输入n个叶子结点的权值 */
for (i=0;i<n-1;i++)                   /* 开始构造哈夫曼树 */
{ m1 = m2 = MAXVALUE;
      /* MAXVALUE为一个较大常量,以协助找最小的树根 */
  x1 = x2 = 0;
```

```
    for (j=0; j<n+i; j++)
      { if (HN[j]. Weight < m1 && HN[j]. Parent == -1)
        { m2 = m1; x2 = x1;
          m1 = HN[j]. Weight; x1=j;
        }
        else
          if (HN[j]. Weight < m2 && HN[j]. Parent == -1)
          { m2 = HN[j]. Weight;
            x2 = j;
      }
    }
  /* 将找出的两棵子树合并为一棵子树,并把新结点从 n+i 开始进行存储 */
  HN[x1]. Parent = n+i;
  HN[x2]. Parent = n+i;
  HN[n+i]. Weight = HN[x1]. Weight + HN[x2]. Weight;
  HN[n+i]. Lchild = x1;
  HN[n+i]. Rchild = x2;
  }
}
```

2)哈夫曼树在编码问题中的应用

在数据通信中,经常需要将传送的明文转换成由二进制字符 0,1 组成的二进制串来传输,这个转换的过程被称为编码。例如,假设要传送的明文为 ABACCDA,电文中只含有 A,B,C,D 四种字符,若这四种字符采用表 3-5-1 中的编码 1,则传输的电文代码为:000010000100100111000,长度为 21。当然,电文传送时间越短越好,这自然要求电文代码尽可能的短,当然编码 1 产生的电文代码是不够短的。表 3-5-1 中编码方案 2 对应于上述明文的代码为:00010010101100,长度为 14。编码方案 2,四种字符的编码均为两位,是一种等长编码。一般情况下,在编码时要考虑字符出现的频率,对出现频率高的字符采用尽可能短的编码,出现频率低的字符采用稍长的编码,构造一种不等长编码,从而使电文代码尽可能得短。如采用编码方案 3,上述明文的编码为:0110010101110,长度仅为 13。

表 3-5-1 字符 ABCD 的四种编码方案

字符	编码 1	编码 2	编码 3	编码 4
A	000	00	0	01
B	010	01	110	010
C	100	10	10	001
D	111	11	111	10

哈夫曼树可用于构造使明文的编码总长最短的编码方案。具体做法如下:设需要编码的字符集合为$\{d_1, d_2, \cdots, d_n\}$,它们在电文中出现的次数或频率集合为$\{w_1, w_2, \cdots, w_n\}$,以

$d_1, d_2, \cdots, d_n$ 作为叶结点，$w_1, w_2, \cdots, w_n$ 作为它们的权值，构造一棵哈夫曼树，规定哈夫曼树中的左分支代表 0，右分支代表 1，则从根结点到每个叶结点所经过的路径分支组成的 0 和 1 的序列便为该结点对应字符的编码，称之为哈夫曼编码。

在哈夫曼编码树中，树的带权路径长度的含义是各个字符的码长与其出现次数的乘积之和，也就是电文的代码总长，所以采用哈夫曼树构造的编码是一种能使电文代码总长最短的不等长编码。

在建立不等长编码时，必须使任何一个字符的编码都不是另一个字符编码的前缀，这样才能保证译码的惟一性。例如，表 3-5-1 的编码方案 4，字符 A 的编码 01 是字符 B 的编码 010 的前缀部分，这样对于代码串 0101001，既是 AAC 的代码，也是 ABA 和 BDA 的代码，因此，这样的编码不能保证译码的惟一性，称之为具有二义性的译码。

然而，采用哈夫曼树进行编码，则不会产生上述二义性问题。因为，在哈夫曼树中，每个字符结点都是叶结点，它们不可能在根结点到其他字符结点的路径上，所以一个字符的哈夫曼编码不可能是另一个字符的哈夫曼编码的前缀，从而保证了译码的非二义性。

下面讨论实现哈夫曼编码的算法。实现哈夫曼编码的算法可分为两大部分：

(1)构造哈夫曼树。

(2)在哈夫曼树上求叶结点的编码。

求哈夫曼编码，实质上就是在已建立的哈夫曼树中，从叶结点开始，沿结点的双亲链域回退到根结点，每回退一步，就走过了哈夫曼树的一个分支，从而得到一位哈夫曼码值。由于一个字符的哈夫曼编码是从根结点到相应叶结点所经过的路径上各分支所组成的 0，1 序列，因此先得到的分支代码为所求编码的低位码，后得到的分支代码为所求编码的高位码。可以设置一结构数组 HuffCode 用来存放各字符的哈夫曼编码信息，数组元素的结构如下

bit	start

其中，分量 bit 为一维数组，用来保存字符的哈夫曼编码，start 表示该编码在数组 bit 中的开始位置。所以，对于第 i 个字符，它的哈夫曼编码存放在 HuffCode[i]. bit 中的从 HuffCode[i]. start 到 n 的分量上。

【算法 3-5-8】 哈夫曼编码算法描述如下：

```
struct HNodeType
{ int bit[MAXBIT];
  int start;          };
void HuffmanCode ( )                  /* 生成哈夫曼编码树 */
{ HNodeType HuffCode[MAXNODE];
      /* MAXNODE 为最大的结点数 /
  HNodeType HuffCode[MAXLEAF],cd;
      /* MAXLEAF 为最大的叶子结点数 */
  int i,j, c,p;
  Huffman(HuffNode );                 /* 建立哈夫曼树 */
  for (i=0;i<n;i++)                   /* 求每个叶子结点的哈夫曼编码 */
  { cd. start=n-1; c=i;
    p=HuffNode[c]. parent;
```

```
        while(p! =0)                    /* 由叶结点向上直到树根 */
          { if (HuffNode[p]. lchild==c) cd. bit[cd. start]=0;
            else cd. bit[cd. start]=1;
            cd. start--; c=p;
            p=HuffNode[c]. parent;
          }
          for (j=cd. start+1;j<n;j++)
          /* 保存求出的每个叶子结点的哈夫曼编码和编码的起始位 */
          HuffCode[i]. bit[j]=cd. bit[j];
          HuffCode[i]. start=cd. start;
        }
        for (i=0;i<n;i++)               /* 输出每个叶子结点的哈夫曼编码 */
        { for (j=HuffCode[i]. start+1;j<n;j++)
            printf("%ld",HuffCode[i]. bit[j]);
        printf("\n");
      }
    }
```

3)哈夫曼树在判定算法中的应用

在解决某些判定问题时,可以利用哈夫曼树得到最佳的判定算法。例如,要编制一个将学生成绩按分数段分级的程序,若认为学生分数的分布是均匀的,这个分级显然很简单,只要利用几个条件语句便可完成。如:

```
if (a<60) b = "E";
else if (a<70) b = "D";
   else if (a<80) b = "C";
     else if (a<90) b = "B";
       else b = "A";
```

这个判定过程如图 3-5-10(a)所示结构表示,称为判定树。但是在实际中,学生的成绩在 5 个等级上的分布是不均匀的,基本服从正态分布,假设其分布规律如表 3-5-2 所示。

表 3-5-2 学生成绩分布规律

0～59	60～69	70～79	80～89	90～100
0.05	0.15	0.40	0.30	0.10

80%以上的数据需进行三次或三次以上的比较才能得出结果。假定以 5,15,40,30 和 10 为权构造一棵有五个叶子结点的哈夫曼树,则可得到如图 3-5-10(b)所示的判定过程,它可使大部分的数据经过较少的比较次数得出结果。但由于每个判定框都有两次比较,将这两次比较分开,得到如图 3-5-10(c)所示的判定树,按此判定树可写出相应的程序。假设有 10 000个输入数据,若按图 3-5-10(a)的判定过程进行操作,则总共需进行 31 500 次比较;而若按图 3-5-10(c)的判定过程进行操作,则总共仅需进行 22 000 次比较。

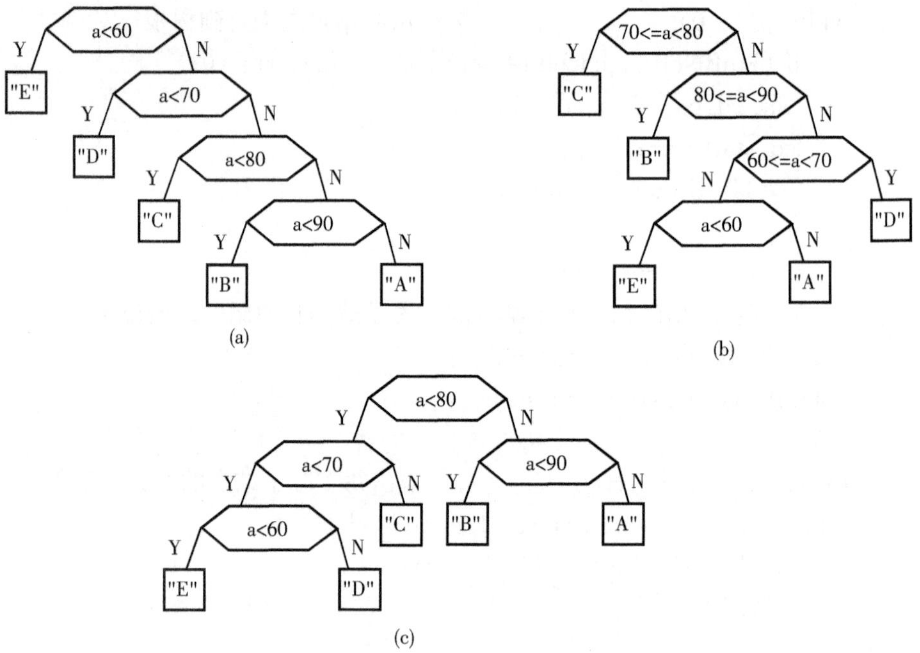

图 3-5-10　二叉判定树

二叉树是树型结构中最为简单、基本的一种形态，其应用十分广泛，例如，查找和排序中要介绍的二叉排序树，就是二叉树的一种情况。当然，还有平衡二叉排序树、B+、B一树、R树等树的应用，读者可参考相应的数据结构教材进行学习。

3.6　图

图是另一种重要的、经典的非线性数据结构，它比树更复杂、更一般。在树中，结点间遵循严格的分支、分层关系。在图中，任意两个结点间都可以存在关系。因此图常被用于描述各种复杂的数据对象，在自然科学、社会科学和人文科学等许多领域有着非常广泛的应用。

3.6.1　图的基本概念

1)图的定义

图(Graph)是由顶点的集合 V 和顶点之间关系的集合 R 组成，可以记做二元组的形式为

$$G=(V,R)$$

其中，$V=\{v_1,v_2,\cdots,v_n\}$为顶点的有限集合；$R=\{(v_i,v_j)\mid v_i,v_j\in V\}$为顶点之间的关系集合，表现为顶点之间的有序对或无序对，记做$\langle v_i,v_j\rangle$或$\langle v_j,v_i\rangle$。

当顶点间的关系为无序对时，即顶点之间的连线是没有方向的，图被称为无向图，无序对$\langle v_i,v_j\rangle=\langle v_j,v_i\rangle$为无向图的边 E，无向图可被记做：$G=(V,E)$。图 3-6-1 为无向图，可表示为

$G_1=(V,E)$；

$V=\{v_1,v_2,v_3,v_4,v_5\}$；

$E=\{(v_1,v_2),(v_1,v_4),(v_2,v_3),(v_3,v_4),(v_3,v_5),(v_2,v_5)\}$。

若顶点间的关系为有序对，即顶点之间的连线是有方向的，图被称为有向图，$\langle v_i, v_j \rangle$被称为有向图的一条弧A，而v_j为弧首，v_i为弧尾，同时，$\langle v_i, v_j \rangle$ ！ ＝ $\langle v_j, v_i \rangle$表示为不同的弧，有向图可被记做：G ＝(V,A)。图 3-6-2 所示是一个有向图，可表示为

$G_2 = (V, A)$；

$V = \{ v_1, v_2, v_3, v_4 \}$；

$A = \{\langle v_1, v_2 \rangle, \langle v_1, v_3 \rangle, \langle v_3, v_4 \rangle, \langle v_4, v_1 \rangle\}$

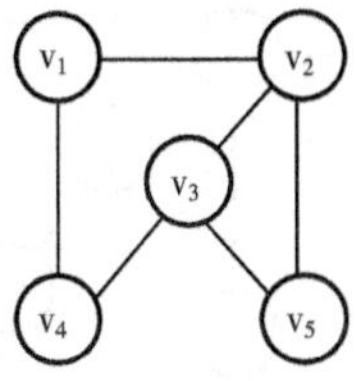

图 3-6-1 无向图 G_1

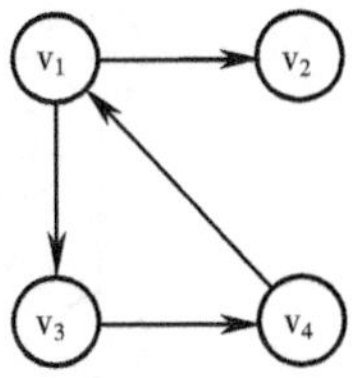

图 3-6-2 有向图 G_2

2)图的其他相关术语

(1)无向完全图 若一个无向图中的任意两顶点都有一条边直接相连，则称该图为无向完全图。对于含有 n 个顶点的无向完全图，有[n(n－1)/2]条边。

(2)有向完全图 若一个有向图中的任意两顶点之间都有方向互为相反的一对弧相连接，则称该图为有向完全图。对于含有 n 个顶点的有向完全图，有 n(n－1)条弧。

(3)稠密图、稀疏图 若图的边或弧的数目接近于相应完全图的边或弧的数目，则称之为稠密图；若边或弧的数目远远小于相应完全图的边或弧的数目，则称之为稀疏图。

(4)顶点的度、入度、出度 无向图中与某顶点直接相连的边的数目为该顶点的度(degree)。图 3-6-1 中，顶点 V_3的度为 3。对于有向图，以某顶点为弧首的弧的数目为该顶点的入度；以某顶点为弧尾的弧的数目为该顶点的出度。图 3-6-2 中，顶点 V_1的出度为 2，入度为 1。

(5)权与网 与边有关的数据信息称为权(weight)。在应用中，权值可以有某种具体的含义。例如，交通图中的边的权值表示边的长度；电路图边的权值表示顶点间的电阻、电流或电压值等。对于加权的图，被称为网图或网络(network)。如图 3-6-3 所示就是一个无向网。对于加权的有向图，为有向网。

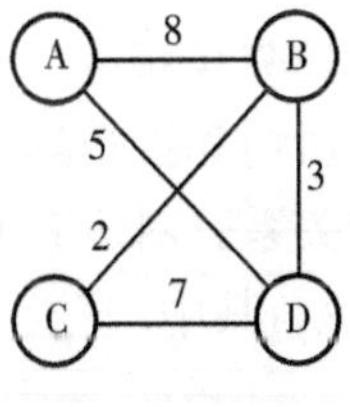

图 3-6-3 无向网 G3

(6)路径、路径长度 从顶点 v_p到顶点 v_q之间的路径(path)是指顶点序列(v_p, v_{i1}, v_{i2}, …, v_{im}, v_q)，且(v_p, v_{i1})，(v_{i1}, v_{i2})，…，(v_{im}, v_q)都是图中的边。对于有向图，则是由同方向的弧组成的有向路径。路径上边或弧的数目为路径长度。图 3-6-1 中，$v_1 \rightarrow v_4 \rightarrow v_3 \rightarrow v_5$与 $v_1 \rightarrow v_2 \rightarrow v_5$是从顶点 v_1到顶点 v_5的两条路径，路径长度分别为 3 和 2。图 3-6-2 中，$v_1 \rightarrow v_3 \rightarrow v_4$为从顶点 v_1到顶点 v_4的一条有向路径。

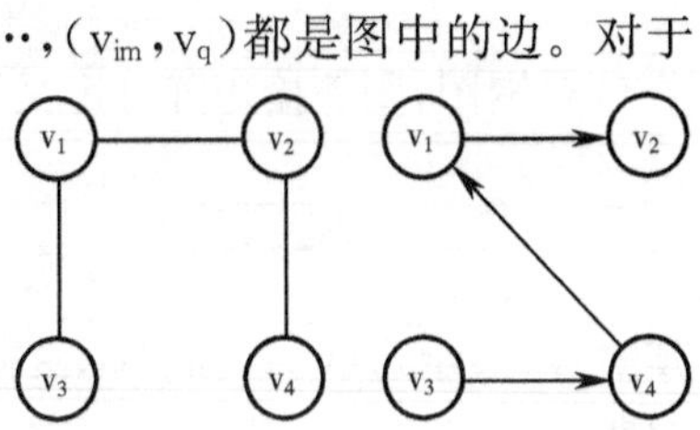

(a) G′ (b) G″

图 3-6-4 图 G_1 和 G_2 的两个子图

(7)简单路径、简单回路 路径序列中，若顶点不重复出现，则可称之为简单路径。第一个顶点与最后一个顶点相同的简单路径称为简单回路。图 3-6-1 中，$v_1 \rightarrow v_2 \rightarrow v_3 \rightarrow v_4 \rightarrow v_1$与图 3-6-2 中，$v_1 \rightarrow v_3 \rightarrow v_4 \rightarrow v_1$就分别是一条简单回路。

(8)子图　对于图 G =(V,E),G′=(V′,E′),若存在 V′是 V 的子集同时 E′是 E 的子集,则称图 G′是 G 的一个子图。图 3-6-4 给出了图 3-6-1 的 G_1 和 G_2 的两个子图 G′和 G″。

(9)连通的、连通图、连通分量　在无向图中,如果从一个顶点 v_i 到另一个顶点 $v_j(i\neq j)$ 有路径,则称顶点 v_i 和 v_j 是连通的。如果图中任意两顶点都是连通的,则称该图是连通图。无向图的极大连通子图称为连通分量。图 3-6-5 (a)中有两个连通分量,如图 3-6-5 (b)所示。

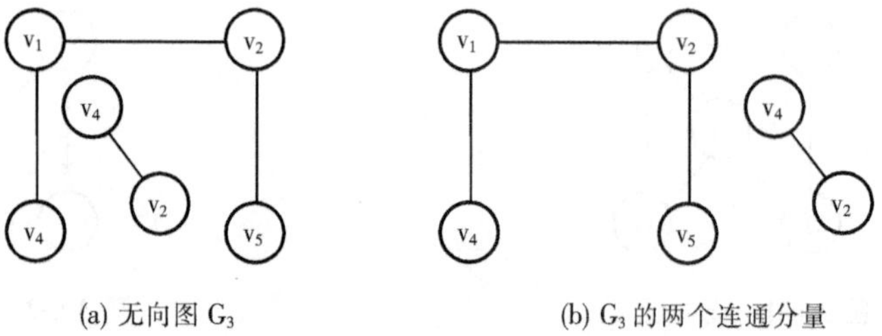

图 3-6-5　无向图及连通分量示意

(10)强连通图、强连通分量　对于有向图来说,若图中任意一对顶点 v_i 和 $v_j(i\neq j)$ 均有从一个顶点 v_i 到另一个顶点 v_j 的路径,也有从 v_j 到 v_i 的路径,则称该有向图是强连通图。有向图的极大强连通子图称为强连通分量。图 3-6-2 中有两个强连通分量,分别是$\{v_1,v_2,v_3\}$和$\{v_4\}$,如图 3-6-6 所示。

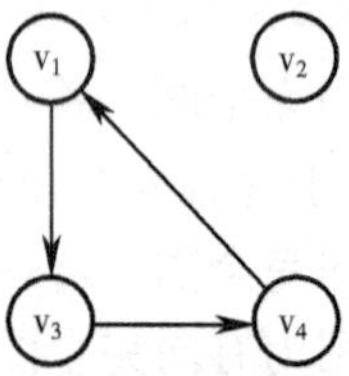

图 3-6-6　有向图 G_2 的两个强连通分量

3.6.2　图的存储结构

图的数据结构较为复杂,其任意的顶点间都可以存在逻辑关系。但图的信息包含两个基本部分:顶点和边,所以其相应的存储结构必须能完整、准确地描述图的这两个方面的信息。下面介绍几种常用的图的存储结构。

1)邻接矩阵

所谓邻接矩阵(Adjacency Matrix)的存储结构,就是用矩阵来表示图中各顶点之间的邻接关系。对于有 n 个顶点的图 G=(V,E),则可用一个 n×n 的矩阵表示 G 中各顶点相邻关系,其中,该矩阵的元素为

$$A[i][j]=\begin{cases}1 & 若(v_i,v_j)或\langle v_i,v_j\rangle 是 E(G)中的边\\0 & 若(v_i,v_j)或\langle v_i,v_j\rangle 不是 E(G)中的边\end{cases}$$

若 G 是网图,则邻接矩阵可定义为

$$A[i][j]=\begin{cases}w_{ij} & 若(v_i,v_j)或\langle v_i,v_j\rangle 是 E(G)中的边\\0 或\infty & 若(v_i,v_j)或\langle v_i,v_j\rangle 不是 E(G)中的边\end{cases}$$

其中,w_{ij}表示边(v_i,v_j)或$\langle v_i,v_j\rangle$上的权值;∞表示一个计算机允许的、大于所有边上权值的数。

图 3-6-7 所示为一个无向图的邻接矩阵表示,图 3-6-8 所示为一个网图的邻接矩阵表示。

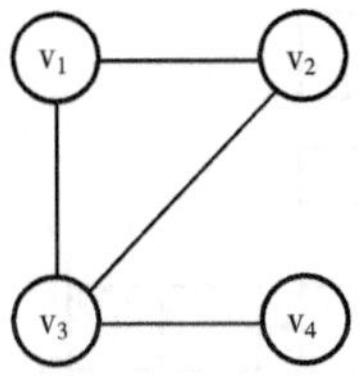

$$A=\begin{bmatrix}0&1&1&0\\1&0&1&0\\1&1&0&1\\0&0&1&0\end{bmatrix}$$

图 3-6-7 无向图与其接矩阵表示

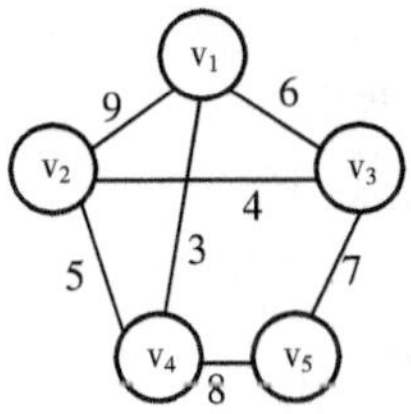

$$A=\begin{bmatrix}\infty&9&6&3&\infty\\9&\infty&4&5&\infty\\6&4&\infty&\infty&7\\3&5&\infty&\infty&8\\\infty&\infty&7&8&\infty\end{bmatrix}$$

图 3-6-8 一个网图的邻接矩阵表示

由上面的介绍可知，无向图的邻接矩阵一定是一个对称矩阵，在高级语言中，简单地用一个二维数组就可以存储邻接矩阵。通过对稀疏矩阵的压缩存储的学习，在具体存放和处理时，只要按上(或下)三角矩阵的方式进行处理即可。对于无向图，邻接矩阵的第 i 行(或列)非零元素的个数为第 i 个顶点的度；对于有向图，邻接矩阵的第 i 行(或列)非零元素的个数正好是第 i 个顶点的出度(或入度)。

用邻接矩阵方法存储图，很容易确定图中任意两个顶点之间是否有边相连；但是，要确定图中有多少条边，则必须按行、按列对每个元素进行检测，所花费的时间代价很大。这是用邻接矩阵存储图的局限性。

2)邻接表

邻接表(Adjacency List)与稀疏矩阵压缩存储的方法中带行指针向量的单链表非常类似，是一种顺序存储与链式存储结合的存储方法。邻接表表示法就是对于图 G 中的每个顶点 v_i，将所有邻接于 v_i 的顶点 v_j 链成一个单链表，这个单链表就称为顶点 v_i 的邻接表，再将所有点的邻接表表头放到数组中，就构成了图的邻接表。在邻接表表示中有两种结点结构，如图 3-6-9 所示。

顶点域	边表头指针
Vertex	Edge

顶点表

邻接点域	指针域
Adjvex	Next

边表

图 3-6-9 邻接矩阵表示的结点结构

一种是顶点表的结点结构，它由顶点域(Vertex)和指向其第一条邻接边的指针域(Edge)构成；另一种是边表(即邻接表)结点，它由邻接点域(Adjvex)和指向下一条邻接边的指针域(Next)构成。对于网络的边表需再增设一个存储边上信息(如权值等)的域(Weight)就可以了。无向图 3-6-7 对应的邻接表可以表示成如图 3-6-10 所示。

邻接表表示的 C 语言形式定义如下：

```
struct ENode                    /* 边表结点 */
{ int adjvex;                   /* 邻接点域 */
  struct ENode * next;          /* 指向下一个邻接点的指针域 */
  ……                            /* 可增加权值等信息 */
};
```

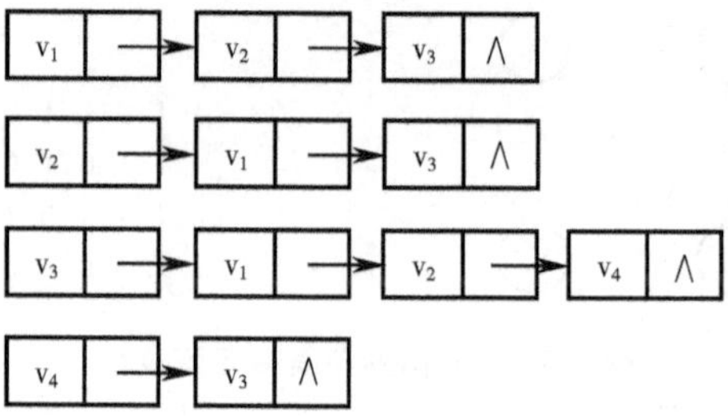

图 3-6-10　图的邻接表表示

```
struct VNode                          /* 顶点表结点 */
  { VertexType vertex;                /* 顶点域 */
    ENode *firstedge;                 /* 边表头指针 */
  };
struct ALGraph                        /* 以邻接表方式存储的图类型 */
  { VNode AList[MaxVertexNum];        /* AList 是邻接表的定义 */
    int n,e;                          /* 顶点数和边数 */
  };
```

对于有 n 个顶点、e 条边的无向图，其邻接表需 n 个头结点和 2e 个表结点。当其为稀疏图的情况下，用邻接表表示比邻接矩阵节省存储空间，当和边相关的信息较多时更是如此。在无向图的邻接表中，顶点 v_i 的度恰为第 i 个链表中的结点数；而在有向图中，第 i 个链表中的结点个数只是顶点 v_i 的出度，为求入度，必须遍历整个邻接表。在所有链表中其邻接点域的值为 i 的结点的个数是顶点 v_i 的入度。

在建立邻接表时，若输入的顶点信息即为顶点的编号，则建立邻接表的复杂度为 O(n+e)，否则，需要通过查找才能得到顶点在图中位置，则时间复杂度为 O(n·e)。

在邻接表上容易找到任一顶点的第一个邻接点和下一个邻接点，但要判定任意两个顶点(v_i和 v_j)之间是否有边或弧相连，则需搜索第 i 个或第 j 个链表，这时就不及邻接矩阵方便。

由于图可以方便地用矩阵的方式进行描述，所以对稀疏矩阵的压缩存储的处理方法都可以应用于图的存储。例如邻接表(带行指针向量的单链表)、十字链表与邻接多重表表示法。对于十字链表，在数组中有了详细的介绍，这里就不再赘述了。

3.6.3　图的遍历

同树的遍历类似，图的遍历也是指从图中的任一顶点出发，对图中的所有顶点访问一次且只访问一次。当然，由于图的逻辑结构的复杂性，其遍历也比树的遍历复杂。但是，图的遍历是图的一种基本操作，图的许多其他操作都是建立在遍历操作的基础之上。

通常，图的遍历有深度优先搜索和广度优先搜索两种遍历方式，它们对有向图和无向图都适用。由于图中每个顶点都可能与图中其他多个顶点邻接并存在回路，为了避免重复访问已访问过的顶点，在遍历过程中，通常要对已访问的顶点作标记。

1)深度优先搜索

深度优先搜索(Depth First Search，DFS)类似于树的先根遍历，是树的先根遍历的推广。其基本思想是：从图中某个顶点 v_0 出发，访问此顶点，然后依次从 v_0 的尚未被访问的邻接点出发深度优先遍历图，直至图中所有和 v_0 有路径相通的顶点都被访问到；若此时图中尚有顶点未被访问，则另选图中一个尚未曾被访问的顶点作起始点，重复上述过程，直至图中所有顶点都被访问到为止。

以图 3-6-11 的无向图 G_5 为例，进行图的深度优先搜索。假设从顶点 v_1 出发进行搜索，在访问了顶点 v_1 之后，选择邻接点 v_2。因为 v_2 未曾访问，则从 v_2 出发进行搜索。以此类推，接着从 v_4，v_8，v_5 出发进行搜索。在访问了 v_5 之后，由于 v_5 的邻接点都已被访问，则回溯到 v_8。由于同样的理由，继续回溯到 v_4、v_2 直至 v_1，此时由于 v_1 的另一个邻接点 v_3 未被访问，则搜索又从 v_1 到 v_3，再继续进行下去，由此得到的顶点访问序列为：$v_1 \rightarrow v_2 \rightarrow v_4 \rightarrow v_8 \rightarrow v_5 \rightarrow v_3 \rightarrow v_6 \rightarrow v_7$。

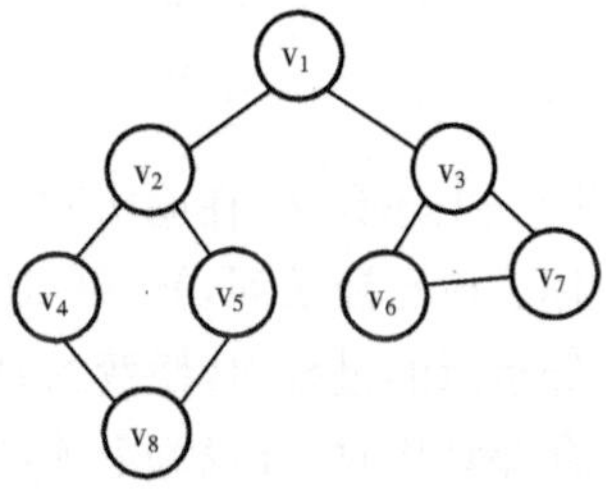

图 3-6-11　无向图 G_5

显然，图的深度优先遍历是一个递归的过程。为了在遍历过程中便于区分顶点是否已被访问，需附设访问标志数组 Visited[0:n−1]，其初值为 FALSE，一旦某个顶点被访问，则其相应的分量置为 TRUE。

【算法 3-6-1】　从图的某一点 v 出发，递归地进行深度优先遍历。

```
void DFS(Graph G,int v )     /* Graph 表示邻接矩阵 */
{ Visited[v] =1;             /* 访问标志数组，初始值都为 0 */
  printf("%d",v);            /* 输出该顶点的标号，以示对其进行过访问 */
  for(i=0; i<n; i++)         /* n 为已知顶点的个数 */
    if ((Visited[i] ! =1)  &&  (G[v][i] == 1))
      DFS(G,i);              /* 对 v 的尚未访问的邻接顶点 i 递归调用 DFS */
}
```

【算法 3-6-2】　上述算法是以邻接矩阵为存储结构的遍历算法，下面给出以邻接表为存储结构的整个图 G 进行深度优先遍历实现的 C 语言描述。

```
void DFSTraverseal(ALGraph *G)    /* 深度优先遍历以邻接表存储的图 G */
{ int i;
  for (i=0; i<G->n; i++)
    visited[i] = 0;               /* 标志向量初始化 */
  for (i=0; i<G->n; i++)
    if (! visited[i]) DFSAL(G,i); /* vi 未访问过，从 vi 开始调用 DFSAL */
  }
void DFSAL(ALGraph *G,int i)      /* 从 vi 出发对图 G 进行 DFSAL 搜索 */
{ ENode *p;
  printf(" visit vertex:V%d\n",G->AList[i]. vertex);
                                  /* 访问顶点 vi */
  visited[i] = 1;                 /* 标记 vi 已访问 */
  p = G->AList[i]. firstedge;     /* 取 vi 边表的头指针 */
  while(p)                        /* 依次搜索 vi 的邻接点 vj,j=p->adjva */
  { if (! visited[p->adjvex])     /* 若 vj 尚未访问，则以 vj 为出发点 */
    DFSAL(G,p->adjvex);
    p = p->next;                  /* 找 vi 的下一个邻接点 */
```

```
    }
  }
```

上述算法，在遍历时，对图中每个顶点至多调用一次 DFSAL 函数，因为一旦某个顶点被标志成已被访问，就不再从它出发进行搜索。因此，遍历图的过程实质上是对每个顶点查找其邻接点的过程，其耗费的时间则取决于所采用的存储结构。当用二维数组表示邻接矩阵图的存储结构时，查找每个顶点的邻接点所需时间为 $O(n^2)$ ，其中 n 为图中顶点数。而当以邻接表作图的存储结构时，找邻接点所需时间为 O(e)，其中 e 为无向图中边的数或有向图中弧的数。由此，当以邻接表作存储结构时，深度优先搜索遍历图的时间复杂度为 O(n+e) 。

2）*广度优先搜索*

广度优先搜索(Breadth First Search，BFS) 类似于树的按层次遍历的过程。其基本思想是：从图中某顶点 v_0 出发，在访问了 v_0 之后依次访问 v_0 的各个未曾被访问过的邻接点，然后分别从这些邻接点出发依次访问它们的邻接点，并使先被访问的顶点的邻接点先于后被访问的顶点的邻接点被访问，直至图中所有已被访问的顶点的邻接点都被访问到；若此时图中尚有顶点未被访问，则另选图中一个未曾被访问的顶点作起始点，重复上述过程，直至图中所有顶点都被访问到为止。

例如，对图 3-6-11 中 G_5 所示的无向图进行广度优先搜索遍历，首先访问 v_1 和 v_1 的邻接点 v_2 和 v_3，然后依次访问 v_2 的邻接点 v_4 和 v_5 及 v_3 的邻接点 v_6 和 v_7，最后访问 v_4 的邻接点 v_8。由于这些顶点的邻接点均已被访问，并且图中所有顶点都被访问，由些完成了图的遍历。访问序列为：$v_1 \to v_2 \to v_3 \to v_4 \to v_5 \to v_6 \to v_7 \to v_8$。

和深度优先搜索类似，在遍历的过程中也需要一个访问标志数组。并且，为了顺次访问路径长度为 2，3，…的顶点，需附设队列以存储已被访问的路径长度为 1，2，… 的顶点。

【算法 3-6-3】 从图的某一点 v 出发，递归地进行广度优先遍历，设对图以邻接矩阵的形式存储，其遍历算法如下所示。

```
void BFST(Graph G,int v)           /* 按广度优先递归遍历图，G 相应的邻接矩阵 */
{ int visited[n];                  /* 访问标志数组 visited，n 为已知顶点个数 */
  int Q[n],u,v,w;
  for (int i=0; i<n; i++)
    visited[v] = 0;                /* 初始化标志数组 */
  InitQueue(Q);                    /* 置空的辅助队列 Q */
  EnQueue(Q,v);                    /* v 入队列 */
  while (! QueueEmpty(Q))
    { DeQueue(Q,u);                /* 队头元素出队并置为 u */
      visited[u] = 1;
      printf("%d",u);              /* 访问顶点 u */
      for(int i=0; i<n; i++)
        if (! visited[w]) EnQueue(Q,w); /* u 的尚未访问的邻接点入队列 */
    }
  }
}
```

上述算法，每个顶点至多进一次队列。遍历图的过程实质是通过边或弧找邻接点的过程，因此广度优先搜索遍历图的时间复杂度和深度优先搜索遍历相同，两者不同之处仅仅在于对顶点访问的顺序不同。

当然，这两种搜索方式都需要借助辅助空间（栈或队），由于每个顶点至多进入一次栈或队，所以它们的空间复杂度是相同的，为 O(n)。

3.6.4 图的应用（最短路径）

最短路径问题是图的一个比较典型的应用问题。例如，在交通网络中，给定网络内的各个城市与城市间直接相通的公路距离，这个问题完全可以用加权图来描述并解决，用顶点代表城市，用边表示城市间的道路，权为相应道路的长度。这样就将交通网络问题转换到网图上来处理了。求顶点 A 到 B 的所有路径中，边的权值之和最短的那一条路径，即为两点之间的最短路径。称路径上的第一个顶点为源点（Souce），最后一个顶点为终点（Destination）。在非网图中，最短路径是指两点之间经历的边数最少的路径。

单源最短路径，即对于给定带权有向图 G=(V,R) 和源点 $v_0 \in V$，求从 v_0 到 G 中其余各顶点的最短路径。迪杰斯特拉（Dijkstra）提出的一个按路径长度递增的次序产生最短路径的算法。其基本思想是：先找出从源点 v_0 到其他顶点 v_i 的直达路径 $\langle v_0, v_i\rangle$，从这些路径中找出一条路径长度最短的路径 $\langle v_0, v_k\rangle$ 后，对其余的各条路径进行调整：若存在 $\langle v_k, v_i\rangle$，且 $\langle v_0, v_k\rangle$ 与 $\langle v_k, v_i\rangle$ 的权之和小于 $\langle v_0, v_i\rangle$ 的权，则可以用路径 $\langle v_0, v_k, v_i\rangle$ 取代 $\langle v_0, v_i\rangle$；对所有的路径都进行过调整后，从中找出路径长度最短的，重复上述过程，就可以达到目的了。

为了实现单源最短路径的算法，需要设置两个集合 S 和 T，S 中存放已找到最短路径的顶点，集合 T 存放当前还未找到最短路径的顶点。初态时，集合 S 中只有源点 v_0，而后不断从 T 中选取才找到的到顶点 v_0 路径长度最短的顶点 u 加入到 S 中，S 每加入一个新的顶点 u，都要修改顶点 v_0 到集合 T 中剩余顶点的最短路径长度值，集合 T 中各顶点新的最短路径长度值为原来的最短路径长度值与顶点 u 的最短路径长度值加上 u 到该顶点的路径长度值中的较小值。此过程不断重复，直到集合 T 的顶点全部加入到 S 中为止。

根据以上分析，Dijkstra 算法的描述如下：

(1)假设用带权的邻接矩阵 A 来表示带权有向图，A[i][j] 表示弧 $\langle v_i, v_j\rangle$ 上的权值。若 $\langle v_i, v_j\rangle$ 不存在，则置 A[i][j]为∞（具体实现是用相对较大的值表示最大值）；

V 是顶点的集合，S 为已找到从 v_0 出发的最短路径的终点的集合，初态为{ v_0}。

向量 D 表示当前所找到的从源点 v_0 到其他各终点 v_i 的最短路径的长度，初值为：D[i] = A[0][i]，$v_i \in V$。

(2)选择 v_k，使得

$$D[k] = \mathrm{Min}\{ D[i] \mid v_i \in V-S\}$$

v_k 即当前找到的从 v_0 出发的最短路径的终点，修改：$S=S\cup\{j\}$。

(3)对所有不在 S 中的顶点 v_i，若 D[k] + A[k][i] < D[i]，则修改D[i]为

$$D[i] = D[k]+ A[k][i]$$

重复操作(2)、(3)共 n−1 次，即可求得从 v_0 到其余各顶点的最短路径。

Dijkstra 的单源最短路径算法如下，该算法中为求从 v_0 顶点到其余顶点 v 的最短路径 P[v]及其路径长度 D[v]，若 P[v][w]为 TRUE，则 w 是从 v_0 到 v 当前求得最短路径上的顶点，Final[v] 为 TRUE 当且仅当 $v \in S$，即已经求得从 v_0 到 v 的最短路径，常量 MAX 为

边上权值不可能达到的最大值。

【算法 3-6-4】 Dijkstra 单源最短路径算法。

```
void ShortPath(Graph G,int D[],int P[],int v0)/ * Graph 为邻接矩阵 * /
{ for (i=1; v<=N; i++)                     / * 主要参数的初始化 * /
  { final[v]=0;D[i]=G. edges[v0][v];       / * 设 N 为顶点个数 * /
    if<D[v]<MAX) P[i]=v0;          }
  final[v0]=1;                             / * 初始化,v0 顶点属于 S 集合 * /
  for(i=1; i<=N; i++)                      / * 其余 N-1 个顶点 * /
  { min=MAX; k=v0;
                            / * min 存当前已知离 v0 顶点的最近距离 * /
    for (i=1; i<N; j++)                    / * k 记录可能的中间顶点 * /
      if((final[j] ! =1)  &&  (D[j]<min))
      {k=j; min=D[j];}
  final[k]=1;                              / * k 为离 v0 最近的,加入 S 集合 * /
  for(i=0; i<=N; i++)                      / * 更新当前最短路径 * /
    if((final[i]! =1)  &&  (D(k)+G(k)[i]<D[i]))  / * 修改路径 * /
    {D[i]=D[k]+G[k][i]; P[i]=k; }
  }
for (i=1; i<=N; i++)  / * 输出 v0 到其他 N-1 个顶点的最短路径及长度 * /
  if (final[i] ! =0)
  {k=i;
    while(k! =v0)
    {printf("%d<-", k);    k=P[k];}
  printf("%d", v0); printf("/n ShortPath Length; %d", D[i]);
  }
  else printf("The Vertex %d No ShortPath", i);
}
```

例如,图 3-6-12 为一个有向网络,以及其带权邻接矩阵。

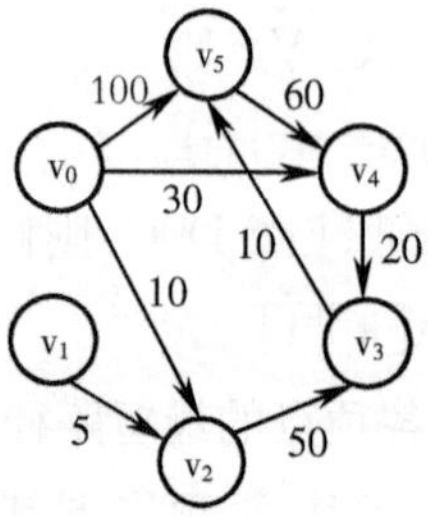

$$\begin{bmatrix} \infty & \infty & 10 & \infty & 30 & 100 \\ \infty & \infty & 5 & \infty & \infty & \infty \\ \infty & \infty & \infty & 50 & \infty & \infty \\ \infty & \infty & \infty & \infty & \infty & 10 \\ \infty & \infty & \infty & 20 & \infty & 60 \\ \infty & \infty & \infty & \infty & \infty & \infty \end{bmatrix}$$

图 3-6-12　有向网及其邻接矩阵

若对图 3-6-12 利用 Dijkstra 算法,求从 v_0 到其余各顶点的最短路径,以及运算过程中 D

向量的变化状况，如表 3-6-1 所示。

表 3-6-1 用 Dijkstra 算法构造单源最短路径过程中各参数的变化示意

终 点	从 v_0 到各终点的 D 值和最短路径的求解过程				
	i=1	i=2	i=3	i=4	i=5
v_1	∞	∞	∞	∞	∞ 无
v_2	10 (v_0, v_2)				
v_3	∞	60 (v_0, v_2, v_3)	50 (v_0, v_4, v_3)		
v_4	30 (v_0, v_4)	30 (v_0, v_4)			
v_5	100 (v_0, v_5)	100 (v_0, v_5)	90 (v_0, v_4, v_5)	60 (v_0, v_4, v_3, v_5)	
v_j	v_2	v_4	v_3	v_5	
S	$\{v_0, v_2\}$	$\{v_0, v_2, v_4\}$	$\{v_0, v_2, v_3, v_4\}$	$\{v_0, v_2, v_3, v_4, v_5\}$	

这个算法的运行时间：第一个 for 循环的时间复杂度是 O(n)，第二个 for 循环共进行 n−1 次，每次执行的时间是 O(n)，所以总的时间复杂度是 $O(n^2)$。如果用带权的邻接表作为有向图的存储结构，则虽然修改 D 的时间可以减少，但由于在 D 向量中选择最小的分量的时间不变，所以总的时间仍为 $O(n^2)$。

如果只希望找到从源点到某一个特定的终点的最短路径，从上面最短路径的原理来看，这个问题和求源点到其他所有顶点的最短路径一样复杂，其时间复杂度也是 $O(n^2)$。

另外还有一种求最短路径的情况，即求单对顶点间的最短路径，这个问题也可以通过重复执行 Dijkstra 算法来实现。其执行时间复杂度为 $O(n^3)$。另外，还有一种由弗洛伊德(Floyd)提出的算法，其形式上简单些，读者可参考其他数据结构方面的资料学习。

图还广泛地应用于其他许多领域，如工程管理中的 AOV 网络、拓扑排序、AOE 图与关键路径等。限于篇幅，本节就不再介绍。

3.7 查找

查找是计算机软件设计工作中最常用的一种基本运算，是数据处理的最基本操作之一。在许多程序中，查找常常是最耗时的工作，当需要查找的数据量规模较大时，查找效率的高低就成了衡量一种算法、一个程序优劣的非常重要的因素。

3.7.1 查找的基本概念

在数据处理的过程中，被查找的数据元素常以记录的形式出现。在记录的各个数据项中能够惟一地标识该记录的数据项为主关键字(Primary Key)，其他不能惟一确定该记录的数据项为次关键字(Secondary Key)。例如，对于学生登记表，表中"学号"即可看成主关键码，它能惟一地确定一个学生，"姓名"则应视为次关键码，因为可能会有同名同姓的学生存在。

查找是对具有相同属性的数据元素(记录)的集合(数据对象)进行的，称之为表或文件，也有称字典。对表的查找，若仅对表进行查找操作，而不能改变表中的数据元素，为静态查找；对表除了进行查找操作外，还可能对表进行插入或删除操作，则为动态查找。

查找即按给定的一个值 KEY，在具有若干记录的文件中进行搜索，寻找关键字值等于给定值 KEY 的记录；若关键字是主关键字，则查找结果也是惟一的，查找成功，结束查找过程，并给出找到的记录的信息或该记录的位置；若整个表都检测完，还没找到，则查找失败，此时，查找结果应给出未找到的提示信息或"空"记录指针。如果关键字是次关键字，则查找结果不惟一，需要查遍表中所有记录，或在可以肯定查找失败时，才能结束查找过程。

待查记录在表中的位置是随机的，而查找的过程常常表现为关键字的比较过程。通常，用平均查找长度 ASL(Average Search Length)来衡量一个查找算法的效率，即

$$ASL=\sum_{i=1}^{n} p_i c_i$$

其中，n 是表中元素的个数；p_i是查找第 i 个记录的概率，一般认为每个记录的查找概率是相等的，即 $p_i=1/n$；c_i是找到第 i 个元素的所经历的比较次数。当然，要完整地评价一个查找算法的性能，还应当考虑失败的概率和失败情况下的比较次数，以及空间开销和算法本身的复杂度等因素。

本节只讨论对主关键字在等概率情况下的查找。

对于本节所涉及到的数据元素(记录)及其关键字类型 C 语言说明如下：

```
struct Table
{ KeyType key;          /* 没有特别说明，为简便起见定义其为 int */
  ……                    /* 其他字段用于描述数据元素的其他属性 */
};
```

其中的关键字，可以是整型、字符型、字符串型以及浮点型或构造类型。在上述定义完成之后，给出表的长度后，根据需要可以用顺序存储结构，即数组进行静态分配；也可以用链式存储结构实现动态分配。

3.7.2 线性查找

线性查找又称顺序查找，这是一种最简单直观、最基本的查找方法。其查找思路为：从表一端向另一端把表中记录的关键字逐个与给定值 KEY 进行比较，若相等，则查找成功，输出记录在表中的位置或记录的相应信息；若整个表查找完，而未找到与给定值 KEY 相同的关键字，则查找失败，输出查找失败信息。

【算法 3-7-1】 在顺序表中，查找关键字值等于 KEY 的记录，若找到则返回其在表中的位置，否则返回 0。

```
int S_Search(TableType R[],KeyType KEY,int n)
{ int i = n;
  R[0].Key = KEY;                    /* 设置"监视哨",以控制比较次数 */
  while ( R[i] ! = KEY ) i--;        /* 从表尾向前进行查找 */
  return(i);
}
```

在上述算法中,将数组的0号单元留下,表中的记录从下标为1的数组单元开始存放,这样从后向前查找,在进行比较时,不必每次都要判断表是否检测完,在循环中每次只进行一次比较,从而在n很大并且比较次数较多时,可以节省几乎一半的比较时间。

性能分析:在顺序查找中,对于n个记录的表,给定值KEY与表中第i个元素关键码相比较,即$C_i=i$,在等概率情况下的平均查找长度为

$$ASL = \sum_{i=1}^{n} p_i c_i = \frac{1}{n}\sum_{i=1}^{n} i = \frac{1}{2}(n+1)$$

对于顺序查找,查找不成功时的关键字比较次数为n+1。该算法的基本工作是比较,故该查找算法的时间复杂度为O(n)。

顺序查找缺点是当n很大时,平均查找长度较大,效率低;优点是对表中数据元素的存储没有要求。另外,对于线性链表或无序的顺序表,只能进行顺序查找。

3.7.3 对分查找

如果表中记录的顺序是按关键字有序排列的(升序或降序),则称表为有序表。对于有序表的查找,就不必逐个进行比较,而是采用跳跃式的方式查找,即对分查找或称折半查找。

升序的对分查找的思路为:在对有序表进行查找时,取其中间记录进行比较,若关键字与给定值KEY相等,则查找成功;若KEY小于中间记录的关键字,则被查记录可能在前半区间,反之则可能在后半区间;这样就可以将查找区间缩小一半,继续进行对分查找。不断重复上述过程,直到查找成功,或所查找的区域无数据元素,查找失败。

对分查找的算法,需要设置一个上界指示器high和一个下界指示器low,作为待查区间的首、尾指针,另外还需要一个指向中间记录的指针mid:

mid=[(low+high)/2]①

设置初值,low=1;high=length;对于顺序表R的对分查找步骤:

(1)若low>high,则查找失败。

(2)若low≤high,则中间记录指针mid=[(low+high)/2]。分以下三种情况分析:

①若KEY<R[mid].Key,high=mid-1;在前半区间继续查找。

②若KEY>R[mid].Key,low=mid+1;在后半区间继续查找。

③若KEY=R[mid].Key,则查找成功,返回记录在表中位置。

例如,设有序表记录序列为{05,10,18,22,27,32,41,51,68,73,99},需在表中查找关键字为22和77的记录。查找过程如下:

---

① [x]表示取不大于x的最大整数,下同。

(1)KEY=22

```
①      { 05, 10, 18, 22, 27, 32, 41, 51, 68, 73, 99 }
           ↑                 ↑                  ↑
        low=1                |              high=11
                    mid=[(1+11)/2]=6
------------------------------------------------------------
②       { 05, 10, 18, 22, 27},32, 41, 51, 68, 73, 99
            ↑       ↑       ↑
        low=1       |    high=5
          mid=[(1+5)/2]=3
------------------------------------------------------------
③        05, 10, 18,{22, 27},32, 41, 51, 68, 73, 99
                      ↑    ↑
                 low=4   high=5
                      ↑
               mid=[(4+5)/2]=4                    3 次比较查找成功
```

(2)KEY=77

```
①      { 05, 10, 18, 22, 27, 32, 41, 51, 68, 73, 99 }
           ↑                ↑                   ↑
        low=1               |               high=11
                  mid=[(1+11)/2]=6
------------------------------------------------------------
②       05, 10, 18, 22, 27,32,{ 41, 51, 68, 73, 99 }
                                 ↑       ↑       ↑
                              low=7      |    high=11
                             mid=[(7+11)/2]=9
------------------------------------------------------------
③       05, 10, 18, 22, 27,32, 41, 51, 68,{ 73, 99 }
                                   low=10 ↑     ↑ high=11
                                          ↑
                                   mid=[(10+11)/2]=10
------------------------------------------------------------
④       05, 10, 18, 22, 27,32, 41, 51, 68, 73,{ 99 }
                                       low=11 ↑  ↑ high=11
                                              ↑
                                   mid=[(11+11)/2]=11
------------------------------------------------------------
⑤       05, 10, 18, 22, 27,32, 41, 51, 68, 73,{ 9 9}
                                      low=11 ↑  ↑ high=10
                          查找失败
```

【算法 3-7-2】 根据上述对分查找的阐述,对于有序顺序表,查找关键字值等于 KEY 的记录,若找到则返回其在表中的位置,否则返回 0,相应的 C 语言程序算法描述如下:

```
int B_Search(TableType R[],KeyType KEY,int n)
  { int high, mid,low; rs=0;
    low=1;high=n;                        /* 初始状态 */
    while(low<=high)                     /* 判断查找是否结束 */
    { mid=(low+high)/2;                  /* 计算中间记录 */
      if(KEY<R[mid]. Key) high=mid-1;    /* 在前半区间 */
      else
        if(KEY>R[mid]. key) low=mid+1;  /* 在后半区间 */
          else { rs=mid;break;}        /* 查找成功,通过 rs 返回记录位置 */
    }
    return(rs);
  }
```

性能分析:从对半查找过程可知,查找比较的次数与待查记录在文件中的相对位置有关。若以表的中点为比较对象,并将表分割为两个子表,对各子表重复这种操作。对分查找的过程,可以用二叉树来描述,这个描述查找过程的二叉树为判定树。上例中的对分查找判定树如图 3-7-1 所示。

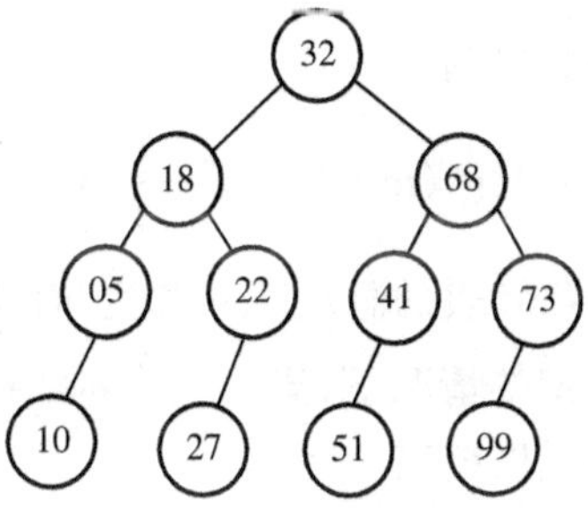

图 3-7-1 对分查找过程的判定树

从判定树可以看到,查找表中任一记录的过程,即是从判定树中根结点到该记录结点的一条路径。比较次数亦为该结点的层次数。对于 n 个结点的判定树,树高为 h,则有 $2^{h-1}-1<n\leqslant 2^h-1$,即 $h-1<\log_2(n+1)\leqslant h$,因此 $h=\log_2(n+1)$,也就是对半查找在查找成功时,进行的比较次数至多为 $h=\log_2(n+1)$。第 k 层上结点的个数为 2^{k-1},在等概率情况下,对分查找的平均查找长度为

$$ASL=\sum_{i=1}^{n}p_iC_i=\frac{1}{n}\sum_{i=1}^{n}C_i=\frac{1}{n}\sum_{k=1}^{h}k\cdot 2^{k-1}=\frac{n+1}{n}\log_2(n+1)-1\approx\log_2(n+1)-1$$

对分查找的时间效率为 $O(\log_2 n)$。对分查找比线性查找的比较次数少,查找速度快;但是它要求表中的记录是按关键字排序的,并且只适用于顺序存储结构。当 n 较小时,该算法的效率并不十分显著。

3.7.4 分块查找

分块查找又称索引顺序查找,是对顺序查找算法的一种改进。该方法要求表中记录的关键字"分块有序,块内无序",即将表分成若干个子表,要求前一子表中最大的关键字小于后一子表中最小的关键字,且子表内关键字无序。将每个子表中最大的关键字取出建立索引表,则由"分块有序",索引表是递增有序的。查找时,先用给定值 KEY 在索引表中对索

引项进行查找，以确定要查找关键字所在的子表；而后在相应的子表中进行顺序查找。由于索引表按关键字有序，故可用顺序查找或对分查找。

例如，关键码集合为{31,14,8,22,18,43,62,49,35,52,88,78,71,83}，按关键码值 31，62，88 分为三块建立的查找表及其索引表如图 3-7-2 所示。

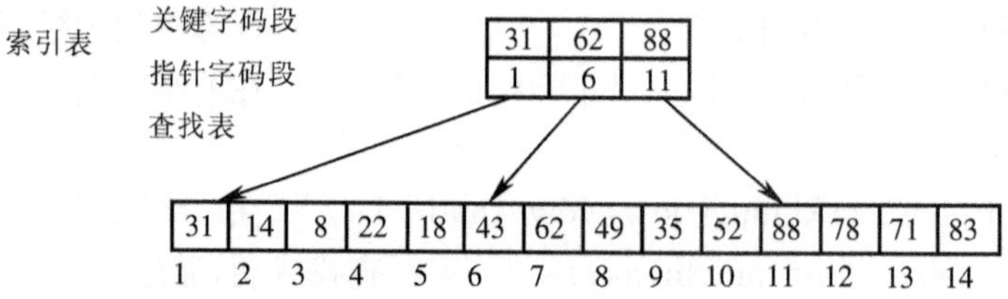

图 3-7-2 分块查找示例

性能分析：分块查找由索引表查找和子表查找两步完成，因此平均查找长度是两次查找的平均查找长度之和。对于由 n 个记录组成的表若分为 m 个子表，则每个子表中有 $s=n/m$ 个记录。

若对子表采用顺序查找，平均查找长度为

$$ASL=ASL_{索引表}+ASL_{子表}=\frac{1}{2}(m+1)+\frac{1}{2}(s+1)=\frac{1}{2s}(s^2+2s+n)$$

若对子表采用对分查找，平均查找长度为

$$ASL=ASL_{索引表}+ASL_{子表}=\log_2(m+1)-1+\frac{1}{2}(s+1)\approx\log_2(\frac{n}{s}+1)+\frac{s}{2}$$

可见，分块查找的平均查找长度不仅和表的总长度 n 有关，而且和所分的子表个数 m 有关。对于子表的顺序查找，在表长 n 确定的情况下，当 $m=\sqrt{n}$时，$ASL=\sqrt{n}+1$ 达到最小值。分块查找不仅适于顺序表，而且适于线性链表。

鉴于分块查找算法与前面所述算法相仿，读者可根据自己的理解编写。

3.7.5 二叉排序树查找

1)二叉排序树定义

二叉排序树(Binary Sort Tree)或者是一棵空树；或者是具有下列性质的二叉树：

(1)若左子树不空，则左子树上所有结点的值均小于根结点的值；若右子树不空，则右子树上所有结点的值均大于根结点的值。

(2)左右子树也都是二叉排序树。

由图 3-7-3 可以看出，对二叉排序树进行中序遍历，便可得到一个按关键码有序的序列，因此对于任何无序序列，可通过构造一棵二叉排序树而将其转换为逻辑有序序列。

2)二叉排序树查找过程

从其定义可见，二叉排序树的查找过程为：

(1)若查找树为空，查找失败。

(2)查找树非空，将给定值 KEY 与查找树的根结点关键码比较。

(3)若相等，查找成功，结束查找过程，否则：

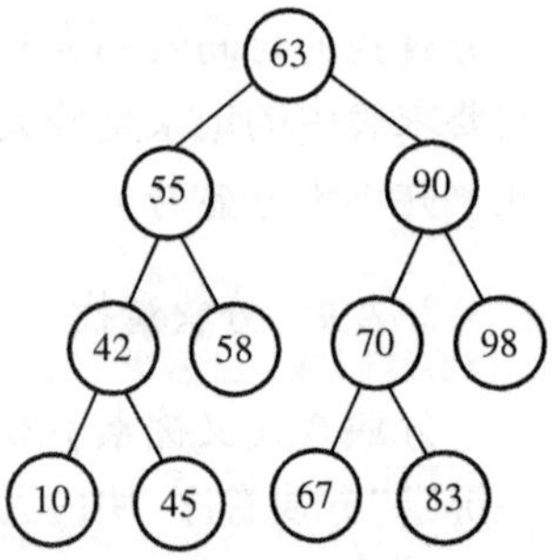

图 3-7-3 二叉排序树

①当 KEY 小于根结点关键字，则以其左子树为根，转(1)继续查找。

②当 KEY 大于根结点关键字，则以其右子树为根，转(1)继续查找。

通常，以链式存储作为二叉排序树的存储结构：

```
struct BTNode                          /* 二叉树结点类型 */
  { DataType data;                     /* 数据元素的数据域 */
    struct BTNode *Lchild, *Rchild;    /* 左、右子树的指针 */
  };
```

【算法 3-7-3】 在二叉排序树 t 上查找关键字为 KEY 的元素，若找到则返回 1，且 q 指向该结点，p 指向其父结点；否则返回 0，且 p 指向查找失败的最后一个结点。相应算法的 C 语言描述如下：

```
int BTSearch(BTNode *t,BTNode **p,BTNode **q,int KEY)
                                       /* 关键字设为 int 型 */
  { int flag = 0; *q = t;
    while (*q)                         /* 从根结点开始查找 */
      { if(KEY > (*q)->data)           /* KEY 大于当前结点 *q 的元素关键码 */
          { *p = *q;                   /* 将当前结点 *q 的右孩子置为新根 */
            *q = (*q)->Rchild; }
        else
          { if(KEY < (*q)->data)       /* KEY 小于当前结点 *q 的元素关键码 */
              { *p = *q;
                *q=(*q)->Lchild; }     /* 将当前结点 *q 的左孩子置为新根 */
            else { flag = 1; break; }  /* 查找成功，返回 */
          }
      }
    return flag;
  }
```

3)二叉排序树插入操作和构造一棵二叉排序树

先讨论向二叉排序树中插入一个结点的过程：设待插入结点的关键码为 KEY，为将之插入，先要在二叉排序树中进行查找，若查找成功，按二叉排序树定义，待插入结点已存在，不用插入；查找不成功时，则插入之。因此，新插入结点一定是作为叶子结点添加上去的。

构造一棵二叉排序树则是逐个插入结点的过程。

例如，记录的关键码序列为：63,90,70,55,67,42,98,83,10,45,58，则构造一棵二叉排序树的过程如图 3-7-4 所示。

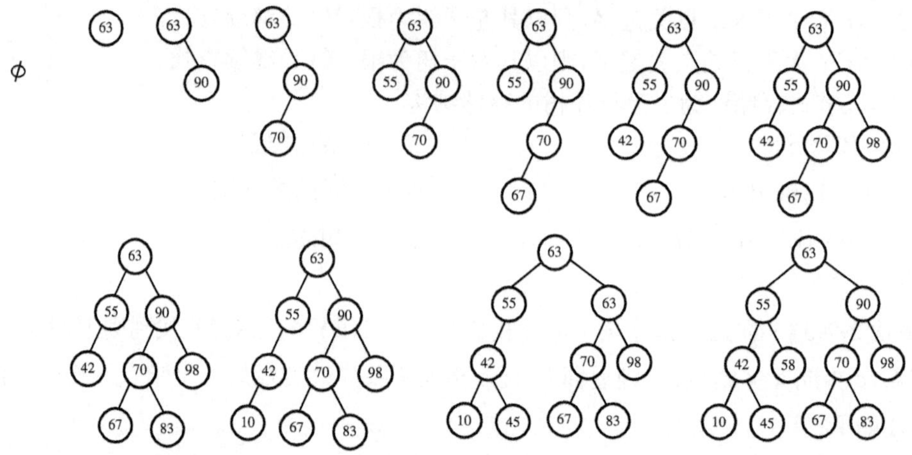

图 3-7-4　从空树开始建立二叉排序树的过程

【算法 3-7-4】　在二叉排序树 ∗t 上插入关键码为 KEY 的结点的算法如下：

```
int InsertNode(BTNode * * t,int KEY)
{ BTNode *p = *t, *q, *s;
  int flag = 0;
  if(! BTSearch( *t,&p,&q,kx));                    /* 在*t为根的子树上查找 */
    { s = (BTNode *)malloc(sizeof(BTNode));        /* 申请结点,并赋值 */
      s->Data = KEY;
      s->Lchild = NULL;
      s->Rchild = NULL;
      flag = 1;                                     /* 设置插入成功标志 */
      if (! p) t = s;                               /* 向空树中插入时 */
      else
        { if(KEY > p->Data) p->Rchild = s;          /* 插入结点为p的右子女 */
          else p->Lchild = s;                       /* 插入结点为p的左子女 */
        }
    }
  return flag;
}
```

4)二叉排序树删除操作

对于二叉排序树,在删除一个结点之后,必须使其仍能保持二叉排序树的特性。设待删结点为 ∗p(p 为指向待删结点的指针),其双亲结点为 ∗f,以下分几种情况进行讨论 。

(1) ∗p 结点为叶结点,由于删去叶结点后不影响整棵树的特性,所以只需将被删结点的双亲结点相应指针域改为空指针,如图 3-7-5(a)所示。

(2) ∗p 结点只有右子树 P_R 或只有左子树 P_L。此时,只需将 P_R 或 P_L 替换 ∗f 结点的 ∗p子树即可,如图 3-7-5(b)所示。

(3) ∗p 结点既有左子树 P_L 又有右子树 P_R,这时循着结点 P 的左子树的根结点 C 的右子树分支来找到结点 S,结点 S 的右子树为空。然后将 S 的左子树置为结点 Q(S 的双亲)的右子树,将 S 结点取代被删除的 P 结点,如图 3-7-5(c)所示。

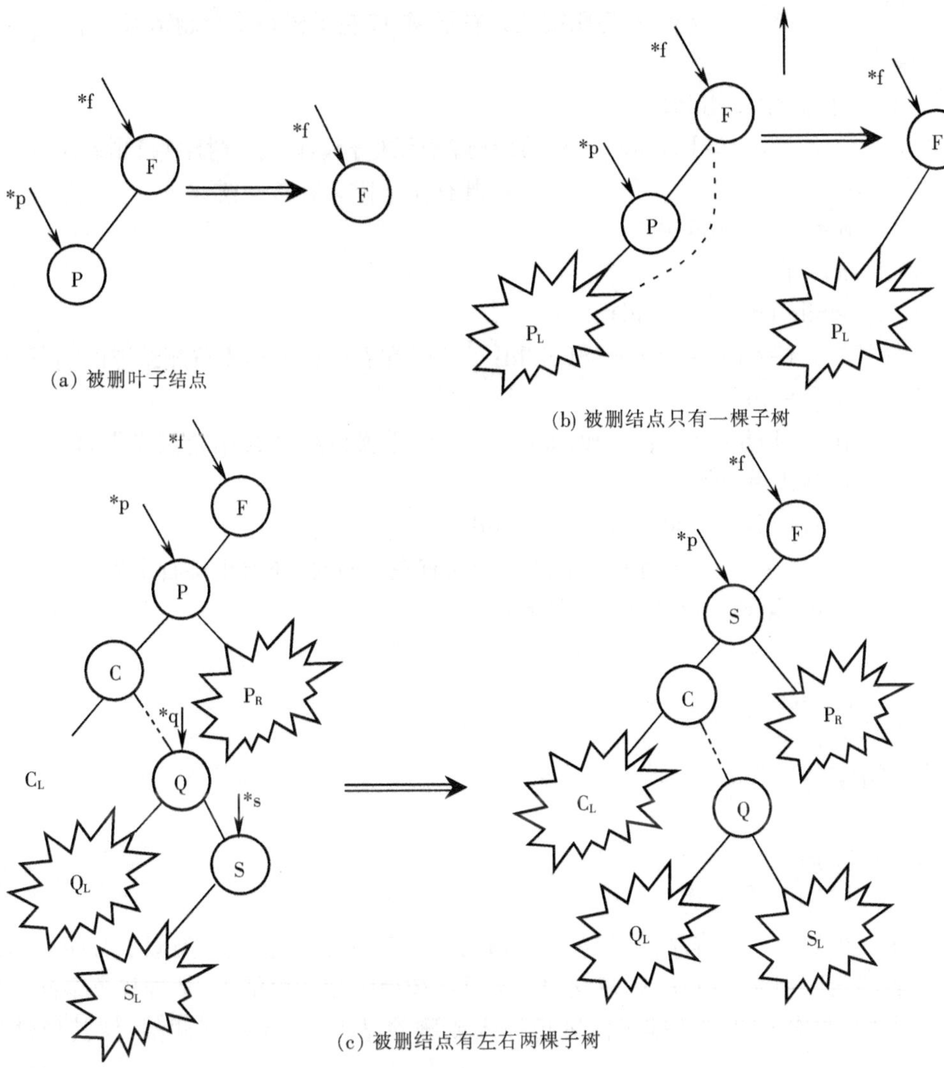

(a) 被删叶子结点

(b) 被删结点只有一棵子树

(c) 被删结点有左右两棵子树

图 3-7-5　二叉排序树中结点的删除

(4)若被删结点为二叉排序树的根结点,则将图 3-7-5(c)所示 S 直接置为根结点。

【算法 3-7-5】　二叉排序树删除算法。

```
int DeleteNode(BTNode * * t, int KEY)
{ BTNode * p = * t, * q, * s, * * f;
  int flag = 0;
  if (BTSearch( * t, &p, &q, KEY));
    { flag = 1;                     /* 查找成功,置删除成功标志 */
    if(p == q) f = &( * t);         /* 待删结点为根结点时 */
    else                            /* 待删结点非根结点时 */
    { f = &(p->Lchild);
      if(KEY > p->Data) f = &(p->Rchild);
    }                               /* f 指向待删结点的父结点的相应指针域 */
  if (! q->Rchild) * f = q->Lchild;
```

```
                    /* 若待删结点无右子树,以左子树替换待删结点 */
   else
     { if (! q->Lchild)
          *f = q->Rchild;  /* 若待删结点无左子树,以右子树替换待删结点 */
       else                       /* 既有左子树又有右子树 */
       { p = q->Rchild;
         s = p;
         while (p->Lchild)
           { s = p; p = p->Lchild;} /* 在右子树上搜索待删结点的前驱 p */
         *f = p;
         p->Lchild = q->Lchild;     /* 替换待删结点 q,重接左子树 */
         if (s ! = p)
           { s->Lchild = p->Rchild;
                  /* 待删结点的右子女有左子树时,还要重接右子树 */
           p->Rchild = q->Rchild;
           }
       }
     }
   free(q);
   }
   return flag;
}
```

对给定序列建立二叉排序树,若左右子树均匀分布,则其查找过程类似于有序表的折半查找。但若给定序列原本有序,则建立的二叉排序树就蜕化为单链表,其查找效率同顺序查找一样。因此,对均匀的二叉排序树进行插入或删除结点后,应对其调整,使其依然保持均匀。

3.7.6 哈希表查找(杂凑法)

1)哈希表与哈希方法

以上讨论的查找方法,由于数据元素的存储位置与关键码之间不存在确定的关系,因此查找时,需要进行一系列对关键码的查找比较,即"查找算法"是建立在比较的基础上的,查找效率由比较一次缩小的查找范围决定。理想的情况是依据关键码直接得到其对应的数据元素位置,即要求关键码与数据元素间存在一一对应关系,通过这个关系,能很快地由关键码得到对应的数据元素位置。

例如,有 11 个元素的关键字分别为{18,27,1,20,22,6,10,13,41,15,25}。选取关键码与元素位置间的函数为

$$f(KEY) = KEY \bmod 11$$

(1) 通过这个函数对 11 个元素建立查找表如下：

0	1	2	3	4	5	6	7	8	9	10
22	1	13	25	15	27	6	18	41	20	10

(2) 查找时，依然对给定值 KEY 通过这个函数计算出地址，再将 KEY 与该地址单元中元素的关键码比较，若相等，查找成功。

哈希表与哈希方法：选取某个函数，依该函数按关键码计算元素的存储位置，并按此存放；查找时，由同一个函数对给定值 KEY 计算地址，将 KEY 与地址单元中元素关键码进行比较，确定查找是否成功，这就是哈希方法（杂凑法）。哈希方法中使用的转换函数称为哈希函数（杂凑函数）；按这个思想构造的表称为哈希表（杂凑表）。

对于 n 个数据元素的集合，总能找到关键码与存放地址一一对应的函数。若最大关键码为 m，可以分配 m 个数据元素存放单元，选取函数 f(KEY) = KEY 即可，但这样会造成存储空间的很大浪费，甚至不可能分配这么大的存储空间。通常关键码的集合比哈希地址集合大得多，因而经过哈希函数变换后，可能将不同的关键码映射到同一个哈希地址上，这种现象称为冲突（Collision），映射到同一哈希地址上的关键码称为同义词。可以说，冲突不可能避免，只能尽可能减少。所以，哈希方法需要解决以下两个问题：

①构造好的哈希函数　所选函数尽可能简单，以便提高转换速度；所选函数对关键码计算出的地址，应在哈希地址集中大致均匀分布，以减少空间浪费。

②制定解决冲突的方案。

2）常用的哈希函数

(1)直接定址法

$$\text{Hash(KEY)} = a \cdot \text{KEY} + b \qquad (a,b\text{ 为常数})$$

即取关键字的某个线性函数值为哈希地址，这类函数是一一对应函数，不会产生冲突，但要求地址集合与关键字集合大小相同，因此，对于较大的关键字集合不适用。

例如，关键码集合为{ 100，300，500，700，800，900 }，选取哈希函数为 Hash(KEY) = KEY/100，则存放如下：

0	1	2	3	4	5	6	7	8	9
	100		300		500		700	800	900

(2)除留余数法

$$\text{Hash(KEY)} = \text{KEY mod } p \qquad (p\text{ 是一个整数})$$

即取关键码除以 p 的余数作为哈希地址。使用除留余数法，选取合适的 p 很重要，若哈希表表长为 m，则要求 p≤m，且接近 m 或等于 m。p 一般选取质数。

(3)数字分析法　设关键码集合中，每个关键码均由 m 位组成，每位上可能有 r 种不同的符号。

例如，若关键码是 4 位十进制数，则每位上可能有十个不同的数符 0～9，所以 r=10。又如，若关键码是仅由英文字母组成的字符串，不考虑大小写，则每位上可能有 26 种不同的字母，所以 r=26。

数字分析法根据 r 种不同的符号在各位上的分布情况，选取某几位，组合成哈希地址。所选的位应使各种符号与在该位上出现的频率大致相同。例如，有一组关键码如图 3-7-6

所示。

3	4	7	0	5	2	4
3	4	9	1	4	8	7
3	4	8	2	6	9	6
3	4	8	5	2	7	0
3	4	8	6	3	0	5
3	4	9	8	0	5	8
3	4	7	9	6	7	1
3	4	7	3	9	1	9
①	②	③	④	⑤	⑥	⑦

图 3-7-6　数字分析法示例

第 1,2 位均是“3”和“4”,第 3 位也只有“ 7”,“8”,“9”,因此,这几位不能用,余下四位分布较均匀,可作为哈希地址选用。若哈希地址是两位,则可取这四位中的任意两位组合成哈希地址,也可以取其中两位与其他两位叠加求和后,取低两位作哈希地址。

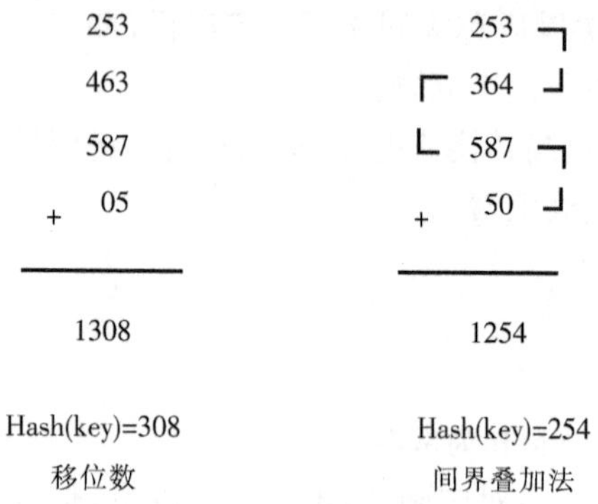

图 3-7-7　折叠法示例

(4)平方取中法　对关键码平方后,按哈希表大小,取中间的若干位作为哈希地址。

(5)折叠法　此方法将关键码自左到右分成位数相等的几部分,最后一部分位数可以短些,然后将这几部分叠加求和,并按哈希表表长,取后几位作为哈希地址。这种方法称为折叠法。

有两种叠加方法(图 3-7-7):

①移位法　将各部分的最后一位对齐相加。

②间界叠加法　从一端向另一端沿各部分分界来回折叠后,最后一位对齐相加。

例如,关键码为 KEY = 25346358705,设哈希表长为三位数,则可对关键码每三位一部分来分割,关键码分割为如下四组:

253 463 587 05

用上述方法计算哈希地址,对于位数很多的关键码,且每一位上符号分布较均匀时,可采用此方法求得哈希地址。

3)处理冲突的方法

(1) 线性探测法

$$H_i = (\mathrm{Hash}(KEY) + d_i) \bmod m \quad (1 \leqslant i < m)$$

其中,Hash(KEY)为哈希函数,m 为哈希表长度,d_i为增量序列 1,2,…,m−1,且 $d_i = i$。

例如,关键码集为 {47,7,29,11,16,92,22,8,3},哈希表表长为 11,Hash(KEY) = KEY mod 11,用线性探测法处理冲突,建表如下:

0	1	2	3	4	5	6	7	8	9	10
11	22		47	92	16	3	7	29	8	
	△					▲		△	△	

47,7,11,16,92 均是由哈希函数得到的没有冲突的哈希地址而直接存入的；Hash(29) = 7,哈希地址上冲突,需寻找下一个空的哈希地址：

由 H_1=(Hash(29)+1) mod 11=8,哈希地址 8 为空,将 29 存入。另外,22,8 同样在哈希地址上有冲突,也是由 H_1 找到空的哈希地址的；

而 Hash(3) = 3,哈希地址上冲突,由 H_1= (Hash(3)+1) mod 11 = 4；冲突,继续；H_2= (Hash(3)+2) mod 11 = 5；冲突,继续；H_3= (Hash(3)+3) mod 11 = 6；找到空地址,存入。

线性探测法可能使第 i 个哈希地址的同义词存入第 i+1 个哈希地址,这样本应存入第 i+1个哈希地址的元素变成了第 i+2 个哈希地址的同义词。因此,可能出现很多元素在相邻的哈希地址上“堆积”起来,大大降低了查找效率。为此,可采用二次探测法,或双哈希函数探测法,以改善“堆积”问题。

(2)二次探测法

$$H_i=(Hash(KEY)\pm d_i) \bmod m$$

其中,Hash(KEY)为哈希函数,m 为哈希表长度,m 要求是某个 4k+3 的质数(k 是整数),d_i为增量序列 $1^2,-1^2,2^2,-2^2,\cdots,q^2,-q^2$,且 $q\leqslant(m-1)/2$。

仍以上例用二次探测法处理冲突,建表如下：

0	1	2	3	4	5	6	7	8	9	10
11	22	3	47	92	16		7	29	8	
	△	▲		△	△					

对关键码寻找空的哈希地址只有 3 这个关键码与上例不同,Hash(3)=3,哈希地址上冲突,由 H_1= (Hash(3)+1^2) mod 11 = 4,冲突；H_2= (Hash(3)−1^2) mod 11=2,找到空的哈希地址,存入即可。

(3) 双哈希函数探测法

$$H_i=(Hash(KEY)+i*ReHash(KEY)) \bmod m \qquad (i=1,2,\cdots,m-1)$$

其中,Hash(KEY),ReHash(KEY)是两个哈希函数,m 为哈希表长度双哈希函数探测法,先用第一个函数 Hash(KEY)对关键码计算哈希地址,一旦产生地址冲突,再用第二个函数 ReHash(KEY)确定移动的步长因子,最后,通过步长因子序列由探测函数寻找空的哈希地址。

例如,Hash(KEY)=a 时产生地址冲突,就计算 ReHash(KEY)=b,则探测的地址序列为

$$H_1=(a+b) \bmod m, H_2=(a+2b) \bmod m,\cdots,H_{m-1}=(a+(m-1)b) \bmod m$$

(4)拉链法

设哈希函数得到的哈希地址域在区间[0,m−1]上,以每个哈希地址作为一个指针,指向一个链,即分配指针数组 ElemType *eptr[m]；建立 m 个空链表,由哈希函数对关键码转换后,映射到同一哈希地址 i 的同义词均加入到 *eptr[i]指向的链表中。

例如,关键码序列为{47,7,29,11,16,92,22,8,3,50,37,89,94,21},哈希函数为

$$Hash(KEY)=KEY \bmod 11$$

用拉链法处理冲突,建表如图 3-7-8 所示。

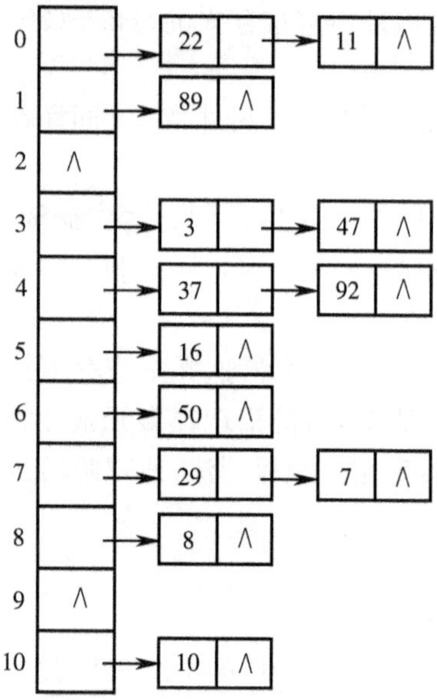

图 3-7-8　拉链法处理冲突的哈希表（向链表中插入元素均在表头进行）

4)哈希表的查找分析

哈希表的查找过程基本上和建表过程相同。一些关键字可通过哈希函数转换的地址直接找到，另一些关键字在哈希函数得到的地址上产生了冲突，需要按处理冲突的方法进行查找。在介绍的四种处理冲突的方法中，产生冲突后的查找仍然是给定值与关键码进行比较的过程。所以，对哈希表查找效率的量度，依然用平均查找长度来衡量。

查找过程中，关键码的比较次数，取决于产生冲突的多少：产生的冲突少，查找效率就高；产生的冲突多，查找效率就低。因此，影响产生冲突多少的因素，也就是影响查找效率的因素。影响产生冲突多少有哈希函数是否均匀、处理冲突的方法、哈希表的装填因子三个因素。

分析这三个因素，尽管哈希函数的“好坏”直接影响冲突产生的频度，但一般情况下，我们总认为所选的哈希函数是“均匀的”，因此，可不考虑哈希函数对平均查找长度的影响。就线性探测法和二次探测法处理冲突的例子看，相同的关键码集合、同样的哈希函数，但在数据元素查找等概率情况下，它们的平均查找长度却不同。

在哈希表中，需要用装填因子来衡量哈希表的装满程度，用 α 表示。由于表长是定值，α 与填入表中的元素个数成正比，所以 α 越大，填入表中的元素较多，产生冲突的可能性就越大；α 越小，填入表中的元素较少，产生冲突的可能性就越小。一般认为装填因子在0.65～0.85之间较好。哈希表的装填因子定义为

$$\alpha=\frac{\text{填入表中的元素个数}}{\text{哈希表的长度}}$$

实际上，哈希表的平均查找长度是装填因子 α 的函数，只是不同处理冲突的方法有不同的函数。表 3-7-1 给出几种不同处理冲突方法的平均查找长度。

表 3-7-1　几种不同处理冲突方法的平均查找长度

处理冲突的方法	查找成功时	查找不成功时
线性探测法	$S_{nl}\approx\frac{1}{2}(1+\frac{1}{1-\alpha})$	$U_{nl}\approx\frac{1}{2}[1+\frac{1}{(1-\alpha)^2}]$
二次探测法与双哈希法	$S_{nl}\approx-\frac{1}{\alpha}\mathrm{In}(1-\alpha)$	$U_{nl}\approx\frac{1}{1-\alpha}$
拉　链　法	$S_{nc}\approx1+\frac{1}{\alpha}$	$U_{nc}\approx\alpha+e^{-\alpha}$

哈希方法存取速度快，也较节省空间，静态、动态查找均适用，但由于存取是随机的，因此，不便于顺序查找。

3.8 排序

排序是数据处理中经常使用的另一种重要运算。如何进行排序，特别是高效率排序是计算机应用中要研究与解决的重要课题之一。

3.8.1 排序的基本概念

本节中假定排序的对象是由一组记录组成的文件，按其关键字进行排序。排序对象关键字可以是整型、字符型等可以比较的类型，本节假设为整型。

排序的定义：设文件由{R_0,R_1,…,R_{n-1}}n 个记录组成，{K_0, K_1, …, K_{n-1}}为其某一对应的关键字序列，现将文件中的所有记录重新排列，使其成为一个按关键字有序的序列(递增或递减)，这一排列过程为排序。

在待排序的文件中，若存在多个关键字值相同的记录，排序后关键字相同的记录的相对次序保持不变，则称这种排序方法是稳定的，否则是不稳定的。

如果待排记录在排序过程中全部是存放在内存里的，则称该排序为内排序；如果待排序记录非常多，在排序过程中需要借助外存来存储待排记录，则称该排序为外排序。本节主要讨论内排序。

排序方法可以分为五类：插入排序、选择排序、交换排序、分配排序和归并排序。

排序的算法有很多，要在繁多的排序算法中，简单地判断哪一种最好，是有困难的，因为每种方法都有各自的优缺点，应当根据具体问题选用。评价算法好坏的标准主要有：时间复杂度、空间复杂度，当然，算法本身的复杂程度也是应当考虑的因素。对排序而言，在排序过程中最常用的两种操作是比较和移动，因此这两种操作的次数也就成为衡量排序的时间开销和算法优劣的最重要的标志。在下面对排序算法的介绍中，将给出各算法的主要参数，一般都是按最坏情况或平均情况估算，所以，在应用时要根据情况计算实际的开销，选择合适的算法。不同的排序算法，对记录的存储方式也不同，将结合相应的排序方法来讨论。

3.8.2 选择排序

选择排序的基本方法是：不断从待排序记录(无序区)中，按记录的关键字递增(或递减)选择记录，顺序放入已排序区(有序区)，直到所有全部排完，所有记录都进入有序区。常见的选择排序法有简单选择排序和堆排序两种选择排序。

1)简单选择排序

也为直接选择排序，其基本思想是：首先将所有记录区当作无序区，在无序区中选择一个关键字最小的记录，并将之与无序区的第一个记录交换；然后将剩余的记录当作无序区，重复上述过程，直到所有的记录都排好序为止。

例如，初始序列为{49,38,65,97,$\underline{49}$,13,27,76}，简单选择排序法排序过程为：

(1) 49 38 65 97 49 13 27 76

(2) [13] 38 65 97 49 49 27 76

(3) [13 27] 65 97 49 49 38 76

(4) [13 27 38] 97 49 49 65 76

(5) [13 27 38 49] 97 49 65 76

(6) [13 27 38 49 49] 97 65 76

(7) [13 27 38 49 49 65] 97 76

(8) [13 27 38 49 49 65 76] 97

(9) [13 27 38 49 49 65 76 97]

【算法 3-8-1】 简单选择排序的 C 语言程序算法。

```
void SelectSort(SortObject R[],int n)             /* 按递增序进行排序 */
{ int i, j, k;
  SortObject temp;
  for( i = 0; i < n-1; i++ )                      /* 进行 n-1 趟 */
   { k=i;
     for(j=i+1; j<n; j++)                         /* 在无序区内找出最小记录 */
       if(R[j].key < R[k].key) k=j;
    if(k! =i)                                     /* 记录 R[k]与 R[i]互换 */
      { temp=R[i]; R[i]= R[k]; R[k]=temp; }
    }
  }
```

简单选择排序的比较次数与文件初始状态无关,在第 i 趟排序中选出最小排序码的记录,需做 n−i 次比较,因此总的比较次数为

$$\sum_{i=1}^{n-1}(n-i) = n(n-1)/2 = O(n^2)$$

对于简单选择排序,若文件初态为正序时,移动次数为 0;最坏情况下,即逆序状态,每趟比较完成后都要执行交换操作,故最大的移动次数为 3(n−1)。

简单选择排序的平均时间复杂度为 $T(n)=O(n^2)$。在上述算法中增加了一个辅助空间 temp,因此辅助空间为 $S(n)=O(1)$。再者,由上例可知直接选择排序是不稳定的。

2)堆排序

从简单选择排序中,我们知道选择排序进行的主要操作是关键字的比较,但是这种排序法每次只从待排序区选择一个关键字最小的记录,而没有保存其比较结果,所以后一趟排序时又重复许多比较操作,会造成很多不必要的比较,降低了排序的效率。

1964 年,J. Willioms 和 Floyd 提出了堆排序方法,从而克服了这一缺陷。首先给出堆的定义,对于 n 个关键字序列 $K=\{k_0,k_1,\cdots,k_{n-1}\}$,当且仅当满足条件

$$(1)\begin{cases}k_i \geqslant k_{2i+1}\\ k_i \geqslant k_{2i+2}\end{cases} \quad 或者 \quad (2)\begin{cases}k_i \leqslant k_{2i+1}\\ k_i \leqslant k_{2i+2}\end{cases} \quad (i=0,1,\cdots,\frac{n}{2}-1)$$

时，称序列 K 为一个堆。从堆的定义可以看出，堆首先要是一棵完全二叉树，其中每个非叶结点的排序码均大于等于(或小于等于)其左、右子女结点的排序码，因此，该完全二叉树根结点的关键字最大(或最小)，堆中任意一棵子树都满足堆的定义。如果堆中根结点的关键字最小，则称为小根堆；若堆中根结点的关键字最大，则称为大根堆。本节下述讨论均以大根堆为例，对于小根堆的应用是类似的。

堆排序的主要思想：首先设法把原始序列构造成一个堆，使得 n 个元素的最大值处于序列的第一个位置；然后交换序列第一大元素(最大值元素)与最后一个元素。再把序列的前 n－1 个元素组成的子序列构成一个新堆，得到第二大元素，把序列的第二大元素与第 n－1 个元素交换。此后再把序列的前 n－2 个元素构成一个新堆……如此操作，最终整个序列成为有序序列。

堆排序的关键是将序列构成堆，其中包括如何将原始序列构成初始堆和把“去掉”了最大值元素的序列构造成新堆两个问题。

所谓构造初始堆，即把整个记录从 R_0 到 R_{n-1} 调整为一个大根堆。完全二叉树中，所有序号 i＞[n/2]－1 的结点都是叶结点，因此，这些结点为根的子树均已是堆，只需依次将以序号[n/2]－1，[n/2]－2，…，0 结点为根的子树调整为堆即可。

可采用筛选法为以 R_i 为根的完全二叉树建堆，这时如果 R_i 的左、右子树都是堆，可以把 R_i 与其左、右子树根结点 R_{2i+1}，R_{2i+2} 中最大者交换位置(R_0 为树的根结点)。若交换位置后破坏了子树的堆特性，则再对这棵子树重复交换过程，直到以 R_i 为根结点的子树成为堆。

例如，初始序列为 26，5，77，1，61，11，59，15，48，19，用堆排序法排序。

排序过程如图 3-8-1 所示，排好序后的序列为 1，5，11，15，19，26，48，59，61，77。

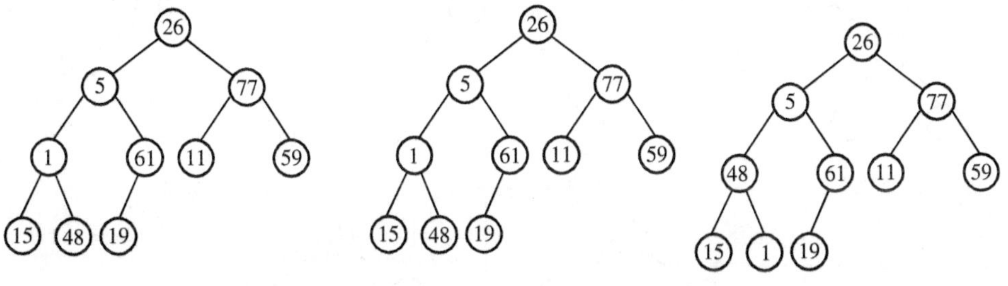

(a) 初始完全二叉树　(b) $i=[\frac{n}{2}]-1=4$，调用 sift(vector,4,10)　(c) 调用 sift(vector,3,10)

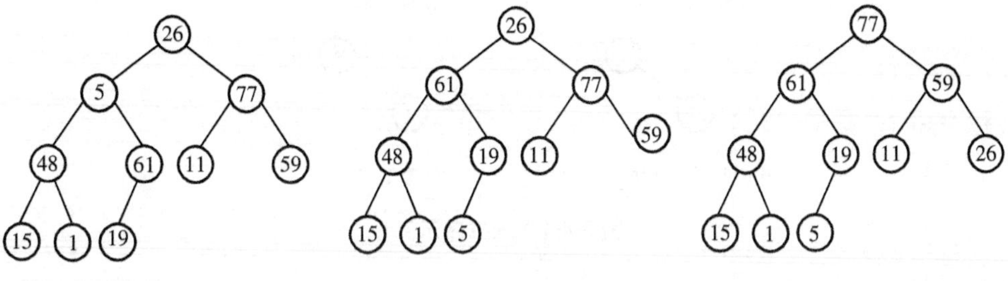

(d) 调用 sift(vector,2,10)　(e) 调用 sift(vector,1,10)　(f) 调用 sift(vector,0,10)得到初始堆

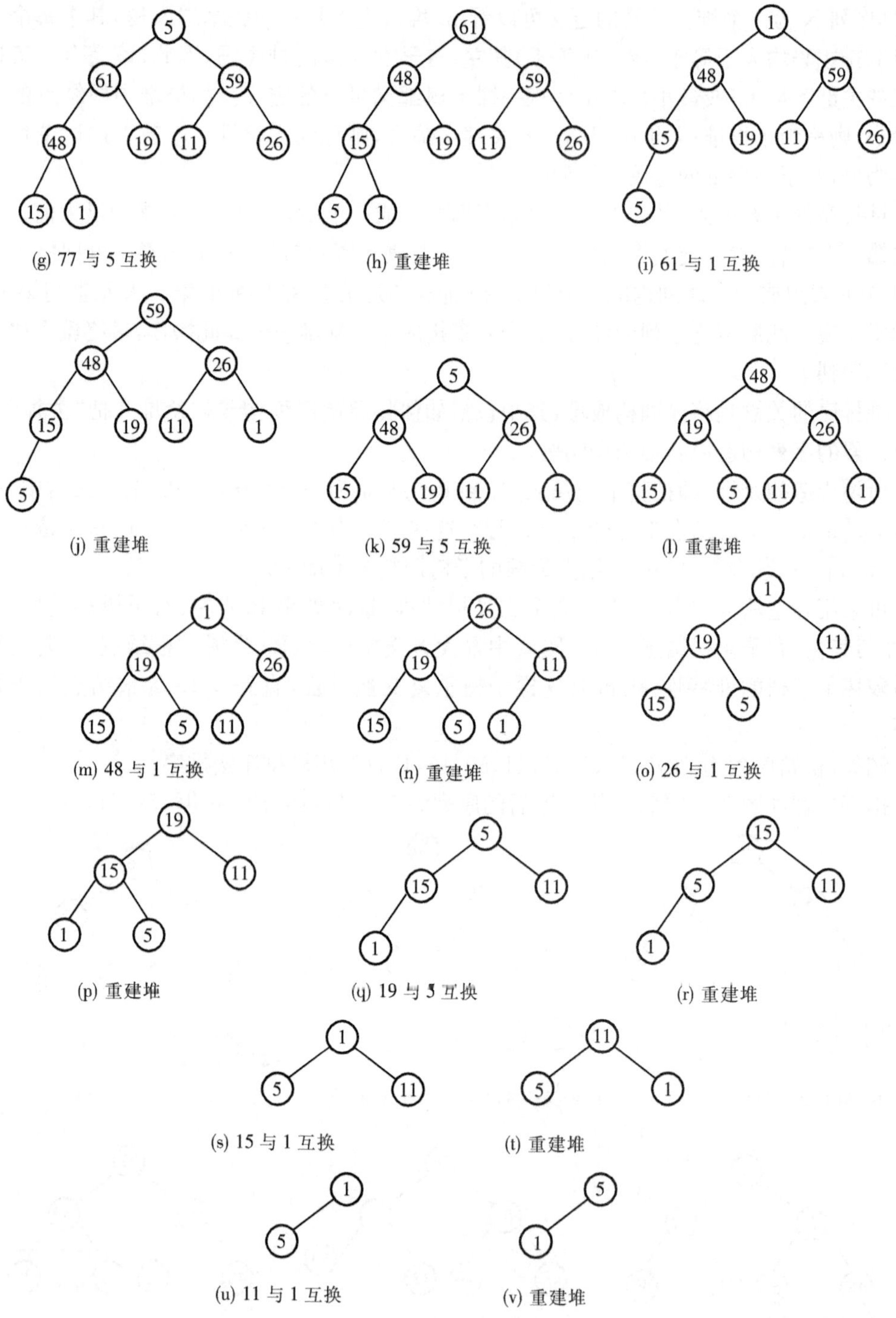

图 3-8-1　堆排序示例

堆排序筛选算法：设排序码集合为$\{k_0, k_1, \cdots, k_{n-1}\}$，以 k_j 为根的子树均满足堆的定义($j=i+1, i+2, \cdots, [n/2]-1$)，筛选算法结束后以 k_i 为根的子树也满足堆的定义。n 个记录存放在数组 record 中。

【算法 3-8-2】 堆排序的筛选算法。

```
#define leftChild(i) 2*1
void sift(SortObject *pvector, int i, int n)
{ int child;
  RecordNode temp;
  temp=pvector->record[i];
  child=leftChild(i);        /* Rchild 是 R0 的左子女 */
  while(child<n)
    { if((child<n-1)&&(pvector->record[child].key<pvector->record[child
+1].key))
        child++;             /* child 指向 Ri 的左、右子女中排序码较大的结点 */
      if(temp.key<pvector->record[child].key)
        { pvector->record[i]=pvector->record[child];
                             /* 将 Rchild 换到父结点位置,进入下一层继续调整 */
          i=child; child=leftChild(i);
        }
      else break;            /* 调整结束 */
    }
  pvector->record[i]=temp;
                             /* 将记录 Ri 放入正确位置 */
}
```

完全二叉树中,若结点没有左孩子,则必是叶结点,调整结束。对于任意排序码集合,只要从[n/2]-1 到 0 反复调用 sift 算法,就可使 R_0 到 R_{n-1} 构成一个大根堆。

【算法 3-8-3】 堆排序算法。

```
void heapSort(SortObject * pvector)        /* 对记录 R0 到 Rn-1进行堆排序 */
  { int i, n;
    RecordNode temp;
    n = pvector->n;
    for(i=n/2-1; i>=0; i--)
      sift(pvector,i,n);                     /* 建立初始堆 */
    for(i=n-1; i>0; i--)                     /* 进行 n-1 趟堆排序 */
      { temp = pvector->record[0];
                                  /* 当前堆顶记录和最后一个记录互换 */
        pvector->record[0]=pvector->record[i];
        pvector->record[i]=temp;
        sift(pvector,0,i);                   /* 从 R0 到 Ri-1重建堆 */
      }
  }
```

堆排序的时间耗费主要在构造初始堆,以及排序过程中不断将“去掉”最大元素后的元素重新建堆两部分上。

(1)初始建堆共调用 sift 函数[n/2]次,每次将一个以 $R_i(0\leqslant i\leqslant[n/2-1])$为根的子树调整为堆。n 个结点的完全二叉树,其深度 $h=[\log_2 n]$,R_i 的结点层数依次为:0, 1, 1, 2, 2, 2, 2,…, h−1。第 m 层上结点数最多为 2^m 个,以它们为根的子树深度为 h−m。sift 算法在每层上最多与两个子女的排序码值进行比较,所以在 m 层上的结点执行初始建堆最多比较 2(h−m)次,第 m 层所有子树建堆最多比较次数为

$$2(h-m)*2^{m}=(h-m)*2^{m+1}$$

初始建堆总的比较次数为

$$C_1(n)=\sum_{m=0}^{h-1}(h-m)2^{m+1}=O(n)$$

(2)排序过程中每去掉一个元素都需要重新建堆。第一次重新建堆时堆中有 n−1 个结点,第 j 次有 n−j 个结点,这时二叉树的深度为$[\log_2(n-j)]$。重新建堆需要与排序码的比较次数为$[2(\log_2(n-j)-1)]$,总共排序过程中重新建堆比较花费的次数为

$$C_2(n)=\sum_{m=0}^{h-1}2([\log_2(n-j)]-1)<2n\log_2 n=O(n\log_2 n)$$

(3)整个堆排序中总的比较次数为 $C(n)=C_1(n)+C_2(n)=O(n*\log_2 n)$。而结点移动的次数小于比较的次数,因此总的时间花费 $T(n)=O(n*\log_2 n)$。

算法中增加了一个辅助空间,辅助空间为 S(n)=O(1)。堆排序是不稳定的(请读者自己举一例说明)。

3.8.3 插入排序

插入排序的基本方法是:每步将一个待排序的记录,按其排序码大小插到前面已经排序的文件中的适当位置,直到全部插入完为止。本节介绍直接插入排序、二分法插入排序。

1)直接插入排序

假设待排序的 n 个记录$\{R_0,R_1,\cdots,R_{n-1}\}$存放在数组中,直接插入法在插入记录 R_i $(i=1,2,\cdots,n-1)$时,记录集合被划分为两个区间$[R_0,R_{i-1}]$和$[R_i,R_{n-1}]$,其中,前一个子区间已经排好序,后一个子区间是当前未排序的部分,将排序码 R_i 与 $R_{i-1},R_{i-2},\cdots,R_0$ 依次比较,找出应该插入的位置,将记录 R_i 插入,原位置的记录向后顺移。直接插入排序采用顺序存储结构。

例如,设待排序的记录共 8 个,排序码分别为 49,38,65,97,76,13,27,49,请用直接插入排序法排序(为了区别两个相同的排序码 49,后面的 49 用$\underline{49}$表示)。

初始排序码序列:[49] 38 65 97 76 13 27 $\underline{49}$

i=1: [38 49] 65 97 76 13 27 $\underline{49}$

i=2: [38 49 65] 97 76 13 27 $\underline{49}$

i=3: [38 49 65 97] 76 13 27 $\underline{49}$

i=4: [38 49 65 76 97] 13 27 $\underline{49}$

i=5: [13 38 49 65 76 97] 27 $\underline{49}$

i=6: [13 27 38 49 65 76 97] $\underline{49}$

i=7: [13 27 38 49 $\underline{49}$ 65 76 97]

下面给出直接插入排序的算法。

```
typedef int KeyType;
typedef int DataType;
typedef struct
  { KeyType key;              /* 排序码字段 */
    DataType info;            /* 记录的其他字段 */
  } RecordNode;
typedef struct
  { RecordNode record[MAXNUM];
    int n;                    /* n 为文件中的记录个数 */
  } SortObject;
```

【算法 3-8-4】 直接插入排序的 C 语言程序算法。

```
void insertSort(SortObject * pvector) /* 按递增序进行直接插入排序 */
{ int i, j;
  RecordNode temp;
  for( i = 1; i < pvector->n; i++ ) /* 依次插入记录 R1, R2,…,Rn-1 */
    { temp = pvector->record[i];
      j = i-1;
      while ((temp.key < pvector->record[j].key)&&(j>=0) )/* 向前找插入位置 */
        { pvector->record[j+1] = pvector->record[j];/* 将排序码大于 ki 的记录后移 */
          j--;
        }
      if( j! =(i-1) ) pvector->record[j+1] = temp;
    }
}
```

直接插入排序中，在已经排好序的 i 个记录 $R_0 \sim R_{i-1}$ 中插入第 i+1 个记录 R_i，其比较次数 C_i 最多为 i 次，R_i 被排在第一个记录的位置上（$R_i < R_0$）；最少为 1 次，R_i 的位置不变（$R_i \geqslant R_{i-1}$）。为了插入一个记录所需移动记录的次数为 m_i，其最大值为 C_{i+1}，最小值为 1（包括算法中记录 temp 的移动次数）。下面计算总的比较次数和移动次数。

最小比较次数：$C_{min} = n-1 \approx n$

最大比较次数：$C_{max} = \sum_{i=1}^{n-1} i = \frac{1}{2}n(n-1) \approx \frac{n^2}{2}$

最小移动次数：$M_{min} = n-1 \approx n$

最大移动次数：$M_{max} = \sum_{i=1}^{n-1} i(i+1) \approx \frac{n^2}{2}$

由上述分析可知，文件初态不同时，直接插入排序所耗费的时间有很大差异。若文件初态为正序，则算法的时间复杂度为 $O(n)$；若文件初态为反序，则时间复杂度为 $O(n^2)$。

插入记录 R_{i-1}，有 i 种可能的插入位置，即插入到第 0，1，…，i－1 位置上，假设每种情况发生的概率是相等的，均为 $p_j=\frac{1}{i}(j=0,1,\cdots,i-1)$，比较次数为 $C_j=j+1(j=0,\cdots,i-1)$，则插入记录 R_{i-1} 的平均比较次数为

$$\sum_{j=0}^{i-1}p_jC_j=\sum_{j=0}^{i-1}\frac{1}{i}(j+1)=\frac{1}{i}\sum_{j=0}^{i-1}(j+1)=\frac{i+1}{2}$$

直接插入排序的总的比较次数为

$$\sum_{j=0}^{n-1}\frac{j+1}{2}\approx\frac{n}{2}+\frac{1}{2}\sum_{j=0}^{n-1}j=\frac{n}{2}+\frac{1}{2}\times\frac{(n-1)n}{2}\approx\frac{n}{2}+\frac{n^2}{4}=O(\frac{n^2}{4})=O(n^2)$$

直接插入排序算法的平均移动次数与平均比较次数同级，也是 $O(n^2)$，所以，直接插入排序的平均时间复杂度为 $T(n)=O(n^2)$。算法中引入了一个附加的记录空间 temp，因此辅助空间为 $S(n)=O(1)$。直接插入排序是稳定的。

2）二分法插入排序

直接插入排序的算法简洁，容易实现，在规模较小时是一种很好的排序方法。但是，通常文件中记录的数量都很大，则此时直接插入排序方法不适用。在直接插入排序的基础上减少比较的次数，即在插入 R_i 时改用二分法比较找插入位置，便得到二分法插入排序。

所谓二分法比较是在插入 R_{i+1} 时（R_0，R_1，…，R_i 已排序），取排序码 $R_{[i/2]}$ 与 K_{i+1} 进行比较，如果 $R_{i+1}<R_{[i/2]}$，R_{i+1} 只能插在 R_0 到 $R_{[i/2]}$ 之间，则在 R_0 到 $R_{[i/2]-1}$ 之间继续使用二分法，否则在 $R_{[i/2]+1}$ 到 R_i 之间使用二分法，如此反复直到确定插入位置为止。经过一次比较，便可排除一半记录，故称二分法。

例如，初始序列为 49，38，65，97，76，13，27，$\underline{49}$，请用二分插入排序法排序。

采用二分法插入排序经过 6 趟排序后，序列的前 7 个元素组成一个有序序列，下面是第 7 趟排序的过程：

①	[13	27	38	49	65	76	97]	$\underline{49}$
	left=0			mid=3			right=6	
②	13	27	38	49	[65	76	97]	$\underline{49}$
					left=4	mid=5	right=6	
③	13	27	38	49	[65]	76	97	$\underline{49}$
					left=4	mid=4	right=3	

∵ $\underline{49}<65$　　∴ right=mid－1=3

∵ left=4>right　　∴ 已找到插入位置 left=4

④	13	27	38	49	$\underline{49}$	65	76	97

【算法 3-8-5】 二分法插入排序必须采用顺序存储方式，算法如下：

```
void binSort(SortObject * pvector)          /* 按递增序列进行二分法插入排序 */
{ int i, j, left, mid, right;
  RecordNode temp;
```

```
for( i = 1; i < pvector->n; i++ )
  { temp = pvector->record[i];
    left = 0; right = i - 1;             /* 置已排序区间的下、上界初值 */
    while (left <= right)
      { mid = (left+right)/2;     /* mid 指向已排序区间的中间位置 */
        if (temp.key < pvector->record[mid].key)
          right = mid-1;                 /* 插入元素应在左子区间 */
        else left = mid+1;               /* 插入元素应在右子区间 */
      }
    for(j=i-1; j>=left; j--)
      pvector->record[j+1] = pvector->record[j];/* 将排序码大于 ki 的记录后移 */
    if(left! =i) pvector->record[left] = temp;
  }
}
```

二分法插入排序的比较次数与待排序记录的初始状态无关，仅依赖于记录的个数，插入第 i 个记录时，如果 $i=2^j(0\leqslant j\leqslant[\log_2 n])$，则无论排序码的大小，都恰好经过 $j=\log_2 i$ 次比较才能确定插入位置；如果 $2^j<i\leqslant 2^{j+1}$，则比较次数为 $j+1$。因此，将 n 个记录($n=2^k$)排序的总比较次数为

$$\sum_{i=1}^{n}[\log_2 i] = 0+1+2+2+\cdots+k+k+\cdots+k$$

$$=k\cdot 2^k-\sum_{i=1}^{k}2^{i-1} = k\cdot 2^k-2^k+1 = n\cdot\log_2 n-n+1$$

$$\approx n\cdot\log_2 n$$

当 n 较大时，显然比直接插入排序的最大比较次数少得多，但大于直接插入排序的最小比较次数。最坏的情况为 $n^2/2$，最好的情况为 2n，平均移动次数为 $O(n^2)$，二分法插入排序算法的平均时间复杂度为 $T(n)=O(n^2)$。算法中增加了一个辅助空间 temp，因此，算法的辅助空间为 $S(n)=O(1)$。

算法中用 left>right 控制二分法结束。这时 left 是 pvector->record[i]应插入的位置。另外在修改 left 和 right 时，采用 temp.key<pvector->record[mid].key 为条件，保证了二分法插入排序是稳定的。

3.8.4 交换排序

交换排序的基本方法是：两两比较待排序记录的排序码，交换不满足顺序要求的偶对，直到全部满足为止。最常用的交换排序有起泡排序和快速排序。

1)起泡排序

起泡排序的方法是：先将序列中的第一个记录 R_0 与第二个记录 R_1 比较，若前者大于后者，则两个记录交换位置，否则不交换；然后对新的第二个记录 R_1 与第三个记录 R_2 作同

样的处理；以此类推，直到处理完第 n－1 个记录和第 n 个记录，从(R_0，R_1)到(R_{n-2}，R_{n-1})的 n－1 次比较和交换过程称为一次起泡。经过这次起泡，n 个记录中最大者被安置在第 n 个位置上。此后，再对前 n－1 个记录进行同样处理，使 n－1 个记录的最大者被安置在整个序列的第 n－1 个位置上。然后再对前 n－2 个记录重复上述过程，这样最多做 n－1 次起泡就能完成排序。

可以设置一个标志 NoSwap 表示本次起泡是否有记录交换，如果没有交换则表示整个排序过程完成。

起泡排序是通过相邻记录之间的比较与交换，使值较大的记录逐步从前向后移，就像水底的气泡一样向上冒，故称为起泡排序。

例如，初始序列为 49，38，65，97，76，13，27，49，用起泡排序法的排序过程如下：

第一趟起泡：	38	49	65	76	13	27	49	[97]
第二趟起泡：	38	49	65	13	27	49	[76	97]
第三趟起泡：	38	49	13	27	49	[65	76	97]
第四趟起泡：	38	13	27	49	[49	65	76	97]
第五趟起泡：	13	27	38	[49	49	65	76	97]
第六趟起泡：	13	27	[38	49	49	65	76	97]
排序结果为：	[13	27	38	49	49	65	76	97]

【算法 3-8-6】 起泡排序算法。

```
void bubbleSort(SortObject * pvector)
  { int i, j, NoSwap;
    RecordNode temp;
    for(i=0; i<pvector->n-1; i++)                    /* 做 n-1 次起泡 */
      { NoSwap = TRUE;
        for(j=0; j<pvector->n-i-1; j++)              /* 置交换标志 */
        if(pvector->record[j+1].key<pvector->record[j].key)
                                                     /* 从前向后扫描 */
         { temp = pvector->record[j];                /* 交换记录 */
           pvector->record[j] = pvector->record[j+1];
           pvector->record[j+1] = temp;
           NoSwap = FALSE;
         }
      if (NoSwap) break;          /* 本趟起泡未发生记录交换，算法结束 */
    }
  }
```

若文件初态为正序，则一趟起泡就可完成排序，排序码的比较次数为 n－1，且没有记录移动，时间复杂度是 O(n)。若文件初态为逆序，则需要 n－1 趟起泡，每趟进行 n－i 次排序码的比较，且每次比较都移动 3 次，比较和移动次数均达到最大值

$$C_{max} = \sum_{i=1}^{n-1}(n-i) = n(n-1)/2 = O(n^2)$$

$$M_{max} = \sum_{i=1}^{n-1}3(n-i) = 3n(n-1)/2 = O(n^2)$$

起泡排序的最坏时间复杂度为 $O(n^2)$，平均时间复杂度为 $O(n^2)$。起泡排序算法中增加 1 个辅助空间 temp，辅助空间为 $S(n)=O(1)$。起泡排序是稳定的。

2)快速排序

起泡排序是在相邻两个记录间比较和交换，每次交换只能上移或下移一个位置，导致总的比较与移动次数增多。快速排序是对起泡排序的改进。快速排序又称分区交换排序，是由 C. A. R. Hoar 提出的。各种排序方法中，这种方法记录间比较次数较少，因而速度较快，被认为是较好的排序方法。其基本思想是：在待排序的 n 个记录中任取一个记录（通常取第一个记录），把所有小于该记录的记录移到其左边，把所有大于该记录的记录移到其右边，所选记录正好处在其应在的位置，且把原有序列划分成两个子序列。然后，对两个子序列分别重复上述过程，直到所有记录都排好序。把当前参加排序的记录按第一个记录的排序码分成前后两个部分的过程称为一趟快速排序。

设待排序的 n 个记录 $\{R_0, R_1, \cdots, R_{n-1}\}$ 存放在数组 R 中，选取第一个记录 R_0 为标准。这趟快速排序是寻找记录 R_0 的最终位置，若一趟排序完毕后，数组 R 分为两个部分，[R[0],R[i−1]]和[R[i+1],R[n−1]]，R[i]为 R_0 的最终位置，前一区存放的为小于 R_0 的记录，后一区存放的为大于 R_0 的记录。具体的作法是：设置变量 i 指向参加排序的序列中第一个位置 0，变量 j 指向参加排序的序列中最后位置 n−1。首先保存记录 R_0，R[0]为空出的位置，空位在前一区，这时令 j 向前扫描，寻找小于 R_0 的记录，找到小于 R_0 的记录 R[j]，将记录 R[j]移到当前空位中；这时 R[j]为空位，在后一区，这时令 i 自 i+1 起向后扫描，寻找大于 R_0 的记录，找到大于 R_0 的记录 R[i]，将记录 R[i]移到当前空位中，空位又到了前一区，然后再令 j 自 j−1 起向前扫描。如此交替改变扫描方向，从两端向中间靠拢，直到 i=j，这时 i 所指的位置为 R_0 的最终位置。

例如，初始序列为 49，38，65，97，76，13，27，$\underline{49}$，用快速排序法进行排序。

一次分区过程如下：

j 向左扫描：	[$\boxed{49}$	38	65	97	76	13	27	$\underline{49}$]
	i↑						j↑	
第一次交换后：	[27	38	65	97	76	13	$\boxed{49}$	$\underline{49}$]
	i↑						j↑	
i 向右扫描：	[27	38	65	97	76	13	$\boxed{49}$	$\underline{49}$]
			i↑				j↑	
第二次交换后：	[27	38	$\boxed{49}$	97	76	13	65	$\underline{49}$]
			i↑				j↑	
j 向左扫描：	[27	38	$\boxed{49}$	97	76	13	65	$\underline{49}$]
			i↑			j↑		
第三次交换后：	[27	38	13	97	76	$\boxed{49}$	65	$\underline{49}$]
			i↑			j↑		
i 向右扫描：	[27	38	13	97	76	$\boxed{49}$	65	$\underline{49}$]
				i↑		j↑		
第四次交换后：	[27	38	13	$\boxed{49}$	76	97	65	$\underline{49}$]
				i↑		j↑		
j 向左扫描：	[27	38	13	$\boxed{49}$	76	97	65	$\underline{49}$]
				i,j↑				

各趟排序之后的状态，假设每次分区后，都先对前一区的记录进行快速排序。

初始排序码：	[49	38	65	97	76	13	27	$\underline{49}$]
	[27	38	13]	49	[76	97	65	$\underline{49}$]
	[13]	27	[38]	49	[76	97	65	$\underline{49}$]
	13	27	[38]	49	[76	97	65	$\underline{49}$]
	13	27	38	49	[76	97	65	$\underline{49}$]
	13	27	38	49	[$\underline{49}$	65]	76	[97]
	13	27	38	49	$\underline{49}$	[65]	76	[97]
	13	27	38	49	$\underline{49}$	65	76	[97]
最后的排序结果：	13	27	38	49	$\underline{49}$	65	76	97

【算法 3-8-7】 快速排序的算法。

```
void quickSort(SortObject * pvector, int l, int r)
{ int i, j;
  RecordNode temp;
  if(l>=r) return;                /* 只有一个记录或无记录，则无须排序 */
  i = l; j = r;
  temp = pvector->record[i];
  while(i! =j)                    /* 寻找 R1 的最终位置 */
    { while( (pvector->record[j]. key>=temp. key) && (j>i) )
```

```
        j--;                      /* 从右向左扫描,查找第1个小于key的记录 */
      if(i<j)
        pvector->record[i++]= pvector->record [j];
      while( (pvector->record[i]. key<=temp. key) && (j>i) )
        i++;              /* 从左向右扫描,查找第1个大于key的记录 */
      if(i<j)
        pvector->record[j--]= pvector->record[i];
    }
  pvector->record[i]=temp;    /* 找到R1的最终位置 */
  quickSort(pvector,l,i-1);    /* 递归处理左区间 */
  quickSort(pvector,i+1,r);    /* 递归处理右区间 */
}
```

对整个文件排序,只需调用 quickSort(pvector,0,n-1)即可。对于快速排序方法而言,当待排序记录已经排序时,算法的执行时间最长,第一趟经过 n-1 次比较,将第一个记录定位在原来的位置上,并得到一个包括 n-1 个记录的子文件;第二趟经过 n-2 次比较,将第二个记录定位在原来的位置上,并得到一个包括 n-2 个记录的子文件……这样总比较次数为

$$C_{max}=\sum_{i=1}^{n-1}(n-i)=\frac{n}{2}(n-1)\approx\frac{n^2}{2}$$

最好情况下,每次划分使两个子文件的长度大致相等。设 C(n)表示对长度为 n 的文件快速排序所需的比较次数,显然,C(n)等于对长度为 n 的无序区进行划分所需的比较次数 n-1,加上递归地对所得左、右两个无序子区(长度≤n/2)快速排序的比较次数。假设文件长度 $n=2^k$,则总的比较次数为

$$\begin{aligned}C(n) &\leqslant n+2C(n/2)\\ &\leqslant n+2[n/2+2C(n/2^2)]=2n+4C(n/2^2)\\ &\leqslant 2n+4[n/4+2C(n/2^3)]=3n+8C(n/2^3)\\ &\leqslant \cdots\cdots\\ &\leqslant kn+2^kC(n/2^k)\\ &= n\log_2 n+nC(1)\\ &= O(n\log_2 n)\end{aligned}$$

式中,C(1)为一常数,$k=\log_2 n$。

快速排序的记录移动次数不大于比较次数,所以,快速排序的最坏时间复杂度应为 $O(n^2)$,最好时间复杂度为 $O(n\log_2 n)$。为了改善最坏情况下的时间性能,可采用“三者取中”的规则,即在每一趟划分前,首先比较 R[l]. key,R[r]. key 和 R[ ]. key 的大小,取中间的记录与 R[l]交换。

快速排序的平均时间复杂度是 $T(n)=O(n\log_2 n)$。算法需要一个栈空间实现递归。栈的大小取决于递归调用的深度,最多不超过 n,若每次都选较大的部分进栈,处理较短的部分,则递归深度最多不超过 $\log_2 n$,所以快速排序的辅助空间为 $S(n)=O(\log_2 n)$。快速排序是不稳定的。

3.8.5　归并排序

归并排序的主要思想是：把待排序的文件分成若干个子文件，先将每个子文件内的记录排序，再将已排序的子文件合并，得到完全排序的文件。合并时开始只要比较各子文件第一个记录的排序码，排序码最小的记录为排序后的第一个记录，取出该记录，继续比较各子文件的第一个记录，找出排序后的第二个记录，如此反复，经过一次扫描，得到排序结果。

设文件中有 n 个记录，可以看成 n 个子文件，每个子文件中只包含 1 个记录，先将每两个子文件归并，得到 n/2 个部分排序的较大的子文件，每个子文件包含 2 个记录；再将子文件归并，如此反复，直到得到 1 个文件。上述每步归并都是将 2 个子文件合成 1 个子文件，称为二路归并排序。类似地还有三路归并排序或多路归并排序。

例如，初始序列为 25，57，48，37，12，82，75，29，16，用二路归并排序法排序。

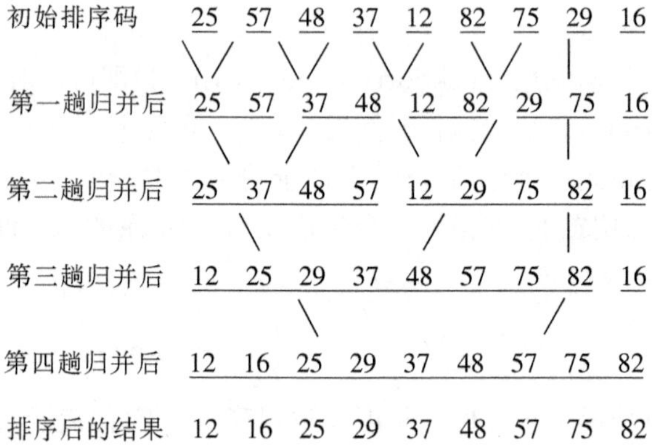

下面给出二路归并排序的算法。首先是两组归并算法。设 r[low]到 r[m]和 r[m+1]到 r[high]是存储在同一个数组中且相邻的两个有序的子文件，现在将这两个子文件合并为一个有序的文件，并存储在 r1[low]到 r1[high]中。

【算法 3-8-8】　两组归并算法。

```
void merge(RecordNode r[], RecordNode r1[], int low, int m, int high)
{ int i,j,k;
  i=low;
  j=m+1;
  k=low;
  while( (i<=m) && (j<=high) )
    { if(r[i].key <= r[j].key)
            /* 从两有序文件中的第一个记录中选出小的记录 */
        r1[k++]=r[i++];
      else
        r1[k++]=r[j++];
    }
  while (i<=m)
      r1[k++] = r[i++];        /* 复制第一个文件的剩余记录 */
  while (j<=high)
```

```
        r1[k++] = r[j++];        /* 复制第二个文件的剩余记录 */
    }
```

对于一趟归并的算法，设各子文件长度为 length（最后一个子文件长度可能小于 length），则归并前 r[0]到 r[n−1]中共有[n/length]个有序的子文件：r[0]到 r[length−1]，r[length]到 r[2 * length−1]，…，r[([n/length]−1) * length]到 r[n−1]，调用归并操作将相邻的一对子文件归并。

【算法 3-8-9】 对 r 做一趟归并，结果放在 r1 中的一趟归并算法。

```
void mergePass(RecordNode r[], RecordNode r1[], int n, int length)
  { /* length 为本趟归并的有序子文件的长度 */
    int i, j;
    i=0;
    while(i+2 * length-1<n)
      { merge(r,r1,i,i+length-1,i+2 * length-1); /* 归并长度为 length 的两
个子文件 */
        i+=2 * length;
      }
    if(i+length-1<n-1) /* 剩下两个子文件，其中一个长度小于 length */
      merge(r,r1,i,i+length-1,n-1);
    else
      for(j=i; j<n; j++)/* 将最后一个子文件复制到数组 r1 中 */
        r1[j]=r[j];
  }
```

二路归并算法，其实就是多次调用一趟归并过程，每趟归并后有序子文件的长度 length 扩大一倍。

【算法 3-8-10】 二路归并算法。

```
void mergeSort(SortObject * pvector)
{ RecordNode record[MAXNUM];
  int length = 1;
  while(length < pvector->n)
 { mergePass(pvector->record,record,pvector->n,length);
  /* 一趟归并，结果存放在数组 r1 中 */
  length * =2;
  mergePass(record,pvector->record,pvector->n,length);
  /* 一趟归并，结果存放在数组 r 中 */
  length * =2;
 }
}
```

上述算法中，第一个调用语句 mergePass 前并未判断 length≥n 是否成立，如果成立，则记录已经排好序，排序结果存放在数组 record 中，这时再调用 mergePass(record,pvector->record,pvector->n,length)，则将数组 record 中的有序记录复制到数组 pvector->

record 中。

第 i 趟归并后，有序子文件长度为 2^i，因此具有 n 个记录的文件排序，必须做[$\log_2 n$] 趟归并，每趟归并所花费的时间是 O(n)，二路归并排序算法的时间复杂度为 $T(n)=O(n\log_2 n)$。算法中增加了一个数组 record，算法的辅助空间为 S(n)=O(n)。二路归并排序是稳定的。

上面讨论了常用的几类排序算法，及其时间复杂度及稳定性。由于排序是数据处理中经常使用的一种重要运算，读者应当熟练掌握各种排序方法及算法的分析。各种排序方法各有优缺点。排序算法之间的比较主要考虑以下几个方面：算法的时间复杂度、算法的辅助空间、排序的稳定性、算法结构的复杂性、参加排序的数据的规模。

各种排序算法的时间复杂度与辅助空间及算法的稳定性如表 3-8-1 所示。

表 3-8-1　各种排序算法的时间复杂度与辅助空间及算法的稳定性

排序方法	平均时间复杂度	辅助空间	稳定性
直接插入排序	$O(n^2)$	O(1)	稳定的
二分法插入排序	$O(n^2)$	O(1)	稳定的
直接选择排序	$O(n^2)$	O(1)	不稳定的
堆排序	$O(n\log_2 n)$	O(1)	不稳定的
起泡排序	$O(n^2)$	O(1)	稳定的
快速排序	$O(n\log_2 n)$	$O(\log_2 n)$	不稳定的
归并排序	$O(n\log_2 n)$	O(n)	稳定的

由表 3-8-1 的平均时间复杂度可知，堆排序、快速排序及归并排序的排序速度较快，其他排序方法的速度较慢；通常就算法结构而言，速度慢的排序算法比较简单、直接。

快速排序法、堆排序法及归并排序法可以看作是对某一种排序方法的改进，算法结构一般都比较复杂，因此可以得出以下几点结论：

当数据规模 n 较小时，n^2 和 $n\log_2 n$ 的差别不大，则采用简单的排序方法比较合适，如直接插入排序或直接选择排序等。由于直接插入排序法所需记录的移动较多，当空间的要求比较容易满足时，可以采用表插入排序法减少记录的移动。

当文件的初态已基本有序时，可选择简单的排序方法，如直接插入排序或起泡排序等。

当数据规模 n 较大时，应选用速度快的排序算法，其中快速排序法最快，被认为是目前基于比较的排序方法中最好的方法。当待排序的记录是随机分布时，快速排序的平均时间最短。但快速排序有可能出现最坏情况，这时快速排序算法的时间复杂度为 $O(n^2)$，且递归深度为 n，即所需栈空间为 O(n)。

堆排序不会出现像快速排序那样的最坏情况，且堆排序所需的辅助空间比快速排序少。这两种算法都是不稳定的，如果要求排序是稳定的，则可以选择归并排序方法。

归并排序法可以用于内排序，也可以用于外排序。

由上述讨论可知，各种排序方法各有优缺点，可适用于不同的场合，在实际应用中，根据具体要求选取合适的排序方法。

习　题　3

3-1　简述数据、数据元素、数据对象、数据结构等概念。

3-2　试述数据的逻辑结构与物理结构的区别。

3-3　何谓线性表？有何特性？对线性表的通常运算有哪些？

3-4　请比较论述顺序存储结构与链式存储结构的优缺点。

3-5　对于两个字符序列，试编写程序，判断其中一个是否是另一个的子序列。

3-6　编写程序，将一个给定的线性序列（例如字符序列）倒置，例如，原字符序列为 ABCDE，将之倒置后为 EDCBA。

3-7　对于顺序表（整型一维数组），若其已经递增有序，试编写程序，在保证表有序的情况下，将新元素 X 插入到表中的适当位置。

3-8　对于带表首结点的单链表，设其数据域的内容为整型数据且递增有序，试写程序，在保证表有序的情况下，将值为 X 的元素插入到表中适当位置。

3-9　编写程序，求循环链表中结点的个数。

3-10　试写程序，对双向链表中的结点进行插入或删除操作。

3-11　编程写出删除单向链表中第 i 个结点的算法。

3-12　什么是堆栈？其进栈和出栈操作意味着什么？

3-13　什么是队列？对于顺序队列为何要采用循环队列？

3-14　对于一个堆栈，给定输入序列为 ABCD，试写出全部的可能的输出序列。

3-15　写出利用堆栈，对算式“A * B+C/D^E−F;”的求解过程。

3-16　设数组 SQ[0,…,M−1]为一循环队列，rear，front 为队尾和队首指针，试给出该队列的队空、队满条件，并写出入队、出队算法。

3-17　什么是稀疏矩阵？自拟一个稀疏矩阵，分别写出其三元组表示、带行指针向量的单链表表示，以及十字链表表示。

3-18　对于二维数组，分别给出其按行优先序与按列优先序的元素位置的计算公式。

3-19　请阐述树、二叉树的概念。

3-20　什么是满二叉树？什么是完全二叉树？对于这两种二叉树的顺序存储方式，对于任一结点 i，如何找到它的前驱和后继？

3-21　对于有三个结点 A，B，C 构成的二叉树，可以组成多少种不同形态，请画出。

3-22　简述遍历、树的遍历的概念。

3-23　一棵二叉树的先序遍历结果为 ABDHIEJCFG，中序遍历序列为 HDIBJEAFCG，试构造该二叉树。

3-24　一棵深度为 L 的满二叉树，如果按层次顺序从 1 开始对全部结点编号，则

(1)各层的结点数目是多少？

(2)编号为 i 的结点的双亲结点（若存在）的编号是多少？

(3)编号为 i 的结点的孩子结点（若存在）的编号是多少？

3-25　画出题图 3-1 所示树到二叉树的转换过程，并写出该二叉树的先序、中序与后序遍历的结果。

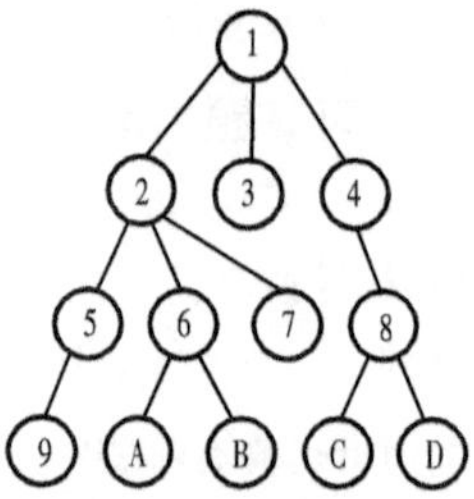

题图 3-1　习题 3-25 图

3-26　编写程序，统计链式存储的二叉树中叶子结点的个数。

3-27　对于通信用电文的 5 个字符 A,B,C,D,E，其在明文中出现的频率分别为 17,23,20,31,9 等，为这 8 个字符设计哈夫曼编码。

3-28　对于题图 3-2(a)和(b)两图，分别给出其邻接矩阵和邻接表表示，并写出其相应的深度优先搜索和广度优先搜索序列。

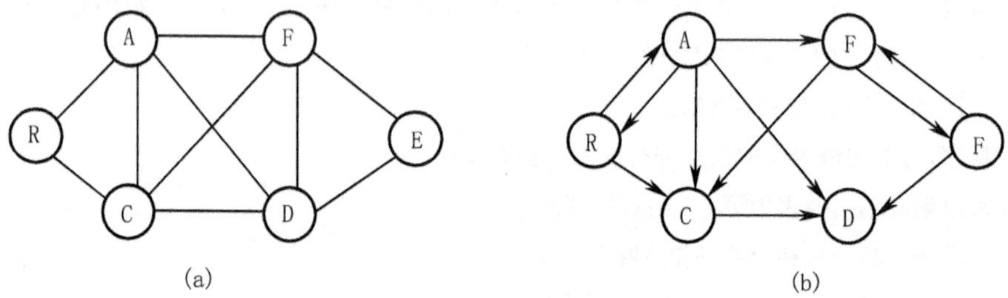

题图 3-2　习题 3-2-8 图

3-29　求 n 个顶点的完全图(有最大边数的无向图)，两顶点间的最大路径数。

3-30　分别阐述线性查找、对分查找、分块查找、二叉排序树查找的具体思路，并说明哈希查找与其他查找方法的主要区别。

3-31　如果查找的数据集合太于现有的内存，请问用哪种查找方法合适？为什么？

3-32　对于线性表序列{A,B,C,D,E,F,G,H}，给出二分查找 E,F 的过程。

3-33　对于关键字序列{19,24,14,55,76,35,28,31,63,45}，用除留余数法构造哈希函数，将其散列到地址空间 0～12 中。试分别画出采用线性探测再散列、二次探测再散列与链地址法处理冲突所生成的哈希表，并分别求出等概率条件下查找成功的平均查找长度。

3-34　给出关键码序列为：63,90,70,55,67,42,98,83,10,45,58，构造一棵二叉排序树的过程。

3-35　分别说明直接插入排序、对半插入排序、堆排序、冒泡排序、快速排序的算法思想。

3-36　对于序列{12,30,4,28,14,67,45}，分别用手工方法跟踪如下排序算法：(1)直接插入排序；(2)对半插入排序；(3)直接选择排序；(4)堆排序；(5)冒泡排序；(6)快速排序。

4 数据库技术

随着计算机软硬件的不断发展,计算机应用不再局限于以往单一的数值计算领域,而是越来越多地应用于非数值计算的领域。从纯科学计算进入非数值的数据处理是一个划时代的转折,使计算机成为广大科技人员和管理人员工作中的得力助手和有力工具。

数据是人类社会发展中一种极为重要的资源,人们的一切社会活动和日常生活都离不开数据。科学工作者需要分析、归纳各种实验数据;军事指挥员需要掌握各种军事情报数据等。数据处理是指对各种形式的数据进行收集、整理、存储、加工和传播等一系列活动的总和。其目的是从大量的、原始的数据中抽取、推导出对人们有价值的信息以作为行动和决策的依据;是为了借助计算机科学地保存和管理复杂的大量的数据,以便人们能方便而充分地利用这些宝贵的信息资源。

数据库技术产生于20世纪60年代中期,是数据管理的最新技术,是计算机科学的一个重要分支。数据库技术研究如何科学地组织和存储数据,如何高效地获取和处理数据。数据库系统是当代计算机系统的重要组成部分。进入21世纪以后,数据库技术不断与面向对象技术、网络技术和多媒体技术等相互结合,使得计算机应用迅速渗透到工农业生产、商业、行政、科学研究、工程技术和国防军事的各个部门,渗透到社会的每个角落,并改变着人们的工作和生活方式。

4.1 概述

4.1.1 数据管理的发展

数据处理的中心问题是数据管理。数据管理指的是对数据的分类、组织、编码、存储、检索和维护。数据管理技术的发展与计算机硬件(主要是外部存储器)、系统软件及计算机应用有着密切的联系。至今,数据管理经历了人工管理、文件系统和数据库系统三个发展阶段。

1)人工管理阶段

在20世纪50年代中期之前,计算机主要用于科学计算,很少用于数据管理。当时的硬件状况是,外存只有纸带、卡片、磁带,没有磁盘;软件状况是,没有操作系统,没有统一的数据管理软件,数据处理的方式基本上是批处理。这个时期的数据管理具有如下特点:

(1)数据不保存　由于此阶段计算机主要用于科学计算,因此只是在计算时将所需数据输入,用完并不保存,不仅对用户数据如此,对系统软件所需的数据也如此。

(2)没有专用的软件对数据进行管理　程序员不仅要规定数据的逻辑结构,而且还要在程序中设计物理结构,包括存储结构、存取方法和输入/输出方式等。程序中的存取子程序随着存储结构的改变而改变,因而数据与程序不具有独立性。存储结构改变时,应用程序必须改变。

(3)没有文件的概念　数据的组织方式必须由程序员自行设计。

(4)数据无法共享　数据是面向应用的,一组数据只能对应一个程序。多个应用涉及的相同数据也必须各自定义,数据无法共享,因而造成了大量的数据冗余。

人工管理阶段程序和数据的关系如图 4-1-1 所示。

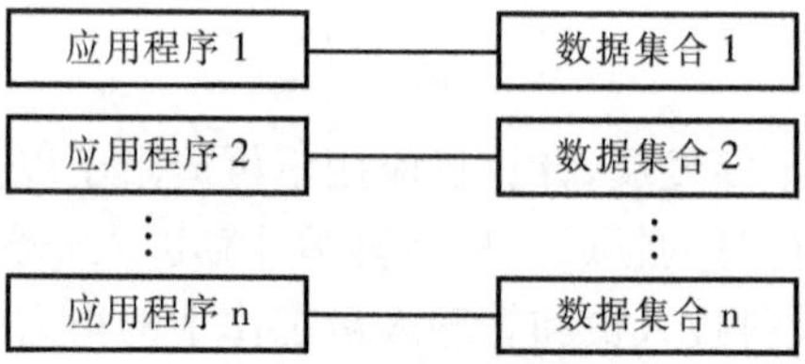

图 4-1-1　人工管理阶段程序和数据的关系

2)文件系统阶段

20 世纪 50 年代后期到 60 年代中期,计算机的应用范围逐渐扩大,不仅用于科学计算,还大量用于信息管理。硬件上已有了磁盘、磁鼓等直接存取的存储设备;软件方面,在操作系统中已经有了专门的数据管理软件,一般称为文件系统;处理方式上不仅有了文件批处理,而且还能联机实时处理。这一阶段的数据管理具有如下特点:

(1)数据可以长期保存　由于计算机大量用于数据处理,数据需要长期保留在外存上,反复进行查询、修改、插入和删除等操作。

(2)有专门的软件即文件系统进行数据管理,程序与数据之间由软件提供存取方法进行转换,使应用程序与数据之间有了一定的独立性。

(3)文件组织多样化,有索引文件、链接文件和直接存取文件等,但文件之间相互独立、缺乏联系。数据之间的联系要通过程序去构造。

(4)数据的存取基本上以记录为单位。

文件系统阶段程序和数据的关系如图 4-1-2 所示。

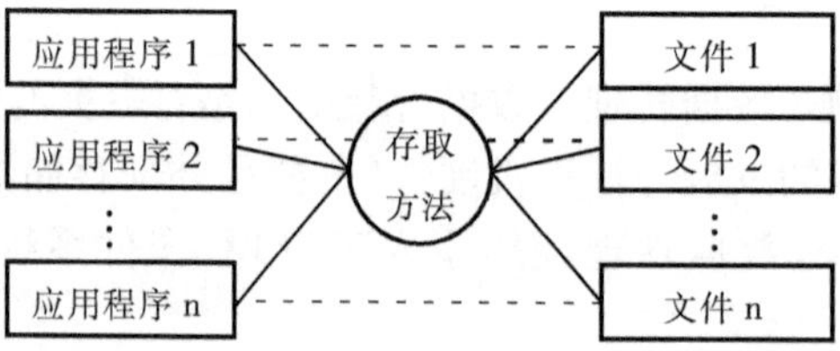

图 4-1-2　文件系统阶段程序和数据的关系

文件系统阶段是数据管理技术发展中的一个重要阶段,但随着数据管理规模的扩大,数据量急剧增加,文件系统显露出以下两个主要缺点:

(1)数据冗余度(Redundancy)大　文件系统的数据在多个文件中重复存放,数据冗余往往无法控制,数据冗余本身是一种资源浪费。更严重的是会出现数据不一致,因为在进行更新操作时,稍有不慎,就可能使同样的数据在不同的文件中出现不一样的情况。

(2) 数据和程序缺乏独立性　一旦文件中数据的逻辑结构改变,必须修改应用程序;同样应用程序的改变,也将引起文件数据结构的改变。可见,文件系统仍然是一个无结构的数据集合,即文件之间是孤立的,不能反映现实世界事物之间的内在联系。

3)数据库系统阶段

20 世纪 60 年代后期以来，计算机用于管理的规模更为庞大，应用越来越广泛，数据量急剧增长，而且数据的共享要求越来越强。此时，硬件价格下降，软件价格上升，以文件作为数据管理手段已经不能满足应用的需求；磁盘技术也取得了重要进展，大容量和快速存取的磁盘陆续进入市场，为数据库技术的产生提供了良好的物质基础。在数据库系统中，由一个叫数据库管理系统(DBMS)的软件对数据库的建立、使用和维护进行统一管理。这一阶段的数据管理具有如下特点：

(1)面向全组织的复杂的数据结构　在数据库系统中，描述数据时，不仅要描述数据本身，还要描述数据之间的联系，因此从整体上看，不仅要考虑一个应用的数据结构，还要考虑整个组织的数据结构。数据的结构化是数据库主要特征之一，是数据库与文件系统的根本区别。

(2)数据冗余度小，共享性好　数据库系统从整体角度看待和描述数据，数据不再面向某个应用而是面向整个系统。这样数据冗余大大减少，既节约存储空间，减少存取时间，又避免了数据之间的不相容性和不一致性，并且可以更好地贯彻规范化和标准化，有利于数据的转移和更大范围内的数据共享。

(3)数据和程序具有较高的独立性　数据库系统提供了两个方面的映像功能，从而使数据既具有物理独立性，又具有逻辑独立性。数据和程序之间的独立性，可以把数据的定义和描述从应用程序中分离出去。另外，由于数据的存取由 DBMS 管理，用户不必考虑存取路径等细节，从而简化了应用程序的编制，大大减少了应用程序的维护和修改。

(4)统一的数据控制功能　数据库是系统中各用户的共享资源。因此，系统必须提供数据的安全性控制、完整性控制和并发控制。数据的安全性控制保证数据的安全，防止数据丢失或被窃取、破坏；数据的完整性控制保证数据的正确性、有效性和相容性，在数据库被破坏或数据不可靠时，系统有能力把数据库恢复到正确状态；并发控制对用户的并发操作加以控制、协调，防止数据库被破坏，保证并发访问时的数据一致性。

(5)增加了系统的灵活性　数据的最小存取单位是数据项，因此对数据的操作不一定以记录为单位，可以以数据项为单位。

数据库系统阶段程序和数据的关系如图 4-1-3 所示。

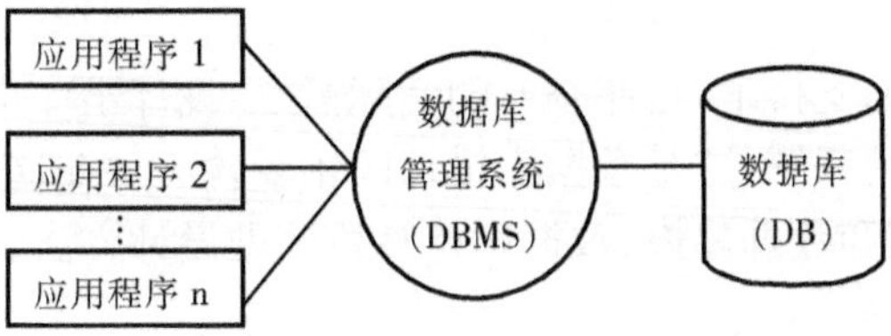

图 4-1-3　数据库系统阶段程序和数据的关系

目前，几乎各行各业都普遍建立了以数据库为核心的信息系统，数据库系统在计算机应用中起着越来越重要的作用。

4.1.2　数据库技术的发展

数据库技术的萌芽从 20 世纪 60 年代中期产生。到 20 世纪 60 年代末 70 年代初出现了三件大事：IMS 系统、DBTG 报告和 E. F. Codd 的文章，标志着数据库技术日益成熟，并有了坚实的理论基础。

1)层次数据库系统

IBM 公司研制、开发的 IMS(Information Management System)系统是一个典型的层次数据库系统。1968 年研制成功 IMS/1 并于 1969 年 9 月投入市场。IMS 系统是一种宿主语言系统,在其中加入数据操纵语言就构成了 IMS 数据库应用系统。

2)网状数据库系统

美国数据系统语言协会 CODASYL(Conference On Data System Language)下属的数据库任务组(Data Base Task Group)对数据库方法进行了系统的研究。1969 年 DBTG 小组提出了一份报告,即著名的"DBTG 报告",在 1971 年 4 月正式通过了该报告。DBTG 报告确定并建立了数据库系统的许多概念、方法和技术。根据 DBTG 报告实现的系统一般称为 DBTG 系统(或 CODASYL 系统),它是一种网状数据库系统。

3)关系数据库系统

1970 年 IBM 公司的研究员 E. F. Codd 发表了题为"大型共享数据库数据的关系模型"论文,提出了数据库的关系模型。关系数据库的很多概念都是这篇文章思想的继承和发展,这篇文章奠定了关系数据库的理论基础,开创了数据库关系方法和关系数据理论的研究。E. F. Codd 在关系模型上作出了开拓性的贡献,在 1981 年获得了美国计算机学会(ACM)图灵奖。

4.1.3 数据库技术的研究范围

数据库技术的研究范围是十分广泛的,从总体上可以分为三个主要领域。

1)数据库管理系统软件的研制

数据库管理系统(DBMS)是数据库系统的基础,研制 DBMS 的基本目标是扩大功能、提高性能、增强可用性。研制以 DBMS 为核心的一组相互联系的软件系统已经成为当前数据库软件产品的方向,这些在 DBMS 基础上运行的软件系统有:数据通信(DC)软件、表格软件(Forms)、数据字典(DD)、报表书写、图形系统等。数据库管理系统管理的数据不只限于格式化的数据,而且还出现了大量非格式化的数据,如声音和图像等。这不仅涉及应用系统的设计方法,而且涉及数据库系统的模型和具体的实现技术,成为数据库管理系统研究的一个新课题。

2)数据库设计

在数据库管理系统的支持下,按照企业的实际需要,设计出一个结构良好、使用方便、效率较高的数据库及其应用系统,这是数据库设计的主要含义。在这一领域里,主要研究数据库设计方法学、数据模型和数据建模、数据库计算机辅助设计方法、数据库设计规范和标准、数据库设计工具的开发等。

3)数据库理论

数据库理论研究的主要内容集中于关系规范化理论、关系数据理论、人工智能与数据库的结合、数据库与逻辑、逻辑演绎和知识推理相结合等方面。此外,演绎数据库、面向对象的数据库、主动数据库、模糊数据库、工程数据库、并行数据库、多媒体数据库、知识库系统等也是数据库理论研究的方向。

4.1.4 数据库技术的几个基本概念

数据、数据库、数据库管理系统和数据库系统是与数据库技术密切相关的四个基本概念。

1）数据(Data)

数据的种类很多，它不仅包含日常工作中所熟悉的数字，而且还包含在描述事物过程中经常采用的文字、图形、图像、声音等形式，这些都是数据，因此数据实际上是描述客观事物的符号记录。通过数据将事物的信息及时、正确、全面地描述或记录下来是数据处理过程中的关键。

2）数据库(DataBase，DB)

所谓数据库就是在计算机系统中按照一定数据模型组织、描述和存储的相互关联的数据集合。数据库中的数据具有较小的冗余度和较高的数据独立性并可为各种用户共享。

3）数据库管理系统(DataBase Management System，DBMS)

数据库管理系统是位于用户与操作系统(OS)之间的一层数据管理软件，它为用户或应用程序提供访问数据库的方法，包括数据库的建立、查询、更新及各种数据控制。DBMS 总是基于某种数据模型，可以分为层次型、网状型、关系型和面向对象型等。

4）数据库系统(DataBase System，DBS)

数据库系统是实现有组织地、动态地存储大量关联数据，方便用户访问的计算机硬件、软件和数据资源组成的系统，即它是采用数据库技术的计算机系统。

4.1.5 数据库系统的组成

数据库系统是采用了数据库技术的计算机系统，它是一个实际可运行的，按照数据库方法存储、维护和向应用系统提供数据支持的系统，它是硬件、数据库、软件和数据库系统相关人员的集合体。

1）硬件

数据库的运行需要有高性能的中央处理器及其他硬件组成的支撑系统，数据库系统自身的特点还特别要求数据库服务器有足够大的内存来存放操作系统、DBMS 核心模块、数据库数据缓冲区和应用程序等，也要求有足够大的直接存取设备存储数据，有足够的存储设备来进行数据备份。还要考虑 I/O 存取速度、可支持终端数、性能稳定性和支持联网的能力等因素。此外还要求系统有较高的通道能力，以提高数据的传输速度。

2）数据库

数据库是数据的集合，数据库中的数据既是集成的，又是共享的，使得不同的用户能以不同的方式来观察一个数据库中的数据。数据库分为两类：一类是应用数据的集合，称为物理数据库，它是数据库的主体；另一类是各级数据结构的描述，称为描述数据库，由数据字典(DD)系统管理。

3）软件

数据库系统的软件主要包括支持 DBMS 运行的操作系统、DBMS 本身、各种高级语言及其编译系统以及应用开发支撑软件，如数据字典、报表生成器、表格软件、图形系统、事务管理器等等。DBMS 是数据库系统的核心软件，它为用户提供了一种在硬件层上观察数据库的高级方式，并且支持用户以这种高级方式表达操作请求。

4）人员

数据库系统的相关人员主要包括数据库管理员、系统分析员、应用程序员和用户。

(1) 数据库管理员(DataBase Administrator，DBA)　数据库是整个企业或组织的数据资源。因此，企业或组织设立了专门的数据资源管理机构来管理数据库，DBA 则是这个机构的一组人员，负责全面地管理和控制数据库系统。具体的职责包括：决定数据库中的内容和结构；决定数据库的存储和存取策略；定义数据的安全性要求和完整性约束条件；监视数据库的使用和运行；数据库的改进和重组。

DBA 有两个很重要的工具：一个是一系列的实用程序，例如 DBMS 中的装配、重组、日志、恢复、统计分析等程序；另一个是数据字典（DD）系统，管理着数据库结构的定义，DBA 可以通过 DD 掌握整个系统的工作情况。由于数据库描述的事物在动态地发生着变化，需要不断地对数据库进行维护和管理，因此数据库管理员在系统中是必不可少的，对数据库系统的成功应用起到了关键性的作用。

(2) 系统分析员　是数据库系统的主要参与人员，负责应用系统的需求分析和规范说明，确定数据库结构和应用程序的设计方案，组织整个数据库应用系统的开发，并与 DBA 一起根据用户需求确定系统的基本功能和运行环境配置，参与数据库三级模式的概要设计。所以系统分析员是一类具有数据库专业知识和工程经验的计算机专家，他们在很大程度上影响数据库系统的质量和成败。

(3) 应用程序员　负责设计应用系统的程序模块，编写数据库应用程序，对数据库进行操作。应用程序员使用某些程序设计语言，如 COBOL、C＋＋或第四代语言（4GL）编写程序，这些程序通过向 DBMS 发出 SQL 语句请求来访问数据库。

(4) 用户　通常是指最终用户。按所需信息的类型及获得信息的方式不同，一般可将用户分为操作层、管理层和决策层。用户通过应用系统的用户接口使用数据库。常用的接口方式有菜单、报表、图形、表格、查询和统计分析等。

4.1.6　数据库系统的结构

1) 三级模式结构的形成

1972 年 11 月，ANSI/X3/SPARC（美国国家标准协会/计算机与信息处理委员会/标准规划与需求委员会）成立了一个 DBMS 研究组，试图制定一个标准化的数据库系统的结构。它的目的在于规定数据库系统的总体结构以及一个标准化数据库系统的特征，包括数据库系统的接口和各个部分所能提供的功能。研究组于 1978 年提出了一个最终报告，称为 ANSI/SPARC 报告（简称 SPARC 报告），该报告提出了数据库系统应具有三级模式的结构。它们是外部级（External）、概念级（Conceptual）和内部级（Internal）。尽管实际的数据库系统软件产品种类很多、支持不同的数据类型、使用不同的数据库语言、在不同的操作系统支持下工作，但是大多数数据库系统在总的体系结构上都具有三级模式的结构特征。

从某个角度看到的数据特性，称为“数据视图（Data View）”。

外部级最接近用户，是单个用户所能看到的数据特性。单个用户使用的数据视图的描述称为“外模式”。

概念级涉及所有用户的数据定义，也就是全局性的数据视图。全局数据视图的描述称为“概念模式”。

内部级最接近物理存储设备，涉及物理数据存储的结构。物理存储数据视图的描述称为“内模式”。

2) 数据库系统的三级模式结构

数据库系统的三级模式结构是指数据库系统由外模式、模式和内模式三级构成，这三级模式之间还存在两个层次的映像(Mapping):外模式/模式映像和模式/内模式映像,如图4-1-4所示。

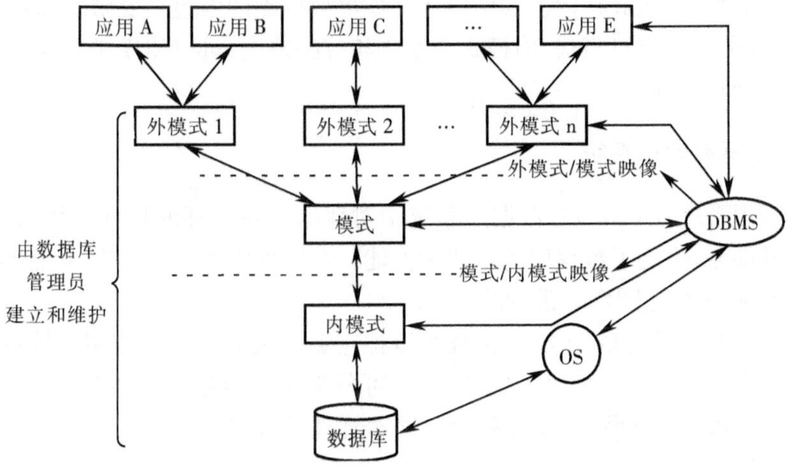

图 4-1-4 数据库系统的三级模式结构

(1) 模式 模式也称逻辑模式,是数据库中全体数据的逻辑结构和特征的描述,是所有用户的公共数据视图。它是数据库系统模式结构的中间层,不涉及数据的物理存储细节和硬件环境,与具体的应用程序及所使用的应用开发工具及高级程序设计语言无关。一个数据库只有一个模式。数据库模式以某一种数据模型为基础,统一综合考虑了所有用户的需求,并将这些需求有机地结合成一个逻辑整体。定义模式时不仅要定义数据的逻辑结构,而且还要定义与数据有关的完整性要求,定义这些数据间的联系。

(2) 外模式 外模式也称用户模式或子模式,是由模式导出,是模式的一个子集,也可以是整个模式。外模式是数据库用户的数据视图,即与某一具体应用有关的数据的逻辑表示,它定义了允许用户操作的数据库数据,所有的应用程序都是根据外模式中对数据的描述编写的。外模式可以共享,在同一个外模式上可以编写多个应用程序,但一个应用程序只能使用一个外模式。因为不同用户使用数据内容不同,看待数据的方式也不相同,对数据的保密要求不同,所以不同用户的外模式是不同的。

(3) 内模式 内模式也称存储模式,它是对数据的物理结构和存储方式的描述,是数据在数据库系统内部的表示。例如,记录的存储方式、索引的组织方式是什么,数据是否压缩存储,数据是否加密和数据的存储记录结构有何规定等等。一个数据库只有一个内模式,它仍独立于具体的存储设备。

3) 数据库的二级映像功能与数据独立性

数据库系统的三级模式结构在数据的三个抽象级别上提供了两个层次的映像:外模式/模式映像和模式/内模式映像。三级模式和二级映像把数据库的全局逻辑结构、用户的局部逻辑结构、数据库的物理结构区别开来。正是由于这二级映像功能,使得数据库系统中的数据具有较高的逻辑独立性和物理独立性。

(1) 外模式/模式映像保证了数据的逻辑独立性 外模式/模式映像用于定义外模式和模式之间的对应性,一般放在外模式中描述。如果数据库的模式要修改,例如,增加新的数据类型或增加数据项,那么只要对外模式/模式映像作相应的修改,可以使外模式和应用程序尽可能保持不变,保证了数据的逻辑独立性。

(2) 模式/内模式映像保证了数据的物理独立性　模式/内模式映像用于定义模式和内模式之间的对应性,一般放在内模式中描述。如果数据库的内模式要修改,即数据库的物理结构有所变化,那么只要对模式/内模式映像作相应的修改,可以使模式尽可能保持不变,保证了数据的物理独立性。

4.1.7　数据库管理系统

数据库管理系统(DBMS)是数据库系统中对数据进行管理的软件系统,它是数据库系统的核心组成部分,决定了数据库的功能和性能。对数据库的一切操作,包括定义、查询、更新及各种控制都是通过 DBMS 进行的。

DBMS 总是基于某种数据类型,因此可以把它看成是某种数据模型在计算机系统上的具体实现。根据采用的数据模型不同,DBMS 可分为层次型数据库管理系统(HDBMS)、网状型数据库管理系统(NDBMS)、关系型数据库管理系统(RDBMS)、面向对象型数据库管理系统(OODBMS)和对象关系型数据库管理系统(ORDBMS)。

1) 数据库管理系统的功能

DBMS 是组织、存储和处理数据的规则和实现这些功能的软件。使数据成为一个可管理的资源不仅易于实现共享,也增强了数据的安全性、完整性和可用性,并可提供高度的数据独立性。一般说来,DBMS 的主要功能包括以下几个方面:

(1) 数据库定义功能　数据库定义是指对数据库结构的描述,主要包括:外模式、模式、内模式的定义;数据组织结构的定义;数据库完整性的定义;安全保密定义;存取路径的定义等。这些定义存储在数据字典(DD)中,是 DBMS 管理和维护数据库的基本依据。数据库定义功能是由 DBMS 提供的数据定义语言(Data Definition Language,DDL)完成的。

(2) 数据存取功能　DBMS 提供数据操纵语言(Data Manipulation Language,DML)实现对数据库数据的基本操作:检索、插入、修改和删除。

(3) 数据库运行管理　数据库运行管理主要指 DBMS 的运行控制和管理功能。包括多用户环境下的并发控制、存取权限的控制和安全性检查、完整性检查和执行、运行日志的组织和管理、事务的管理和自动恢复等,这些功能保证了数据库系统的正常运行。

(4) 数据组织、存储和管理　DBMS 负责分门别类地组织、存储和管理数据库中的多种数据,如数据字典、用户数据、存取路径等,确定以何种文件结构和存取方式物理地组织这些数据,以便提高存储空间的利用率和存取效率。

(5) 数据库的建立和维护　它包括数据库初始数据的载入、转换功能,数据库的转储、恢复功能,数据库的重组织和重构造功能以及性能监测分析等。这些功能分别由各个实用程序(Utilities)来完成。

(6) 其他功能　DBMS 提供与其他软件系统的通信功能以及与其他 DBMS 或文件系统的数据转换功能。

2) 数据库管理系统的工作模式

DBMS 的工作模式如图 4-1-5 所示。

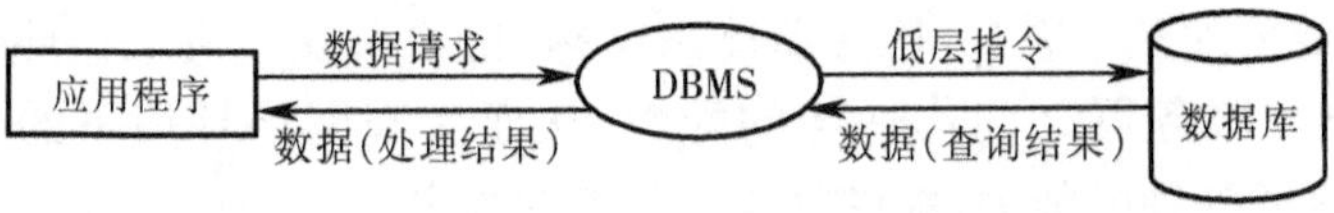

图 4-1-5 DBMS 的工作模式

具体过程如下：

(1) 接受应用程序的数据请求和处理请求。

(2) 将用户的数据请求(高级指令)转换为复杂的机器代码(低层指令)。

(3) 实现对数据库的操作。

(4) 从对数据库的操作中接受查询结果。

(5) 对查询结果进行处理(格式转换)。

(6) 将处理结果返回给用户。

用户对数据库进行操作，是由 DBMS 把操作从应用程序带到外部级、概念级，再导向内部级，进而通过操作系统控制存储器中的数据。同时，DBMS 为应用程序在内存开辟一个数据库的系统缓冲区，用于数据的传输和格式转换。而三级模式结构的定义放在数据字典中。一个应用程序或用户通过 DBMS 访问数据库中数据的过程如图 4-1-6 所示，可以看出 DBMS 所起的核心作用。DBMS 的主要目标是使数据作为一种可管理的资源来处理。

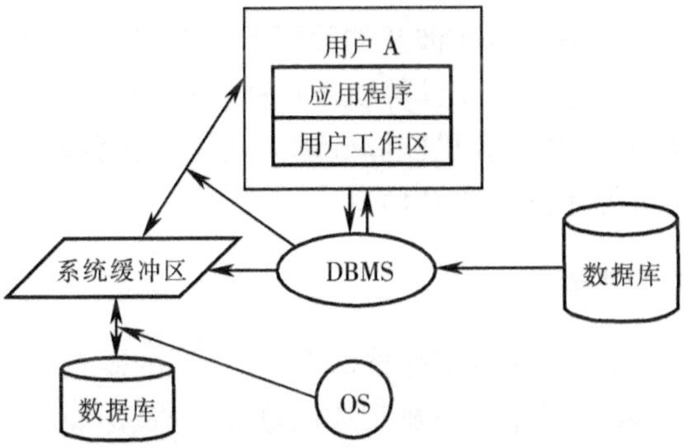

图 4-1-6 用户通过 DBMS 访问数据库的过程

以上只是用户通过 DBMS 访问数据库中数据的过程，对其他的一些操作，如插入、删除、修改，其过程与图 4-1-6 是类似的。

3)常用的数据库管理系统

(1) Oracle　Oracle 是由 Oracle 公司推出的关系数据库管理系统，是一个协调服务器和一个用于支持任务决定型应用程序的开放式 RDBMS。Oracle 可以完全移植到 80 多个不同的硬件和操作系统平台上，从 PC 机到大型机和超级计算机，平台包括 UNIX、OS/2、Macintosh、Windows 和 Novell Netware 等。这种移植性允许自由选择数据库服务器平台以满足目前和将来的需要而又不影响已有的应用程序。

(2) DB2　DB2 是 IBM 公司推出的一个大型关系数据库管理系统，DB2 主要应用于大型机上。DB2 提供高层次的数据利用性、完整性、安全性、可靠性以及从小规模到大规模应用程序管理的执行能力，并提供与平台无关的基本功能和 SQL 命令。它已经用于大多数的计算机环境，不管是 PC 机还是小型机或大型机。

(3) Sybase　Sybase 由 Sybase 公司于 20 世纪 80 年代开始研制的一个关系数据库管

理系统。Sybase数据库基于客户/服务器体系结构，把原来在单机工作环境下的DBMS功能，合理地在用户和服务器之间作适当的配置，从而实现网络环境下的数据管理功能。Sybase具有联机事务处理的能力，能够处理大量实时事务，同时具有开放和分布的数据管理功能。Sybase数据库已向移动计算、电子商务等领域扩展。

(4) Informix　Informix是Informix公司推出的关系数据库管理系统，它提供了两种不同的软件包——Informix-SE和Informix-OnLine。Informix-SE适用于UNIX和Windows NT平台，是为中小规模的应用程序设计的。Informix-OnLine提供一个多线程服务器，它可以利用对称多处理器和单处理器结构，是为与Informix-SE不同的市场而设计的。

(5) MS SQL Server　MS SQL Server是由Microsoft公司研制出来的一个高性能的关系数据库管理系统，除了DBMS基本特性外，MS SQL Server还具有以下的主要特性：与Internet集成，在Web应用程序中实现了友好的用户查询功能和强大的数据检索功能；可伸缩性和可用性，它可以在Windows、Windows NT等操作系统上运行；为用户提供安全的企业级数据库功能；易于安装、部署和使用，并且支持数据仓库。

4.2 数据模型

数据库是某个企业、组织或部门所涉及的数据的一个综合，它不仅要反映数据本身的内容，而且要反映数据之间的联系。由于计算机不可能直接处理现实世界中的具体事物，所以人们必须事先把具体事物转换为计算机能够处理的数据。在数据库中用数据模型这个工具来抽象、表示和处理现实世界中的数据和信息。

4.2.1 数据模型的基本概念

模型是对现实世界的抽象。在数据库技术中，用模型的概念描述数据库的结构和语义，对现实世界进行抽象。能表示实体类型及实体间联系的模型称为数据模型(Data Model)。数据模型是数据库系统的核心和基础。

数据模型的种类很多，目前广泛使用的可分为两种模型，如图4-2-1所示。

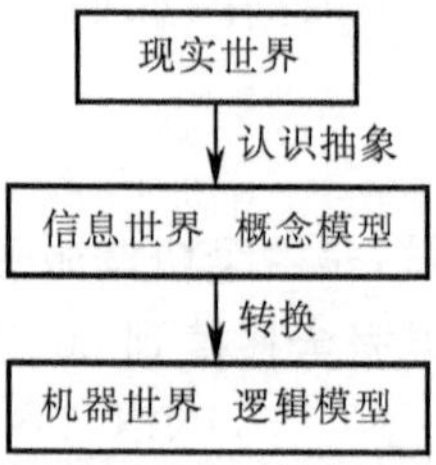

图4-2-1　抽象的层次

一种是独立于计算机系统的数据模型，完全不涉及信息在计算机中的表示，只是用来描述某个特定组织所关心的信息结构，这类模型称为“概念数据模型”。概念模型是按用户的观点对数据建模，它是对现实世界的第一层抽象。这类模型中最著名的是“实体联系模型”。

另一种数据模型是直接面向数据库的逻辑结构，它是对现实世界的第二层抽象。这类模型与DBMS有关，称为“逻辑数据模型”或“结构数据模型”。例如层次模型、网状模型和关系模型等。如不特别指明，所说的数据模型就是指逻辑数据模型。

4.2.2 数据模型的三要素

一般来讲，任何一种数据模型都是严格定义的概念的集合。这些概念必须能够精确地描述系统的静态特性、动态特性和完整性约束条件。因此,数据模型通常由数据结构、数据操作和完整性约束三个要素组成。

1)数据结构

数据结构是指对实体类型和实体间联系的表达和实现。

2)数据操作

数据操作是指对数据库的检索和更新(包括插入、修改和删除)两大类操作。

3)数据完整性约束

数据完整性约束给出数据及其联系应具有的制约和依赖规则。

4.2.3 概念模型

概念模型的建立为现实世界过渡到机器世界奠定了基础。概念模型的表示方法中最常用的是实体-联系方法(Entity-Relationship Approach,简称 E-R 方法),这是 P. P. S. Chen 于 1976 年提出的。这个方法是用实体-联系图(E-R 图)来描述某一组织的概念模型。

1) E-R 模型的主要概念

(1) 实体(Entity) 客观存在并可相互区分的事物。实体可以是人,也可以是物;可以指实际的对象,也可以指某些概念;可以指事物本身,也可以指事物与事物间的联系。例如,一个学生,一本书,一门课,一次考试,学生的一次选课等。

(2) 属性(Attribute) 实体所具有的某一特性。一个实体可以由若干个属性来刻画。例如,学生实体可以用学号、姓名、性别、年龄、系别、年级、专业等属性来描述。

(3) 码(Key) 惟一标识实体的属性集,也称为键。例如,学号是学生实体的码。

(4) 域(Domain) 某个(些)属性的取值范围。例如,性别的域为(男、女)。

(5) 实体型(Entity Type) 用实体名及其属性名的集合来抽象和刻画同类实体,称为实体型。例如,学生(学号、姓名、性别、年龄、系别、年级、专业)是一个实体型。

(6) 实体集(Entity Set) 同型实体的集合。例如,全体学生就是一个实体集。

(7) 联系(Relationship) 实体集之间关系的抽象表示。例如,教师实体集与学生实体集之间存在"讲授"联系,学生实体集与课程实体集之间存在"选课"联系等。

两个实体型之间的联系可以分为三类:

① 一对一联系(1∶1) 如果对于实体集 A 中的每一个实体,实体集 B 中至多有一个实体与之联系,反之亦然,则称实体集 A 与实体集 B 具有一对一联系,记为 1∶1。

② 一对多联系(1∶n) 如果对于实体集 A 中的每一个实体,实体集 B 中有 n 个实体(n≥0)与之联系,反之,对于实体集 B 中的每一个实体,实体集 A 中至多只有一个实体与之联系,则称实体集 A 与实体集 B 有一对多联系,记为 1∶n。

③ 多对多联系(m∶n) 如果对于实体集 A 中的每一个实体,实体集 B 中有 n 个实体(n≥0)与之联系,反之,对于实体集 B 中的每一个实体,实体集 A 中也有 m 个实体(m≥0)与之联系,则称实体集 A 与实体集 B 具有多对多联系,记为 m∶n。

2) E-R 图

E-R 图是直接表示概念模型的有力工具,在 E-R 图中有下面四个基本成分:

(1) 矩形框 表示实体型,框内写上实体名。

(2) 菱形框 表示实体间的联系,框内写上联系名。

(3) 椭圆形框 表示实体和联系的属性,框内写上属性名,对于属于码的属性,在属性名下画一条横线。

(4) 连线 实体与属性之间,联系与属性之间用直线连接;联系与其涉及的实体之间也以直线连接,用来表示它们之间的联系,并在直线端部标注联系的类型(1∶1,1∶n 或 m∶n)。

例如,学生学习课程,学生有学号、姓名、性别、年龄、系别、年级、专业等属性,学号是学生实体的码。课程有课程号、课程名、课时数、课程学分等属性,课程号是课程实体的码。学生实体与课程实体之间的联系为学习,是多对多联系,因为一个学生可以学习多门课程,一门课程也可以被多个学生学习,用成绩来描述学习的属性。用 E-R 图来表述学生学习课程的概念模型如图 4-2-2 所示的。

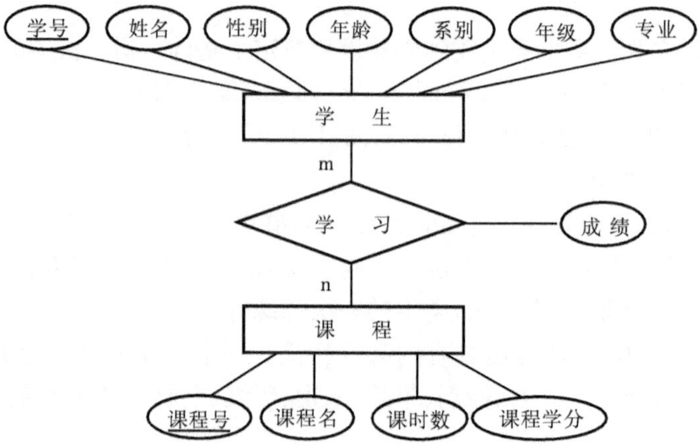

图 4-2-2 学生学习课程的 E-R 图

4.2.4 三种主要的数据模型

数据库领域过去和现在最常见的数据模型有三种,它们是:层次模型(Hierarchical Model)、网状模型(Network Model)和关系模型(Relational Model)。其中层次模型和网状模型统称为非关系模型。非关系模型的数据库系统在 20 世纪 70 年代与 80 年代初非常流行,现在已逐渐为关系模型的数据库系统取代。

1) *层次模型*

用树型(层次)结构表示实体类型及实体间联系的数据模型称为层次模型。树的结点是记录类型,只有一个根结点,每个非根结点有且只有一个父结点,同一父结点的子女结点称为“兄弟结点”,没有子女结点的结点称为“叶子结点”。上一层记录类型和下一层记录类型之间的联系是 1∶n 联系。某个系教务管理的层次模型如图 4-2-3 所示。

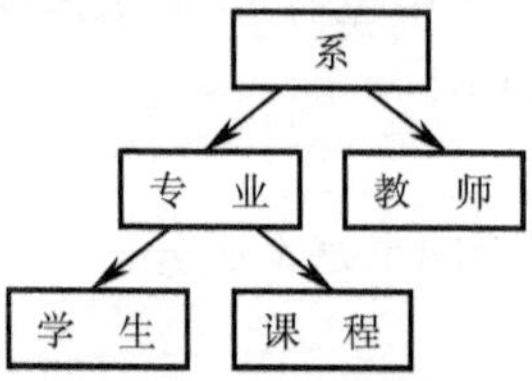

图 4-2-3 系教务管理层次模型

由图 4-2-3 可以看出,层次模型是一棵倒立的树,因此层次模型也叫树状模型。1968 年 IBM 公司推出的 IMS 系统是典型的层次模型系统,于 20 世纪 70 年代在商业上得到了广泛应用。

层次模型对具有一对多联系的部门描述得非常自然、直观、容易理解,而且层次模型记录之间的联系通过指针来实现，查询效率较高。但层次模型有两个缺点：一是层次模型只能表示一对多联系，在现实世界中事物之间的联系还有多对多联系，这些复杂的联系在层次模型中受到限制；二是层次模型中全部数据只能以有序树的形式组织起来，这种单一固定的数据模型使得数据库适应变化的能力弱，同时增加了系统开销。

2）网状模型

用有向图结构表示实体类型及实体间联系的数据模型称为网状模型。1969 年美国数据系统语言协会（CODASYL）下属的数据库任务组（DBTG）提出的 DBTG 报告中的数据模型是网状模型的主要代表。

有向图中的结点是记录类型，允许有一个以上的结点无父结点，而且一个结点可以有一个以上的父结点，箭头表示从箭尾的记录类型到箭头的记录类型间联系是 1∶n 联系。图 4-2-4是网状模型的一个简单例子。

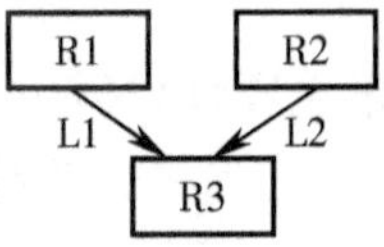

图 4-2-4　网状模型的例子

相对于层次模型，网状模型可以用于描述较为复杂的现实世界。网状模型记录之间的联系也是通过指针来实现，查询效率较高。但是，网状模型的数据结构复杂并且编程复杂，对开发人员的要求较高。

3）关系模型

用二维表格表示实体类型及实体间联系的数据模型称为关系模型。关系模型是数据库领域所讨论的模型中最重要的模型。由于关系模型具有坚实的逻辑和数学基础，使得基于关系模型的数据库管理系统得到了最广泛的应用，占据了数据库市场的主导地位。在关系模型中，数据的逻辑结构（即数据结构）是一张二维表。现在以图 4-2-5 所示的学生基本情况登记表为例，介绍关系模型中的主要术语。

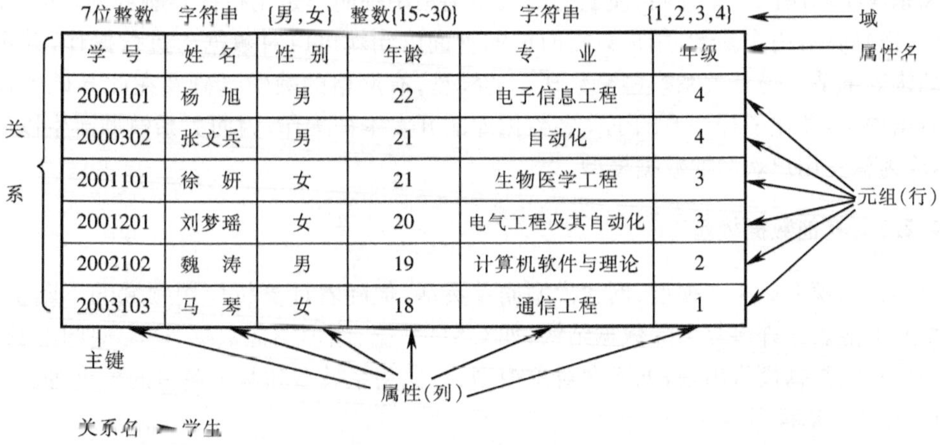

7位整数	字符串	{男，女}	整数{15~30}	字符串	{1,2,3,4}
学　号	姓　名	性　别	年龄	专　　业	年级
2000101	杨　旭	男	22	电子信息工程	4
2000302	张文兵	男	21	自动化	4
2001101	徐　妍	女	21	生物医学工程	3
2001201	刘梦瑶	女	20	电气工程及其自动化	3
2002102	魏　涛	男	19	计算机软件与理论	2
2003103	马　琴	女	18	通信工程	1

（图中标注：域；属性名；元组（行）；关系；主键；属性（列））

关系名 ➤ 学生

图 4-2-5　学生基本情况登记表

（1）关系（Relation）　一个关系对应于平常讲的一张二维表。

（2）元组（Tuple）　二维表中的一行称为一个元组，在关系数据库中被称为一条记录。

元组的集合称为关系。

(3) 属性(Attribute) 二维表中的列(字段、数据项)称为属性,列值称为属性值。

(4) 域(Domain) 属性值的取值范围称为域。

(5) 关键字(Key)或码 在关系的诸属性中,能够用来惟一标识元组的最小的属性组合称为关键字(简称键)或码。

(6) 候选关键字(Candidate Key)或候选码 如果在一个关系中存在多个属性或属性组合都能惟一标识该关系的元组,这些属性或属性组合都称为该关系的候选关键字或候选码。

(7) 主关键字(Primary Key)或主码 在一个关系的若干个候选关键字中指定作为关键字的属性或属性组合称为该关系的主关键字(简称主键)或主码。

(8) 外关键字(Foreign Key)或外码 如果关系中的某个属性或属性组合不是本关系的关键字,而是另一个关系的关键字,称该属性或属性组合为本关系的外关键字(简称外键)或外码。

(9) 主属性(Prime Attribute)和非主属性(Nonprime Attribute) 包含在任何一个候选关键字中的属性称为主属性;不包含在任何候选关键字中的属性称为非主属性。

(10) 分量(Component) 元组中的一个属性值。

(11) 关系模式 在二维表中,行定义(记录的型)称为关系模式。关系模式是对关系的描述,常用格式为:关系名(属性 1,属性 2,…,属性 n)。

例如,上面的关系可以描述为:学生(学号,姓名,性别,年龄,专业,年级)。

数据库中的关系具有以下六条性质:

① 列是同质的(Homogeneous),即每一列中的分量是同一类型的数据,来自同一个域。

② 不同的列可出自同一个域,每一列称为一个属性,要给予不同的属性名。

③ 列的顺序无所谓,即列的次序可以任意交换。

④ 任意两个元组不能完全相同。

⑤ 行的顺序无所谓,即行的次序可以任意交换。

⑥ 每一分量必须是不可分的数据项。

关系模型和层次模型、网状模型的最大差别是用键而不是用指针导航数据,其数据结构(二维表格)简单,用户易懂,用户只需简单的查询语句就可以对数据库进行操作,并不涉及存储结构等细节。另外关系模型是数学化的模型,有严格的数学基础及在此基础上发展的关系数据理论,简化了程序员的工作和数据库的开发维护工作,因而关系模型诞生以后发展迅速,成为深受用户欢迎的数据模型。

4.2.5 其他数据模型

虽然关系模型比层次模型、网状模型简单灵活,但随着计算机应用领域的不断扩大,关系模型并不能表达许多复杂的数据结构,如 CAD 数据、图形图像数据、嵌套递归的数据等,导致一些新的数据模型出现,如面向对象模型、对象关系模型和基于逻辑的模型等。

1) 面向对象模型

20 世纪 80 年代面向对象技术兴起,人们开始摸索用面向对象模型来组织数据库。面向对象数据库就是面向对象技术与数据库技术相结合的产物。

面向对象模型(Object Oriented Model)是用面向对象的方法构建数据模型,这种模型中最基本的概念是对象(Object)和类(Class)。对象是类的一个实例(Instance)。如果将对象比作房子，那么类就是房子的设计图纸。所以面向对象模型的重点是类的设计，而不是对象的设计。而且类可以将数据和函数封装在一起，其中函数表示了类的行为(或称服务)。类提供关键字 public、protected 和 private 用于声明哪些数据和函数是公有的、受保护的或者是私有的。这样可以达到信息隐藏的目的，即让类仅仅公开必须要让外界知道的内容，而隐藏其他一切内容。当然类还有继承机制，可以实现数据的复用性和软件的复用性。

面向对象模型能完整地描述现实世界的数据结构，具有丰富的表达能力，但模型相对比较复杂，涉及的知识较多，因此面向对象数据库尚未达到关系数据库的普及程度。

2) 对象关系模型

由于面向对象模型和关系模型都存在需要改进的地方，导致了对象关系模型的出现。通常，将层次和网状数据库系统称为第一代数据库系统，将关系数据库系统称为第二代数据库系统，将对象关系数据库系统称为第三代数据库系统。对象关系数据库系统应具有如下三条原则：提供传统数据库服务，并支持更加丰富的对象结构和规则；包含关系数据库的一切功能；支持开发系统。

对象关系数据库管理系统(ORDBMS)既具备关系数据库管理系统的功能，又具有支持面向对象的特性，主要是能扩充基类、支持复杂对象、增加复杂对象继承机制等。如 Oracle8 是 Oracle 引入面向对象技术的第一个版本。它实现的是既非纯的面向对象的数据库也非纯的关系数据库而是代表两者的结合，因此称之为对象关系数据库管理系统。Oracle8 的目的是用于管理公共数据，包括结构化数据和非结构化数据。Oracle8 能以最便于使用的模式存放数据。如果需要纯关系模式，那就以纯关系模式存放；如果需要利用对象，Oracle8 有对象支持。

对象关系模型结合了面向对象模型和关系模型的特点，对象关系数据库支持对象结构和规则，同时又具有关系数据库的一切功能。作为第三代数据库系统，它能更好地满足不断发展的应用需求。

4.3 关系数据库

关系模型是由美国 IBM 公司的研究员 E. F. Codd 系统而严格地提出的。他从 1970 年起连续发表了一系列有关关系模型的论文，奠定了关系数据库的理论基础。

4.3.1 关系模型的组成

关系模型作为数据模型的一种，它由三部分组成：数据结构、关系操作和关系的完整性。

1) 数据结构

数据库中全部数据及其相互联系都被组织成关系(二维表格)的形式。关系模型基本的数据结构是关系。关系模型的这种简单的数据结构能够表达丰富的语义，描述出现实世界的实体及实体间的各种联系。

2) 关系操作

关系操作包括关系代数和关系演算两种方式，这两种方式已被证明其功能是等价的。关系代数主要包括选择、投影、连接、并、交、差和除运算。关系演算又可分为元组演算和域演算。关系操作方式的特点是集合操作，即操作的对象和结果都是集合。这种操作方式称为一次一集合方式，而非关系型的数据操作方式则是一次一记录的方式。

3）关系的完整性

关系模型的完整性规则是对关系的某种约束条件。关系模型的完整性有：实体完整性、参照完整性和用户定义的完整性。

（1）实体完整性（Entity Integrity）　实体完整性要求基本关系的主键属性不能取空值而且主键不可重复以保证主键能惟一地标识关系中的每个元组。例如，在关系“学生（学号，姓名，性别，年龄，专业，年级）”中，“学号”属性作为主键（或称主码），是“学生”关系的主属性，则“学号”不能取空值也不能重复。

（2）参照完整性（Referential Integrity）　与实体完整性不同，参照完整性与关系之间能否正确地进行联系有关。定义外键（或称外码）可以实现关系的参照完整性。若关系 R 含有关系 S 的主键 F（F 为 R 的外键），则 R 中每个元组在属性 F 上的值必须为空（全部元组的 F 取值为空），或者等于关系 S 中某个元组的主键值。这是要求录入或修改某一关系的属性值时，必须要同时考虑与其联系的相关关系中的属性值同步修改，否则就破坏了参照完整性。

（3）用户定义的完整性（User-defined Integrity）　实体完整性和参照完整性适用于任何关系数据库系统。除此之外，不同的关系数据库系统根据其应用环境的不同，往往还需要一些特殊的约束条件。用户定义的完整性就是针对某一具体应用的约束条件，它反映某一具体应用所涉及的数据必须满足的语义要求。例如，可以把学生年龄属性的取值范围限制在 15～30 之间。关系模型应提供定义和检验这类完整性的机制，而不要由应用程序承担这一功能。

4.3.2　关系代数

关系代数是以关系为操作对象的操作集，每种操作取 1 个或 n 个关系为操作数，结果产生一个新关系。关系代数的运算可分为两类：传统的集合运算和专门的关系运算。前者将关系看成元组的集合，其运算从关系的“水平”方向即行的角度来进行的；后者的运算不仅涉及行而且涉及列。

1）传统的集合运算

（1）并（Union）　设有同类关系 R，S，定义它们的并是

$$R \cup S = \{t \mid t \in R \vee t \in S\}$$

即 t 属于 R 或者 t 属于 S。这里，同类关系的定义是指 R，S 具有相同的度（Degree），且 R，S 的第 j 个属性有相同的数据类型（j=1，2，…，n）。图 4-3-1（a）、（b）给出了两个关系 R 和 S，它们对应的属性具有相同的数据类型，且度也相同，图 4-3-1（c）给出它们并运算的例子，这里 R∪S 的元组包含了 R，S 的所有元组（重复的去掉），但并没有产生新的元组。

（2）差（Difference）　同类关系 R，S 的差是

$$R - S = \{t \mid t \in R \wedge t \notin S\}$$

运算的结果是从 R 中减去 S 中与 R 相同的那些元组，结果也是同类关系，即 t 属于 R 并且 t 不属于 S。R 与 S 的差运算的例子如图 4-3-1（d）所示。

A	B	C
a	b	5
b	c	1
c	f	8

(a) 关系 R

A	B	C
d	g	9
c	f	8
e	b	7

(b) 关系 S

A	B	C
a	b	5
b	c	1
c	f	8
d	g	9
e	b	7

(c) R∪S

A	B	C
a	b	5
b	c	1

(d)R-S

A	B	C
c	f	8

(e) R∩S

图 4-3-1 关系 R 和 S 的并、差、交运算

(3) 交(Intersection) 设有同类关系 R,S,定义它们的交是

$$R\cap S=\{t\mid t\in R\wedge t\in S\}$$

交运算是求既在关系 R 中,又在关系 S 中的那些元组,即 t 属于 R 并且 t 属于 S。图 4-3-1(e)给出了 R 与 S 的交运算的例子。

(4) 广义笛卡儿积(Extended Cartesian Product) 设 R 为 k_1元关系,S 为 k_2元关系,则 R 与 S 的笛卡儿积是 R×S,为(k_1+k_2)元的新关系,乘积的每一元组是由两部分组成,前 k_1 个分量取自 R 的一个元组,后 k_2个分量是取自 S 的一个元组,设 R 有 m 个元组,S 有 n 个元组,则 R×S 由 m×n 个元组构成。如图 4-3-2(a)、(b)所描述的关系 R,S 的广义笛卡儿积运算的结果如图 4-3-2(c)所示,度为 3+2=5,基数为 4×2=8。定义的数学表达式为

$$R\times S=\{t\mid t=\langle t^{k1},t^{k2}\rangle\wedge t^{k1}\in R\wedge t^{k2}\in S\}$$

2) 专门的关系运算

(1) 投影(Projection) 投影是对关系在垂直方向上的选择操作。从给定关系中抽取某些列(选择 n 个属性域)构成新的关系,并去掉重复元组,即在一个 k 元关系中取 n 个属性构成一个 n 元关系。

定义 设 R 为 k 元关系,其元组变量为 $t^k=(t_1,t_2,\cdots,t_k)$,那么关系 R 在其分量 t_{j1},t_{j2},…,t_{jn}($n\leqslant k$)上的投影是

$$\Pi_{j1,j2,\cdots jn}(R)=\{t\mid t\in\langle t_{j1},t_{j2},\cdots,t_{jn}\rangle\wedge\langle t_1,t_2,\cdots,t_k\rangle\in R\}$$

图 4-3-2(d)给出了图 4-3-2(c)的关系 R×S(A,B,C,D,E)的一个投影 $\Pi_{E,C}(R\times S)$,即 $\Pi_{5,3}(R\times S)$的操作结果。

A	B	C
a	c	5
b	d	1
c	m	8
d	n	9

(a) 关系 R

D	E
7	g
3	f

(b) 关系 S

A	B	C	D	E
a	c	5	7	g
a	c	5	3	f
b	d	1	7	g
b	d	1	3	f
c	m	8	7	g
c	m	8	3	f
d	n	9	7	g
d	n	9	3	f

(c) R×S

E	C
g	5
f	5
g	1
f	1
g	8
f	8
g	9
f	9

(d) $\Pi_{E,C}(R \times S)$

A	B	C
c	m	8
d	n	9

(e) $\sigma_{C>'1' \wedge B \neq 'c'}(R)$

图 4-3-2　关系 R 和 S 的广义笛卡儿积、投影、选择运算

投影为我们提供了交换列次序和只输出我们所感兴趣的那些属性域的手段。

(2) 选择(Selection)　选择是关系在水平方向上的操作。通过设立一个条件，选择关系中符合条件的那些元组生成一个同类关系。设 F 是条件，它满足：

① 其运算对象是常量(用引号括起来)或元组的分量(属性名或列的序号)。

② 其运算符是算术比较运算符($<, \leqslant, >, \geqslant, =, \neq$)和逻辑运算符($\wedge, \vee, \neg$)。

则关系 R 的一个选择是

$$\sigma_F(R) = \{t \mid t \in R \wedge F(t) = \text{true}\}$$

其中，t 是 R 中的一个元组且符合 F 表达式。如对图 4-3-2(a)的关系 R 的一个选择是

$$\sigma_{C>'1' \wedge B \neq 'c'}(R)$$

图 4-3-2(e)给出了这个选择的操作结果。

选择提供了从关系 R 中输出感兴趣的那些元组的手段。

(3) 连接(Join)　连接是一类很重要的关系运算，它提供了从基本表利用属性联系对两个关系作条件连接，生成新关系，从而实现概念层到用户视图的映射操作。连接运算的实质是有条件的笛卡儿乘积。连接类似于 R×S，但它只选择满足指定条件的元组输出在新关系中。

连接有两种：θ 连接和 F 连接(这里 θ 是算术比较符，F 是公式)。

θ 连接的定义为：设有 k_1 元关系 R 和 k_2 元关系 S，以及运算符 θ，则 R，S 关于 R 第 i 列

和 S 第 j 列的 θ 连接运算为

$$R \underset{i\theta j}{\bowtie} = \{t \mid t = \langle t^{k1}, t^{k2} \rangle \wedge t^{k1} \in R \wedge t^{k2} \in S \wedge t_i^{k1} \theta t_j^{k2}\}$$

其中，iθj 表示一个条件，即 R 的 i 列与 S 的 j 列进行 θ 比较运算，为真时把满足此条件的元组输出到新关系。它实质是对 R×S 作水平方向上的选择，选择满足条件 θ 的(k_1+k_2)元关系中的元组。图 4-3-3(c)给出了 θ 连接 $R \underset{3>1}{\bowtie} S$，即 $R \underset{R.C>S.C}{\bowtie} S$ 的操作结果。

如果 θ 是等号"="，该连接操作称为"等值连接"。等值连接是对 R×S 作条件为 R 属性 i 等于 S 属性 j 的水平选择。等值连接 $R \underset{3=1}{\bowtie} S$ 的操作结果如图 4-3-3(e)所示。

A	B	C
a	1	5
b	2	3
c	4	6

(a) 关系 R

C	D	E
6	m	g
2	n	f
3	d	k

(b) 关系 S

A	B	C	C	D	E
a	1	5	2	n	f
a	1	5	3	d	k
b	2	3	2	n	f
c	4	6	2	n	f
c	4	6	3	d	k

(c) $R \underset{3>1}{\bowtie} S$

A	B	C	C	D	E
a	1	5	2	n	f
a	1	5	3	d	k
b	2	3	2	n	f

(d) $R \underset{3>1 \wedge 2\leqslant 1}{\bowtie} S$

A	B	C	C	D	E
b	2	3	3	d	k
c	4	6	6	m	g

(e) $R \underset{3=1}{\bowtie} S$

A	B	C	D	E
b	2	3	d	k
c	4	6	m	g

(f) $R \bowtie S$

图 4-3-3　关系 R 和 S 的 θ 连接、F 连接、等值连接、自然连接的例子

F 连接是从关系 R 和 S 的笛卡儿积中选取属性间满足某一公式 F 的元组，记为 $R \underset{F}{\bowtie} S$。这里 F 是形为 $F_1 \wedge F_2 \wedge \cdots \wedge F_n$的公式，每个 F_p是形为 iθj 的式子，而 i 和 j 分别为关系 R 和 S 的第 i、第 j 个分量的序号。图 4-3-3(d)给出了 F 连接$R \underset{3>1 \wedge 2\leqslant 1}{\bowtie} S$的操作结果。

连接运算中最重要的是自然连接，当 R，S 两关系中有相同的属性名时，用相同的属性名作等值连接，所得结果再去掉重复属性，称为自然连接运算。自然连接成立的必要条件是两个关系有一对相同的属性，包括属性名与类型，换句话说，就是外键之间构成的联系。如图 4-3-3(e)的 $R \underset{3=1}{\bowtie} S$ 连接，去掉重复属性后即有自然连接记为 $R \bowtie S$。图 4-3-3(f)给出了自然连接 $R \bowtie S$ 的操作结果。

(4) 除(Divide)　给定关系 R(X，Y)和 S(Y，Z)，其中 X，Y，Z 是属性列(当然也可以是单属性)。R 中的 Y 与 S 中的 Y 可以有不同的属性名，但必须出自相同的域集。Y_x为 x 在 R 中的象集，$x=t_r[X]$。除法结果是 R 中满足下列条件的元组在 X 属性列上的投影：元组在 X 上的分量值 x 的象集包含 S 在 Y 上投影的集合。除操作符用“÷”表示。除法运算的一个例子如图 4-3-4 所示。

A	B	C	D
a1	b1	c1	d1
a1	b1	c1	d1
a1	b1	c1	d1
a1	b1	c1	d1
a2	b2	c2	d2
a2	b2	c2	d2
a3	b3	c3	d3
a4	b4	c4	d4
a4	b4	c4	d4

(a)关系 R

C	D
c2	d2
c4	d4

(b)关系 S

A	B
a1	b1
a4	b4

(c)R÷S

图 4-3-4　除法运算的例子

用关系代数运算可以完成对数据的检索、删除和插入操作，如要进行修改可先删除再插入新的元组。因此，以关系代数运算为基础的数据语言可以实现人们对数据库的所有查询和更新操作，E. F. Codd 把关系代数的这种处理能力称为关系完备性。在关系代数的所有运算中，并、差、笛卡儿积、投影、选择为基本的关系代数运算，其他的运算可由这五种运算推导出来。

4.4　关系数据库标准语言——SQL

SQL(Structured Query Language)，即结构化查询语言，是 1974 年由 Boyce 和 Chamberlin 提出的。在 IBM 公司研制的关系 DBMS 原型系统 System R 上实现了这种语言。1986 年 10 月，美国国家标准协会(ANSI)的数据库委员会 X3H2 批准将 SQL 定为关系数据库语言的美国标准。1987 年 6 月，国际标准化组织(ISO)将其采纳为国际标准。这两个标准现在称为 SQL86。1989 年，ANSI 又颁布了 SQL89 标准。此后，ISO 对标准进行了大量的修改和扩充，又先后发布了 SQL92(SQL2)和 SQL99(SQL3)标准。

SQL 成为国际标准后，各家数据库厂商推出的关系数据库产品都尽可能地对其支持。这样，不管是什么厂家的，运行在什么机型上的关系数据库产品，只要都用 SQL 这一相同的关系数据库接口，就能给使用带来很大方便。现在，SQL 不仅使不同数据库之间的互操作有了共同的基础，而且对数据库之外的领域也产生了很大影响，如在软件工程和人工智能领域，SQL 已显示出相当大的潜力。因此，在未来很长一段时间里，SQL 仍将是关系数据库领域的主流语言。

4.4.1 SQL 概述

1) SQL 的组成

SQL 主要由以下三部分组成:

(1) 数据定义语言(Data Definition Language,DDL) 用于定义 SQL 模式、基本表、视图、索引等结构。

(2) 数据操纵语言(Data Manipulation Language,DML) 主要包括数据查询语言(用于数据的查询)和数据更新语言(用于插入、删除和修改数据)两部分。

(3) 数据控制语言(Data Control Language,DCL) 用于对数据访问权限的控制、完整性规则的描述、对基本表和视图的授权、事务控制等。

2) SQL 的主要特点

SQL 语言的主要特点有以下几个方面:

(1) 一体化的特点 SQL 语言集 DDL、DML 和 DCL 的功能于一体,能独立完成数据库生命周期中的全部活动,包括关系模式的定义、录入数据以建立数据库、查询、更新、维护、数据库重构和数据库安全控制等一系列操作。另外,在关系模型中,实体和实体间的联系均用关系表示,这种数据结构的单一性带来了数据操作符的统一性,每种操作都只需一种操作符。

(2) 两种使用方式 SQL 提供给用户两种使用方式:一种是联机的交互式使用方式,这种方式下,SQL 语言为自含式语言,可独立使用;另一种是嵌入式 SQL 语言,这种方式下,SQL 语言中任何可以交互式使用的 SQL 语句都可以嵌入到某种高级程序设计语言所写的应用程序中,如 C、COBOL、FORTRAN、Java 等程序设计语言,它直接依附于宿主语言(即所嵌入的语言)。在这两种使用方式下,SQL 语言的语法结构是基本一致的,为用户提供了极大的灵活性和方便性。

(3) 高度非过程化 SQL 语言是一种非过程化语言,在 SQL 语言中,用户只需要指出“做什么”,而无需说明“怎么做”,存取路径的选择以及 SQL 语句的操作过程由系统自动完成。这种特性使用户更易集中精力于要得到的结果。

(4) 语言简洁,易学易用 SQL 语言完成核心的功能只用了八个命令动词:

- 数据查询 SELECT(查询)。
- 数据更新 INSERT(插入),DELETE(删除),UPDATE(修改)。
- 数据定义 CREATE(创建),DROP(撤销)。
- 数据控制 GRANT(授权),REVOKE(收权)。

此外,SQL 语法简单,接近英语口语,因此易学易用。

(5) 是所有数据库的公共语言 现在所有的 RDBMS 产品都支持 SQL,而其他模型的 DBMS 也都有 SQL 接口。所有用 SQL 编写的程序都是可移植的,从这一点上来说,SQL 是所有数据库的公共语言。

3) SQL 数据库的结构

SQL 数据库的结构如图 4-4-1 所示,它支持关系数据库三级模式的结构。在 SQL 中,关系模式被称为基本表(Base Table),内模式称为存储文件(Stored File),外模式称为视图(View),元组称为行(Row),属性称为列(Column)。对图 4-4-1 作如下几点说明:

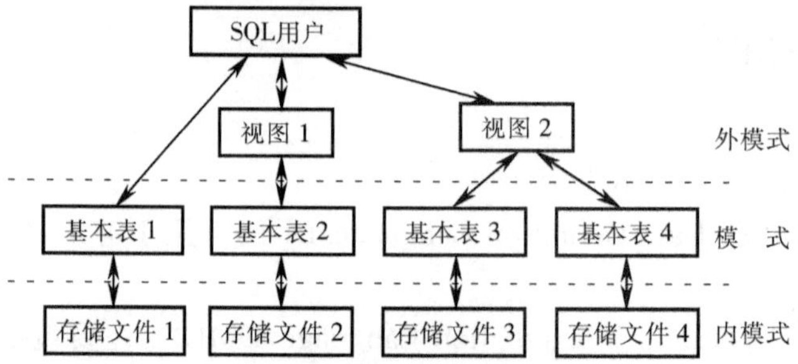

图 4-4-1　SQL 数据库的结构

(1) 基本表是本身独立存在的表，在 SQL 中一个关系对应一个表，每个基本表对应一个存储文件。每个存储文件都与外部存储器上一个物理文件对应。一个表可以带有若干索引，索引放在存储文件中。存储文件及索引组成了关系数据库的内模式。

(2) 视图是从基本表或其他视图导出的表，它本身不独立存储在数据库中，即数据库中只存放视图的定义而不存放视图对应的数据，这些数据仍存放在导出视图的基本表中，因此视图是一个虚表。

(3) 用户可以用 SQL 对基本表和视图进行查询等操作。在用户看来，两者都是关系。

(4) SQL 用户可以是应用程序，也可以是终端用户。因为 SQL 不仅能作为独立的用户接口供交互环境下的终端用户使用，而且也可以嵌入到宿主语言的程序中使用。

4.4.2　数据定义

1) 创建、修改和撤销基本表

在 SQL 中，基本表对应于关系数据库三级模式结构中的模式，因此，对基本表的创建、修改和撤销，实际上就是对模式的创建、修改和撤销。

(1) 创建基本表　创建基本表的语句格式为：

```
CREATE TABLE 表名 (列名 1   类型 [ NOT NULL ]
                  [,列名 2   类型 [ NOT NULL ] ]
                  ……
                  [,完整性约束 ]);
```

其中，类型必须是 SQL 支持的数据类型。完整性约束主要有主键子句(PRIMARY KEY)、外键子句(FOREIGN KEY)和检查子句(CHECK)三种子句。

例如，一个学生表 Student，它有五个属性：学号 Sno、姓名 Sname、性别 Ssex、年龄 Sage、系别 Sdept。其中 Sno 为主键，故不能为空。可用下列语句创建：

```
CREATE TABLE Student (Sno    CHAR(7)   NOT NULL,
                      Sname   CHAR(10),
                      Ssex    CHAR(1),
                      Sage    SMALLINT,
                      Sdept    CHAR(15),
                      PRIMARY KEY  (Sno));
```

SQL 中允许列值为空值，但若要求某一列的值不能为空值时就应在该列后写上“NOT NULL”，如本例中的 Sno 后就有“NOT NULL”。

（2）修改基本表　修改基本表主要包括：增加新的列、删除原有的列、修改原有列的类型等。

① 增加新的列，其语句格式为：

ALTER TABLE 表名 ADD 列名类型；

例如，在基本表 Student 中增加一个年级(Sgrade)列，可用下列语句实现：

ALTER TABLE Student ADD Sgrade CHAR(1)；

② 删除原有的列，其语句格式为：

ALTER TABLE 表名 DROP 列名 [CASCADE|RESTRICT]；

其中，CASCADE 方式表示在基本表中删除某列时，所有引用该列的视图和约束也自动删除。而 RESTRICT 方式表示在没有视图或约束引用该属性时，才能被删除。

例如，在基本表 Student 中删除年龄(Sage)列，并将引用年龄的所有视图和约束也一起删除，可用下列语句实现：

ALTER TABLE Student DROP Sage CASCADE；

③ 修改原有列的类型，其语句格式为：

ALTER TABLE 表名 MODIFY 列名类型；

例如，将基本表 Student 中的 Sname 的长度修改为 20，可用下列语句实现：

ALTER TABLE Student MODIFY Sname CHAR(20)；

（3）撤销基本表　撤销基本表的语句格式为：

DROP TABLE 表名；

例如，撤销基本表 Student 可用下列语句实现：

DROP TABLE Student；

该命令执行时将表的定义及表上的所有记录、索引以及由此基本表导出的所有视图全部删除，并释放相应的存储空间。

2）创建和撤销索引

建立索引是加快表的查询速度的有效手段。对于一个基本表，可以根据应用环境的需要建立一个或多个索引，以提供多种存取路径。通常，索引的创建和撤销由 DBA 或建立表的人负责。

（1）创建索引　创建索引的语句格式为：

CREATE [UNIQUE] INDEX 索引名

　　　　ON 表名(列名[次序][，列名[次序]]…)；

索引可以建在该表的一列或多列上，各列名之间用逗号分隔。每个列名后面还可以用“次序”规定索引值的排列次序，可为升序(ASC)或降序(DESC)，缺省值为 ASC。UNIQUE 表示此索引的每个索引值只对应惟一的数据记录。所以，若选择此项，则相应的列一定是主键。

例如，对基本表 Student 按年龄 Sage 的降序建立索引 Sage -INDEX，可用下列语句实现：

　　CREATE INDEX Sage -INDEX ON Student(Sage DESC)；

（2）撤销索引　撤销索引的语句格式为：

　　DROP INDEX 索引名；

例如，撤销基本表 Student 的 Sage -INDEX 索引，可用下列语句实现：

DROP INDEX Sage-INDEX;

4.4.3 数据查询

SQL 的核心是数据库查询语句，数据查询是关系运算理论在 SQL 中的主要体现。SQL 提供了 SELECT 语句进行数据库查询，该语句的一般格式为：

```
SELECT 目标列
FROM 表名(或视图名)
[WHERE 条件表达式]
[GROUP BY 列名 1 [HAVING 内部函数表达式] ]
[ORDER BY 列名 2 [ASC|DESC] ];
```

几点说明如下：

① SELECT 子句指出要查询的项目，一般为表中的列名，也可以是表达式，利用表达式可以查询表中未存储但可以导出的结果。若以 代替目标列，则表示查询表的所有列。

② FROM 子句指出查询过程中所涉及的表或视图。

③ WHERE 子句指出查询的条件。在 WHERE 子句的条件表达式中可使用下列运算符：

· 算术比较运算符　＞,＞=,＜,＜=,=,！=或＜＞,！＞,！＜。

· 逻辑运算符　NOT,AND,OR。

· 确定范围　BETWEEN…AND,NOT BETWEEN…AND。

· 集合成员资格运算符　IN,NOT IN。

· 字符匹配　LIKE,NOT LIKE。

· 谓词　EXISTS,ALL,SOME,UNIQUE。

· 库函数　AVG(平均值),MIN(最小值),MAX(最大值),SUM(和),COUNT(计数)。

· 条件表达式中运算对象还可以是另一个 SELECT 语句，即 SELECT 语句可以嵌套。

④GROPU BY 子句按列名 1 分组产生结果表中的一个元组，通常对每一组产生的结果，还可以根据需要将满足条件的组输出，附加条件由 HAVING 短语给出。

⑤ORDER BY 子句指出在显示查询结果时，数据按列名 2 的升序(ASC)或降序(DESC)排序。若不指明 ASC 或 DESC，则默认值为 ASC。

SELECT 语句既可以完成简单的单表查询，也可以完成复杂的连接查询和嵌套查询。

下面以学生—课程数据库为例说明 SELECT 语句的各种用法。在介绍之前，先定义学生—课程数据库中的三个表：

· 学生表 Student(Sno,Sname,Ssex,Sage,Sdept)，五个属性分别为学生的学号、姓名、性别、年龄、系别，其中 Sno 为主键。

· 课程表 Course(Cno,Cname,Cpno)，三个属性分别为课程的课程号、课程名、先修课号，其中 Cno 为主键。

· 学生选课表 SC(Sno,Cno,Grade)，三个属性分别为学生的学号、课程的课程号、成绩，其中(Sno,Cno)为主键。

1) 单表查询

单表查询主要在一个表中进行查询，它是一种最简单的查询操作。

(1) 查询表中的若干列

【例 4-4-1】 查询全体学生的详细信息。

```
SELECT *
FROM Student;
```

【例 4-4-2】 查询选修了课程的学生学号。

```
SELECT DISTINCT Sno
FROM SC;
```

此处保留字 DISTINCT 表示要在结果中去掉重复的 Sno 值,否则查询结果中可能有重复的 Sno 值。

【例 4-4-3】 查询学生学号、姓名和出生年份。

```
SELECT Sno,Sname,2004-Sage
FROM Student;
```

SELECT 语句后面可以是字段名,可以是字段和常数组成的算术表达式,也可以是字符串常数。

(2) 查询表中满足条件的若干元组

① 一般条件查询

【例 4-4-4】 查询电子信息系学生的学号、姓名。

```
SELECT Sno,Sname
FROM Student
WHERE Sdept='EI'
```

【例 4-4-5】 查询考试成绩有不及格的学生的学号。

```
SELECT DISTINCT Sno
FROM SC
WHERE Grade<60;
```

② 使用 BETWEEN 的查询

【例 4-4-6】 查询年龄在 19～25 岁之间(包括 19 岁和 25 岁)的学生姓名、年龄和系别。

```
SELECT Sname,Sage,Sdept
FROM Student
WHERE Sage BETWEEN 19 AND 25;
```

也可以使用 NOT BETWEEN。

【例 4-4-7】 查询年龄不在 19～25 岁之间的学生姓名、年龄和系别。

```
SELECT Sname,Sage,Sdept
FROM Student
WHERE Sage NOT BETWEEN 19 AND 25;
```

BETWEEN 后面是低值,AND 后面是高值。

③ 使用 IN 的查询

【例 4-4-8】 查询电子信息系(EI)、计算机系(CS)和数学系(MA)学生的学号和姓名。

```
SELECT Sno,Sname
FROM Student
WHERE Sdept IN('EI','CS','MA')
```

也可以使用 NOT IN。

【例 4-4-9】 查询不是电子信息系(EI)、计算机系(CS)和数学系(MA)学生的学号和姓名。

```
SELECT Sno,Sname
FROM Student
WHERE Sdept NOT IN('EI','CS','MA')
```

④ 使用 LIKE 的查询

【例 4-4-10】 查询姓名以字母 L 打头的学生学号、姓名和性别。

```
SELECT Sno, Sname, Ssex
FROM Student
WHERE Sname LIKE 'L%';
```

在需要时,也可以使用 NOT LIKE。在 LIKE 表达式中可以使用两个通配符:

· 百分号(%):与零个或多个字符组成的字符串匹配。

· 下划线(_):与单个字符匹配。

⑤ 使用 NULL 的查询

【例 4-4-11】 查询缺少学习成绩的学生学号和课程号。

```
SELECT Sno,Cno
FROM SC
WHERE Grade IS NULL;
```

(3) 要求对结果进行排序的查询(即使用 ORDER BY)

【例 4-4-12】 查询选修 C5 课程的学生学号和成绩,结果按成绩的降序排列。

```
SELECT Sno,Grade
FROM SC
WHERE Cno='C5'
ORDER BY Grade DESC;
```

(4) 使用库函数的查询　SQL 提供了下列库函数:

· COUNT(*)　计算元组个数。

· COUNT(列名)　对一列中的值计算个数。

· SUM(列名)　求某一列值的总和(此列的值必须是数值型)。

· AVG(列名)　求某一列值的平均值(此列的值必须是数值型)。

· MAX(列名)　求某一列值中的最大值。

· MIN(列名)　求某一列值中的最小值。

【例 4-4-13】 求电子信息系男生的总人数和平均年龄。

```
SELECT COUNT(*),AVG(Sage)
FROM Student
WHERE Sdept='EI' AND Ssex='M';
```

【例 4-4-14】 求选修了课程的学生人数。

```
SELECT COUNT(DISTINCT Sno)
FROM SC;
```

【例 4-4-15】 求选修 C5 课程的学生的最高成绩。

```
SELECT MAX(Grade)
FROM SC
WHERE Cno='C5';
```

(5) 要求对结果进行分组的查询(即使用 GROUP BY) GROUP BY 子句将表按列的值分组，列的值相同的分在一组。若 GROUP BY 后面有多个列名，则先按第一列名分组，再按第二列名分组，以此类推。如果分组后还要求按一定的条件对这些组进行选择，只输出满足指定条件的组，则可以使用 HAVING 短语指定条件。GROUP BY 常与库函数连用，此时库函数以每一组为计算对象，即每一组都有一个函数值。加了 GROUP BY 子句的 SELECT 子句所取的值必须在每组中是惟一的，即只能是 GROUP BY 子句所指明的列或库函数。若无 GROUP BY 子句，则库函数以整个表为作用对象，即整个查询结果只有一个函数值。

【例 4-4-16】 查询各门课程的课程号、最高成绩、最低成绩、平均成绩和选修人数。

```
SELECT Cno,MAX(Grade),MIN(Grade),AVG(Grade),COUNT(Sno)
FROM SC
GROPU BY Cno;
```

【例 4-4-17】 求计算机系女生的每一年龄组(超过 30 人的年龄组)有多少人?

```
SELECT Sage,COUNT(Sno)
FROM Student
WHERE Sdept='CS' AND Ssex='F'
GROUP BY Sage
HAVING COUNT(*)>30;
```

2) 连接查询

若查询涉及两个或两个以上的表，则称之为连接查询。连接查询是关系数据库最主要的查询功能。

(1)两表连接查询 两个表进行连接时，是将两个表中所有元组在有关列上进行比较，检查它们是否满足条件。

【例 4-4-18】 查询全体学生及其选修课程的详细信息。

```
SELECT Student.*,SC.*
FROM Student,SC
WHERE Student.Sno=SC.Sno;
```

WHERE 后面的条件 Student.Sno=SC.Sno 称为连接条件或连接谓词。连接谓词中的字段称为连接字段。连接字段必须是可比的，但不必相同，当然大多数情况下是相同类型的。当连接谓词中的比较符为“=”时，称为等值连接，使用其他运算符时称为非等值连接。例 4-4-18 就是等值连接的情况，如果又在目标列中去掉了重复的属性列，则为自然连接的情况。

【例 4-4-19】 自然连接 Student 和 SC 表。

```
SELECT Student.Sno,Sname,Ssex,Sage,Sdept,Cno,Grade
FROM Student,SC
```

```
WHERE Student.Sno=SC.Sno;
```

因为 Sno 字段名在两个表中都有，所以前面要加上表名作为前缀。而其余字段名在两个表中都是惟一的，所以可以把字段名前的表名去掉。

【例 4-4-20】 查询选修 C5 课程但不及格的学生学号和姓名。

```
SELECT Student.Sno,Student.Sname
FROM Student,SC
WHERE Student.Sno=SC.Sno AND SC.Cno='C5 ' AND SC.Grade<60;
```

(2) 多表连接查询　当查询涉及到两个以上的表的连接时，称为多表连接查询。

【例 4-4-21】 查询选修课程名为 DATABASE 的学生学号、姓名和成绩。

```
SELECT Student.Sno,Student.Sname,SC.Grade
FROM Student,SC,Course
WHERE Student.Sno=SC.Sno AND SC.Cno=Course.Cno
      AND Course.Cname='DATABASE';
```

(3) 自身连接查询　连接查询也可以是一个表自身的连接，称为自身连接查询。在对一个表进行自身连接时，可将该表虚拟成两个表，这两个虚拟表的表名通过该表的别名来标识。别名的定义在 FROM 子句中。

【例 4-4-22】 查询每门课程的间接先修课(即先修课程的先修课程)。

```
SELECT FIRST.Cno,SECOND.Cpno
FROM Course FIRST,Course SECOND
WHERE FIRST.Cpno=SECOND.Cno;
```

3) 嵌套查询

在一个 SELECT 语句的 WHERE 子句中，还可以出现另一个 SELECT 语句，这种查询称为嵌套查询。WHERE 子句中的 SELECT 语句称为子查询，在子查询的 WHERE 子句中还可以嵌入子查询。嵌入一层子查询的 SELECT 语句称为单层嵌套查询，嵌入子查询多于一层的查询称为多层嵌套查询。

(1) 单层嵌套查询

【例 4-4-23】 查询选修 C5 课程的学生学号和姓名。

```
SELECT Sno,Sname
FROM Student
WHERE Sno IN ( SELECT Sno
               FROM SC
               WHERE Cno='C5' );
```

(2) 多层嵌套查询

【例 4-4-24】 查询选修了课程名为 OS 的学生学号和姓名。

```
SELECT Sno,Sname
FROM Student
WHERE Sno IN ( SELECT Sno
               FROM SC
               WHERE Cno IN (SELECT Cno
```

```
                    FROM Course
                    WHERE Cname='OS'));
```

嵌套查询是由里向外处理的，这样外层查询可以利用内层查询的结果。由例 4-4-23 和例 4-4-24 可以看出，查询涉及多个关系时用嵌套查询逐步求解，层次分明，容易理解，具有结构化程序设计的优点。

(3) 使用 EXISTS 的查询　EXISTS 代表存在量词∃，若内层查询结果非空（即至少存在一个元组），则外层查询的 WHERE 后面的条件为真，否则为假。

【例 4-4-25】 使用存在量词 EXISTS 查询选修 C5 课程的学生学号和姓名。

```
SELECT Sno,Sname
    FROM Student
    WHERE EXISTS ( SELECT *
                   FROM SC
                   WHERE SC.Sno=Student.Sno AND Cno='C5');
```

【例 4-4-26】 查询选修了全部课程的学生姓名。

```
SELECT Sname
FROM Student
WHERE NOT EXISTS
        ( SELECT *
          FROM Course
          WHERE NOT EXISTS
                (SELECT *
                 FROM SC
                 WHERE SC.Sno=Student.Sno AND SC.Cno=Course.Cno));
```

这个查询的另一种说法：在 Student 表中找这样的学生姓名，在 Course 表中不存在一门这个学生没有选修过的课程。

4) 集合查询

在 SQL 中，引进了传统的集合运算。两个 SELECT 语句的查询结果可以进行并、交、差运算，对应的操作符分别为 UNION，INTERSECT，MINUS。

现在假设有两个表，分别表示两所大学图书馆的藏书，其表结构如下：

LIB1(BN,BA,BVER,BPUB,BPT,BPRI,BNUM)

LIB2(BN,BA,BVER,BPUB,BPT,BPRI,BNUM)

其中，BN 为书名，BA 为书的作者，BVER 为书的版次，BPUB 为出版社，BPT 为出版时间，BPRI 为书的价格，BNUM 为书的馆藏量。

【例 4-4-27】 查询这两个图书馆的所有藏书情况。

```
SELECT *
FROM LIB1
UNION
SELECT *
FROM LIB2;
```

【例 4-4-28】 查询这两个图书馆具有相同书目的情况。

```
SELECT BN,BA,BVER,BPUB
FROM LIB1
INTERSECT
SELECT BN,BA,BVER,BPUB
FROM LIB2;
```

【例 4-4-29】 查询 LIB1 图书馆有而 LIB2 图书馆没有的藏书情况。

```
SELECT BN,BA,BVER,BPUB
FROM LIB1
MINUS
SELECT BN,BA,BVER,BPUB
FROM LIB2;
```

4.4.4 数据更新

SQL 的数据更新包括插入、修改和删除数据三种操作。

1）插入数据

插入数据的语句格式为：

```
INSERT
INTO 表名[(列名 1[,列名 2]…)]
VALUES(常量 1[,常量 2] …);
```

或

```
INSERT
INTO 表名[(列名 1[,列名 2]…)]
子查询;
```

【例 4-4-30】 把一个新学生：学号 S20，姓名吴龙，男，23 岁，电子信息系 EI，插入学生表中。

```
INSERT
INTO Student
VALUES('S20','吴龙','M',23,'EI');
```

【例 4-4-31】 在 SC 表中，把平均成绩大于等于 90 分的计算机系男生的学号和平均成绩存入另一个已知的表 S - Grade(Sno，AVG - Grade)中。

```
INSERT
INTO S-Grade(Sno,AVG-Grade)
SELECT Sno,AVG(Grade)
FROM SC
WHERE Sno IN
            (SELECT Sno
             FROM Student
             WHERE Sdept='CS' AND Ssex='M')
```

```
GROUP BY Sno
HAVING AVG(Grade)>=90;
```

2) 修改数据

修改数据的语句格式为：

```
UPDATE 表名
SET 列名=表达式[,列名=表达式]…
[WHERE 条件];
```

【例 4-4-32】 将选修 DATABASE 课程的所有学生的成绩提高 10 分。

```
UPDATE SC
SET Grade=Grade+10
WHERE Cno IN
        (SELECT Cno
        FROM Course
        WHERE Cname='DATABASE' );
```

3) 删除数据

删除数据的语句格式为：

```
DELETE
FROM 表名
[WHERE 条件];
```

【例 4-4-33】 删除数学系(MA)全体学生的选课记录。

```
DELETE
FROM SC
WHERE Sno IN
        (SELECT Sno
         FROM Student
         WHERE Sdept='MA' );
```

4.4.5　视图

1) 创建视图

创建视图的语句格式为：

```
CREATE VIEW 视图名(列名表)
          AS 子查询;
```

例如，创建电子信息系的学生视图，可用如下语句实现：

```
CREATE VIEW EI_S(EI_Sno,EI_Sname,EI_Ssex,EI_Sage)
AS SELECT Sno,Sname,Ssex,Sage
  FROM Student
  WHERE Sdept='EI' ;
```

创建视图语句执行后，将视图的定义存入了数据字典中，其中的 SELECT 语句并不执行。当对视图进行操作时，再根据视图的定义对相应的基本表进行操作。

2）撤销视图

撤销视图的语句格式为：

```
DROP VIEW 视图名;
```

例如，撤销视图 EI_S，可用下列语句实现：

```
DROP VIEW EI_S;
```

撤销视图后，视图的定义就从数据字典中删除了，但并不影响任何基本表。

3）查询视图

视图创建后，用户就可以如同基本表那样对视图进行查询。

例如，查询 EI_S 视图中男生的情况，可用如下语句实现：

```
SELECT *
FROM EI_S
WHERE EI_Ssex='M';
```

系统执行此查询时首先把它转换为等价的对基本表的查询，然后执行修正了的查询。与上例等价的修正查询语句为

```
SELECT Sno,Sname,Ssex,Sage
FROM Student
WHERE Sdept='EI' AND Ssex='M';
```

4）更新视图

由于视图并不像基本表那样实际存在，因此对视图的更新最终要转换成对基本表的更新。更新视图主要包括 INSERT、UPDATE 和 DELETE 三类操作。例如，

```
UPDATE EI_S
SET EI_Sname='LIU PENG WEI'
WHERE EI_Sno='S4';
```

该语句将转换为对基本表 Student 的更新：

```
UPDATE Student
SET Sname='LIU PENG WEI'
WHERE Sdept='EI' AND Sno='S4';
```

又如，

```
INSERT
INTO EI_S
VALUES('S9','LU JI YUAN','M',26);
```

该语句将转换为对基本表的插入：

```
INSERT
INTO Student
VALUES('S9','LU JI YUAN','M',26,'EI');
```

类似地，DELETE 操作也将转换为对基本表的删除操作。

在关系数据库中，并非所有的视图都是可更新的(这个问题这里不作讨论)。为了简单起见，现在一般只对“行列子集视图”进行更新。

4.5 关系数据库的规范化理论

关系数据库是由一组关系组成的,那么针对一个具体问题,应该如何构造一个适合于它的关系模式,即应该构造几个关系,每个关系由哪些属性组成等,这是关系数据库的逻辑设计问题。如果关系模式设计得不好,那么仍然有可能产生像文件系统那样的存储冗余和异常问题。关系数据库的规范化理论就是研究如何设计好的关系模式,以消除存储冗余和异常问题。这部分内容是关系数据库中理论性较强的内容。

4.5.1 关系模式的设计问题

在数据管理中,数据冗余一直是影响系统性能的大问题。数据冗余是指同一个数据在系统中多次重复出现。在文件系统中,由于文件之间没有联系,有时一个数据在多个文件中出现;而数据库系统则克服了文件系统的这种缺陷,但仍然存在数据冗余问题。

例如,有一个关系模式 SCT(Sno,Cno,Cname,Grade,Tno,Tname,Ttitle),其属性分别表示学生的学号、所学课程的课程号、课程名、成绩、任课老师编号、姓名、职称。

通过分析可以确定,属性集(Sno,Cno)为 SCT 关系的主键。这个关系模式在使用过程中存在如下问题:

1) 数据冗余

如果一门课程有多个学生选修,那么在关系中就要出现多个元组,也就是这门课程的课程名、任课老师编号、姓名和职称要重复多次,这将浪费大量的存储空间。

2) 修改异常

如果 C1 课程有五个学生选修,在关系中就会有五个元组。如果这门课程的任课老师要改为另外一位老师,那么这五个元组中的任课老师编号、姓名和职称就都要修改。若一部分修改,另一部分未改,则会导致数据的不一致。

3) 插入异常

如果一位教师新开了一门课程,在还没有学生选修该课程时,则 Sno 为空,因此主键(Sno,Cno)含有空值,这样就无法插入。

4) 删除异常

如果学生毕业了,在删除学生信息的同时把这些学生所选修的课程名和任课老师编号、姓名和职称也删除了,这也是一种不合适的现象。

由于存在以上几个问题,故 SCT 关系模式不是一个好的模式。一个好的关系模式应该不存在修改异常、插入异常和删除异常,数据冗余应尽可能小。

4.5.2 规范化理论

关系数据库设计是以规范形式为基础的。出发点是如何从全局组织数据结构,应该设计一个何种结构的概念层,即它包含了什么种类的基本表,联系与键是如何选取的。基本表的多少影响了数据的冗余度、检索效率等问题,过多的关系模式在减少数据冗余的同时,因为数据的分散也会造成查询与连接关系的复杂化,直接影响了执行速度。因此,怎样一种规范化形式具有最小的数据冗余度,以及比较好的数据查询速度,这是规范化理论要解决的问题。

1）函数依赖(Functional Dependency,FD)

定义 1 给定一个关系 R,当且仅当 R 的属性 X 的每一个值都精确对应于 R 的属性 Y 值时,称 Y 函数依赖于 X,记为:X→Y。Y 函数依赖于 X,也可以说由 X 函数确定 Y。

如有一个学生关系 Student(Sno,Sname,Sage,Sdept)。显然,Student 的属性 Sname,Sage,Sdept 都函数依赖于 Sno,即给定一个学号,都有惟一的 Sname,Sage,Sdept 与之对应,所以

$$\text{Sno}\rightarrow\text{Student}(\text{Sname},\text{Sage},\text{Sdept})。$$

注意前面提到函数依赖的概念中涉及了属性组,即函数依赖在组合属性下也成立,如学生选课关系 SC(Sno,Cno,Grade)。显然,只有同时给定了 Sno,Cno,才能惟一地确定 Grade,即成绩属性是函数依赖于组合属性(Sno,Cno)的。对此,引申它的定义是完全函数依赖。

定义 2 在给定关系 R 中,如果属性 Y 函数依赖于属性 X,且又不函数依赖于 X 的任何一个子集,则称 Y 是完全函数依赖于 X,记为 $X\xrightarrow{f}Y$。

上面的 SC 关系,属性 Grade 是函数依赖于组合属性(Sno,Cno)的,且(Sno,Cno)的任一子集 Sno 或 Cno 都不能函数确定 Grade,所以属性 Grade 是完全函数依赖于组合属性(Sno,Cno)的。在完全函数依赖定义下,又可以引申另一个概念,叫部分函数依赖。

定义 3 在给定关系 R 中,如果属性 Y 不但函数依赖于属性 X,而且也函数依赖于属性 X 的某一子集,则称属性 Y 是部分函数依赖于属性 X,记为:$X\xrightarrow{p}Y$。

例如,在 Student 关系中,(Sno,Sname)可以组合决定系别属性 Sdept,但 Sdept 也可以只用(Sno,Sname)的子集 Sno 来惟一确定,即有一学号必有一系别属性值与之对应,所以属性 Sdept 是部分依赖于组合属性(Sno,Sname),记为

$$(\text{Sno},\text{Sname})\xrightarrow{p}\text{Sdept}$$

换句话说,如果属性 Y 部分函数依赖属性 X 的话,则属性 X 必为组合属性。

定义 4 在给定关系 R 中,如果属性 Y 函数依赖于属性 X,但属性 X 不函数依赖于 Y,且属性 Z 又函数依赖于属性 Y,则称属性 Z 是传递函数依赖于属性 X,记为

$$若\ X\rightarrow Y,且\ Y\rightarrow Z,且\ Y\nrightarrow X,则\ X\xrightarrow{传递}Z$$

定义中加上属性 X 不函数依赖于 Y 的条件是因为如果 X,Y 互为函数依赖的话,实为等价关系,则属性 Z 直接依赖于属性 X 了。

2）范式及其规范化

一个规范化的关系是指在关系表格中每个值是原子的,如图 4-5-1(a)就不是规范化的,因为属性中仍可再细分,而图 4-5-1(b)形式是其规范化的,每一域中只有一个值。

学号	姓名	选课情况	
		课程	成绩
95101	张林	数据库 操作系统	88 90
95102	刘峰	数据结构 软件工程	95 80

（a）非规范化形式

学号	姓名	课程	成绩
95101	张林	数据库	88
95101	张林	操作系统	90
95102	刘峰	数据结构	95
95102	刘峰	软件工程	80

（b）规范化形式

图 4-5-1　非规范化形式和规范化形式

从范式来讲，主要是 E. F. Codd 做的工作，他提出了规范化的问题，并给出了范式的概念。1971～1972 年，他系统地提出了 1NF，2NF，3NF 的概念；1974 年，Codd 和 Boyce 又共同提出了一个新的范式 BCNF；1976 年，Fagin 又提出了 4NF；后来又有人提出了 5NF。

规范化理论指出，一个关系如果满足指定的约定集，它就有特定的规范化形式。如果一个关系，当且仅当它满足只包含原子值的约定集时，我们说它是第一规范化形式，简称 1NF。因此，每个规范化的关系都是 1NF 的。目前已定义的多种规范化形式及它们之间的关系如图 4-5-2 所示，各种范式之间的联系有 5NF⊂4NF ⊂BCNF ⊂3NF ⊂2NF ⊂1NF。可以这样认为，n 层规范化形式中，内层的范式总比外层范式更符合要求。虽然如此，一般只用到第三层范式，即 3NF 就可以了。层次越高的反面是关系分得越细，不利于数据操作。

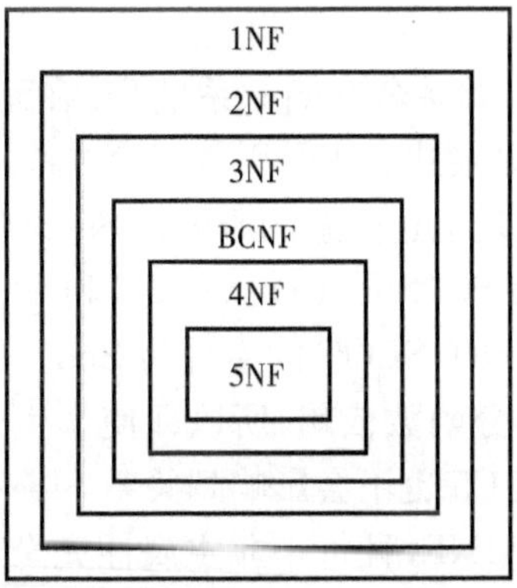

图 4-5-2　不同级别的范式之间的关系

（1）1NF　当且仅当关系 R 的所有基本域只包含原子值时，称 R 为第一范式，记为 1NF。任何规范化的关系都是 1NF，但它并不适合数据库使用。如关系模式 SCL（Sno，Cno，Grade，Sdept，SL），其中，SL 为系所在的地址，假设每个系只有一个系址。此关系模式有如下特点：

- 一个系有多个学生，但只有一个系址。
- 学生 Sno 只属于一个系，但可以选修多门课程。
- 选一门课只有一个成绩。

因此它的主键是（Sno，Cno），Sno 惟一确定 Sdept 和 SL，Sdept 惟一确定 SL（因为每个系只有一个系址）。函数依赖包括如下：

$$(Sno,Cno)\xrightarrow{f}Grade$$

$$Sno\rightarrow Sdept$$

$$(Sno,Cno)\xrightarrow{p}Sdept$$

$$Sno\rightarrow SL$$

$$(Sno,Cno)\xrightarrow{f}SL$$

$$Sdept\rightarrow SL$$

$$Sno\xrightarrow{传递}SL$$

此关系的主键与属性间存在如下问题：SL 与 Sdept 不相互独立；Sdept，SL 不完全函数依赖于主键。

关系 SCL 有下述问题存在：

· 插入异常　假设插入一暂未选课的学生（即这个学生无 Cno）Sno＝'S5'，Sdept＝'EI'，SL＝'A1'，则在上表中无法插入，因为主键（Sno，Cno）含有空值。这样，没有选课就不存在，显然不合理。

· 删除异常　假设学生 S1 只选课 C5，假设他不想继续选该课，将无法删除 C5，因为同样会造成主键为空，若一行全部删除则学生 S1 的其他信息也被删除了。

· 修改复杂　设 S1 从 EI 转系到 CS 系，则元组要同时改动系名与系址，否则会造成数据不一致。

· 数据冗余度大　同一学生的系名 Sdept、系址 SL 在元组中多次出现。

因此，SCL 不是一个好的关系模式。于是引入了第二范式。

(2) 2NF　关系模式 SCL 出现上述问题的原因是 Sdept 和 SL 对主键的部分函数依赖。采用投影分解法，将 SCL 分解为 SC(Sno，Cno，Grade)和 SLOC(Sno，Sdept，SL)两个关系模式。其中 SC 的主键为(Sno，Cno)，SLOC 的主键为 Sno。这样分解以后的新关系中首先消除了主键与非主键属性间的部分函数依赖，所以即使学生 S5 没有选课，但插入到 SLOC 中亦无困难；删除 S1 所选的课程 C5 也不会影响到关系 SLOC 中的信息。

定义 5　当且仅当关系 R 是 1NF，且每一非主属性完全函数依赖于主键时，关系 R 是第二范式的。

上例中，关系 SC，SLOC 都是 2NF 的，可以认为，当一个关系是 1NF 而不是 2NF 时，它的主键必定是组合属性，因此总可以用投影的办法分解出两个 2NF 的关系来。投影关系是可逆的，即可以重新连接成原关系，以保证信息是无损的，称此为无损模式分解。

2NF 关系在存储上仍有问题。SC 关系是好的关系模式，但在 SLOC 中有 Sdept→SL，即非主属性之间还不是相互独立，由此带来的问题是：

· 插入异常　在学号 Sno 未定之前想插入系名和系址信息是不可能的。

· 删除异常　如果某个系的学生全部毕业了，要删除 Sno 的信息，系名 Sdept 与系址 SL 的信息也同时失去。

· 修改复杂　如果某个系调整系址，由于每个系的系址信息是重复存储的，修改时必须同时更新该系所有学生的 SL 属性值。

· 数据冗余大　系址信息重复出现次数与该系学生人数相同。

(3) 3NF　关系模式 SLOC 出现上述问题的原因是 SL 对主键 Sno 的传递函数依赖。

解决的办法是进一步分解关系 SLOC 形成两新的关系模式 SSD(Sno,Sdept)和 SSL(Sdept,SL),原则是消除非主属性之间的不独立因素。

显然,在分解后的关系模式 SSD 和 SSL 中,既没有非主属性对主键的部分函数依赖,也没有非主属性对主键的传递函数依赖,从而使上述四个问题在一定程度上得到了解决。

定义 6 当且仅当关系 R 是 2NF,且每一非主属性都不传递依赖于主键时,该关系是 3NF。

因此 SSD,SSL 是 3NF,而 SLOC 是 2NF 的。所以在一个关系是 2NF 时,总可以通过投影分解法消除其非主属性间的传递依赖关系而达到 3NF。

(4) BCNF BCNF 是由 Boyce 和 Codd 提出的,比 3NF 更进了一步,通常认为 BCNF 是修正的第三范式。如果 R 只有一个候选键,则 $R \in 3NF$,且 R 必属于 BCNF。通过分析可知,学生数据库中的三个关系模式 Student、Course 和 SC 都属于 BCNF。

定义 7 关系模式 R 是 1NF,如果对于 R 的每个函数依赖 $X \rightarrow Y$,且 $Y \not\subseteq X$,则 X 必含有候选键,那么称 R 是 BCNF 的模式。如果数据库模式中每个关系模式都是 BCNF,则称为 BCNF 的数据库模式。

数据依赖有三种类型:函数依赖、多值依赖和连接依赖。其中函数依赖是多值依赖的一种特殊情况,而多值依赖又是连接依赖的一种特殊情况。现在有以下结论:

· 如果一个关系数据库中的所有关系模式都属于 BCNF,那么在函数依赖的范畴内,它已实现了模式的彻底分解,达到了最高的规范化程度,消除了插入异常和删除异常。如果消除了属于 BCNF 的关系模式中存在的多值依赖,则可以投影分解为 4NF 的关系范式。

· 如果一个关系数据库中的所有关系模式都属于 4NF,那么在多值依赖的范畴内,它已实现了模式的彻底分解,达到了最高的规范化程度,消除了插入异常和删除异常。如果消除了属于 4NF 的关系模式中存在的不是由候选键所蕴含的连接依赖,则可以投影分解为 5NF 的关系范式。

· 如果一个关系数据库中的所有关系模式都属于 5NF,那么在连接依赖的范畴内,它已实现了模式的彻底分解,达到了最高的规范化程度,消除了插入异常和删除异常。到目前为止,5NF 是最终范式。

(5) 规范化小结 在这一节中讨论了函数依赖与关系范式问题,它们是关系数据库设计的理论基础。对关系规范化的过程可以理解为如图 4-5-3 所示形式。

1NF
↓ 消除非主属性对键的部分函数依赖
2NF
↓ 消除非主属性对键的传递函数依赖
3NF
↓ 消除主属性对键的部分和传递函数依赖
BCNF
↓ 消除非平凡且非函数依赖的多值依赖
4NF
↓ 消除不是由候选键所蕴含的连接依赖
5NF

图 4-5-3 关系的规范化过程

在构造一个关系模式时希望非主属性之间是相互独立的,而它们与键之间是完全函数依赖的。范式有 6 种形式,但实际上用到 3NF 就可以了。范式高使数据冗余度减少,同时也因关系过于零碎而造成数据库结构复杂化使查询时间增加。实际应用中时间与空间的矛盾左右着关系的范式程度，可以用低范式来换取运行速度的增加。

4.6 数据库设计

数据库设计是开发数据库及其应用系统的技术，也是信息系统开发和建设的重要组成部分。具体说来，数据库设计是要在一个给定的应用环境中，通过合理的逻辑设计和有效的物理设计，构造较优的数据库模式，建立数据库及其应用系统，满足用户的各种信息需求。

4.6.1 数据库设计概述

数据库设计是一项十分重要的工作。数据库设计的基本任务是：根据一个单位的信息需求和数据库的支撑环境，包括 DBMS，OS 和硬件，设计出数据模式，包括外模式、模式和内模式，以及应用程序。信息需求表示一个单位所需要的数据及其结构。DBMS，OS 和硬件是建立数据库的软、硬基础，也是其制约因素。

数据库设计的基本要求是：尽可能小的数据冗余度；查询响应时间少；数据完整性；数据一致性，多用户时的并发控制能力；可恢复性；安全性；功能扩充能力。

从数据库应用系统设计和开发的全过程来考虑，按规范设计的方法将数据库设计的步骤分为以下六个阶段(见图 4-6-1)：

(1) 需求分析。

(2)概念设计。

(3)逻辑设计。

(4)物理设计。

(5)数据库实施。

(6)数据库运行和维护。

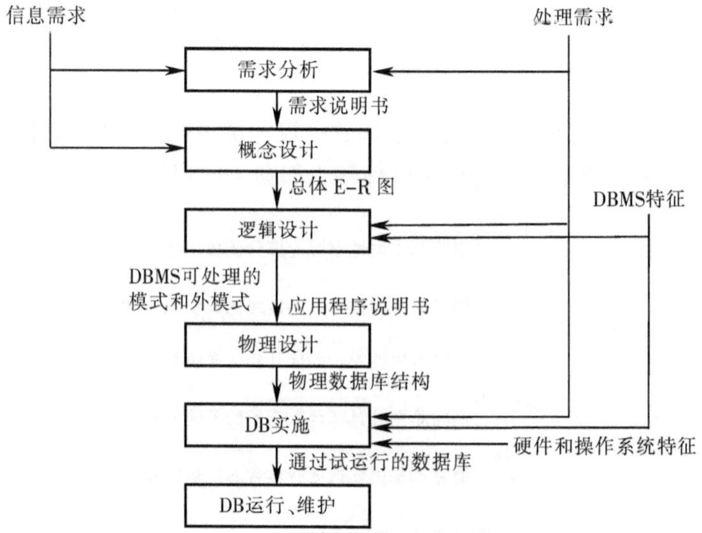

图 4-6-1 数据库设计步骤

4.6.2 需求分析

数据库设计的目的是为用户及时提供信息。通过数据库描述事物的状态、行为和过程，实测设计的运行状况。用户的需求是数据库设计的出发点，是整个数据库设计的基础。全面正确地了解用户的需求是数据库应用成功的关键。

需求分析阶段，要对系统的整个应用情况进行全面、详细的调查，收集支持系统总的设计目标的基础数据和对这些数据的处理要求，确定用户的需求。

在调查过程中，设计人员要重点了解的是“数据”和“处理”，具体来说就是了解：

· 用户的信息要求　用户要从数据库中得到哪些信息，这些信息的具体内容和性质，从而确定数据库中应存储哪些数据。

· 用户的处理要求　用户要求完成什么样的处理功能，对某种处理要求的响应时间，涉及的数据的处理方式等。

· 对数据的安全性、完整性的要求。

在众多分析和表达用户需求的方法中，结构化分析(Structured Analysis，SA)方法是一个简单实用的方法。SA 方法用自顶向下、逐层分解的方式分析系统，用数据流图(DFD)和数据字典(DD)描述系统。数据流图表达了数据和处理的关系，数据字典则是对系统中数据的详尽描述。对数据库设计来讲，数据字典是进行详细的数据收集和数据分析所获得的主要成果。数据字典中的内容在数据库设计过程中还要不断修改、充实、完善。

需求说明书是需求分析活动后建立的文档资料，它是开发项目需求分析的全面描述，是需求分析阶段的最终产品，也是以后各个设计阶段的主要依据，也是进行数据库系统评价的依据。

需求分析是一项技术性很强的工作，应该由有经验的专业技术人员完成，如系统分析员、数据库管理员。需要说明的是，在整个需求分析的过程中，必须要强调用户的参与。如果没有用户的积极参与，需求分析将是无本之木、无源之水。通过设计人员和用户的广泛交流，使双方在概念的理解、目标要求等方面达成一致，并对设计工作的最后结果承担共同的责任。

4.6.3 概念设计

概念设计主要就是概念模型的设计，它是数据库系统设计阶段的第一步，它独立于数据库的逻辑结构，也独立于具体的 DBMS。它是现实世界与机器世界的中介，一方面能够充分反映现实世界，包括实体与实体之间的联系，同时又易于向网状、层次、关系等各种数据模型转换。概念模型设计是整个数据库设计的关键。

设计概念模型的策略有四种：

(1) 自顶向下　首先定义全局概念模型的框架，然后逐步细化。

(2) 自底向上　首先定义各局部应用的概念模型，然后将它们集成，得到全局概念模型。

(3) 由里向外　首先定义最重要的核心概念模型，然后向外扩充，生成其他概念模型。

(4) 混合策略　自顶向下和自底向上相结合的方法，用自顶向下策略设计全局概念模型的框架，并在框架内自底向上集成各局部概念模型。

概念设计最经常采用的策略是自底向上方法。概念设计要借助于方便、直观的描述工具给出概念模型，E-R 图是设计和表达概念模型的工具。

概念模型的设计步骤主要有以下几步：

(1)设计局部 E-R 模型(即设计用户视图)。

(2)将各局部 E-R 模型综合为总体 E-R 模型(即视图集成)　综合过程包含两个阶段，将局部 E-R 图模型综合得到初步总体 E-R 模型，简称初步 E-R 模型，在此基础上消除冗余和冲突后，得到总体 E-R 模型也称基本 E-R 模型。

(3) 评审　消除了所有的冲突后，就可以把全局结构提交评审。评审分为用户评审和 DBA 及应用开发人员评审两部分。

4.6.4　逻辑设计

概念设计的结果是得到一个与 DBMS 无关的概念模型，而逻辑设计的目的是把概念设计阶段设计好的全局 E-R 模型转换成与选用的具体机器上的 DBMS 所支持的数据模型相符合的逻辑结构(包括数据库模式和外模式)。这些模式在功能、完整性和一致性约束及数据库的可扩充性等方面均应满足用户的各种要求。对于逻辑设计而言，应首先选择 DBMS，但数据库设计人员往往没有挑选的余地，都是在指定的 DBMS 上进行逻辑结构的设计。

逻辑设计的主要步骤为：

1) 初始模式的形成

这一步是形成初始的 DBMS 模式。根据概念模式以及 DBMS 的记录类型特点，将 E-R 模型的实体类型或联系类型转换成记录类型。

2) 外模式设计

外模式是应用程序和数据库系统的接口，它能允许应用程序有效地访问数据库中的数据，而不破坏数据库的安全性。

3) 应用程序设计梗概

在设计完整的应用程序之前，先设计出应用程序的草图，对每个应用程序应设计出数据存取功能的梗概，提供程序上的逻辑接口。

4) 模式评价

这一步的工作就是对数据库模式进行评价。评价数据库结构的方法通常有定量分析和性能测量等方法。

5) 修正模式

修正模式的目的是为了使模式适应信息的不同表示。

4.6.5　物理设计

数据库在实际的物理设备上的存储结构和存取方法称为数据库的物理结构。对于设计好的逻辑数据模型选取一个最适合应用环境的物理结构的过程，称为数据库的物理设计。显然，物理设计是完全依赖于给定的硬件环境和数据库产品的。

通常，对于关系数据库的物理设计，其内容主要包括：

1) 确定数据的存储结构

从 DBMS 所提供的存储结构中选取合适的加以实现，以提高系统性能。

2) 存取路径的选择和调整

数据库必须支持多个用户的多种应用，因而必须提供对数据库的多个存取入口，也就是对同一数据存储要提供多条存取路径。物理设计的任务之一就是要确定建立哪些存取路径。

3) 确定数据存放位置

可以把经常同时被访问的数据组合在一起。

4) 完整性和安全性考虑

设计者应在完整性、安全性、有效性和效率方面进行分析，作出权衡。

4.6.6 数据库的实施

在对数据库的物理设计初步评价完成之后就可以开始建立数据库了。数据库的实施对应于软件工程的编码、调试阶段。

数据库的实施主要包括以下工作：

1) 定义数据库结构

用所选用的 DBMS 提供的数据定义语言(DDL)来严格描述数据库结构。

2) 数据装载

数据库结构建立好后，就可以向数据库中装载数据了。组织数据入库是数据库实施阶段最主要的工作。为提高数据输入工作的效率和质量，应该针对具体的应用环境设计一个数据录入子系统，由计算机来完成数据入库的任务。

3) 编制和调试应用程序

在数据库实施阶段，当数据库结构建立好后，就可以开始编制与调试数据库的应用程序。这部分工作是与组织数据入库同步进行的。调试应用程序时如果数据入库尚未完成，可先使用模拟数据。

4) 数据库的试运行

在原有系统的数据有一小部分已输入数据库后，就可以开始数据库的试运行，这又称为对数据库系统进行联合调试。主要是进行功能调试和性能测试。是数据库试运行阶段，由于系统还不稳定，硬、软件故障随时都可能发生。而系统的操作人员对新系统还不熟系，误操作也不可避免，因此必须做好数据库的备份和恢复工作，尽量减少对数据库的破坏。

4.6.7 数据库的运行和维护

数据库试运行结束后，数据库开发工作就基本完成，即可投入正式运行了。但是由于应用环境在不断变化，对数据库设计进行评价、调整、修改等维护工作是一个长期的任务，也是设计工作的继续和提高。

在数据库运行阶段，对数据库经常性的维护工作由 DBA 完成，主要工作包括：

(1)数据库的转储和恢复。

(2)数据库安全性、完整性控制。

(3)数据库性能的监督、分析和改进。

(4)数据库的重组织和重构造。

数据库的重组织并不修改原设计的逻辑结构和物理结构，而数据库的重构造则不同，它部分修改原数据库的模式和内模式。当然数据库的重构造也是有限的，只能做部分修改。如果应用变化太大，重构造也无济于事，应该重新设计数据库。

本节只是简要讨论了数据库设计方面的内容，在实际大型应用数据库设计项目中，要求开发人员必须掌握 SQL 语言，具备诸如 SQL Server、Sybase、Oracle 等数据库管理系统的知识，有 Power Builder、Delphi 等工具软件编程的经验，能够分析、了解与归纳用户的工作流程、数据关系，把握整体设计的能力。这些都需要经过实际项目的设计开发才能达到。

习　题　4

4-1　试述数据、数据库、数据库系统、数据库管理系统的概念。

4-2　试描述数据库系统的三级模式结构，这种结构的突出优点是什么？

4-3　数据库管理系统的主要功能有哪些？它的工作过程是什么？

4-4　层次模型、网状模型和关系模型这三种基本数据模型是根据什么来划分的？试比较这三种数据模型的优缺点。

4-5　学校中有若干系，每个系有若干班级和教研室，每个教研室有若干教师，其中有的教授和副教授每个人各带若干研究生，每个班若干学生，每个学生选修若干课程，每门课可由若干学生选修。用 E-R 图画出此学校的概念模型。

4-6　设有如题图 4-1 所示的关系 R，S 和 W，计算：

(1) $R1=\Pi_{Y,T}(R)$。

(2) $R2=\sigma_{P>'5' \wedge T='e'}(R)$。

(3) $R3= R \bowtie S$。

(4) $R4=\Pi_{2,1,6}(\sigma_{3=5}(R\times W))$。

(5) $R5= R\div W$。

R

P	Q	T	Y
2	b	c	d
9	a	e	f
2	b	e	f
9	a	d	e
7	g	e	f
7	g	c	d

S

T	Y	B
c	d	m
c	d	n
d	f	n

W

T	Y
c	d
e	f

题图 4-1　关系 R，S 和 W

4-7　对于教学数据库的三个基本表：

S(Sno，Sname，Sage，Ssex)

SC(Sno，Cno，Grade)

C(Cno，Cname，Teacher)

试用 SQL 的查询语句表达下列查询：

(1) 查询 LU 教师所授课程的课程号和课程名。

(2) 查询年龄大于 25 岁的女生的学号和姓名。

(3) 查询学号为 S5 学生所学课程的课程名与任课教师名。

(4) 查询至少选修 LU 老师所授课程中一门课程的男生姓名。

(5) 查询 WU 同学不学的课程的课程号。

(6) 查询至少选修两门课程的学生学号。

(7) 查询全部学生都选修的课程的课程号与课程名。

(8) 查询选修课程包含 LU 老师所授课程的学生学号。

4-8　试用 SQL 查询语句表达下列对教学数据库中三个基本表 S、SC、C 的查询：

(1) 在表 C 中统计开设课程的教师人数。

(2) 求选修 C1 课程的男生的平均年龄。

(3) 求每个学生选修课程(已有成绩)的门数和平均成绩。

(4) 统计每个学生选修课程的门数(超过 5 门的学生才统计)。要求输出学生学号和选修门数，查询结果按门数降序排列，若门数相同，按学号升序排列。

(5) 查询学号比 WU 同学大而年龄比他小的学生姓名。

(6) 在表 SC 中查询成绩为空值的学生学号和课程号。

(7) 查询姓名以 W 打头的所有学生的姓名和年龄。

(8) 求年龄大于女生平均年龄的男生姓名和年龄。

(9) 求年龄大于所有女生年龄的男生姓名和年龄。

4-9　试用 SQL 更新语句表达下列对教学数据库中三个基本表 S，SC，C 的更新操作：

(1) 向表 C 中插入一个课程元组('C5'，'OS'，'U')。

(2) 查询所授每门课程平均成绩大于 85 分的教师姓名，并将查询结果送往另一个已存在的表 Teacher(Tname)。

(3) 在 SC 表中删除尚无成绩的选课元组。

(4) 把选修 LU 老师课程的女生选课元组全部删除。

(5) 把 DATABASE 课程不及格的成绩全改为 60 分。

(6) 把低于总平均成绩的女生成绩提高 10%。

(7) 在表 SC 中修改 C5 课程的成绩，当成绩小于等于 75 分时提高 8%，当成绩大于 70 分时提高 5%。

(8) 在表 SC 中，当某个成绩低于全部课程的平均成绩时，提高 8%。

4-10　如何理解关系模式的规范化？为什么要对关系模式进行规范化？是否规范化程度越高越好？

4-11　设有关系 R(职工名，项目名，工资，部门名，部门经理)，若规定每个职工可参加多个项目，各领一份工资；每个项目只属于一个部门管理；每个部门只有一个经理。

(1) 试写出关系 R 的基本函数依赖和键。

(2) 说明 R 不是 2NF 的理由，并求 R 的一个 2NF 分解。

(3) 进一步求 R 的一个 3NF 分解。

4-12　试述数据库设计的基本步骤以及各阶段要完成的主要任务。

5 操作系统

操作系统(Operating System,OS)的出现、使用和发展是近五十年来计算机软件进步的一个重要标志。几乎所有的计算机系统都需要操作系统的支持,它已经成为现代计算机系统不可分割的重要组成部分。对于非计算机专业的学生而言,学习本章的目的在于了解计算机运行的基本工作原理,通过对操作系统中各部分功能与实现的学习和了解,加深软件技术基础的理解,扩展其在软件知识方面的深度与广度。

5.1 操作系统概述

计算机系统由硬件系统和软件系统两大部分组成,没有软件系统的硬件系统只是一堆元器件而已。再完善的硬件系统,也需要软件系统的支撑才能发挥其效用。

当然,硬件系统是整个计算机系统的核心,通常只有硬件系统的计算机称为裸机,而把配有操作系统的计算机称为虚拟计算机。操作系统是建立在裸机之上的第一层软件,是对硬件资源的首次扩充,其他软件都是建立在操作系统的基础上的,通过操作操作系统对硬件功能进行管理,并在操作系统的统一管理和支持下运行。因此,操作系统在整个计算机系统中占据着特殊的重要的地位,它是硬件与所有其他软件的接口,是用户与计算机的接口,更是整个计算机系统的管理与控制中心。图 5-1-1 为计算机硬件和软件构成的层次关系。

图 5-1-1 计算机系统的层次关系

总之,操作系统是管理计算机系统的软、硬件资源,使之正常运行的系统软件,是为用户提供人机操作界面的系统软件。

5.1.1 操作系统的发展

操作系统伴随着计算机组织结构和应用方式的发展而产生、发展。计算机操作系统的发展经历如下几个阶段:

1)手工操作阶段

早期的计算机在组织结构上是单控制中心,各部件与作业串行运行,在使用方式上是单用户独占和手工操作。单控制中心是指 CPU 是全机惟一的控制中心,内存、外设都在其直接控制下工作。独占是指一次只允许一个用户使用计算机,且独占全部系统资源。

2)早期批处理阶段

早期批处理阶段分为早期联机批处理与早期脱机批处理。早期批处理系统借助于作业控制语言变革了计算机的手工操作方式,使人们对计算机纯粹的操作阶段演化到对计算机资源的初级管理阶段。联机批处理是指操作员事先把用户提交的作业组合成一批作业,利用常驻内存的监控程序,把这批作业顺序逐个调入内存运行并输出结果。批处理方式减少了人工对计算机处理的干预时间。

3)管理程序阶段

在20世纪60年代,计算机硬件技术取得了两个重大的进展,即通道技术和中断技术,从而使得硬部件具有了初步的并行工作的能力。各种中断处理程序以及负责控制I/O的服务程序被统称为管理程序,通常常驻计算机内存,协调并指挥系统的运行,同时增强了系统保护能力。

4)多道程序系统与操作系统的形成

多道程序设计是指允许多个程序同时进入一个计算机系统的主存储器并启动进行计算的方法。从宏观上看,多道程序都处于运行过程中,但都未运行完成;从微观上看,各道程序轮流占用CPU,交替地执行。引入多道程序设计技术的根本目的是提高CPU的利用率,充分发挥系统部件的并行性。

随着计算机的综合性能大幅度提高,机器速度更快,内外存容量更大,I/O设备更多,为软件的发展提供了强有力的支持。大约到20世纪60年代后期,相继出现了多道批处理操作系统和分时操作系统、实时操作系统,标志着操作系统正式形成。

5.1.2 操作系统分类

就操作系统的功能而言,通常有如下几种:

1)批处理系统

批处理本身有着两方面的含义:一是指系统可同时容纳多个作业,这些作业在大容量的外存中组成一个后备作业队列,系统按一定的调度原则每次从队列中取一个或多个作业存入内存运行,某作业运行结束后退出运行,其他的后备作业进入运行,上述过程由系统自动实现,从而在系统中形成一个自动转接的连续的作业流;另一含义是指系统向用户提供的是一种脱机操作方式,也就是用户与作业间没有交互,作业一旦进入系统,用户就不能在计算机前直接干预其运行。

对于批处理系统又可分为单道批处理系统和多道批处理系统,前者只允许在内存中有一个运行作业,后者则允许在内存中有多个作业运行。

2)分时系统

分时是指在不同的时间间隔内,不同的设备共享着同一个资源。分时系统广泛地应用于小型机,使多个用户共享同一台计算机的资源,即一个计算机主机带多个近程或远程终端,各用户可在各自的终端上以交互作用方式使用计算机,所以分时系统也被称为多用户交互系统。每个用户好像是自己在单独操作一台计算机(独享CPU时间),它能让用户完成作业调试、运行等交互式操作。

分时系统的出现提高了系统资源的利用率,减少了系统维护人员和系统开支,促进了计算机的普及,显著地提高了研究、检查和调试程序的效率。分时系统常用于工业控制领域,在民航、商业银行联网处理方面也有应用。

3)实时操作系统

实时系统是指能够及时响应随机发生的外部事件,并在规定的时间范围内完成对该事件处理的系统。这类系统一般处理速度快,在设计上力求简单实用。实时系统可分为实时控制系统和实时信息处理系统。

实时控制系统要求尽快地测量出被控系统的各种数据,并尽快地做出响应(处理)。这种系统的特点是响应速度快，可靠性要求高，在军事和工业控制领域应用广泛。

实时信息处理系统要求根据用户提出的查询请求进行信息检索和处理，并在较短的时间内对用户做出正确的响应。例如，民航飞机票的预定、查询、售票及情报检索系统等。

4）网络操作系统

网络是通过通信设施把地理上分散的具有自制能力的计算机连接起来，以实现数据交换、资源共享和交互操作为目的的计算机系统。它一般建立在主机操作系统基础上，用于管理网络通信和共享资源，协调各主机上任务的运行，并向用户提供统一、有效的网络接口的软件集合，包括网络管理、通信、资源共享、系统安全和多种网络应用服务。

5）分布式操作系统

分布式操作系统也是通过通信网络将物理上分散且具有自制能力的计算机系统互联起来，实现信息和资源共享，协作完成任务。但分布式系统要求一个统一的操作系统实现系统资源的统一管理。分布式操作系统负责管理分布式系统中的所有资源，包括整个系统的资源分配和调度、任务划分、数据传输、协调工作，并为用户提供一个统一的界面，用户通过该界面使用系统资源时无须了解资源的位置。

6）个人计算机操作系统

常见的个人计算机操作系统有 windows、Linux、Unix 等，这些操作系统的应用与发展为计算机应用深入到日常生活起到了巨大的推动作用。

5.1.3　操作系统主要功能与特征

资源管理是操作系统的最基本、最重要的任务。在操作系统的诸多功能中，如控制程序执行、扩充其功能、屏蔽使用细节、方便用户使用、合理组织工作流程、改善人机界面等等都可以从资源管理的角度去理解。对操作系统的研究，也主要就资源管理方面来进行的。就资源管理而言操作系统的功能主要表现在：处理机管理、存储管理、设备管理、文件管理、网络与通信管理、用户接口，以下将逐一讨论。

相对于操作系统的各个功能，操作系统具有四个基本特征：

（1）并发性　是指两个或两个以上的运行程序在同一时间间隔内同时执行，以改善系统资源的利用率，改进系统的吞吐率，从而提高系统效率。

（2）共享性　共享性是指操作系统中的资源（包括硬件资源和信息资源）可被多个并发执行的进程所使用，资源共享的方式可以分成两种：一种是互斥共享，即同一时刻只允许一个进程访问的资源，如对打印机、磁带机、卡片机等进行的操作，当一个进程还在使用该资源时，其他欲访问该资源的进程就必须等待，仅当该进程访问完毕并释放资源后，才允许另一进程对该资源访问；另一种是同时访问，允许同一时间内多个进程对它进行访问的资源，例如磁盘、系统的公用存储区。

（3）异步性　也称随机性，在多道程序环境中，允许多个进程并发执行，但由于资源有限而进程众多，通常进程的执行不是一贯到底，而是“时走时停”，例如一个进程在 CPU 上运行一段时间后，由于等待资源满足或事件发生，它被暂停执行，CPU 转让给另一个进程执行，存在明显的随机性。

（4）虚拟性　这是操作系统中经常使用的一个概念。例如，在只有一个 CPU 的计算机上可以同时运行多个程序，每个程序都好像独占一个 CPU；分时系统中的每个用户都像是在使用一台独立的计算机等都是操作系统虚拟性的表现。

5.1.4 操作系统解决的主要问题

为了解决操作系统中进程并发执行和资源共享，以及处理随机事件产生时所引起的各种各样的矛盾，操作系统必须解决好以下几个问题：

(1)提供解决资源冲突的策略和技术　操作系统中，并发执行的运行程序之间共享处理器、存储空间、I/O 设备和软件资源。要为用户提供简单、有效的资源使用方法，充分发挥系统资源的利用率，则必须研究各类资源的共性和个性，进而提出资源分配办法和解决资源冲突的各种策略和技术。

(2)协调并发活动的关系　在操作系统中，有时需要一组并发进程协作完成一项任务，而有时候一组并发进程又在竞争某种资源，所以并发进程之间有一种相互制约的关系。并发进程之间的制约关系必须由操作系统来进行协调，以使各个并发进程能顺利推进，并获得正确的运行结果。另外，操作系统还要合理组织计算机工作流程，协调各类硬软件设施工作，充分提高资源的利用率，发挥系统的并行性。

(3)保证系统的安全性　影响计算机系统安全性的因素很多，但其中影响最大的是操作系统的安全性。首先操作系统是一个共享资源系统，支持多用户同时共享一套计算机系统的资源。有资源共享就需要有资源保护，涉及种种安全性问题。其次，随着计算机网络的迅速发展，客户机要访问服务器，一台计算机要传送数据给另一台计算机，于是就需要有网络安全和数据信息的保护。再者，在应用系统中，主要依赖数据库来存储大量信息，它是各个部门十分重要的一种资源，数据库中的数据会被广泛应用，特别是在网络环境中的数据库，这就提出了信息系统—数据库的安全性问题。最后，计算机安全性中的一个特殊问题是计算机病毒，需要采用措施预防、发现、解除。上述计算机安全性问题大部分要求操作系统来保证，所以操作系统的安全性是计算机系统安全性的基础。

5.2 处理器管理

处理器管理是操作系统的重要组成部分，它负责管理、调度计算机系统的各种重要资源，并控制程序的执行。由于处理器管理是操作系统中最内核的组成部分，任何程序的执行都必须真正占有处理器，对处理器管理直接影响系统的性能。

5.2.1 中央处理器

1)单处理器系统和多处理器系统

中央处理器(CPU)是计算机系统的核心，通常由运算器和控制器构成。无论是在操作系统控制下执行的程序，还是操作系统程序自己，都最终是要在处理器上执行，以便实现其功能。对于只有一个处理器计算机系统，称为单机系统；对于有多个处理器的计算机系统，则为多机系统。

2)寄存器

处理器一般都包括一组寄存器，它们是计算机系统的一级存储设备，其容量小，但是访问速度最快。不同类型的处理器寄存器组成不同，个数也不尽相同。一般来说，寄存器可以分为：通用寄存器、数据寄存器、地址寄存器、I/O 地址寄存器、I/O 缓冲寄存器、控制寄存器等。

3)机器指令与特权指令

通常计算机机器指令的集合称为指令系统,可以分为数据处理类指令、控制类指令、寄存器数据交换类指令、I/O类指令四类。为了保证系统的安全性,只允许操作系统核心程序使用全部机器指令,而用户程序只能使用机器指令的一部分。在多道程序设计环境中,从资源管理和控制程序执行的角度出发,指令通常被分作特权指令和非特权指令。所谓特权指令是指那些只能提供给操作系统的核心程序使用的指令。而非特权指令是指一般用户可以执行的指令,对特权指令的非法执行会导致系统产生保护中断。

4)处理器状态

为了监控处理器的运行,在执行不同程序时,根据执行程序对资源和机器指令的使用权限的不同,可以把处理器设置成不同状态即处理器状态,也为处理器运行模式。

有些系统把处理器状态划分为核心状态、管理状态和用户状态,而大多数系统把处理器状态简单的划分为管理状态(管态)和用户状态(目态)。管态时,处理器可执行全部指令,使用所有资源,且具有改变处理器状态的能力;目态时,处理器只能执行非特权指令。通常系统调用和中断处理可以导致处理器从目态到管态的转换。

5.2.2 进程及其实现

1)进程的定义和性质

进程是操作系统中最基本、最重要的概念,所有的多道程序设计操作系统都建立在进程的基础上。从理论角度看,进程是对正在运行的程序过程的一种抽象;而从实现角度看,进程则是一种数据结构,其目的在于清晰地刻画动态系统的内在规律,有效管理和调度进入计算机系统主存储器运行的程序。

进程(Process)是指正在执行中的程序,可以包含有程序代码和数据集;是具有一定独立功能与程序相关的某个数据集合的一次运行活动。从操作系统管理的角度出发,进程由数据结构以及在其上执行的程序(语句序列)组成,是程序在这个数据集合上的运行过程,同时也是操作系统进行资源分配和保护的基本单位。

进程也称为任务或活动,它具有如下属性:

(1)结构性　进程包含了数据集合和运行于其上的程序。

(2)共享性　多个不同的进程可以共享相同的程序。

(3)动态性　进程是程序在数据集合上的一次执行过程,是动态概念,即进程有生命周期,由创建而产生,至撤销而消亡。

(4)独立性　进程是系统中资源分配和保护的基本单位,对单线程进程而言也是系统调度的独立单位。

(5)制约性　并发进程之间存在着制约关系,进程在其运行的关键点上需要相互等待或互通消息,以保证程序执行的可再现性和计算结果的惟一性。

(6)并发性　进程可以并发地执行,对于单处理器的系统来说,多个进程可以轮流占用处理器并发地执行。

总之,进程不同于程序,它是动态的、暂时的,它随着程序模块进入主存储器并获得相应的数据块和进程控制块而创建,随着运行的结束退出主存储器而消亡;而程序则是一组有序指令序列,是静态的,它可作为一种系统资源而永久存在。

作为程序的基本活动单位,进程由三个部分组成:

(1)程序 进程所要执行的操作。

(2)数据 进程自己的变量区。

(3)进程控制块 PCB 进程的属性(定义)。

2)进程的状态和转换

通常进程自创建而产生至撤销而消亡的整个生命周期,可定义为三种不同的状态:

运行(running)态:进程占有处理器正在运行;

就绪(ready)态:指具备运行条件,等待系统分配处理器以便运行;

等待(wait)态:或称为阻塞(blocked)态或睡眠(sleep)态,指不具备运行条件,正在等待某个事件的完成。

进程的生命周期中通常还有创建和消失两种状态,一个进程在创建后将处于就绪状态。在进程的执行过程中,任一时刻都处于上述三种状态之一。同时,由于不同的原因进程的状态会发生改变。图 5-2-1 表示进程的状态转换。

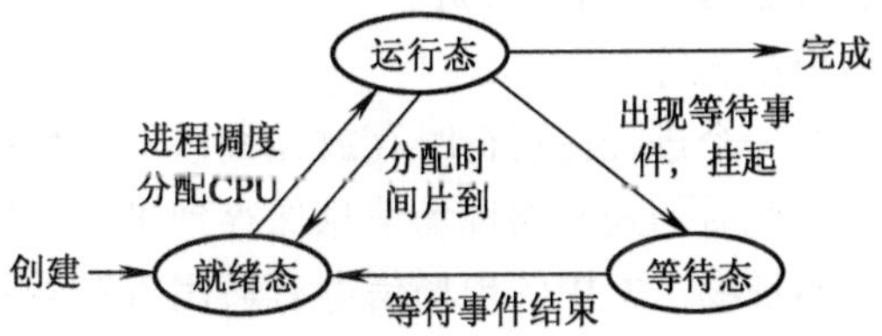

图 5-2-1 进程三态模型及其状态转换

运行状态的进程将由于出现等待事件而进入等待状态,当等待事件结束之后等待状态的进程将进入就绪状态,而处理器的调度策略又会引起运行状态和就绪状态之间的切换。引起进程状态转换的原因通常有如下几种:

运行态──→等待态:等待使用资源,如等待外设传输、等待人工干预等;

等待态──→就绪态:资源得到满足,如外设传输结束、人工干预完成等;

运行态──→就绪态:运行时间片到,出现有更高优先权进程;

就绪态──→运行态 :CPU 空闲时选择一个就绪进程。

这种进程的三种基本状态不断转换的方式,为三态模型。在实际的设计中,可以根据需要设计五态模型或其他模型结构。

3)进程的描述

为了有效地管理进程和资源,就必须掌握每一个进程和资源的当前状态。通常是通过构造一组控制表来管理和维护进程和每一类资源的信息。操作系统作为资源管理和分配程序,其控制表分为进程控制表、存储控制表、I/O 控制表和文件控制表,这四类控制表交叉引用,互为协调补充。首先来了解进程控制表相关信息。

(1)进程的内存映像 当程序进入计算机的主存执行就构成了进程,主存中的进程映像包括:

①进程程序块 即被执行的程序,规定进程一次运行应完成的功能。通常它是纯代码,作为一种系统资源可被多个进程共享。

②进程数据块 即程序运行时的加工处理对象,包括全局变量、局部变量和常量等的存放区以及开辟的工作区,常常一个进程专用。

③系统/用户堆栈 每一个进程都将捆绑一个系统/用户堆栈,用来解决过程调用或系统调用时的地址存储和参数传递。

④进程控制块　每一个进程都将捆绑一个进程控制块，用来存储进程的标志信息、现场信息和控制信息。进程创建时，建立一个 PCB；进程撤销时，回收 PCB，它与进程一一对应。

上述进程在主存中的映像也称为进程四要素，如图 5-2-2 所示是一个用户进程在虚拟内存中的组织示意。

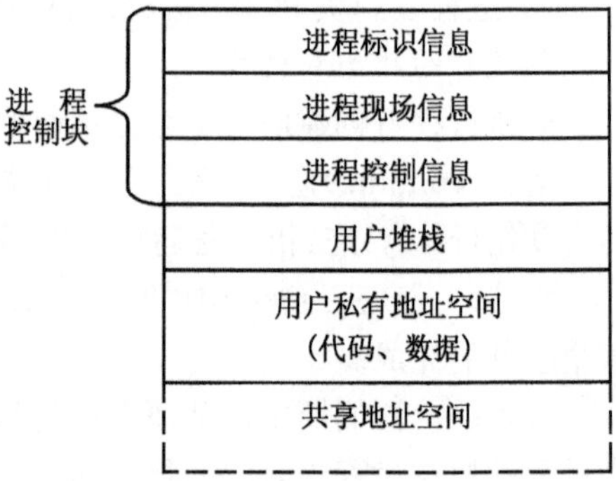

图 5-2-2　用户进程在虚拟内存中的组织

(2) 进程控制块（Process Control Block，PCB）　是操作系统用于记录进程状态及有关信息的数据结构。每个进程都有且只有一个 PCB，它是操作系统掌握进程的惟一数据结构。一般说，进程控制块包含三类信息：

①标识信息　用于惟一地标识一个进程，可分为用户使用的外部标识符和系统使用的内部标识号。常用的标识信息有进程标识符、父进程的标识符、用户进程名、用户组名等。

②现场信息　用于保留一个进程在运行时存放在处理器现场中的各种信息，任何一个进程在让出处理器时必须把此时的处理器现场信息保存到进程控制块中，而当该进程重新恢复运行时也应恢复处理器现场。常用的现场信息有通用寄存器的内容、控制寄存器的内容、用户堆栈指针、系统堆栈指针等。

③控制信息　用于管理和调度一个进程。常用的控制信息包括进程的组成、调度、通信，以及资源使用和占用情况等相关信息。

图 5-2-3 为一种简单的 PCB 结构示意，其对应的 C 语言定义如下：

```
struct pentry              /* 进程控制表结构 */
{
char pastate;              /* 进程状态 */
int   pprio;               /* 进程优先级 */
int   pid;                 /* 进程标志符 */
int   pregs[SIZE];         /* 现场保护区大小 */
int   psem;                /* 进程协调信号量 */
int   pmsg;                /* 进程通信信息 */
int   pname;               /* 进程号 */
int   parge;               /* 进程所需参数 */
int   paddr;               /* 进程的对应执行程序地址 */
pcb[];                     /* 定义进程控制块结构数组 */
}
```

PCB 表结构	PCB 块的链表
进程状态	PCB 表项 1
进程优先级	
进程标志符	PCB 表项 2
现场保护区	
进程信号量	PCB 表项 3
进程消息	
进程名	……
进程参数	
进程程序地址	PCB 表项 n

图 5-2-3　一种简单的 PCB 结构

进程控制块使用权或修改权均属于操作系统程序，如操作系统中的调度程序、资源分配程序、中断处理程序、性能监视和分析程序等。当系统创建一个进程时，就为它建立一个 PCB，当进程执行结束便回收它占用的 PCB。操作系统是根据 PCB 来对并发执行的进程进行控制和管理的，借助于进程控制块进程才能被调度执行。

(3)进程队列　并发系统中同时存在许多进程，有的处于就绪态，有的处于等待态，等待原因各不相同。进程的主要特征是由 PCB 来描述的，为了便于管理和调度，常常把各个进程的 PCB 用某种方法组织起来，用得较多的是用队列来组织 PCB。

一般说来，把处于同一状态(例如就绪态)的所有进程控制块链接在一起，这样的数据结构称为进程队列(Process Queues)。同一状态进程的 PCB 既可按先来先到的原则排成队列；也可以按优先数或其他原则排成队列。

常用的链接进程控制块的方法有单向链接和双向链接，这两种链式存储方式都已经在数据结构部分讨论过。

4)进程的控制

进程控制即对系统中的全部进程实施有效的管理，即创建进程、撤销进程，以及进程的模式改变。这种控制通常借助于各种原语操作来实现。所谓原语(primitive)，是对机器指令的延伸，它由若干条机器指令组成，是可以完成某一特定功能的程序段，所以也被称为广义指令。原语不同于用户程序，它在执行期间是不允许被中断的，但可以被用户程序所调用。对应于进程控制的原语有：

(1)创建原语　为某一需要执行的程序构造进程的 PCB 并分配地址空间。

(2)挂起原语　中断相应进程的运行，修改其 PCB 中的状态信息。

(3)激活原语　把处于阻塞态的进程重新置为就绪态，等待为其分配资源。

(4)撤销原语　停止该进程的运行，释放其占用的所有资源，删除其 PCB。

5.2.3 线程及其实现

1)线程的概念

为适应并行技术、网络技术和软件设计技术的发展，在进程的基础上出现了一个新的概念——线程。对于传统的操作系统，进程是系统进行资源分配的单位，就是说系统以进程为单位为其分配运行所需的各类资源。同时，进程也是处理器调度的独立单位，进程在任一时刻只有一个执行控制流，这种结构的进程为单线程(结构)进程(Single Threaded Process)。线程实质上是操作系统调度和分派的基本单位，是程序代码执行的流程。它不独占资源，是一个独立的运行单位。

2)多线程环境中的进程与线程

传统操作系统的单线程进程中，进程和线程概念没有区别。图 5-2-4 为单线程进程的内存布局和运行，它由进程控制块和用户地址空间，以及管理进程执行的调用/返回行为的系统堆栈或用户堆栈构成。一个进程的运行可以划分成两个部分：对资源的管理和实际的指令执行序列。

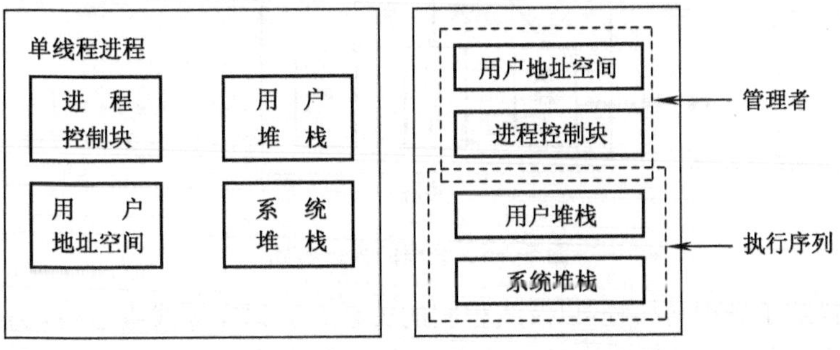

图 5-2-4　单线程进程的内存布局和运行

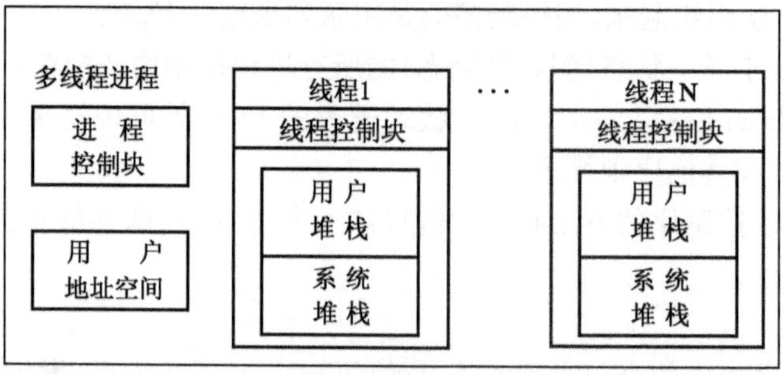

图 5-2-5　多线程进程的内存布局

多线程进程的内存布局如图 5-2-5 所示。在多线程环境中，PCB 和用户地址空间仍与进程相关。线程除了独立堆栈，以及包含现场信息和其他状态信息外，也要设置一个类似与 PCB 的线程控制块 TCB(Thread Control Block)。

在多线程环境中，进程是操作系统中进行保护和资源分配的独立单位。它具有：一个虚拟地址空间，用来容纳进程的映像；对处理器、其他(通信的)进程、文件和 I/O 资源等的存取保护机制。线程是指进程中的一条独立执行路径(控制流)，每个进程内允许包含多个并行执行的路径(控制流)，这就是多线程。线程是系统进行处理器调度的基本单位，同一个进程中的所有线程共享进程获得的主存空间和资源，但不拥有资源。当线程不运行时，有一个受保护的线程上下文，用于存储现场信息。所以，线程也可被看作是执行在进程内的一个独立的程序计数器；一个执行堆栈；一个容纳局部变量的主存存储区。线程间的关系较为密切，一个进程中的所有线程共享其所属进程拥有的资源。它们驻留在相同的地址空间，可以存取相同的数据。例如，当一个线程改变了主存中一个数据项时，如果这时其他线程也存取这个数据项，它便能看到相同的结果。

线程具有以下特性：

(1)并行性　同一进程的多个线程可在一个或多个处理器上并发或并行地运行。

(2)共享性　同一个进程中的所有线程共享进程获得的主存空间和一切资源，因而，线程需要同步和通信机制。

(3)动态性　线程也是程序在相应数据集上的一次执行，由创建而产生，至撤销而消亡，有其生命周期。

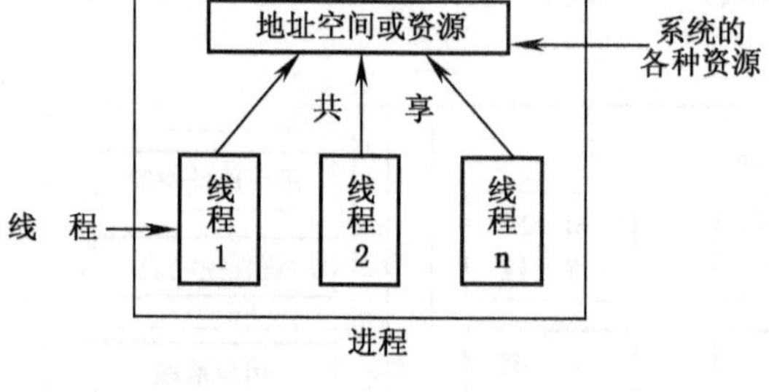

图 5-2-6　线程的内存布局

图 5-2-6 描述了进程与线程，以及线程间的关系。进程支撑线程运行，为线程提供地址空间和各种资源，它封装了系统管理信息，这包括对指令代码、全局数据和 I/O 状态数据等共享部分的管理。线程封装了执行信息，具有并发性，包括对 CPU 寄存器、执行栈(用户

栈、内核栈)和局部变量、过程调用参数、返回值等线程私有部分的管理。

线程也有其生命周期,因而也存在各种状态,通常线程的关键状态有:运行、就绪和等待。为了简单起见,有的系统仅分成可运行和不可运行态,挂起状态属于不可运行态。对线程的管理,可以按照线程状态用队列指引元把 TCB 链接起来进行管理。操作系统进程管理程序为一个应用程序创建进程时,同时为该进程创建第一个线程,以后在线程运行过程中,根据需要由线程创建新线程,但线程之间不存在父子关系。不同的操作系统为线程的管理和控制提供了不同的线程控制原语。

很多基于多线程的操作系统和语言都提供了线程库,如 Mach 的 C-threads 和 Java 线程库,供应用程序共享,支持应用程序创建、调度和管理用户级线程的运行。线程库实质上是多线程应用程序的开发和运行支撑环境。一般地说,线程库至少应提供以下功能的过程调用:孵化、封锁、活化、结束、通信、同步和调度等。每个线程库应提供给用户级的 API 编程使用。

并发多线程程序设计的主要优点是使系统性能获得很大提高,具体表现在:快速线程切换;减少(系统)管理开销;(线程)通信易于实现;并行程度提高;节省内存空间。

3)线程的实现

从实现的角度看,线程可以分成用户级线程 ULT、内核级线程 KLT。也有一些系统(如 Solaris)提供了混合式线程,同时支持两种线程实现。

(1)内核级线程　在纯内核级线程系统中,线程管理的所有工作由操作系统内核来做。内核专门提供了一个 KLT(Kernel Level Threads)应用程序设计接口(API),供开发者使用,应用程序区不需要有线程管理的代码。Windows NT 和 OS/2 都是采用这种方法的例子。

(2)用户级线程　纯 ULT(User Level Threads)系统中,线程管理的全部工作都由应用程序来做,内核是不知道线程的存在的。用户级多线程由线程库来实现,任何应用程序均需通过线程库进行程序设计,再与线程库连接后运行来实现多线程。线程库是一个 ULT 管理的例行程序包,它包含了建立/撤销线程的代码、在线程间传送消息和数据的代码、调度线程执行的代码,以及保护和恢复线程上下文的代码,实质上线程库是线程的运行支撑环境。

(3)混合式线程　有些操作系统提供了混合式 ULT/KLT,Solaris 便是一个例子。在混合系统中,内核支持 KLT 多线程的建立、调度和管理,同时,也提供线程库,允许用户应用程序建立、调度和管理 ULT。一个应用程序的多个 ULT 映射成一些 KLT,程序员可按应用需要和机器配置调整 KLT 数目,以达到较好效果。

混合式中,一个应用中的多个线程能同时在多处理器上并行运行,且阻塞一个线程时并不需要封锁整个进程。如果设计得当的话,混合式多线程机制能够结合两者优点,并舍去它们的缺点。

5.2.4　处理器调度

在计算机系统中,如何合理地选择作业进入主存运行、如何在进程之间分配处理器时间,无疑是操作系统资源管理中的一个重要问题。这涉及处理器分配的问题,称为处理器调度。

1)处理器调度的层次

用户作业从进入系统成为后备作业开始,直到运行结束退出系统为止,可能会经历如图

5-2-7 所示的三级调度：

(1)高级调度(High Level Scheduling)　按照系统预定的调度策略决定把后备队列作业中的哪些作业调入主存，为它们创建进程并启动它们运行，高级调度又称作业调度。在批处理操作系统中，需要通过作业调度在辅存上建立后备作业队列，以等候调度；在纯粹的分时或实时操作系统中，一般不需要配备作业调度。

(2)中级调度(Medium Level Scheduling)　决定主存储器中所能容纳的进程数，这些进程将允许参与竞争处理器资源；而有些暂时不能运行的进程被调出主存，这时这个进程处于挂起状态，当进程具备了运行条件，且主存又有空闲区域时，再由中级调度决定把一部分这样的进程重新调回主存工作，中级调度又被称为平衡负载调度。

(3)低级调度(Low Level Scheduling)　即按照某种原则决定就绪队列中的哪个进程或内核级线程能获得处理器，并将处理器分配给它进行工作，也称为进程调度。进程调度程序是操作系统最为核心的部分，进程调度策略的优劣将直接影响到整个系统的性能。

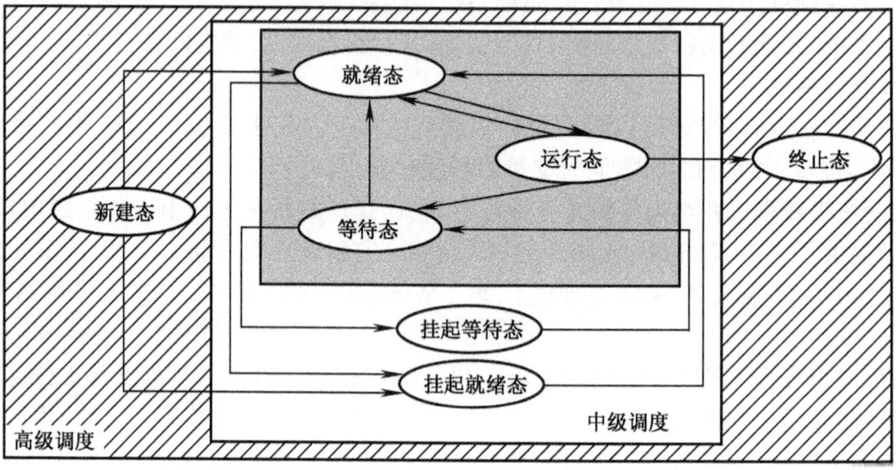

图 5-2-7　处理器的调度层次示意

在处理器调度的这三个层次中，进程调度是所有操作系统必备的。作业调度通常发生在新进程的创建中，它决定一个进程能否被创建，或者是创建后能否被置成就绪状态，以参与竞争处理器资源获得运行；中级调度反映到进程状态上就是挂起和解除挂起，它根据系统的当前负荷情况决定停留在主存中进程数；而进程调度则是决定哪一个就绪进程区占有CPU 运行。

2)选择调度算法的原则

无论是哪一个层次的处理器调度，都由相应的调度程序(Scheduler)实施，它们所使用的算法称为调度算法(Scheduling Algorithm)。不同类型的操作系统，其调度算法通常不同。但是，设计调度程序首先要考虑的是确定策略，然后才是提供机制。一个好的调度算法应该考虑很多方面，其中可能有：

(1)资源利用率　使得 CPU 或其他资源的使用率尽可能高且能够并行工作。

(2)响应时间　使交互式用户的响应时间尽可能短，或尽快处理实时任务。

(3)周转时间　批处理用户从作业提交给系统开始，到作业完成获得结果为止这段时间称作业周转时间。应使作业周转时间或平均作业周转时间尽可能短。

(4)吞吐量 使得单位时间处理的作业数尽可能多。

(5)公平性 确保每个用户每个进程获得合理的 CPU 份额或其他资源份额。

当然，这些目标本身就存在着矛盾之处，在进行操作系统的设计时，必须根据其类型的不同进行权衡，以达到较好的效果。

5.2.5 作业调度

1)作业和进程的关系

作业(Job)是用户提交给操作系统计算的一个独立任务。一般每个作业必须经过若干个相对独立又相互关联的顺序加工步骤才能得到结果，其中每一个加工步骤称一个作业步(Job Step)。例如，高级语言编制程序并获得运行结果的作业，就可分成"编辑"、"编译"、"连接装配"和"运行"四个作业步。通常上一个作业步的输出是下一个作业步的输入。

作业由用户组织，作业步由用户指定。一个作业从提交给系统，直到运行结束获得结果，要经过提交、后备、执行和完成四个阶段。当后备态作业被作业调度程序选中进入主存并投入运行时，操作系统将为此用户作业生成相应用户根进程或第一个作业步进程。

进程是对系统中已提交完毕的任务(程序)的执行过程，它在"运行"、"就绪"、"等待"等多个状态的交替之中，在 CPU 上推进，最终完成一个程序的任务。用户根进程或作业步进程在执行过程中可生成作业步子进程，当然子进程还可以生成其他的子进程，这些进程并发执行，高效地协作完成用户作业的任务。

在多道程序设计环境中，由于多个作业可同时被投入运行，因此，并发系统中，某一时刻并发执行的进程是相当多的(如 Unix 中有几十个)，操作系统要负责众多进程的协调和管理。一个进程中还可以孵化出多个线程，由线程并发执行来完成具体的作业任务。

综上所述，可以看出作业是任务实体，进程是完成任务的执行实体；没有作业任务，进程无事可干，没有进程，作业任务没法完成；作业概念更多地用在批处理操作系统，而进程则可以用在各种多道程序设计系统。

2)批处理作业的管理

多道批处理操作系统具有独立的作业管理模块，为了有效管理作业，必须像管理进程一样为每一个作业建立作业控制块(JCB)。JCB 通常是在批作业进入系统时，由 Spooling 系统建立的，它是作业存在于系统的标志，作业撤离时，JCB 也被撤销。JCB 的主要内容包括：作业情况(用户名、作业名、语言名等)；资源需求(估计 CPU 运行时间、最迟截止期、主存量、设备类型/台数、文件数和数据量、函数库/实用程序等)；资源使用情况(进入系统时间、开始运行时间、已运行时间等)；作业控制(优先数、控制方式、操作顺序、出错处理等)。

当一个作业被操作系统接受，就必须创建一个作业控制块，并且这个作业在它的整个生命周期中将顺序地处于以下四种状态：

输入状态：此时作业的信息正在从输入设备上预输入；

后备状态：此时作业预输入结束但尚未被选中执行；

执行状态：作业已经被选中并构成进程去竞争处理器资源以获得运行；

完成状态：作业已经运行结束，正在等待缓输出。

对成批进入系统的用户作业，按一定的策略选取若干个作业使它们可以去获得处理器运行，称为作业调度。每个计算机系统都必须选择适当的作业调度算法，既考虑用户的要求又要有利于系统效率的提高。

多道批处理操作系统的处理器调度至少应该包括作业调度和进程调度两个层次。进入计算机系统的作业只有经过两级调度后才能占用处理器：第一级是作业调度，使作业进入主存储器；第二级是低级调度，使进程占用处理器。作业调度与低级调度的配合能实现多道作业的同时执行，作业调度与低级调度的关系如图 5-2-8 所示。

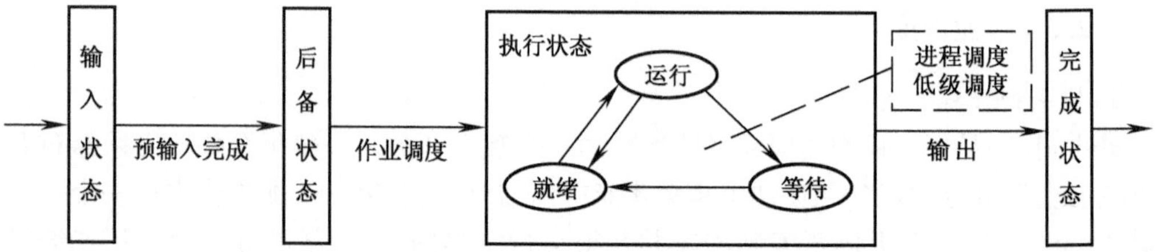

图 5-2-8　作业调度与低级调度的关系

3)作业调度算法

(1)先来先服务算法　先来先服务(First Come，First Served)算法是按照作业进入系统的先后次序来挑选作业，先进入系统的作业优先被挑选。这种算法的优点是容易实现。缺点是效率不高，只顾及到作业等候时间，而没考虑作业要求服务时间的长短，显然不利于短作业而优待了长作业。有时为了等待长作业的执行，而使短作业的周转时间变得很大，从而平均周转时间也变大。

(2)最短作业优先算法　最短作业优先(Shortest Job First)算法是以进入系统的作业所要求的 CPU 时间为标准，总是选取估计计算时间最短的作业投入运行。这一算法也易于实现，但效率也不高，它的主要弱点是忽视了作业等待时间。由于系统不断地接受新作业，而作业调度又总是选择计算时间短的作业投入运行，因此，使进入系统时间早但计算时间长的作业等待时间过长，会出现饥饿的现象。此算法不但适用于 JOB 调度，同样也适用于进程调度。

(3)响应比最高者优先(HRN)算法　先来服务算法与最短作业优先算法都是比较片面的调度算法。先来先服务算法只考虑作业的等候时间而忽视了作业的计算时间，而最短作业优先算法恰好与之相反，它只考虑用户估计的作业计算时间而忽视了作业的等待时间。

响应比最高者优先算法是介乎这两种算法之间的一种折衷的算法，既考虑作业等待时间，又考虑作业的运行时间，这样既照顾了短作业又不使长作业的等待时间过长，改进了调度性能。把作业进入系统后的等待时间与估计运行时间之比称作响应比，现定义：

响应比＝已等待时间/估计计算时间

显然，计算时间短的作业容易得到较高的响应比，因为，这时分母较小，使得 HRN 较高，因此本算法是优待短作业的。但是，如果一个长作业在系统中等待的时间足够长后，由于，分子足够大，使得 HRN 较大，那么它也将获得足够高的响应比，从而可以被选中执行，不至于长时间地等待下去，饥饿的现象不会发生。

(4)优先数法　这种算法是根据确定的优先数来选取作业，每次总是选择优先数高的作业。规定用户作业优先数的方法是多种多样的。一种是由用户自己提出作业的优先数。有的用户为了自己的作业尽快的被系统选中就设法提高自己作业的优先数，这时系统可以规定优先数越高则需付出的计算机使用费就越多，以作限制。另一种是由系统综合考虑有关因素来确定用户作业的优先数。例如，可以根据作业的缓急程度、作业的类型、作业计算时间的长短、等待时间的多少、资源申请情况等来确定优先数。

确定优先数时各因素的比例应根据系统设计目标来分析这些因素在系统中的地位而决定。上述确定优先数的方法称静态优先数法;如果在作业运行过程中,根据实际情况和作业发生的事件动态地改变其优先数,这称之为动态优先数法。

5.2.6 进程调度

1)进程调度的功能

进程调度负责动态地把处理器分配给进程或内核级线程。操作系统中实现进程调度的程序称为进程调度程序。进程调度的主要功能是:记住进程(内核级线程)的状态、决定某个进程(内核级线程)何时获得处理器及占用时间、把处理器分配给进程(内核级线程)、收回处理器。

低级调度的最初对象是传统操作系统中的进程,随着现代操作系统引入了多线程技术,进程演变成资源管理的单位,从而只作为中级调度的对象,内核级线程则替代进程成为低级调度的对象。适用于进程调度的算法一般都适用于内核级线程的调度。当然内核级线程的引进从某种程度上是为了提供并行性。

需要注意的是,用户级线程的调度是应用程序自己的事,虽然操作系统或计算机语言的程序库会提供一些缺省的算法,但事实上它们与操作系统无关。在纯用户级多线程策略中,低级调度的对象依然是进程;而在混合策略中,低级调度的对象是内核级线程。

2)低级调度算法

进程调度的核心就是采用某种算法动态地把处理器分配给就绪队列中的某一个进程,与作业调度算法有很多类似之处。现介绍如下几种:

(1)先来先服务算法　先来先服务算法是按照进程进入就绪队列的先后次序来分配处理器。先进入就绪队列的进程优先被挑选,运行进程一旦占有处理器将一直运行下去直到运行结束或阻塞。这种算法容易实现,但效率不高,显然不利于I/O频繁的进程。

(2)时间片轮转调度　轮转法调度也称之为时间片调度,具体做法是调度程序每次都把CPU分配给就绪队列的第一个进程使用一个时间片,当这个时间片结束时,就强迫该进程让出处理器并把它排列到就绪队列的尾部,等候下一轮调度;就绪队列中的每个进程轮流地运行一个这样的时间片。这种调度策略可以防止那些很少使用外围设备的进程过长的占用处理器而使得要使用外围设备的那些进程没有机会去启动外围设备。

最常用的轮转法是基本轮转法,它要求每个进程轮流地运行相同的一个时间片。在分时系统中,这是一种较简单又有效的调度策略。一个分时系统有许多终端设备,终端用户在各自的终端设备上同时使用计算机,如果某个终端用户的程序长时间的占用处理器,势必使其他终端用户的要求不能得到及时响应。一般说分时系统的终端用户提出要求后到计算机响应给出回答的时间只能是几秒钟,这样才能使终端用户感到满意。采用基本轮转的调度策略可以使系统及时响应。基本轮转法的策略可以略加修改。例如,对于不同的进程给以不同的时间片;时间片的长短可以动态地修改等等,这些做法主要是为了进一步提高效率。

轮转法调度是一种剥夺式调度,系统耗费在进程切换上的开销比较大,这个开销与时间片的大小很有关系。如果时间片取值太小,以至于大多数进程都不可能在一个时间片内运行完毕,切换就会频繁,系统开销显著增大,所以,从系统效率来看,时间片取大一点好。另一方面,时间片长度较大,那么随着就绪队列里进程数目的增加,轮转一次的总时间增大,亦即对每个进程的响应速度放慢了。为了满足用户对响应时间的要求，要么限制就绪队列中的进程数量，要么采用动态时间片法，根据当前负载状况，及时调整时间片的大小。所以，时间片大小的确定要从进程个数、切换开销、系统效率和响应时间等方面考虑。

(3)优先权调度　每一个进程给出一个优先数，处理器调度每次选择就绪进程中优先数最大者，让它占用处理器运行。对优先数的确定可以有以下几种考虑：

①使用外围设备频繁者优先数大，这有利于提高效率。

②重要算题程序的进程优先数大，这样有利于用户。

③进入计算机时间长的进程优先数大，这样有利于缩短作业完成的时间。

④交互式用户的进程优先数大，这样有利于终端用户的响应时间等等。

(4)保证调度算法　一种完全不同的调度算法是向用户做出明确的性能保证，然后去实现它。一种很实际并很容易实现的保证是：当你工作时已有 n 个用户在系统登录，则你将获得 CPU 处理能力的 1/n。类似地，如果在一个有 n 个进程运行的用户系统中，每个进程将获得 CPU 处理能力的 1/n。为了实现所作的保证，系统必须跟踪各个进程自创建以来已经使用了多少 CPU 时间，然后计算各个进程应获得的 CPU 时间，即自创建以来的时间除以 n。由于各个进程实际获得的 CPU 时间已知，所以很容易计算出实际获得的 CPU 时间和应获得的 CPU 时间之比，于是调度将转向比率最低的进程。

5.2.7　并发程序设计及其存在的问题

1)并发进程

(1)进程的顺序性与顺序程序设计

进程执行的顺序性是指每个进程在顺序处理器上的执行是严格按序的，即只有当一个操作结束后，才能开始后续操作。传统的程序设计方法是顺序程序设计，即把一个程序设计成一个顺序执行的程序模块。顺序程序设计具有如下的特点：

① 执行的顺序性　一个程序在顺序处理器上的执行是严格按序的，即每个操作必须在下一个操作开始之前结束。

② 环境的封闭性　在顺序处理情况下，运行程序独占系统全部资源，除初始环境之外，其所处的环境都是由程序本身决定的，只有程序本身的动作才能改变其环境，不会受到任何其他程序和外界因素的干扰。

③ 执行结果的确定性　程序执行过程中允许出现中断，但这种中断对程序的最终结果没有影响，也就是说程序的执行结果与它的执行速率无关。

④ 计算过程的可再现性　一个程序针对同一个数据集合一次执行的结果，在下一次执行时会重现。这样当程序中出现了错误时，往往可重现错误，以便进行分析。

顺序程序设计的顺序性、封闭性、确定性和可再现性给程序的编制、调试带来很大方便，其缺点是计算机系统效率不高。

(2)进程的并发性与并发程序设计

进程的并发性是指一组进程的执行在时间上是重叠的。所谓执行在时间上是重叠的，是指执行一个进程的第一条指令是在执行另一个进程的最后一条指令完成之前开始。例如，有两个进程 A 和 B，它们分别执行操作 a_1, a_2, a_3 和 b_1, b_2, b_3，在一个单处理器上，就 A 和 B 两个进程而言，它们的执行顺序分别为 a_1, a_2, a_3 和 b_1, b_2, b_3，这是进程执行的顺序性；然而，这两个进程在单处理器上可能是交叉执行，如执行序列为 $a_1, b_1, a_2, b_2, a_3, b_3$，则说明

A 和 B 两个进程的执行是并发的。

这种使一个程序分成若干个可同时执行的程序模块的方法称并发程序设计，每个程序模块和它执行时所处理的数据就组成一个进程。并发的进程可能是无关的，也可能是交往的。无关的并发进程是指它们分别在不同的变量集合上操作，所以一个进程的执行与其他并发进程的进展无关，即一个并发进程不会改变另一个并发进程的变量值。然而，交往的并发进程，它们共享某些变量，所以一个进程的执行可能影响其他进程的结果，因此，这种交往必须是有控制的，否则会出现不正确的结果。

并发程序设计具有如下的特征：

① 并行性　它们的执行在时间上可以重叠，在单处理器系统中可以并发执行；在多处理器环境中可以并行执行。

② 共享性　它们可以共享某些变量，通过引用这些共享变量或使用通信机制可以互相交换信息，从而程序的运行环境不再是封闭的。

③ 交往性　正因为它们具有共享性，所以一个程序的执行可能影响其他程序的执行结果，因此，这种交往必须是有控制的，否则会出现不正确的结果。即使在正确运行的前提下，程序结果也将可能是不确定的，计算过程具有不可再现性。

采用并发程序设计的好处有三点：一是若单处理器系统，可有效利用资源，让处理器和 I/O设备之间同时工作，充分发挥硬部件的并行能力；二是若多处理器系统，可让这些模块在不同处理器上物理地并行工作，从而加快计算速度；三是简化了程序设计任务，编制并发执行的小程序模块进度快，容易保证正确性。

采用并发程序设计的目的是：充分发挥硬件的并行性，提高系统效率，并且并发程序设计是多道程序设计的基础，多道程序的实质就是把并发程序设计引入到系统。

(3)与时间有关的错误以及进程的交互

在操作系统支持下，多个进程既独立又并发地执行。进程之间可能合作完成一项任务，可能共享一种系统资源，可能相互支持和依赖，也可能相互制约对方。操作系统必须协调进程之间的这些关系。系统中的进程合作和资源共享，使进程间可能产生两种形式的制约关系，即直接相互制约和间接相互制约。直接相互制约源于进程合作，间接相互制约源于资源共享。

两个交往的并发进程，其中一个进程对另一个进程的影响常常是不可预期的，甚至无法再现。这是因为两个并发进程执行的相对速度无法相互控制，交往进程的速率不仅受到处理器调度的影响，而且还受到与这两个交往的并发进程无关的其他进程的影响，所以一个进程的速率通常无法为另一个进程所知。因此，各种与时间有关的错误就可能出现，这些错误表现为两种形式，即结果不惟一或是永远等待。

在多道程序设计系统中，同一时刻可能的多个进程之间存在竞争关系和协作关系两种基本关系。

竞争关系表现为系统中的多个进程之间彼此无关，它们并不知道其他进程的存在，但是这些进程共用了一套计算机系统资源，因而，必然要出现多个进程竞争资源的问题。当多个进程竞争共享硬设备、变量、表格、链表、文件等资源时，可能导致处理出错。

由于相互竞争资源时进程间并不交换信息，但是一个进程的执行可能影响到同其竞争的进程，如果两个进程要访问同一资源，那么，一个进程通过操作系统分配得到该资源，另一个将不得不等待。在极端的情况下，被阻塞进程永远得不到访问权，从而不能成功地终止。

所以，资源竞争出现了两个控制问题：一个是死锁(Deadlock)问题，一组进程如果都获得了部分资源，还想要得到其他进程所占有的资源，最终所有的进程将陷入死锁；另一个是饥饿(Starvation)问题，例如，三个进程 p_1，p_2，p_3 均要周期性访问资源 R。若 p_1 占有资源，p_2 和 p_3 等待资源。当 p_1 离开临界区时，p_3 获得了资源 R。如果 p_3 退出临界区之前，p_1 又申请并得到资源 R，如此重复造成 p_2 老是得不到资源 R。尽管这里没有产生死锁，但出现了饥饿。对于临界资源，操作系统需要保证诸进程能互斥地访问这些资源，既要解决饥饿问题，又要解决死锁问题。

进程的互斥是解决进程间竞争关系的方法，它是指多个进程要使用同一共享资源时，任何时刻最多允许一个进程去使用，其他要使用该资源的进程必须等待，直到占有资源的进程释放该资源。

进程间的协作关系表现在多个进程为完成同一任务需要分工协作。这时操作系统要确保诸进程在执行次序上协调一致。进程间的协作可以是双方不知道对方名字的间接协作，例如通过共享访问一个缓冲区进行松散式协作；也可以是双方知道对方名字，直接通过通信进行紧密协作。

进程的同步是解决进程间协作关系的手段，是指一个进程的执行依赖于另一个进程的消息，当一个进程没有得到来自于另一个进程的消息时则等待，直到消息到达才被唤醒。

其实，进程互斥关系是一种特殊的进程同步关系，即逐次使用互斥共享资源。

2)临界区

并发进程中与共享变量有关的程序段称为“临界区”，共享变量代表的资源叫“临界资源”。

对多个进程共享一个变量的相关的临界区，有三个调度原则：一次至多一个进程能够在它的临界区内；不能让一个进程无限地留在它的临界区内；不能强迫一个进程无限地等待进入它的临界区。特别，进入临界区的任一进程不能妨碍正等待进入的其他进程的进展。

临界区的调度原则可归结为：无空等待、有空让进、择一而入、算法可行。

要求实现临界区的管理，可采用一种标志的方式，即用标志来表示哪个进程可以进入临界区。然而如何使用标志，仍是值得讨论的问题。

3)信号量与 PV 操作

(1)同步和同步机制

首先通过一个典型的例子来进一步阐明进程同步的概念。著名的生产者、消费者问题是计算机操作系统中并发进程内在关系的一种抽象，是典型的进程同步问题。在操作系统中，生产者进程可以是计算进程、发送进程；而消费者进程可以是打印进程、接收进程等等。解决好了这一问题就解决好了一类并发进程的同步问题。

生产者、消费者问题表述如下：有 n 个生产者和 m 个消费者，连接在一个有 k 个单位缓冲区的有界缓冲上，所以又叫有界缓冲问题。其中，p_i 和 c_j 都是并发进程，只要缓冲区未满，生产者 p_i 生产的产品就可投入缓冲区；类似地，只要缓冲区不空，消费者进程 c_j 就可从缓冲区取走并消耗产品。对于这一问题的算法描述如下：

```
int k;
DataType buffer[k];
int in=out=0;
int counter=0;
```

```
void producer()
{while (TRUE)                              /*无限循环*/
produce an item in nextp;                  /*生产一个产品*/
if (counter=k) sleep();                    /*缓冲满时,生产者睡眠*/
buffer[in] = nextp;                        /*将一个产品放入缓冲区*/
in = (in+1) % k;                           /*指针推进*/
counter = counter + 1;                     /*缓冲内产品数加1*/
if (counter==1) wakeup(consumer);/* 缓冲空时,加进一件产品并唤醒消费者 */}
void consumer()
{while (TRUE)                              /*无限循环*/
if (counter==0) sleep();                   /*缓冲区空,消费者睡眠*/
nextc = buffer[out];                       /*取一个产品到 nextc
out = (out+1) % k;                         /*指针推进*/
counter = counter -1;                      /*取走一个产品,计数减1*/
if (counter=k-1) wakeup(producer);/*缓冲满时,取走一件产品并唤醒生产者*/
consume thr item in nextc;                 /*消耗产品*/
}
```

其中,假如存在 sleep( )和 wakeup( )这样的系统调用。从上面的程序可以看出,算法是正确的,两进程顺序执行结果也正确。但生产和消费若并发执行,就会出现错误的结果,其根源在于进程之间的共享变量 counter,是系统对 counter 的访问未加限制。例如,counter当前值为 8,如果生产者生产了一件产品,投入缓冲区,拟做 conuter 加 1 操作。同时消费者获取一个产品消费,拟做 conuter 减 1 操作。假如两者交替执行加或减 1 操作,取决于它们的进行速度,counter 的值可能是 9,也可能是 7,正确值应为 8。更为严重的是生产者和消费者进程的交替执行会导致某进程永远等待,造成系统死锁。例如,假定消费者读取 conuter时它为 0,调度程序暂停消费让生产者运行,生产者加入一个产品将 counter 加 1,而使 counter 等于 1。它想当然地推设由于 counter 刚才为 0,所以此时消费者一定在休眠,于是生产者调用 wakeup 来唤醒消费者。但是由于进程的异步性消费者还未去休眠而导致唤醒信号被丢失掉。当消费者继续运行时,因其测到 counter 为 0,于是继续休眠。这样生产者迟早会填满缓冲区,然后去休眠,从而使进程永远处于休眠状态。

出现不正确结果不是因为并发进程共享了缓冲区,而是因为它们访问缓冲区的速率不匹配,或者说 p_i,c_j 的相对速度不协调,需要调整并发进程的进行速度。并发进程间的这种制约关系称进程同步,交往的并发进程之间通过交换信号或消息来达到调整相互速率,保证进程协调运行的目的。

操作系统实现进程同步的机制称同步机制,它通常由同步原语组成。不同的同步机制采用不同的同步方法,迄今已设计出许多种同步机制,如信号量及 PV、管程和消息传递等,本节主要介绍信号量及 PV 同步操作。

(2)记录型信号量与 PV 操作

信号量和 PV 操作是荷兰的计算机科学家 E. W. Dijkstra 于 1965 年提出的同步工具,他将交通管制中信号灯管理交通的方法引入操作系统,让两个或多个进程通过信号量展开交互,所以也称为交通控制。进程在某一特殊点上停止执行直到得到一个对应的信号量,通过信号量就可以满足任何复杂的进程交互。在操作系统中,信号量用以表示物理资源的实体,它是一个与队列有关的整型变量。实现时,信号量是一变量,一般表示为由两个域组成的结构体,一个存储信号量的值,另一是信号量队列的队列指针。

信号量仅能由同步原语对其进行操作,Dijkstra 设计了两个同步原语:P 操作和 V 操作,简称 PV 操作。利用信号量和 PV 操作既可解决并发进程的竞争问题,又可解决并发进程的协作问题。

按信号量的用途可将之分为两种:

①公用信号量　联系一组并发进程,相关的进程均可在此信号量上执行 P 和 V 操作。初值常常为 1,用于实现进程互斥。

② 私有信号量　联系一组并发进程,仅允许此信号量拥有的进程执行 P 操作,而其他相关进程可在其上施行 V 操作。初值常常为 0 或正整数,多用于并发进程同步。

信号量按其取值可分为两种:

二元信号量:仅允许取值为 0 和 1,主要用于解决进程互斥问题。

一般信号量:允许取值为非负整数,主要用于解决进程间的同步问题。

通常将信号量 s 设为记录型,除初始化外,对 s 的操作只能是 PV 操作。P 操作原语和 V 操作原语定义如下:

P 操作 P(s):将信号量 s 减 1,若结果小于 0,则调用 P(s)的进程被置成等待信号量 s 的状态。

V 操作 V(s):将信号量 s 加 1,若结果不大于 0,则释放一等待信号量 s 的进程。

记录型信号量的数据结构可表示如下:

```
struct Semaphore                 /* 记录型信号量的结构 */
{ int value;                     /* 信号量的值 */
Semaphore queue[MAX];            /* 信号量链队指针 */
};
void P(Semaphores)               /* 信号量 s 的 P 操作 */
{s. value = s. value -1;         /* 把信号量减去 1 */
if (s. value<0) W(s. queue);     /* 执行 P(s)的进程调用 W(s. queue)进行自我封锁 */
                                 /* 被置成等待信号量 s 的状态,进入信号量队列 queue */
}
void V(Semaphores)               /* 信号量 s 的 V 操作 */
{ s. value:= s. value +1;        /* 把信号量加 1 */
if (s. value<=0) R(s. queue);    /* 若信号量<=0,则调用 R(s. queue)从信号量 s 队 */
                                 /* 列 queue 中释放一个等待信号量 s 的进程并置就绪态 */
}
```

其中,W(s. queue)表示把调用过程的进程置成等待信号量 s 的状态,并链入 s 信号量队列,同时 CPU 获得释放;R(s. queue)表示释放一个等待信号量 s 的进程,从信号量 s 队列中移出一个进程,置成就绪态并投入就绪队列。信号量 s 的初值可定义为 0,1 或其他整数,在系统初始化时确定。

(3)用记录型信号量实现互斥

记录型信号量和 PV 操作可以用来解决进程互斥问题。PV 操作只对信号量测试一次,就可以决定是否能进入临界区。用 PV 操作管理几个进程互斥进入临界区的一般形式如下：

```
Semaphore mutex;
mutex = 1;
  { ……
      P(mutex);
      临界区;
      V(mutex);
      ……
  }
```

在使用PV操作实现进程同步时，特别要当心P操作的次序，而V操作的次序倒是无关紧要的。一般来说，用于互斥的信号量上的P操作，总是在后执行。

4)进程通信

并发进程之间的交互，本质上是信息的互相交换。把这种进程之间互相交换信息的工作称为进程通信IPC(InterProcess Communication)。进程间通信的方式很多，包括通过软中断提供的信号通信机制；使用信号量及其原语操作(PV、管程或其他操作)控制的共享存储区通信机制；通过管道提供的共享文件通信机制；使用信箱和发信/收信原语的消息传递通信机制。其中前两种通信方式属于低级通信机制，仅适用于集中式操作系统，传输的信息量少。消息传递机制属于高级通信机制，共享文件通信机制是消息传递机制的变种，这两种通信机制，既适用于集中式操作系统，又适用于分布式操作系统。

(1)信号通信机制　信号通信机制又称软中断，是一种简单的通信机制，通过发送一个指定信号来通知进程某个异常事件发生。一般地可以分成操作系统标准信号和用户进程自定义信号，进程收到该信号后便可执行规定的操作。这种机制类似硬件中断不分优先级，简单有效，但不便传送数据。例如，当系统正在运行一个耗时的程序，如若已发现有错误，并断定该程序要失败，为了节省时间，用户可以按软中断键(一般为Ctrl+Alt+Del)停止程序的执行，这一过程中就用到了信号。系统具体的操作为：响应键盘输入的中断处理程序向发来中断信号的终端进程发一个信号，进程收到信号后，完成相关处理，然后终止。

(2)共享文件通信机制　管道(Pipe)是连接读写进程的一个特殊文件，允许进程按先进先出方式传送数据，也能使进程同步执行操作。如图5-2-9所示，发送进程以字符流形式把大量数据送入管道，接收进程从管道中接收数据，所以也叫管道通信。

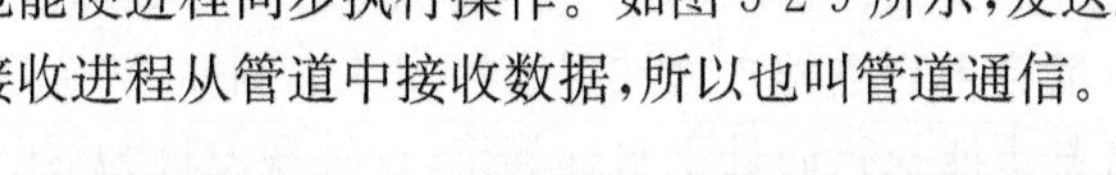

图5-2-9　共享文件(管道)通信

管道是Unix和C语言的传统通信方式。管道通信的方式是发送者进程和接收者进程之间通过一个管道交流信息，管道是单向的，发送者进程只能写入信息，接收者进程也只能接收信息。管道的实质是一个共享文件，因此管道通信基本上可以借助于文件系统原有的机制实现，包括(管道)文件的创建、打开、关闭和读写。但是，写入进程和读出进程之间的相互协调单靠文件系统机制是解决不了的。读写进程相互协调，必须做到以下三点：

① 进程对通信机构的使用应该是互斥的，一个进程正在使用某个管道写入或读出数据

时,另一个进程就必须等待。这一点是进程在读写管道之前,通过测试文件的特征位来保证的。

②发送者和接收者双方必须明确地知道对方是否存在,如果对方已经不存在,就没有必要再发送信息。

③ 由于管道长度有限,发送信息和接收信息之间一定要实现正确的同步关系。

(3)消息传递通信机制　消息传递机制至少需要提供两条原语发送和接收,前者向一个给定的目标发送一个消息,后者则从一个给定的源接收一条消息。如果没有消息可用,则接收者可能阻塞直到一条消息到达,或者也可以立即返回,并带回一个错误码。

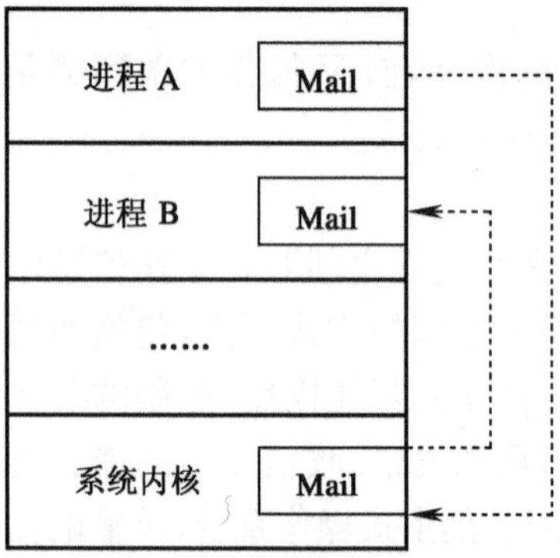

图 5-2-10　消息传递机制通信模型

采用了消息传递机制后,进程间用消息来交换信息。一个正在执行的进程可以在任何时刻向另一个正在执行的进程发送一个消息;一个正在执行的进程也可以在任何时刻向正在执行的另一个进程请求一个消息。如果一个进程在某一时刻的执行依赖于另一进程的消息或等待它进程对发出消息的回答,那么,消息传递机制将紧密地与进程的阻塞和释放相联系。这样,消息传递就进一步扩充了并发进程间对数据的共享,提供了进程同步的能力。

消息传递系统的变体很多,常用的有直接通信(消息缓冲区)方式和间接通信(信箱)方式,Unix 的 PipeLine 和 Socket 机制属于一种信箱方式的变体。图 5-2-10 就是消息传递机制通信模型。

5)死锁

计算机系统中有许多在同一时刻只能被一个进程使用的资源,即独占资源。进程需要使用独占资源必须通过以下的次序:申请资源、使用资源、归还资源。

若申请时资源不可用,则申请进程等待。对于不同的独占资源,进程等待的方式是有差异的,如申请打印机资源、临界区资源时,申请失败将意味着阻塞申请进程;而申请打开文件资源时,申请失败将返回一个错误码,由申请进程等待一段时间之后重试。值得指出的是,不同的操作系统对于同一种资源采取的等待方式也是有差异的。

在实际应用中,进程需要独占访问不止一种资源,而操作系统允许多个进程并发执行共享系统资源时,此时可能会出现进程永远被阻塞的现象。例如,两个进程分别等待对方占有的一个资源,于是两者都不能执行而处于永远等待,这种现象称为"死锁"。

例如,一个系统有打印机、读卡机各一台,它们被进程 P 和 Q 共享。两个进程并发执行,它们按下列次序请求和释放资源:

进程 P	进程 Q
请求读卡机	请求打印机
请求打印机	请求读卡机
释放读卡机	请求读卡机
释放打印机	释放打印机

它们执行时,相对速度是无法预知的,当出现进程 P 占用了读卡机,进程 Q 占用了打印机后,进程 P 又请求打印机,但因打印机被进程 Q 占用,故进程 P 处于等待资源状态;这时进程 Q 执行,它又请求读卡机,但因读卡机被进程 P 占用而也只好处于等待资源状态。它

们分别等待对方占用的资源，致使无法结束这种等待，产生死锁。

由上可知，产生死锁的原因不仅与系统拥有的资源数量有关，并且与资源分配策略、进程对资源的使用要求以及并发进程的速率都有关。

死锁会对系统造成很大的损失，所以必须设法来预防死锁的出现。对于死锁问题的解决，可从三个方面来考虑，即死锁的防止、死锁的避免、死锁的检测与解除。

(1)死锁产生的条件

1971 年 Coffman 总结出了系统产生死锁的四个必要条件：

① 互斥条件(Mutual Exclusion) 进程应互斥使用资源，任一时刻一个资源仅为一个进程独占，若另一个进程请求一个已被占用的资源时，它被置成等待状态，直到占用者释放资源。

② 占有和等待条件(Hold and Wait) 一个进程请求资源得不到满足而等待时，不释放已占有的资源。

③ 不剥夺条件(No Preemption) 任一进程不能从另一进程那里抢夺资源，即已被占用的资源，只能由占用进程自己来释放。

④ 循环等待条件(Circular Wait) 存在一个循环等待链，其中，每一个进程分别等待它前一个进程所持有的资源，造成永远等待。

只要能破坏这四个必要条件之一，死锁就可防止。破坏第一个条件，使资源可同时访问而不是互斥使用，是个简单的办法，磁盘可用这种办法管理，但有许多资源往往是不能同时访问的，所以这种做法许多场合行不通。采用剥夺式调度方法可以破坏第三个条件，但剥夺调度方法目前只适用于对主存资源和处理器资源的分配，当进程在申请资源未获准许的情况下，如主动释放资源(一种剥夺式)，然后才去等待，以后再一起向系统提出申请，也能防止死锁，但这些办法不适用于所有资源。由于种种死锁防止办法施加于资源的限制条件太严格，会造成资源利用率和吞吐率低。

(2)死锁的防止

常用的死锁防止方法有如下两种，能破坏死锁产生的第二或第四个条件。

① 静态分配策略 所谓静态分配是指一个进程必须在执行前就申请它所要的全部资源，并且直到它所要的资源都得到满足后才开始执行。无疑地，所有并发执行的进程要求的资源总和不超过系统拥有的资源数。采用静态分配后，进程在执行中不再申请资源，因而不会出现占有了某些资源再等待另一些资源的情况，即破坏了第二个条件的出现。静态分配策略实现简单，因而被许多操作系统采用。但这种策略严重地降低了资源利用率，因为在每个进程所占有资源中，有些资源在进程较后的执行时间里使用的，甚至，有些资源在例外的情况下被使用。这样，就可能是一个进程占有了一些几乎不用的资源而使其他想用的这些资源的进程产生等待。

② 层次分配策略 这种分配策略将阻止循环等条件的出现。在层次分配策略下，资源被分成多个层次，一个进程得到某一层的一个资源后，它只能再申请在较高一层的资源；当一个进程要释放某层的一个资源时，必须先释放所占用的较高层的资源，当另一个进程获得了某一个层的一次资源后，它想再申请该层中的另一个资源，那么，必须先释放该层中的已占资源。

层次分配比静态分配在实现上要多花一点代价，但它提高了资源使用率。然而，如果一个进程使用资源的次序和系统内的规定各层资源的次序不同时，这种提高可能不明显。假如系统中的资源从高到低按序排列为：卡片输入机、行式打印机、卡片输出机、绘图仪和磁带机。若一个进程在执行中，较早地使用绘图仪，而仅到快结束时才用磁带机。但是，系统规定，磁带机所在层次低于绘图仪所在层次。这样，进程使用绘图仪前就必须先申请到磁带机，这台磁带机就在一长段时间里空闲着直到进程执行到执行结束前才使用，这无疑是低效率的。

(3)死锁的避免

当不能防止死锁的产生时，如果能掌握并发进程中与每个进程有关的资源动态申请情况，仍然可以避免死锁的发生。只须在为申请者分配资源前先测试系统状态，若把资源分配给申请者会产生死锁的话，则拒绝分配，否则接受申请，为它分配资源。最常用的死锁避免的方法是银行家算法，这是 Dijkstra(1965)提出的一种能够避免死锁的调度方法。该算法思想为：假定一个银行家拥有资金(资源)，数量为Σ，被 N 个客户(进程)共享。银行家(操作系统)对客户提出下列约束条件：

每个客户必须预先说明自己所要求的最大资金量；

每个客户每次提出部分资金量申请和获得分配；

如果银行满足了客户对资金的最大需求量，那么，客户在资金运作后，应在有限时间内全部归还银行。

只要每个客户遵守如上约束，则银行保证做到：若一个客户所要求的最大资金量不超过Σ，则银行一定接纳该客户，并可处理他的资金需求；银行在收到一个客户的资金申请时，可能因资金不足而让客户等待，但保证在有限时间内让客户获得资金。将银行家对资金的处理引申到操作系统的资源管理中，则可以将进程看作客户，将资源当作资金，而将操作系统当成是银行。当然，这种对单种资源的银行家算法，还可以扩展到多种资源银行家算法。

图 5-2-11 给出了对 4 个客户的三种资源分配状态。在图(a)中，每个客户都有一个贷款额度(即每个表的最右一列)，由于不可能所有客户同时都需要大量贷款额，所以银行只需要 10 个单位的资金来为客户服务，而不是客户贷款的累加和 22。图(b)中所示的状态是客户根据自己的需求，在某些时刻需要贷款额。客户已获得的贷款(已分配的资源)和可用的最大数额贷款称为与资源分配相关的系统状态。

客户	已用	最大
张三	0	6
李四	0	5
王二	0	4
赵五	0	7

可用：10

(a) 安全

客户	已用	最大
张三	1	6
李四	1	5
王二	2	4
赵五	4	7

可用：2

(b) 安全

客户	已用	最大
张三	1	6
李四	2	5
王二	2	4
赵五	4	7

可用：1

(c) 不安全

图 5-2-11　三种资源分配状态

一个状态被称为是安全的，其条件是存在一个状态序列能够使所有的客户均得到其所有的贷款(即所有的进程得到所需的全部资源并终止)。图 5-2-11(b)所示的状态是安全的，因为王二运行结束后释放所有的 4 个单位资金，可以满足赵五或者李四的请求，从而能够使整个操作继续进行下去。

如若满足李四多申请一个单位的资源，则可得到如图 5-2-11(c)所示的状态，则该状态是不安全的。因为这时如果所有的客户提出申请，希望得到最大贷款额，则银行家无法满足其中任何一个的要求，从而就会产生死锁。当然由于客户未必需要其最大贷款额度，这种不安全状态并不一定必然导致死锁,但银行家不敢抱这种侥幸心理。

银行家算法就是对每一个请求进行检查,检查这次资源申请是否会导致不安全状态。若会则不满足该请求;否则便满足。检查状态是否安全的方法是看它是否有足够的资源满足一个距最大需求最近的客户。如果可以,则这笔投资认为是能够收回的,然后接着检查下一个距最大需求最近的客户,如此反复下去。如果所有投资最终都被收回,则该状态是安全的,最初的请求可以批准。

(4)死锁的检测和解除

如果对资源的分配加以限制,则可以防止和避免死锁的发生,但这不利于各进程对系统资源的充分共享。解决死锁问题的另一条途径是通过死锁检测,判断系统内是否已出现死锁,若检测到死锁则设法加以解除。下面介绍两种死锁检测方法。

死锁的检测和解除往往配套使用,当死锁被检测到后,用各种办法解除系统的死锁,可采用以下一些办法:

①立即结束所有进程的执行,并重新启动操作系统。方法简单,但以前工作全部作废,损失可能很大。

②撤销陷于死锁的所有进程,解除死锁继续运行。

③逐个撤销陷于死锁的进程,回收其资源,直至死锁解除。

④ 剥夺陷于死锁的进程占用的资源,但并不撤销它,直至死锁解除。

⑤ 根据系统保存的检测点,让所有进程回退,直到足以解除死锁。

当检测到死锁时,如果存在某些未卷入死锁的进程,而这些进程随着建立一些新的抑制进程能执行到结束,则它们可能释放足够的资源来解除这个死锁。

尽管检测死锁是否出现和发现死锁后实现恢复的代价大于防止和避免死锁所花的代价,但由于死锁不是经常出现的,因而这样做还是值得的,检测策略的代价依赖于频率,而恢复的代价是时间的损失。

5.3 存储管理

存储管理是操作系统的重要组成部分,它负责管理计算机系统的重要资源——主存储器。任何程序、数据必须占用主存空间后才能执行,因此存储管理直接影响系统的性能。主存储空间一般可分为系统区和用户区两部分,前者用于存放操作系统以及一些标准子程序、驱动程序等,后者存放用户的程序和数据等。

存储管理主要是对主存中的用户区的管理,也包括对辅存储器管理。目的是尽可能地方便用户的使用和提高主存的使用效率。其主要功能为:主存空间的分配和去配、地址转换和存储保护、主存空间的共享、主存空间的扩充。

5.3.1 存储管理相关概念

1)存储器的层次

目前计算机系统均采用分层结构的存储系统,以便能均衡容量、速度、价格等诸因素,从而获得较好的性价比。计算机系统的存储设备可分为寄存器、高速缓存、主存储器、磁盘缓存、固定磁盘、可移动存储介质等七个层次组成的层次结构。其中寄存器、高速缓存、主存储器和磁盘缓存属于操作系统存储管理的管辖范畴;固定磁盘和可移动存储介质属于设备管理的管辖范畴。

程序及相关数据只有在主存中,才能运行。寄存器和高速缓存是用来加快处理器的指令处理速度的。一般一个计算机系统可能包括几十个甚至上百个寄存器,容量较小。高速缓存的容量稍大,其访问速度快于主存储器但比寄存器慢,利用它存放主存中一些经常访问的信息可以大幅度提高程序执行速度。通常寄存器、高速缓存与处理器被封装在一起。

2)地址转换与存储保护

一般程序设计人员用汇编或某一高级语言编写程序,为源程序。源程序经过汇编或编译后得到目标程序,目标程序所占有的地址范围称为地址空间。通常目标程序中的地址编码是相对于起始位置而言的,一般是以0为基址开始编址的,称为逻辑地址(相对地址)。当程序运行时,就需要将它装入主存地址空间中,程序在内存中的实际地址为物理地址(绝对地址)。这些物理地址的集合为存储空间。

在程序被调入内存运行前,必须把相应的逻辑地址转换为物理地址,包括对程序中与地址相关的指令的修改,这一转换过程称为地址转换或重定位。地址转换有两种方式:一种方式是在作业装入时由作业装入程序实现地址转换,称为静态重定位;另一种方式是在程序执行时实现地址转换,称为动态重定位。动态重定位必须借助于硬件的地址转换机构实现。

在计算机系统中可能同时存在操作系统程序和多道用户程序,操作系统程序和各用户程序在主存中各有自己的存储区域,操作系统必须保证各道程序只能访问自己的工作区而不能互相干扰,称为存储保护。同样存储保护的工作也必须借助硬件来完成。常用的存储保护硬件主要有:界地址和存储键方式等。

5.3.2 连续存储空间管理

连续存储空间管理是指为一个用户程序分配一个连续的内存空间。有两种连续分配的方式,即单一连续分配方式和多分区分配方式。

1)单一连续分配

这种方式适合于单用户、单任务的操作系统,常应用于个人计算机和专用计算机系统,它对硬件无特殊要求,所以实现简单。任一时刻主存中只有一道程序,主存中的用户区域与系统资源全归一个用户作业所占用。各个作业的程序只能按次序一个个地装入主存储器。

如图5-3-1所示,单一连续分配方式的地址转换可采用静态定位。通过设置一个栅栏寄存器作为主存中的系统区和用户区的地址界限;通过装入程序把程序装入到从界限地址开始的区域。其存储保护很容易实现,通过装入程序检查其绝对地址是否超过界限地址,若是则可以装入;否则产生地址错误不能装入,从而达到对系统区信息的保护。

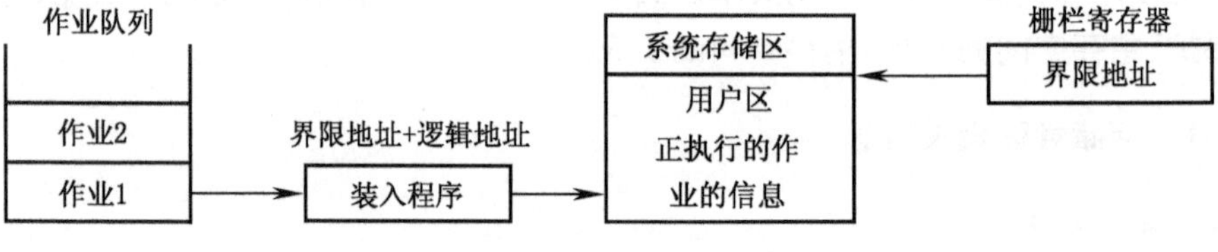

图5-3-1 采用静态重定位的单一连续分配

单一连续分配方式的地址转换也可采用动态定位,如图5-3-2所示,设置一个定位寄存器,它是主存中的系统区和用户区的地址界限,又是用户区的基地址;通过装入程序把程序装入到从界限地址开始的用户区，但不立即进行对程序中的指令进行地址转换；在程序执行过程中动态地将逻辑地址与定位寄存器中的值相加就可得到绝对地址。这种方式的存储保护也很易实现，程序执行中是由硬件的地址转换机构根据逻辑地址和定位寄存器的值产生绝对地址，只要检查该绝对地址是否存在所分配的存储区域内即可，若超出所分配的区域则产生地址错误，禁止其访问该单元。

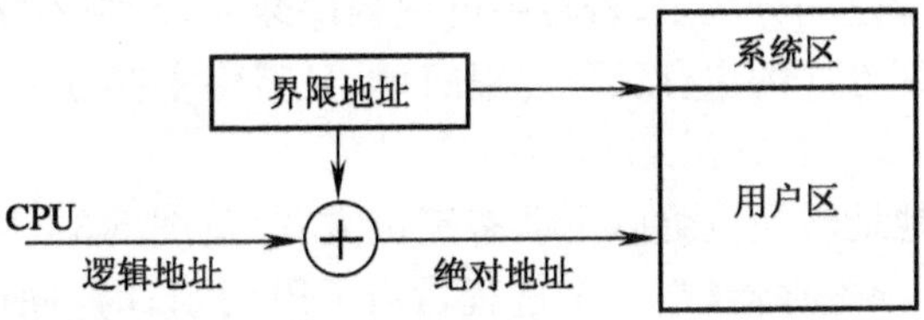

图 5-3-2　采用动态重定位的单一连续分配

单一连续分配只适合单道程序系统，其主要缺点是：当正在执行的程序因等待某个事件无法继续运行时，处理器便处于空闲状态；无论用户作业的程序和数据量的多少，都只有一个作业独占主存空间，所以存储空间的利用率较低；同样外设的利用率也不高。

2) *多分区分配方式*

多分区分配方式就是把主存空间划分为若干个连续的大小不等的区域，有固定分区和可变分区两种情况。

(1)固定分区存储管理

分区存储管理是能满足多道程序设计需要的最简单的存储管理技术，其基本思想是给进入主存的用户进程划分一块连续存储区域，把进程装入该连续存储区域，使各进程能并发执行。

固定分区存储管理是预先把可分配的主存储器空间固定地分割成若干个大小不等连续区域，如图 5-3-3 所示。

图 5-3-3　固定分区存储管理示意

对应于固定分区管理，需要设置一张“主存分配表”，以描述各分区的分配和使用情况，如图 5-3-4 所示。

分区号	起始地址	长度	占用标志	
1	8K	8K	0	未被占用
2	16K	16K	作业 1	作业 1 占用
3	32K	16K	0	未被占用
4	48K	64K	0	未被占用
5	64K	32K	作业 2	作业 2 占用
6	96K	32K	0	未被占用

图 5-3-4　固定分区存储管理的主存分配表

主存分配表描述了各分区的起始地址、分区长度，并通过占用标志位来反映该分区是否被占用（"0"表示未被占用），在进行主存分配时，只有那些标志为"0"的分区才可被选中，当某一分区分配给一个作业后，则在占用标志栏填上占用该分区的作业名。在图 5-3-4 中，第 2,5 分区分别被作业 1 和作业 2 占用，其余分区为空闲。

固定分区存储管理的地址转换可以采用静态定位方式。装入程序在进行地址转换时检查其绝对地址是否在指定的分区中，若在则可把程序装入，否则不能装入，且应归还所分得的存储区域。固定分区方式的主存去配也很简单，只需将主存分配表中相应分区的占用标志位置成"0"即可。

这种存储管理的地址转换也可以用动态定位方式（见图 5-3-5）。系统专门设置一对地址寄存器——上限/下限寄存器；当一个进程占有 CPU 执行时，操作系统就从主存分配表中取出相应的地址存入上限/下限寄存器；硬件的地址转换机构根据下限寄存器中保存的基地址 B 与逻辑地址得到绝对地址；硬件的地址转换机构同时把绝对地址和上限/下限寄存器中保存的相应地址进行比较，而实现存储保护。

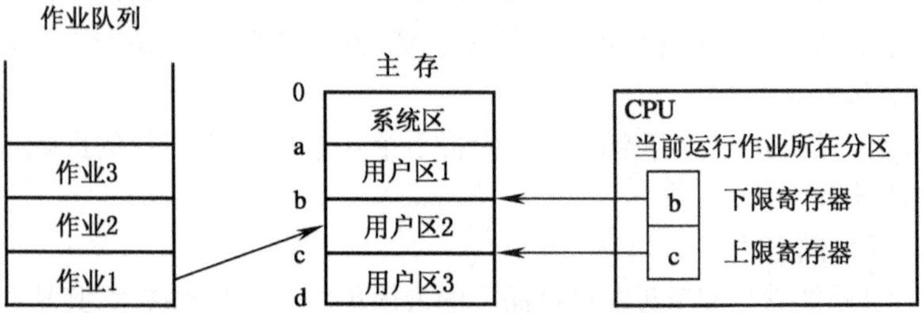

图 5-3-5 固定分区存储管理示意

采用固定分区存储管理主要缺点：由于无法预先规定分区大小，可能会导致大程序无法装入，用户不得不采用覆盖与移动技术补救，从而加重用户负担；主存空间的利用率不高，如图 5-3-4 中若作业 1 和作业 2 两个作业实际只是 10K 和 18K 的主存，但它们却占用了 16K 和 32K 的区域，共有 20K 的主存区域被占而不用，从而浪费了空间，这种被浪费的空间为"碎片"；因为分区的数目是在系统生成时确定的，所以限制了并发运行的进程数目。

然而这种方法实现简单，对于程序大小和出现次数已知的情形还是较合适的。

（2）可变分区方式

可变分区方式是按作业的大小来划分分区。系统在作业装入主存执行之前并不建立分区，当要装入一个作业时，根据作业需要的主存量查看主存中是否有足够的空间，若有则按需要量分割一个分区分配给该作业；若无则令其等待主存空间。由于分区的大小是按作业的实际需要量来定的，且分区的个数也是随机的，所以可以克服固定分区方式中的主存空间的浪费，有利于多道程序设计，可以实现多个作业对内存的共享，进而提高内存资源利用率。

①主存空间的分配和去配　采用可变分区方式的主存分配示例如图 5-3-6 所示，主存中分区的数目和大小随作业的执行而不断改变。为了方便主存的分配和去配，建立"已分配区表"和"未分配区表"两张表来描述主存的分配情况，如图 5-3-7 所示。

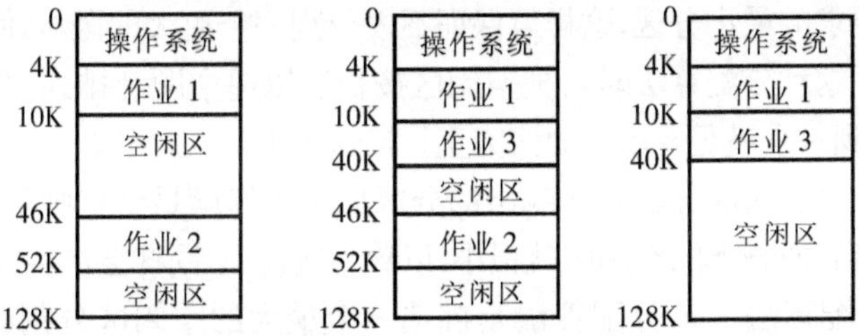

图 5-3-6　可变分区存储管理的主存分配示例

分区号	起始地址	长度	标志
1	4K	6K	作业 1
2	46K	6K	作业 2
…	…	…	…

(a)已分配区表

分区	起始地址	长度	标志
1	10K	36K	未分配
2	52K	76K	未分配
…	…	…	…

(b)空闲区表

图 5-3-7　可变分区存储管理的主存分配表

图 5-3-7 两张表的内容是按图 5-3-6 最左边的情况填写的，若此时需要装入一个 30K 的作业，可从未分配表中可找一个足以容纳它的长度 36K 的空闲区，该区的前 30K 被分配用来装入作业 3，并加入已分配区表，记录其起始地址和长度，剩余的 6K 空间在修改了起始地址和长度后仍在空闲区表中。

作业撤离时，需从分配区表中删除相应记录，而将收回的分区登记到未分配表中，若其存在着相邻空闲区，则需将之合并在一起来记录。所以可变分区的去配算法相对复杂，如图 5-3-8(a)所示，对于任意进程 X 撤离时去配可能有以下四种情况：邻近都有进程(A 和 B)、前边有进程 A、后边有进程 B、两边均为空闲区(灰色区域)，回收后如图 5-3-8(b)所示，当然，同时应修改主存分配表或链表。

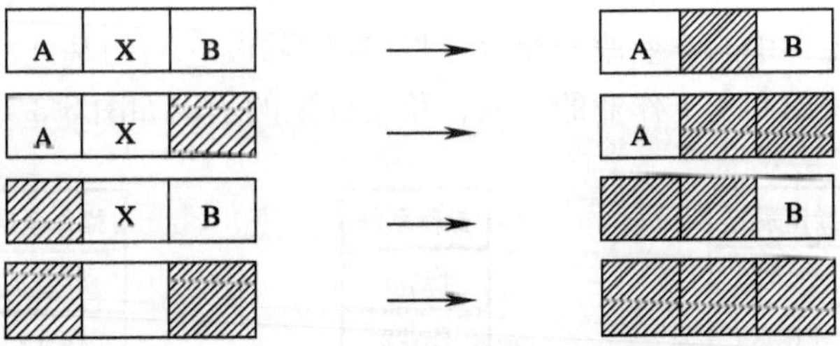

(a) X去配前　　　　　　　　**(b) X去配后**

图 5-3-8　可变分区方式的去配情况

由于可变分区管理的分区个数不定，通常采用链表结构来存储“主存分配表”。但是无论采用空闲区链表管理还是空闲区顺序表管理，链和表中的空闲区都可按一定规则排列，例如按空闲区从大到小排或从小到大排，以方便空闲区的查找和回收。

常用的可变分区管理的分配算法有：

- 首次适应分配算法　对可变分区方式可采用最先适用分配算法，每次分配时，总是顺序查找未分配表或链表，找到第一个能满足长度要求的空闲区为止。分割这个找到的未分配区，一部分分配给作业，另一部分仍为空闲区。这种算法可能将大的空间分割成小区，有些小的分区甚至不能再被利用，从而造成较多的主存“碎片”。
- 最佳适应分配算法　该分配算法，实质上是对最先适用算法的改进，它是从空闲区中挑选一个能满足作业要求的最小分区，这样可保证不去分割一个更大的区域，使装入大作业时比较容易得到满足。采用这种分配算法时可把空闲区按长度以递增顺利排列，查找时总是从最小的一个区开始，直到找到一个满足要求的分区为止。按这种方法，在回收一个分区时也必须对分配表或链表重新排列。最优适应分配算法找出的分区如果正好满足要求则是最合适的了，如果比所要求的略大则分割后使剩下的空闲区就很小，以致无法使用，同样会产生“碎片”。

· 最差适应分配算法　该分配算法是挑选一个最大的空闲区分割给作业使用，从而可有效地避免“碎片”，这种算法对中、小作业是有利的。

②地址转换与存储保护　对可变分区方式采用动态定位装入作业，作业程序和数据的地址转换需要借助于硬件来实现，即专门设置两个控制寄存器：基址寄存器、限长寄存器，分别存放分配给作业使用的分区的最小绝对地址值和作业占用的连续存储空间长度。

当作业占有 CPU 运行后，操作系统可把该区的始址和长度送入基址寄存器和限长寄存器，启动作业执行时由硬件根据基址寄存器进行地址转换得到绝对地址，地址关系转换如图 5-3-9。

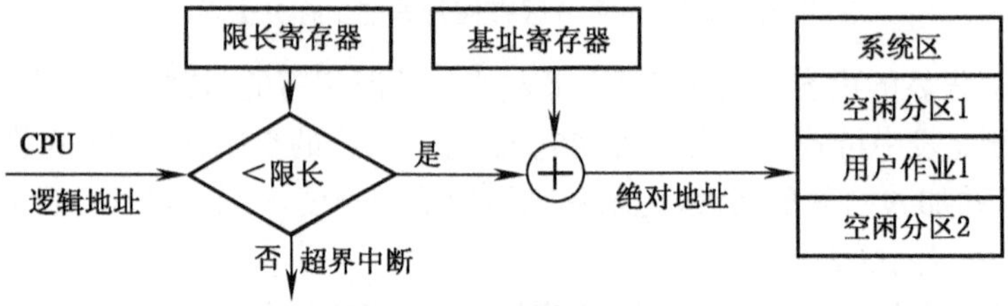

图 5-3-9　可变分区方式的地址转换和存储保护

当逻辑地址小于限长值时，则逻辑地址加基址寄存器值就可获得绝对地址；当逻辑地址大于限长值时，表示作业欲访问的地址超出了所分得的区域，这时不允许访问，从而达到保护的目的。

③移动技术　当在未分配表中找不到一个足够大的空闲区来装入作业时，这时就需要采用移动技术把在主存中的作业改变存放区域，同时修改它们的基址/限长值，从而使分散的空闲区汇集成一片而有利于作业的装入。移动分配的示例如图 5-3-10。

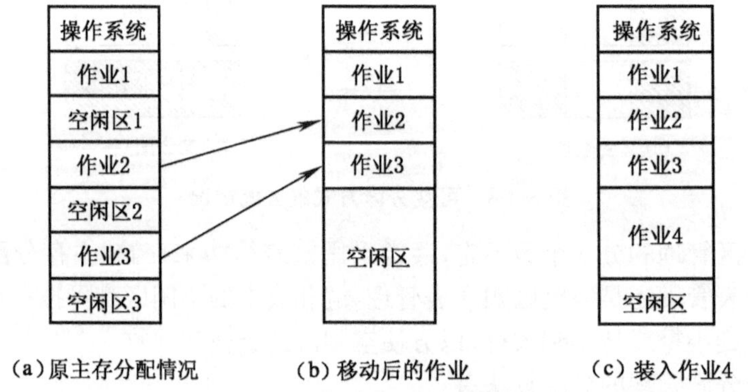

图 5-3-10　移动分配示例

移动后的基址值和扩大后的限长值都应作相应的修改。移动虽可汇集主存的空闲区，但也增加了系统的开销，而且不是任何时候都能对一道程序进行移动的。由于外围设备与主存储器交换信息时，通道总是按已经确定的主存绝对地址完成信息传输，所以当一道程序正在与外围设备交换数据时往往不能移动，故应尽量设法减少移动。例如，要装入作业时总是先挑选不经移动就可装入的作业；在不得不移动时要力求移动的道数最少。

5.3.3 分页式存储管理

1)分页式存储管理的基本原理

该方式是将一个进程的逻辑地址空间分成若干个大小相等的页(或称页面)，内存空间分成与页相同大小的物理块(或称页框)。在为进程分配内存时，以块为单位进行分配，每页分配一块。系统为每个进程建立一张页面映射表(简称页表)，记录相应页在内存中对应的物理块号。分页式存储管理的提出，不仅省去移动信息的工作，又可尽量减少碎片。

分页存储器的逻辑地址由两部分组成：页号和页内地址，格式如下：

页号 P	页内地址 D

分页式存储管理的逻辑地址连续，所以用户在编制程序时只需使用顺序的地址，而不必考虑如何去分页。由地址结构和操作系统管理的需要来决定页面的大小，从而确定主存分块的大小。用户进程在内存空间中的每个页框内的地址是连续的，但页框和页框之间的地址可以不连续。存储地址由连续到离散的变化，从而为实现程序的部分装入、部分对换奠定了基础。

页表和地址转换：在进行存储分配时，总是以页框为单位进行分配，一个作业的信息有多少个页面，在把它装入主存时就给它分配多少页框。但是分配给作业的主存块可以不连续，即作业的信息可按页面分散地存放在主存的空闲块中，这就可以避免为得到连续存储空间而进行的移动。

由于程序段以页为单位，所以给每个页设立一个重定位寄存器，这些重定位寄存器的集合便为页表。每个用户作业都对应于一个页表，页表中的每一栏指明了程序中的一个页面和分得的页框的对应关系。为了减少开销，页表通常存放在系统主存中，系统中另设一个页表主存起址和长度控制寄存器，存放当前运行作业的页表起址和页表长，以加快地址转换速度。每当选中作业运行时，应进行存储分配，为进入主存的每个用户作业建立一张页表，指出逻辑地址中页号与主存中块号的对应关系，页表的长度随作业的大小而定。同时页式存储管理系统还建立一张作业表，将这些作业的页表进行登记，每个作业在作业表中有一个登记项。作业表和页表的一般格式如图 5-3-11 所示。

页表

页号	块号
第 0 页	块 1
第 1 页	块 2
…	…

作业表

作业名称	页表地址	页表长度
作业 1	××××	××××
作业 2	××××	××××
…	…	…

图 5-3-11 页表和作业表的一般格式

图 5-3-12 给出了页式存储管理的地址转换和存储保护。根据地址转换公式：绝对地址＝块号×块长＋单元号，在实际进行地址转换时，只要把逻辑地址中的单元号作为绝对地址中的低地址部分，而根据页号从表中查得的块号作为绝对地址中的高地址部分，就组成了访问主存储器的绝对地址。

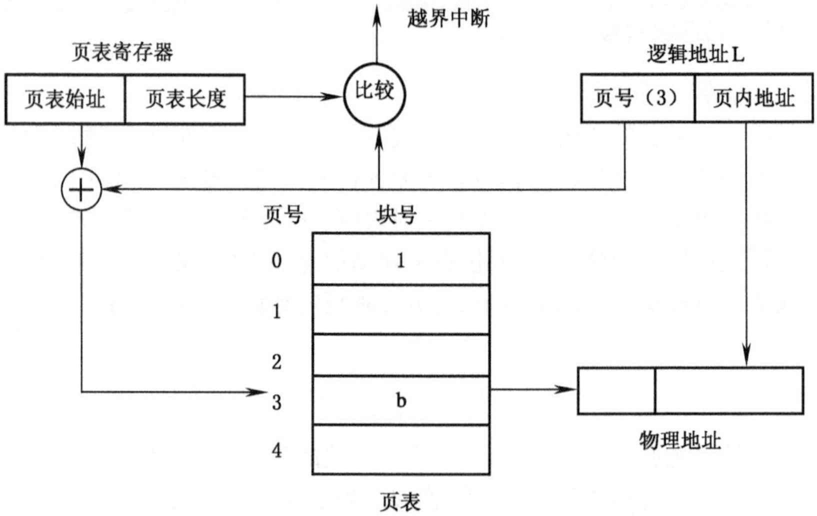

图 5-3-12　页式存储管理的地址转换

整个系统只有一个页表控制寄存器，只有占用 CPU 者才占有页表控制寄存器。在多道程序中，当某道程序让出处理器时，应同时让出页表控制寄存器。

2)相联存储器和快表

为了提高运算速度，通常都设置一个专用的高速存储器，用来存放页表的一部分，这种高速存储器称为相联存储器，存放在相联存储器中的页表称快表。相联存储器的存取时间是远小于主存的，但造价高，故一般都是小容量的。

根据程序执行局部性的特点，即它在一定时间内总是经常访问某些页，若把这些页登记在快表中，无疑地将大大加快指令的执行速度。快表的信息一般包括已在快表中的页的信息以及其对应主存的块号。有了快表后，绝对地址形成的过程是，按逻辑地址中的页号查快表，若该页已登记在快表中，则由块号和单元号形成绝对地址；若快表中查不到对应页号，则再查主存中的页表而形成绝对地址，同时将该页登记到快表中。当快表填满后，又要在快表中登记新页时，则需在快表中按一定策略淘汰一个旧的登记项，最简单的策略是“先进先出”，总是淘汰最先登记的那一页。

一个计算机系统只有一个相联存储器，只有占用 CPU 者才占有相联存储器。在多道程序中，当某道程序让出处理器时，应同时让出相联存储器。由于快表是动态变化的，所以让出相联存储器时应把快表保护好以便再执行时使用。当一道程序占用处理器时，除置页表控制寄存器外还应将它的快表送入相联存储器。

3)多级页表

从上面的地址变换过程可以看出，页表必须占据连续的内存空间，如果页表长度超过一个页面，那页表的访问就出现了新的问题。解决的办法有两种：一是对页表所需的空间，采用离散分配方式，形成两级(甚至多级页表)；二是只将当前所需要的部分页表项调入内存，其余部分仍然驻留在磁盘上，需要时再将它们调入内存。

分页存储管理显著提高了内存的利用率，只有最后一页可能是不满的，每个进程平均碎片长度为半个页面。

5.3.4　分段式存储管理

分段式存储管理的引入是为了方便程序设计，便于共享与保护，支持动态链接和动态增长。

1)分段式存储管理的基本思想

程序的地址空间被分成若干个段，每段采用连续的地址空间。这样程序的逻辑地址就形成一个二维地址，由段号和段内地址两部分组成：

段号 S	段内地址 D

系统为每段分配一个连续区域(相当于一个分区)，各段可以存放在不同的分区中，即段与段之间的地址是不连续的。系统为每个进程建立一张段表，记录该段在内存中的起始地址和段长。段的分配和释放过程，与动态分区管理完全相同。

分段式存储管理的实现可以基于可变分区存储管理的原理，为作业的每一段分配一个连续的主存空间，而各段之间可以不连续。在进行存储分配时，应为进入主存的每个用户作业建立一张段表，各段在主存的情况可用一张段表来记录，它指出主存储器中每个分段的起始地址和长度。同时段式存储管理系统包括一张作业表，将这些作业的段表进行登记，每个作业在作业表中有一个登记项。作业表和段表的一般格式如图 5-3-13 所示 。

段表　段号	始址	长度
第 0 段	×××	×××
第 1 段	×××	×××
…	…	…
第 N 段	×××	×××

作业表　作业名	段表始址	段表长度
作业 A	×××	××
作业 B	×××	××
…	…	…
…	×××	×××

图 5-3-13　段表和作业表的一般格式

段表表目实际上起到了基址/限长寄存器的作用。作业执行时通过段表可将逻辑地址转换成绝对地址。由于每个作业都有自己的段表，地址转换应按各自的段表进行。类似于分页存储器那样，分段存储器也设置一个段表控制寄存器，用来存放当前占用处理器的作业的段表始址和长度。分段式存储管理的地址转换和存储保护如图 5-3-14 所示。

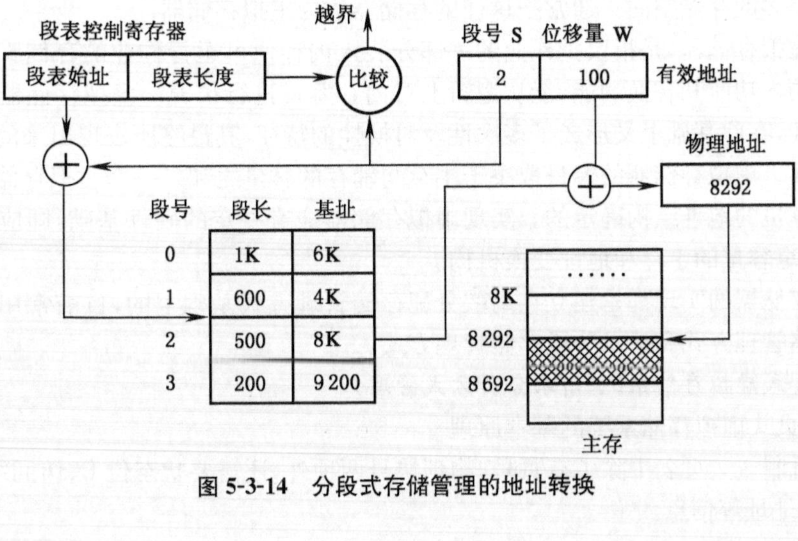

图 5-3-14　分段式存储管理的地址转换

2)段的共享

在可变分区存储管理中,每个作业只能占用一分区,那么就不允许各道作业有公共的区域。这样,当几道作业都要用某个例行程序时就只好在各自的区域内各放一套。显然,降低了主存的使用效率。

在分段式存储管理中,由于每个作业可以由几个段组成,所以可以实现段的共享,以存放共享的程序和常数。所谓段的共享,事实上就是共享分区,为此计算机系统要提供多对基址/限长寄存器。于是,几道作业共享的例行程序就可放在一个公共的分区中,只要让各道的共享部分有相同的基址/限长值就行了。

由于段号仅仅用于段之间的相互访问,段内程序的执行和访问只使用段内地址,因此不会出现页共享时出现的问题,对数据段和代码段的共享都不要求段号相同。当然对共享区的信息必须进行保护,如规定只能读出不能写入,要往该区域写入信息时将遭到拒绝并产生中断。

3)分段和分页的比较

分段和分页都是离散分配方式,地址变换机构也比较类似,但从概念上说,两者是完全不同的。这可以从下述几个方面加以区别:

(1)页是信息的物理单位,与源程序的逻辑结构无关;段是信息的逻辑单位,由源程序的逻辑结构所决定。

(2)页的大小固定而且由系统确定,页面只能以页大小的整倍数地址开始;段的长度不固定,决定于用户编写的程序,段起始地址可以从任何主存地址开始。

(3)分页的程序地址空间是一维的;分段的程序地址空间是二维的。

5.3.5 虚拟存储管理

1)虚拟存储管理的概念

程序在执行和处理数据时存在着顺序性、局部性、循环性和排他性,因此在程序执行时有时并不需要把程序和数据全部调入内存,而只需先调入一部分,待需要时逐步调入,这样计算机系统就可以容纳更多的作业,处理更大批量的数据。程序和数据可以装入磁盘缓存,操作系统自动实现主存储器和磁盘缓存之间数据的调进调出,从而向用户提供了比实际主存容量大得多的存储空间。通常把这样的存储器称为虚拟存储器。

所谓虚拟存储器,是指仅把作业的一部分装入内存便可运行作业的存储管理系统。它具有请求调入功能和替换功能,能从逻辑上对内存容量进行扩充。虚拟存储器最基本的特征是离散性,在此基础上又形成了多次性及对换性的特征,其最终所表现出来的最重要的特性是虚拟性。虚拟存储器的容量取决于主存与辅存的容量之和。一个虚拟存储器的最大容量是由计算机的地址结构确定的。实现虚拟存储器应有一定的硬件基础,即应有相当容量的辅存、一定容量的主存和地址变换机构。

虚拟存储器的实现都是建立在离散分配存储管理方式基础上的,目前常用的方式是请求分页存储管理方式和请求分段存储管理方式。

2)分页式虚拟存储系统(请求分页方式管理)

(1)分页式虚拟存储系统的基本原理

页表机制——页表中除了有页号、物理块号两项外,还需要状态位 P、访问字段 A、修改位 M、外存地址等信息。

页号	物理块	状态位 P	访问字段 A	修改位 M	外存地址

分页式虚拟存储管理需要有相关硬件支持：

①缺页中断机构——每当所要访问的页面不在内存时，便要产生缺页中断，请求操作系统将所缺的页面调入内存。缺页中断与一般中断的区别，在于指令的执行期间产生和处理缺页中断，而且一条指令执行期间，可能有多次缺页中断。

②地址变换机构——在进行地址变换时，首先检索快表。若找到，则直接用快表中给出的物理块号与逻辑地址中的页内地址形成物理地址。若未找到，则应去内存中查找页表(慢表)，这时有两种可能：若该页已调入内存，此时则应将该页的页表项写入快表(快表满时，调出一个页表项，然后写入)，用页表中给出的物理块号与逻辑地址中的页内地址形成物理地址；若该页未调入内存，则产生缺页中断，请求操作系统从外存中调入。

缺页中断的处理过程是：保留 CPU 现场；从外存中找到缺的页面；若内存已满，则选择一页换出；从外存读入缺页，写入内存，修改页表。

在分页式虚拟存储系统中，由于作业的诸页是根据请求把页面装入主存的，因此，这种存储系统也称为请求页式存储管理。这种虚拟存储系统有以下优点：作业的程序和数据可以按页分散存放在内存中，减少了移动的开销，有效地解决了碎片问题；由于采用请求页式存储管理，用户可用的主存空间大大扩展，既有利于改进主存利用率，又有利于多道程序运行。其主要缺点是：要有一定硬件支持，要进行缺页中断处理，因而机器成本增加，系统开销加大，此外页内会出现碎片，如果页面较大，则主存的损失仍然很大。

(2)页面装入策略和清除策略

页面装入策略决定何时把一个页面装入主存，有两种策略可供选择：请页式调度和预调式调度。

请页式调度是仅当需要访问程序和数据时，才把所在页面装入主存。那么当某个进程第一次执行时，开始会有许多缺页中断，随着越来越多的页面装入主存，根据局部性原理，大多数未来访问的程序和数据都在最近被装入主存的页面中，一段时间之后，缺页中断就会下降到很低的水平，程序进入相对平稳阶段。这种策略的主要缺点是处理缺页中断和调页的系统开销较大，由于每次仅调一页，增加了磁盘 I/O 次数。

预调式调度由操作系统预测进程将要使用的那些页面，在使用之前预先调入主存，每次调入若干个页面，而不是像请页式那样仅调一个页面。由于进程的页面大多数连续存放在辅助存储器中，一次调入多个页面能减少磁盘 I/O 启动次数，节省了寻道和搜索时间。但是如果调入的一批页面中多数未被使用，则效率就很低了，可见预调页要建立在预测的基础上，目前所用预调页的成功率在 50%左右。

清除策略是与装入策略相对的，它要考虑何时把一个修改过的页面写回辅助存储器，常用的两种方法是：请页式清除和预清除。请页式清除是仅当一页选中被替换，且之前它又被修改过，才把这个页面写回辅助存储器。预清除方法对更改过的页面，在需要之前就把它们都写回辅助存储器，因此可以成批进行。两个方法都有缺点，对于预清除，写出的页仍然在内存中，直到页面替换算法选中一页从内存中移出，它允许成批地把页面写出，但如若刚刚写出了很多页面，在它们被替换前，其中大部分又被更改，那么，预清除就毫无意义。对于请页式清除，写出一页是在读进一个新页之前进行的，它要成对操作，仅需要写出一页，但引起进程不得不等待两次 I/O 操作完成，可能会降低 CPU 使用效率。

(3)页面替换算法

实现虚拟存储器能给用户提供一个容量很大的存储器,但当主存空间已装满而又要装入新页时,必须按一定的算法把已在主存的一些页调出去,这个工作称页面替换。由于该算法是用来确定应该淘汰哪页的算法,也称淘汰算法。这个算法的选择是很重要的,因为若选用了不适合的算法,就会出现这样的现象:刚被淘汰的页面又立即要用,因而又要把它调入,而调入不久再被淘汰,淘汰不久再被调入。如此反复,使得整个系统的页面调度非常频繁以至于大部时间都花在来回调度页面上。这种现象叫做"抖动",又称"颠簸"。一个好的调度算法应减少和避免抖动现象。

对于假定作业 P 共计 n 页,而系统分配给它的主存块只有 m 块(m,n 均为正整数,且 $1 \leqslant m \leqslant n$),即最多主存中只能容纳该作业的 m 页。如果作业 P 在运行中成功的访问次数为 S(即所访问的页在主存中),不成功的访问次数为 F(即缺页中断次数),则总的访问次数 A 为:$A = S + F$。缺页中断率为

$$f = F / A$$

影响缺页中断率 f 的因素有:主存页框数、页面大小、页面替换算法、程序特性等。

一个理想的页面替换算法是:当要调入一页而必须淘汰一个旧页时,所淘汰的页应该是以后不再访问的页或距现在最长时间后再访问的页。这样的调度算法使缺页中断率为最低。然而这样的算法是无法实现的,因为在程序运行中无法对以后要使用的页面作出精确的断言。不过,这个理论上的算法可以用来作为衡量各种具体算法的标准。这个算法是由 Belady 提出来的,所以叫做 Belady 算法,又叫做最佳算法(Optimal)。

Belady 算法是一种理想化的页面调度算法,以下是几个比较典型又实用的页面调度算法。

① 随机页面替换算法　要淘汰的页面是由一个随机数产生程序所产生的随机数来确定的。选择一个不常使用的页面会使系统性能较好,但这种调度算法做不到这一点,虽很简单但效率却低,一般不采用。

②先进先出页面替换算法(FIFO)　先进先出调度算法是一种低开销的页面替换算法,基于程序总是按线性顺序来访问物理空间这一假设。这种算法总是淘汰最先调入主存的那一页,或者说在主存中驻留时间最长的那一页(常驻的除外)。

③ 最近最少用页面替换算法(Least Recently Used, LRU)　最近最少用调度算法是一种通用的有效算法,被操作系统、数据库管理系统和专用文件系统广泛采用。该算法淘汰的页面是在最近一段时间里较久未被访问的那一页。它是根据程序执行时所具有的局部性来考虑的,即那些刚被使用过的页面,可能马上还要被使用,而那些在较长时间里未被使用的页面,一般说可能不会马上使用到。

为了能比较准确地淘汰最近最少使用的页,从理论上来说,必须维护一个特殊的队列(为页面淘汰序列)。该队列中存放当前在主存中的页号,每当访问一页时就调整一次,使队列尾总指向最近访问的页,队列头就是最近最少用的页。显然,发生缺页中断时总淘汰队列头所指示的页;而执行一次页面访问后,需要从队列中把该页调整到队列尾。

④第二次机会页面替换算法　FIFO 算法可能会把经常使用的页面淘汰掉,可以对 FIFO 算法进行改进,把 FIFO 算法与页表中的"引用位"结合起来使用。算法实现如下:首先检查 FIFO 中的队首页面(这是最早进入主存的页面),如果它的"引用位"是 0,那么这个页面既老又没有用,选择该页面淘汰;如果它的"引用位"是 1,说明虽然它进入主存较早,但

最近仍在使用，于是把它的“引用位”清成 0，并把这个页面移到队尾，把它看作是一个新调入的页。这一算法称为第二次机会(Second Chance)算法，其含义是最先进入主存的页面，如果最近还在被使用的话，仍然有机会作为像一个新调入页面一样留在主存中。

⑤ 最不常用页面替换算法(Least Frequently Used，LFU) 如果对应每一页设置一个计数器，每当访问一页时，就使它对应的计数器加 1。过一定时间 t 后，将所有计数器全部清 0。当发生缺页中断时，可选择计数值最小的对应页面淘汰，显然它是在最近一段时间里最不常用的页面。这种算法实现不难，但代价太高而且选择多大的 t 最适宜也是个难题。

3)分段式虚拟存储系统

分段式虚拟存储系统也为用户提供比主存实际容量大的存储空间。这种虚拟存储系统把作业的所有分段都存放在辅助存储器中，当作业被调度投入运行时，首先把当前需要的一段或几段装入主存，在执行过程中访问到不在主存的段时再把它们装入。因此，在段表中除了有段号、段长、段的基址三项外，还需要存取方式、访问字段、修改位、存在位、增补位、外存起始地址等信息。

在作业执行中访问某段时，由硬件的地址转移机构查段表，若该段在主存，则按分段式存储管理中给出的办法进行地址转换得到绝对地址。若该段不在主存中，则硬件发出一个缺段中断。操作系统处理这个中断时，查找主存分配表，找出一个足够大的连续区域容纳该分段。如果找不到足够大的连续区域则检查空闲区的总和，若空闲区总和能满足该分段要求，那么进行适当移动后，将该分段装入主存。若空闲区总和不能满足要求，则可调出一个或几个分段在辅助存储器上，再将该分段装入主存。

在执行过程中，有些表格或数据段随输入数据多少而变化。例如，某个分段在执行期间因表格空间用完而要求扩大分段。这只要在该分段后添置新信息就行，添加后的长度应不超过硬件允许的每段最大长度。对于这种变化的数据段，当要往其中添加新数据时，由于欲访问的地址超出原有的段长，硬件产生一个越界中断。操作系统处理这个中断时，先判别一下该段的“扩充位”标志，如可以扩充，则增加段的长度，必要时还要移动或调出一个分段以腾出主存空间；如该段不允许扩充，那么这个越界中断就表示程序出错。

4)段页式存储管理

段式存储是基于用户程序结构的存储管理技术，有利于模块化程序设计，便于段的扩充、动态链接、共享和保护，但往往会生成段内碎片浪费存储空间；页式存储是基于系统存储器结构的存储管理技术，存储利用率高，便于系统管理，但不易实现存储共享、保护和动态扩充。如果把两者优点结合起来，在分页式存储管理的基础上实现分段式存储管理就是段页式存储管理。

段页式存储管理的基本原理为：将虚地址以程序的逻辑结构划分成段，这是段页式存储管理的段式特征；实地址划分成位置固定、大小相等的页框(块)，这是段页式存储管理的页式特征；将每一段的线性地址空间划分成与页框大小相等的页面，这是段页式存储管理的特征。

这种虚拟存储管理方式的数据结构更为复杂，包括作业表、段表和页表三级结构。作业表中登记了进入系统中的所有作业及该作业段表的起始地址，段表中至少包含这个段是否在内存，以及该段页表的起始地址，页表中包含了该页是否在主存(中断位)、对应主存块号。

5.4　设备管理

设备管理是操作系统中的又一项重要任务，它涉及到计算机系统与外界的数据交换和通信联系。计算机系统中的外围设备可分为存储型设备和输入输出型设备两大类，简称外设。设备管理是操作系统中最庞杂和琐碎的部分，为了方便用户使用各种外设，设备管理要达到提供统一界面、方便使用、发挥系统并行性、提高 I/O 设备使用效率等目标。设备管理通常具有以下功能：外围设备中断处理、缓冲区管理、外围设备的分配、外围设备驱动调度、虚拟设备及其实现。

5.4.1　I/O 控制管理

1)I/O 系统

I/O 系统是指 I/O 设备及其接口电路、控制部件、通道和管理软件总和。对 I/O 设备的分类，按照 I/O 的特性可将其分为输入型外设、输出型外设和存储型外设三类；按照 I/O 信息交换的单位，可分为字符设备和块设备。字符设备是指它与内存进行信息交换的单位是字节，即一次交换一个或多个字节；而块设备则一次与内存交换的一个或几个块的信息，每块信息均由多个字节构成。

2)I/O 控制方式

I/O 控制在计算机处理中具有重要的地位，一般通过硬、软件技术综合实现。常见的 I/O设备的控制方式有：

(1)查询方式　该方式下，I/O 指令序列需要不断地测试相应设备的忙闲标志位，以决定主存和外设是否进行信息交换。由于这种方式的实现需要 CPU 参与实现，效率不高，通常用于信息量较小的场合。

(2)中断方式　该方式需要引入中断机构，CPU 根据中断信号的类型判断外设的工作状态，通过中断服务程序的执行决定主存与外设间是否进行信息交换，应用相当广泛。

(3)DMA 方式　即直接存储器存取方式。该方式下，主存和 I/O 设备间有一条数据通路，可实现主存和 I/O 设备之间成块数据传送而不需要 CPU 干预。DMA 需要一些逻辑部件的支持才能实现。

(4)通道方式　通道又称 I/O 处理机，它能完成主存和外设间的信息传送，与中央处理器并行地执行操作。通道技术解决了 I/O 操作的独立性和各部件工作的并行性。由通道管理和控制输入/输出操作，大大减少了外围设备和 CPU 的逻辑联系。从而把中央处理器从琐碎的输入/输出操作中解放出来。此外，外围设备和中央处理器能实现并行操作；通道和通道之间能实现并行操作；各通道上的外围设备也能实现并行操作，以达到提高整个系统效率这一根本目的。

按照信息交换方式和连接设备种类不同，通道可分为三种类型：

① 字节多路通道　以字节为单位交叉地工作，当为一台设备传送一个字节后，立即转去为另一台设备传送一个字节。它可连接大量慢速外设，如软盘输入/输出机、纸带输入/输出机、卡片输入/输出机、控制台打字机等。

② 数据选择通道　一次只执行一个通道程序，每次传送一批数据，传送速度很高，但在这段时间只能为一台设备服务；每当一个输入/输出操作请求完成后，再选择与通道相连接

的另一设备。常用于连接磁带和磁盘快速设备。

③ 成组多路通道　以分时方式同时执行多个通道程序，该方式先为一台设备执行一条通道命令，然后自动转换，为另一台设备执行一条通道命令，其实质是对通道程序采用多道程序设计技术的硬件实现。

3)设备控制器

I/O设备通常包括电子部件和机械部件。电子部件称为设备控制器或适配器，在个人计算机中，它可能是一块可以插入主板扩充槽的板卡；机械部件则是设备本身。现在的计算机系统中的大部分外设都有其专用的设备控制器。

控制器与设备之间的接口层次较低，操作系统只需通过传递几个简单的参数就可以对控制器进行操作和初始化，从而大大简化了操作系统的设计，特别是有利于计算机系统和操作系统对各类控制器和设备的兼容性。

设备控制器的主要功能为：接收和识别CPU或通道发来的命令、实现数据交换、发现和记录设备及自身的状态信息、设备地址识别。为了实现上述各功能，设备控制器必须有命令寄存器及译码器、数据寄存器、状态寄存器、地址译码器，以及用于对设备操作进行控制的I/O逻辑。

4)I/O软件原理

I/O软件的总体设计目标是：高效率和通用性。高效率是不言而喻的，通用性则意味着用统一标准的方法来管理所有设备，为了达到这一目标，通常把软件组织成一种层次结构，低层软件用来屏蔽硬件的具体细节，高层软件则主要向用户提供一个简洁、规范的界面。

I/O软件设计主要要考虑设备无关性、出错处理、同步与异步传输、独占性外围设备和共享性外围设备四个方面。操作系统通常把I/O软件组织成：I/O中断处理程序(底层)、设备驱动程序、与设备无关的操作系统I/O软件、用户层I/O软件四个层次。图5-4-1总结了I/O系统，标示出了每一层软件及其功能。从底层开始分别是硬件、中断处理程序、设备驱动程序、设备无关软件，最上面是用户进程。

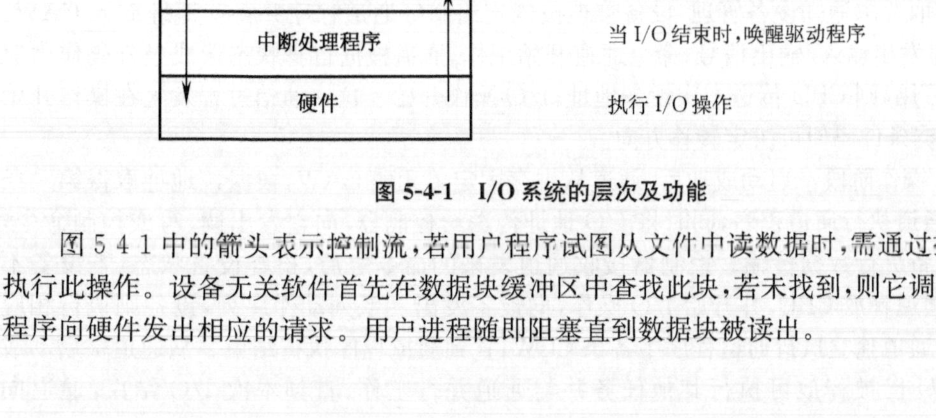

图5-4-1　I/O系统的层次及功能

图5 4 1中的箭头表示控制流，若用户程序试图从文件中读数据时，需通过操作系统来执行此操作。设备无关软件首先在数据块缓冲区中查找此块，若未找到，则它调用设备驱动程序向硬件发出相应的请求。用户进程随即阻塞直到数据块被读出。

5)具有通道的I/O系统管理

具有通道的计算机系统，I/O程序设计涉及CPU执行I/O指令，通道执行通道命令，以及CPU和通道之间的通信。

(1)通道命令和通道程序

通道具有自己的指令系统，常常把I/O处理机的指令称通道命令。通道命令(Channel Command Word,CCW)是通道从主存取出并控制I/O设备执行I/O操作的命令字。用通道命令编写的程序称通道程序。一条通道命令往往只能实现一种功能，由于通道程序由多条通道命令组成，每次启动就可以完成复杂的I/O控制。

启动外围设备按指定要求工作，首先要编写出实现指定功能的通道程序。编制通道程序的关键在于记住通道命令的格式，不同外围设备有不同的命令码，不能混用。

通道方式的输入/输出，需要使用两个固定存储单元：通道地址字(Channel Address Word,CAW)和通道状态字(Channel Status Word,CSW)。

编好的通道程序放在主存中，为了使通道能取到通道命令去执行，在主存的一个固定单元中存放当前启动的外围设备所要求的通道程序的首地址，这个用来存放通道程序的首地址单元称通道地址字。

通道状态字是通道向操作系统报告情况的汇集。通道利用通道状态字可以提供通道和外围设备执行I/O操作的情况。

(2)I/O指令和主机I/O程序

每次执行I/O操作，要为通道编制通道程序，同时为主机编制主机I/O程序。CPU执行驱动外围设备指令时，同时将首地址放在CAW中的通道程序交给通道，通道将根据CPU发来的I/O指令和通道程序对外围设备进行具体的控制。正确执行一次I/O操作的步骤可归纳如下：

①确定I/O任务　了解使用何种设备，属于哪个通道，操作方法如何等。

②确定算法　决定例外情况处理方法。

③编写通道程序　完成相应的I/O操作。

④编写主机I/O程序　对不同条件码进行不同处理。

(3)通道启动和I/O操作过程

通道方式I/O过程可以分成三个阶段：

① I/O启动阶段　用户在I/O主程序中调用文件操作请求传输信息，文件系统根据用户提供的参数可以确定哪台设备、传输信息的位置、传送个数和信息内存区的地址。然后文件系统把存取要求通知设备管理，设备管理按规定组织好通道程序并将首地址放入CAW。CPU向通道发出输入/输出信号，命令通道开始工作，通道根据自身状态形成条件码作为应答，若通道可用，则CPU传送本次设备地址，I/O操作开始。这一通信过程发生在操作开始时，CPU根据条件码便可决定转移方向。

② I/O操作阶段　启动成功后，通道从主存固定单元取CAW，根据该地址取得第一条通道命令，通道执行通道程序，同时将I/O地址传送给控制器，向它发出读、写或控制命令，控制外围设备进行数据传输。控制器接收通道发来的命令之后，检查设备状态，若设备不忙，则告知通道释放CPU，并开始I/O操作，向设备发出一系列动作序列，设备则执行相应动作。此后通道独立执行通道程序中各条CCW，直到通道程序执行结束。从通道被启动成功开始，CPU已被释放可执行其他任务并与通道并行工作，直到本次I/O结束，通道向

CPU 发出 I/O 操作结束中断，再次请求 CPU 干预。

③ I/O 结束阶段　通道发现通道状态字中出现通道结束、控制器结束、设备结束或其他能产生中断的信号时，就应向 CPU 申请 I/O 中断。同时，把产生中断的通道号和设备号，以及 CSW 存入主存固定单元。中断装置响应中断后，CPU 上的现行程序才被暂停，调出 I/O 中断处理程序处理 I/O 中断。

5.4.2　缓冲技术

缓冲技术实现基本思想为：当一个进程执行写操作输出数据时，先向系统申请一个主存区域（缓冲区），然后将数据高速送到缓冲区。若为顺序写请求，则不断把数据填到缓冲区，直到它被装满为止。此后进程可以继续它的运算，同时系统将缓冲区内容写到 I/O 设备上。当一个进程执行操作输入数据时，先向系统申请一个缓冲区，系统将一个物理记录的内容读到缓冲区域中，然后根据进程要求，把当前需要的逻辑记录从缓冲区中选出并传送给进程。

缓冲区的出现可以改善 CPU 与外设间速度不匹配的矛盾，同时协调逻辑记录大小与物理记录大小不一致的问题，并提高 CPU 和 I/O 设备的并行性。

用于上述目的专用主存区域称为 I/O 缓冲区。在输出数据时，只有在系统还来不及让出缓冲区而进程又要写数据时，它才需要等待；在输入数据时，仅当缓冲区空而进程又要从中读取数据时，它才被迫等待。其他时间可以进一步提高 CPU 和 I/O 设备的并行性，以及 I/O 设备之间的并行性，从而提高整个系统的效率。

在操作系统管理下，常常辟出许多专用主存区域的缓冲区用来服务于各种设备，支持 I/O 管理功能。常用的缓冲技术有：单缓冲、双缓冲、多缓冲。

1）单缓冲

单缓冲是操作系统提供的一种简单的缓冲技术。每当一个用户进程发出一个 I/O 请求时，操作系统在主存的系统区中开设一个缓冲区。

对于块设备输入，单缓冲机制如下工作：先从磁盘将一块数据传送到缓冲区，接着操作系统将缓冲区数据送到用户区，这时缓冲区已空，可预读紧接的下一块，大多数应用将要使用邻接块，然后用户进程对这批数据进行计算。对于块设备输出，单缓冲机制工作方式类似，先把数据从用户区拷贝到系统缓冲区，用户进程可以继续请求输出，直到缓冲区填满后，才启动 I/O 写到磁盘上。

对于字符设备输入，缓冲区用于暂存用户输入的一行数据，在输入期间，用户进程被挂起等待一行数据输入完毕；在输出时，用户进程将第一行数据送入缓冲区后，继续执行。如果在第一个输出操作没有腾空缓冲区之前，又有第二行数据要输出，用户进程应等待。

2）双缓冲

为加快 I/O 速度和提高设备利用率，需要引入双缓冲工作方式，又称缓冲交换。在输入数据时，首先填满缓冲区 1，操作系统可从缓冲区 1 将数据送到用户进程区，用户进程便可对数据进行加工计算；与此同时，输入设备填充缓冲区 2。当缓冲区 1 空出后，输入设备再次向缓冲区 1 输入。操作系统又可以将缓冲区 2 的数据传送到用户进程区，用户进程开始加工缓冲 2 的数据。两个缓冲区交替使用，使 CPU 和 I/O 设备、设备和设备的并行性进一步提高，仅当两个缓冲区都被取空，进程还要提取数据时，它才被迫等待。双缓冲使效率提高，但复杂性也增加了。

3)多缓冲

为获得较高的并行度,常常采用多缓冲组成的循环缓冲技术。操作系统从自由主存区域中分配一组缓冲区组成循环缓冲,每个缓冲区的大小可以等于物理记录的大小。多缓冲的缓冲区是系统的公共资源,可供各个进程共享,并由系统统一分配和管理。缓冲区可按用途分为:输入缓冲区、处理缓冲区和输出缓冲区。为了管理各类缓冲区,进行各种操作,必须设计专门的软件,这就是缓冲区自动管理系统。

5.4.3 设备分配

1)设备独立性

计算机系统通常配置许多类型的外设,同类外设又可能有多台。作业在执行前,应对静态分配的外围设备提出申请要求,如果申请时指定某一台具体的物理设备,那么分配工作就很简单,但当指定的某台设备有故障时,就不能满足申请,该作业也就不能投入运行。例如,系统中有 A,B 两台相同的输入设备,现在有作业 2 需申请一台,若其指定使用 A,但是作业 1 已经占用 A 或者 A 损坏,虽然系统中还有同类设备 B 是可用,但也不接受作业 2,这样显然很不合理。为此通常用户不指定特定的设备,而指定逻辑设备,使得用户作业和物理设备独立开来,再通过其他途径建立逻辑设备和物理设备之间的对应关系,这种特性称为设备独立性。具有设备独立性的系统中,用户编写程序时使用的设备与实际使用的设备无关,亦即逻辑设备名是用户命名的。设备管理的功能之一就是把逻辑设备名转换成物理设备名。

设备独立性的优点是:用户需求与物理外设无关;系统增减或变更外设时不必修改程序;易于处理输入/输出设备的故障。设备的独立性提高了系统的可靠性,增加外设分配的灵活性,能更有效地利用外围设备资源,实现多道程序设计技术。

操作系统的设备独立特性,使程序员可利用逻辑设备进行输入/输出,而通过操作系统的命令或语言来实现逻辑设备与物理设备之间的转换。逻辑设备到物理设备的转换,一般使用如下方法:利用作业控制语言实现批处理系统的设备转换;利用操作命令实现设备转换;利用高级语言的语句实现设备转换。

2)设备分配

现代计算机系统可以同时承担多个用户的多个任务,设备管理的一个重要功能就是为系统中的每个任务分配其所需的外设。

从设备的特性来看,可把设备分成独占设备、共享设备和虚拟设备三类;相应的管理和分配外围设备的技术可分成:独占方式、共享方式和虚拟方式。常见的独占性外设有卡片输入机、卡片穿孔机、打印机、磁带机等;各种磁盘等外部存储器是常见的共享设备。

对独占设备往往采用静态分配方式,也就是在作业执行前,为其分配要用的某类设备。当作业不再需要该设备时,系统就收回这类设备。静态分配方式实现简单,能防止系统死锁,但会降低设备的利用率。对于共享设备,一般不必进行分配。但对于共享磁盘,有些系统也采用静态分配方式把各柱面分配给不同的作业使用,以提高存取速度,但使存储空间利用降低,用户动态扩充困难。

操作系统中,对 I/O 设备的分配算法常用的有:先请求先服务,优先级高者先服务等。此外,在多进程请求 I/O 设备分配时,应防止因循环等待对方所占用的设备而产生死锁,应预先进行检查。

5.4.4 虚拟设备

为了提高设备的利用率，现代操作系统一般都提供虚拟设备的功能。操作系统将大批信息从输入设备上预先输入到辅助存储器磁盘的输入缓冲区域中暂时保存，即为预输入。此后在由作业调度程序调出执行时，作业使用相关数据时就不必再启动输入设备，而只要从磁盘的输入缓区域中读入。同样，作业在执行中不直接启动输出设备输出数据，只是将作业需要输出数据暂存到磁盘的输出缓冲区域中，在系统空闲时成批输出，即为缓输出。

预输入、缓输出的提出，显著地提高了设备的利用率。这样作业执行过程中不再与慢速外设直接联系，而是从输入缓冲区获得输入数据，若需要输出数据，只要将其写到输出缓冲区就行了，所以大大地减少作业因等待慢速外设而消耗的等待时间。对于多道程序系统，其作业调度的灵活性也得到了改善。

从上述分析可以看出，操作系统提供了外围设备联机同时操作功能后，系统的效率会有很大提高。与脱机外围设备操作相比，辅助存储器上的输入和输出缓冲区域相当于输入磁盘和输出磁盘，预输入和缓输出程序完成了外围计算机做的工作。这种技术的采用也使得每个作业感到各自拥有独占使用的设备若干台，所以也被称为虚拟设备。例如，虽然一般的系统中只有一台打印机输出，但是它对应着系统中的多个作业，并且使每个作业都感到各自有一台打印机。虚拟设备是用一类物理设备模拟另一类物理设备技术，是使独占使用的设备变成可共享的设备的技术，操作系统中将实现这种技术的功能模块称斯普林系统(Spooling)。

5.5 文件管理

文件系统负责存取和管理操作系统中的信息，实现用户和系统信息的存储、检索、更新、共享和保护，为用户提供方便、有效的使用文件和操作文件方法。

5.5.1 文件

1)文件的概念

文件系统是现代操作系统的基础，以适应系统管理和用户使用软件资源的需要。文件(File)是信息的一种组织形式，是由文件名标识的一组存储在外存上的相关信息的集合。文件名通常是由字母或数字组成的字符串，其格式和长度因系统而异。组成文件的信息是各式各样的，可以是源程序、二进制代码、各种文本及声音、图像等各类存储在外存中的信息集合。

操作系统的文件系统方便了用户使用，用户不必记住信息在外存中的物理位置，只需要根据文件名，就可实现按名存取；用户通过文件系统才能实现对文件的访问，而文件系统能提供各种安全、保密和保护措施，所以可以防止对文件信息的破坏与窃用；文件系统提供了文件共享，系统中不同的用户可以使用同一文件，显著地提高了系统存储空间的利用率和信息的交换效率。

2)文件的命名

任何一个系统在创建文件时必须给出文件名，以便对该文件进行相应的操作。各操作系统的文件命名规则略有不同，这主要表现在文件名的格式和长度是因系统而异的。

一般来说，文件名都是字母或数字组成的字母数字串。例如，在 MS-DOS 系统中，文件的名字包括文件名和扩展名两部分，前者用于识别文件，长度为1到8个字符，后者用于标识文件特性，长度为0到3个字符，两者之间用一个圆点隔开。文件名和扩展名均不区分大小写，可用字符包括字母、数字及一些特殊符号。扩展名常常用作定义各种类型的文件，系统有一些约定扩展名，如COM是系统命令文件；EXE为可执行文件；BAT表示批命令文件等。Windows继承并扩展DOS的文件命名规则，它支持多达255个字符的长文件名。

3)文件的类型

文件有多种分类方法。根据用途可分成：系统文件、库文件、用户文件、文档文件；按安全属性可分成：只读文件、读写文件和不保护文件；按信息流向可分成：输入文件、输出文件和输入/输出文件；按存放时限可分成：临时文件、永久文件、档案文件。

4)文件的使用

用户对文件的使用，可以通过操作系统提供的与文件有关的操作命令来实现，也可以通过系统提供给用户程序使用的文件类系统调用来实现。通常文件系统提供的基本文件类系统调用有：建立文件、打开文件、读/写文件、关闭文件、撤销文件。

5.5.2 文件的结构与组织

文件的结构是指文件的组织形式，通常有逻辑文件和物理文件两种。逻辑文件是从用户的观点出发所看到的文件组织形式，也为文件的逻辑结构。物理文件是文件在外存上的实际存放形式，为文件的物理结构或存储结构。

1)文件的逻辑结构

文件的逻辑结构是为了方便用户的使用，通常分为两种形式：

(1)流式文件　指文件内的数据不再组成记录，只是依次的一串信息集合，也可以看成是只有一个记录的记录式文件。这种文件常常按长度来读取所需信息，也可以用插入的特殊字符作为分界。例如文本文件和源程序，其文件内部不再划分结构。

(2)记录式文件　是指其文件内部信息被划分为若干逻辑记录，逻辑记录是文件中按信息在逻辑上的独立含意划分的一个信息单位，并以记录为单位进行组织和使用。记录式文件往往用于数据库管理系统。在记录式文件中，根据应用程序的不同需求，记录的长度可以为定长的或变长的。

2)文件的物理结构

用户看到的是逻辑文件，会以不同方式保存到物理存储设备的存储介质上去，文件的物理结构和组织是指逻辑文件在物理存储空间中的存放方法和组织关系。文件的存储结构涉及块的划分、记录的排列、索引的组织、信息的搜索等诸多问题。所以文件的物理结构的优劣直接影响文件系统的性能。如下是几种常用的文件物理结构和组织。

(1)顺序文件　将一个文件中逻辑上连续的信息存放到存储介质上依次相邻的块上便形成顺序结构，这类文件叫顺序文件，又称连续文件。显然，这是一种逻辑记录顺序和物理记录顺序完全一致的文件，通常记录按出现的次序读出或修改。一切存于磁带上的文件都只能是顺序文件，此外，卡片机、打印机、纸带机介质上的文件也属于顺序文件。

顺序文件是一种最简单的文件组织形式，在数据处理历史上最早使用。其优点是：顺序存取记录时速度较快。其主要缺点是：建立文件前需要能预先确定文件长度，以便分配存储空间；不易对文件进行修改、插入等操作；对直接存储器作连续分配，会造成少量空闲块的浪费。

(2)链接文件　即物理块之间是不连续的，也不必是顺序排列的，但是每个物理块中设置了一个指针，用以指向下一个物理块的地址，这种文件叫链接文件。链接文件的主要优点是：有利于解决存储器的碎片问题，有利于文件记录的扩充（增、删），提高存储空间的利用率。其缺点为：随机存取速度慢。

（3）索引文件　索引文件也是一种对文件存储不进行连续分配的方式。对于索引文件，需要另外建立一个索引表，用于记录文件中逻辑记录和物理存储块之间的对应关系。文件本身和索引表共同构成了索引文件。通常，索引表的地址可由文件目录指出，查阅索引表先找到相应的记录键，然后获得数据存储地址。索引结构是链接结构的扩展，它不仅具备链接文件的优点，还具有直接读写任意一个记录的能力，便于文件的增、删、改。但索引文件的缺点是：由于增加了索引表而增加了空间开销和查找时间，有时索引表的信息量甚至可能远远超过文件记录本身的信息量。

5.5.3　文件目录

1）文件目录结构

文件目录是用于实现文件的按名存取和有效管理的重要手段。文件系统的基本功能之一就是负责文件目录的建立、维护和检索，要求编排的目录便于查找、防止冲突，目录的检索方便迅速。

文件系统在创建文件时，就为之创建一个文件目录，可以称为文件控制块（FCB），它用于文件的描述和控制，通常包括以下内容：

（1）有关文件存取控制的信息　包括文件名、用户名、授权者存取权限、文件类型和文件属性，如读写文件、执行文件、只读文件等。

（2）有关文件结构的信息　文件的逻辑结构，如记录类型、记录个数、记录长度、成组因子数等。文件的物理结构，如记录存放相对位置或文件第一块的物理块号，也可指出文件索引的所在位置。

（3）有关文件管理的信息　如文件建立日期、文件最近修改日期、访问日期、文件保留期限、记账信息等。

不同的操作系统的文件目录的内容不完全相同，但都要求目录结构本身占用空间少，存取方便。因此，文件系统通常把所有的文件的文件目录组织成一个独立的文件，这个全部由文件目录项组成的文件为目录文件，这是文件系统管理文件的最重要的依据。

目录文件的结构形式关系到文件的共享与安全，也是影响文件存取速度的最重要因素之一。目前常见的目录结构形式有单级目录、二级目录和多级目录。

2）单级目录结构

文件系统中只有一个目录文件的目录结构为单级目录结构，也称一级目录结构，是一种最简单的目录结构形式。

对于单级目录结构，在操作系统中构造一张线性表，表中的每一个记录对应于一个文件，表中的记录由与文件相关的各个属性字段构成。

单用户微型机操作系统通常采用这一结构，每个磁盘上设置一张一级文件目录表。文件目录表由长度为32字节的目录项组成，目录项0称目录头，记录有关文件目录表的信息，其他每个目录项又称文件控制块。文件目录中列出了盘上全部文件的有关信息。

图5-5-1为单级目录结构的示意图。

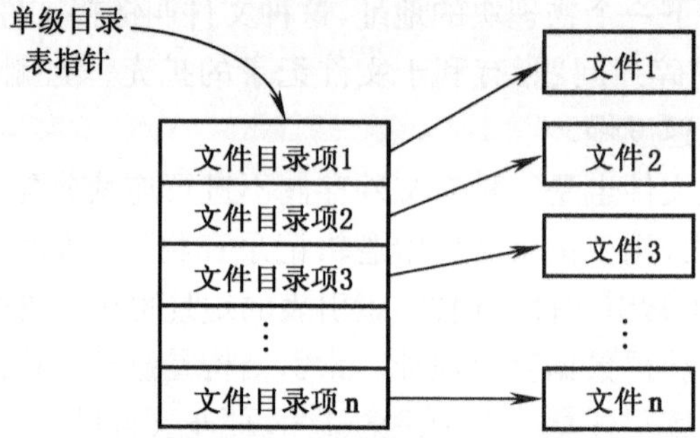

图 5-5-1　单级目录结构示意图

单级目录结构有两个致命的缺点，导致它的应用受到了很大的局限：

(1)重名问题　它要求文件名和文件之间有一一对应关系，在多用户的系统中，由于都使用同一文件目录，一旦文件名相同，就会出现混淆而无法实现按名存取。

(2)文件共享问题　单级目录结构很难实现不同用户对同一个文件的共享。

为了解决上述问题，操作系统往往采用二级目录结构，使得每个用户有各自独立的文件目录。

3)二级目录结构

在二级目录中，第一级为主文件目录(MFD)，它用于管理所有用户文件目录，它的目录项登记了系统接受的用户的名字及该用户文件目录的地址。第二级为用户文件目录(UFD)，它为该用户的每个文件保存一登记栏，其内容与一级目录的目录项相同，又称子目录。每一用户只允许查看自己的文件目录。

图 5-5-2 为二级文件目录结构示意，当一个新用户作业进入系统执行时，系统为其在主文件目录中，开辟一个表目，登入用户名，并分配存储区。当用户需要访问某个文件时，系统根据用户名从主文件目录中找出该用户的文件目录的物理位置，其余的工作与一级文件目录类似。

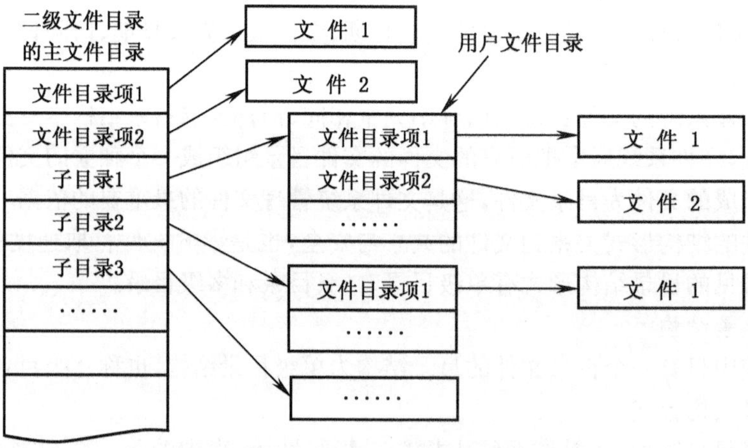

图 5-5-2　二级目录结构示意图

二级目录结构突出了用户有关的概念，任何文件的存取都通过主文件目录，于是可以检查访问文件者的存取权限，避免一个用户未经授权就存取另一个用户的文件，使用户文件的私有性得到保证，实现了对文件的保密和保护。解决了文件的同名问题，由于各自有不同的用户文件目录而不会导致混乱。

4)多级目录结构

二级目录的扩展就形成了多级目录。每一级目录可以是下一级目录的说明,也可以是文件的说明,从而形成了明显层次、分支关系,所以也称为树型目录结构。图 5-5-3 为多级目录结构示意图。这种树形结构,树根是根目录;从根向下,每一个树枝是一个子目录;而树叶是文件。树型多级目录较好地解决了文件的重名问题,并且易于文件的保护与共享。

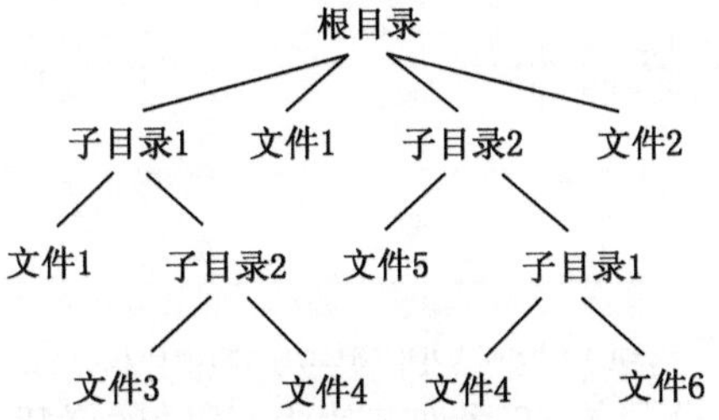

图 5-5-3 树形目录结构示意图

对于上述树型目录结构,文件的全名应当包括从目录路径与文件名,子目录名之间用正斜线"/"隔开。

5.5.4 文件的保护和保密

1)文件的保护

文件保护是指防止文件被破坏,它包括两个方面:一是防止系统崩溃所造成的文件破坏;二是防止其他用户的非法操作所造成的文件破坏。

为防止系统崩溃造成文件破坏,定时转储是一种经常采用的方法,系统的管理员每隔一段时间,就把需要保护的文件保存到另一个外存上,备份数据以便产生损害后能将损失降低到最小。

例如在 MIS 系统中,往往在每天工作结束后,就需要对数据进行备份。在许多存储大量数据服务器上,对硬盘进行镜像以提高系统的安全性。通常不同的应用系统直接提供数据备份的操作。操作系统也常常提供数据备份和转存的命令或工具。如 DOS 的 XCOPY、BACKUP 与 RESTORE 等命令,Windows 的数据备份工具,Unix 的 Compress 命令。还有一些第三方软件公司也提供这样一些备份工具,如 arj、lha、winzip 等压缩软件就是常使用的数据转储备份的工具。

数据的备份与转储,并不能完全做到百分之百的数据恢复。为此,要尽可能防止其他用户的非法操作所造成的文件破坏,这往往通过操作系统的安全性策略来实现,其基本思想是建立如下的三元组:

(用户,对象,存取权限)

其中,用户是指每一个操作系统使用者的标识;对象在操作系统中一般是文件,因为操作系统把资源统一到文件层次,如通过设备文件使用设备、通过 Socket 关联文件使用进程通信等;存取权限定义了用户对文件的访问权,如:读、写、删除、创建、执行等等。一个安全性较高的系统权限划分得较多较细。

2)文件的保密

文件保密的目的是防止文件被窃取。主要方法有设置口令和使用密码。

操作系统中常用的口令分成两种:一种是文件口令,是用户为每个文件规定的一个口令，它可写在文件目录中并隐蔽起来，只有当用户提供的口令与文件目录中的口令一致时，才允许用户使用该文件；另一种是终端口令，由系统分配或预先设定一个口令给用户，只有当用户提供正确的口令后，才能使用相应的终端。

使用密码是一种更加有效的文件保密方法，它将文件中的信息翻译成密码形式，使用时再解密。在网络上进行数据传输时，为保证安全性，经常采用密码技术。

5.6 常见的操作系统简介

5.6.1 DOS 操作系统

DOS 的全称是磁盘操作系统(Disk Operating System)，是一种单用户、普及型的微机操作系统，主要用于以 Intel 公司的 86 系列芯片为 CPU 的微机及其兼容机，曾经风靡了整个 20 世纪 80 年代，作为一种曾广泛流行的操作系统，DOS 仍然具有值得大家怀念的地方。

DOS 由 IBM 公司和微软公司开发，包括 PC-DOS 和 MS-DOS 两个系列。20 世纪 80 年代初，IBM 公司决定涉足 PC 机市场，并推出 IBM-PC 个人计算机。1980 年 11 月，IBM 公司和微软公司正式签约委托微软为其即将推出的 IBM-PC 开发一个操作系统，这就是 PC-DOS，又称 IBM-DOS。1981 年，微软也推出了 MS-DOS 1.0 版，两者的功能基本一致，统称 DOS。IBM-PC 的开放式结构在计算机技术和市场两个方面都带来了革命性的变革，随着 IBM-PC 在 PC 机市场上份额的不断减少，MS-DOS 逐渐成为 DOS 的同义词，而 PC-DOS 则逐渐成为 DOS 的一个支流。

DOS 1.0 版于 1981 年随 IBM PC 微型机一起推出，此后的十多年里，随着微机的发展，DOS 也不断更新改进，直到 1994 年推出了最后的版本 DOS 6.22。

DOS 的主要功能有：命令处理、文件管理和设备管理。DOS 4.0 版以后，引入了多任务概念，强化了对 CPU 的调度和对内存的管理，但 DOS 的资源管理功能比其他操作系统却简单得多。

DOS 采用汇编语言书写，系统开销小，运行效率高。另外，DOS 针对 PC 机环境来设计，实用性较好，并较好地满足了低档微机工作的需要。但是，随着 PC 机性能的突飞猛进，DOS 的缺点不断显露，无法充分发挥硬件功能，缺乏对数据库、网络通信的支持，没有通用的应用程序接口，加上用户界面落后，操作使用不便，从而逐步让位于 Windows 等其他操作系统。但是由于用户在 DOS 下开发了大量的应用程序，因而直到今天 DOS 操作系统依然还在使用，并且新型操作系统都提供对 DOS 的兼容性。

5.6.2 Windows 操作系统

1) Windows 操作系统概况

Microsoft 公司成立于 1975 年，到现在已经成为世界上最大的软件公司，其产品覆盖操作系统、编译系统、数据库管理系统、办公自动化软件和因特网支撑软件等各个领域。从 1983 年 11 月 Microsoft 公司宣布 Windows 诞生到今天的 Windows XP，它成为风靡全球的微机操作系统。目前个人计算机上采用 Windows 操作系统的占 90%，微软公司几乎垄断了 PC 软件业。

图形化用户界面操作环境的思想并不是 Microsoft 公司率先提出的，Xerox 公司的商用

GUI 系统(1981 年)、Apple 公司的 Lisa(1983 年)和 Macintosh(1984 年)是图形化用户界面操作环境鼻祖。Microsoft 公司于 1981 年 5 月推出 Windows 计划,11 月正式发布。但是开始这一产品很不成功,直到 1985 年 11 月产品化的 Windows 1.01 版才开始投放市场,1987 年又推出 Windows 2.0,这两个版本基本上没有多少用户。1990 年发布的 Windows 3.0 版对原来系统做了彻底改造,在功能上有了很大提高,从而赢得了少量用户。到 1992 年 4 月 Windows 3.1 发布后,Windows 逐步取代 DOS 在全世界流行。

2)Windows 早期版本的技术特点

Windows 3.x 以前的版本在 DOS 操作系统的基础上运行。从严格意义上来说,Windows早期版本不能算作是一个真正的操作系统,只能称为图形化用户界面操作环境。这个时期,Windows 的主要技术特点是:(1)友好、直观、高效的面向对象的图形化用户界面,易学易用;(2)丰富的与设备无关的图形操作;(3)多任务的操作环境;(4)新的内存管理,突破了 DOS 系统 640 KB 的限制,实现了虚存管理;(5)提供各种系统管理工具,如程序管理器、文件管理器、打印管理器及各种实用程序;(6)Windows 环境下允许装入和运行 DOS 下开发的程序;(7)提供数据库接口、网络通信接口;(8)提供丰富的软件开发工具;(9)提供面向对象的程序设计思想。

3)家用操作系统 Windows 9x 版本的技术特点

Windows 9x 版本包括 Windows 95、Windows 97、Windows 98、Windows 98 SE 和 Windows Me 等版本。与 Windows 早期版本相比,它能够独立在硬件上运行,是真正意义上的新型操作系统。

Windows 9x 版本不仅具有更直观的工作方式和优良的性能,而且还具有支持新一代软硬件需要的强大能力,其主要技术特点是:(1)独立的 32 位操作系统,同时也能运行 16 位的程序;(2)真正的多用户多任务操作系统,在 32 位下具有抢先多任务能力;(3)提供即插即用功能,系统增加新设备时,只需把硬件插入系统,由 Windows 解决设备驱动程序的选择和中断设置等问题;(4)有内置网络功能,直接支持联网和网络通信,同时也提供环球邮箱和对 Internet 的访问工具;(5)新的图形化界面,具有较强的多媒体支持;(6)支持 FAT32 文件系统。

4)商用机操作系统 Windows NT 的技术特点

在 Windows 发展过程中,硬件技术和系统性能在不断进步,如基于 RISC 芯片和多 CPU 结构的微机出现;客户机/服务器模式的广泛采用;微机存储容量增大及配置多样化;同时,对微机系统的安全性也提出了更高的要求。1993 年推出的 Windows NT(New Technology)便是为这些目标而设计的。除了 Windows 产品的上述功能外,它还有以下的技术特点:(1)支持对称多处理 SMP 和多线程,即多个任务可基于多个线程对称地分布到各个 CPU 上工作,具有良好的可伸缩性,从而大大提高了系统性能;(2)支持抢先的可重入多任务处理;(3)32 位页式授权虚拟存储管理;(4)支持多种 API 和源码级兼容性;(5)支持多种可装卸文件系统,包括 DOS 的 FAT 文件系统、OS2 的 HPFS、CD-ROM 文件系统 CDFS 和 NT 文件系统 NTFS;(6)具有各种容错功能,C2 安全级;(7)可移植性好,可在 Intel x86、PowerPC、Digital Alpha AXP,以及 MIPS RISC 等平台上运行,既可作为网络客户,又可提供网络服务;(8)集成网络计算,支持 LAN Manager,为其他网络产品提供接口;(9)能与其 Microsoft SQL Server 结合,提供 C/S 数据库应用系统的最好组合。

5)Windows 2000 和 Windows XP

Windows 2000 是在 Window NT4.0 基础上修改和扩充而成的。它不是单个操作系统,而包括四个系统用来支持不同对象的应用。专业版为个人用户设计,可支持 2 个 CPU,最大内存可配 4 GB;服务器版为中小企业设计,可支持 4 个 CPU,最大内存 4 GB;高级服务器版为大型企业设计,支持 8 个 CPU 和最大 8 GB 内存;数据中心服务器版专为大型数据中心开发,支持最多 32 个 CPU 和最大 64 GB 内存。Windows 2000 除继承 Windows 98 和 NT 的特性外,在与 Internet 连接、标准化安全技术、工业级可靠性和性能、支持移动用户等方面具有新的特征,它还支持新的即插即用和电源管理功能,提供活动目录技术,支持两路对称式多处理器系统、Cluster 系统。

Windows XP 是一个把家用操作系统和商用操作系统融合为一的操作系统,它将结束 Windows 两条腿走路的历史,包括家庭版、专业版和一系列服务器版。它具有一系列运行新特性,具备更多的防止应用程序错误的手段,进一步增强了 Windows 安全性,简化了系统管理与部署,并革新了远程用户工作方式。如今,最新的 windows 版本是 vista。

总之,微软是一个庞大的软件帝国,它的所有的产品都具有华丽的外表,却很难称得上是真正意义上的精品。近年来,软件业每一次的大规模的病毒爆发都是针对着其操作系统的严重漏洞而来,而 Windows 似乎又有着无穷无尽的软件补丁。于是,在那华丽的外装上,又贴满了很多膏药。

5.6.3　Unix 操作系统大家庭

1)Unix 操作系统的历史与发展

Unix 操作系统是一个通用、交互型分时操作系统。它最早由美国电报电话公司的贝尔实验室的 Thompson 和 Ritchie 于 1969 年在 DEC 公司的小型系列机 PDP-7 上开发成功。1973 年 Ritchie 开发出 C 语言对 Unix 的发展产生了重要作用,用 C 语言改写后的 Unix 具有高度易读性、可移植性,为迅速推广和普及走出了决定性的一步。1974 年 7 月,“Unix 分时系统”一文在美国权威杂志 CACM 上发表,引起了广泛注意。最早外界可获得的 Unix 是 1975 年的 Unix 第 6 版;1978 年的 Unix 第 7 版,可以看作当今 Unix 的祖先,该版为今天 Unix 的繁荣奠定了基础。20 世纪 70 年代中后期,Unix 源代码的免费扩散引起了很多大学、研究所的兴趣,大众的参与为 Unix 的改进、完善、传播和普及起到了重要的作用。

Unix 商业版本的出现源于 1977 年的 IS/1。主要的 Unix 商业版本包括 AT&T Unix 和 BSD Unix 两个主要流派。AT&T 公司发布的 Unix 版本包括 1981 年的 System Ⅲ,1983 年的 System Ⅴ,1984 年的 SVR2 和 1987 年的 SVR3。微软公司和 SCO 公司在 1978 年开始研制的 PC 机上 Unix 商业变种 Xenix 也曾经是 Unix 的一个重要流派,它与 AT&T Unix 在使用标准上会合于 SVR3.2 版本。AT&T 系统的 Unix 是美国加州大学 Berkeley 分校开发的 BSD(Berkeley Software Distribution,BSD) Unix,其中比较著名的版本有 1978 年的 1BSD 和 2BSD,1979 年的 3BSD 和 1980 年之后的 4.0BSD、4.1BSD、4.2BSD 和 4.3BSD。这些版本中加入了页式虚存存储管理、长文件名、快速文件系统、套接字、网络协议 TCP/IP 等大量先进技术,在 Unix 的发展中起了重要作用,成为教学、科研、商用的两大主流系统之一。著名的 Sun OS 及其 Solaris 就是基于 4BSD。在标准上,4.3BSD 的代表 Sun OS 和 AT&T Unix SVR3.2 会合于 SVR4.0 版本。由于资金的原因,BSD Unix 的最后版本是 1993 年发布的 4.4BSD。

Unix 取得成功的最重要原因是系统的开放性，公开源代码，用户可以方便地向 Unix 系统中逐步添加新功能和工具，这样可使 Unix 越来越完善，能提供更多服务，成为有效的程序开发支撑平台。它是目前惟一可以安装和运行在从微型机、工作站直到大型机和巨型机上的操作系统。

Unix 的主要特点包括：(1)Unix 的结构分核心部分和应用子系统，便于做成开放系统；(2)具有分层可装卸的文件系统，提供文件保护功能；(3)提供 I/O 缓冲技术，系统效率高；(4)剥夺式动态优先的 CPU 调度，有力地支持分时操作；(5)命令语言丰富齐全；(6)具有强大的网络与通信功能；(7)支持多用户、多任务；(8)请求分页式虚拟存储管理。

实际上，Unix 已成为操作系统标准，而不是一个具体操作系统。许多公司和大学都推出了自己的 Unix 系统，如 IBM 公司的 AIX 操作系统、Sun 公司的 Solaris 操作系统、Berkeley 大学的 BSD Unix 操作系统、DEC 公司的 Digital Unix 操作系统(并入 Compaq 称 Tru64 Unix)、HP 公司的 HP UX 操作系统、SGI 公司的 Irix 操作系统、CMU 的 Mach 操作系统、SCO 公司的 SCO UnixWare 操作系统以及 AT&T 公司自己的 SVR 操作系统等。上述版本互不兼容，非常混乱。为了使同一个程序能在所有不同 Unix 版本上运行，IEEE 拟定了一个 Unix 标准，称作 POSIX。它定义了相互兼容的 Unix 系统必须支持的最少系统调用接口。该标准已被多数 Unix 支持，同时，其他一些操作系统也在支持 POSIX 标准。

2)Solaris 操作系统

Sun Microsystem 公司开发的 Solaris 是 BSD Unix 的变种，它支持完全对称多处理技术和混合式多线程策略的 32 位分布式计算环境。目前 Solaris 2. x 是一个可移植操作系统，既可以运行在 Sun 和 OEM SPARC 平台上，也可以运行在标准的 Intel 平台上。

Solaris 的设计追求三个目标：一是高性能，通过多用户、多任务、SMP 和多线程能力，最大限度发挥硬件的潜力；二是满足用户变化的需要，建立分布式 C/S 解决方案，允许企业用户利用企业计算环境的能力和资源，更加高效率地解决业务问题；三是支持异构计算环境，用户可以从现有的信息技术投资中得到最大回报。

Sun 公司操作系统的早期版本称为 Sun OS。1982 年推出的 Sun OS 1.0 是 BSD 4.1的一个移植版本，运行在 Motorola 680X0 平台上，支持 1 个 MIPS 的处理器和大约 1 M 内存。

20 世纪 80 年代中期，网络化成为 Sun 计算战略的重要部分。Sun 公司在网络开发技术方面开展了具有重大意义的工作，并于 1985 年推出了 Sun OS 2.0 版本，它能够支持分布式、基于网络的计算。这些工作包括构建分布式应用程序接口(远程过程调用 RPC)的构建，通过网络共享数据的操作系统程序(网络信息系统 NIS)，以及分布式文件系统 NFS。Sun NFS(Network File System)是 1984 年推出的一个网络文件系统产品，如今已成为一种事实上的标准。NFS 提供了在异种机、异种操作系统的网络环境下共享文件的简单有效的方法。NFS 基于 C/S 模式，使用 UDP 协议和 RPC(Remote Procedure Call)机制，主要特点包括：(1)提供透明的文件访问和文件传送，用户使用本地或远程的文件没有区别，真正实现了分布式数据处理；(2)易于扩充新的资源或软件，不需改变现有工作环境；(3)性能高，可靠性好，具有可伸缩性。

Sun 公司于 1988 年推出了 Sun OS 4.0，把运行平台从 Motorola 680X0 平台迁移到 SPARC 平台，并开始支持 Intel 平台；1990 年又推出了 Sun OS 4.1，1992 年推出了 Sun OS 4.1.3，这些版本中出现了对异步多处理器 ASMP 的支持，它的内核每次只在一个处理器上运行，而同时可以在可用的任意多个处理器上调度用户程序。

作为一个连续化的操作环境，Sun OS 4. X 版本被称为 Solaris 1. X，而 Solaris 2. X 版本又被称为 Sun OS 5. X。

从 1992 年开始，Sun 公司相继推出了 Solaris 2. 1 到 Solaris 2. 6 版本，具备了越来越多的功能。1998 年后，Sun 公司推出 64 位操作系统 Solaris 2. 7 和 Solaris 2. 8，在网络特性、可靠性、兼容性、互操作性、易于配置和管理方面均有很好改进。

5. 6. 4 自由软件和 Linux 操作系统

1)自由软件

自由软件(Free Software or Freeware)是指遵循通用公共许可证 GPL(General Public License)规则，保证您有使用上的自由、获得源码的自由，可以有自己修改、复制和推广的自由，也可以有收费的自由的一种软件。

科技是人类社会发展的阶梯，而科技知识的探索和积累是组成这个阶梯的一个个台阶。人类社会的发展是以知识积累为依托的，不断地在前人获得知识的基础上发展、更新，才得以提高。软件产业也是如此，如果能把已有的成果加以利用，避免每次都重复开发，将大大提高目前软件的生产率，借鉴别人的开发经验，互相利用，共同提高。带有源程序和设计思想的自由软件对学习和进一步开发，起到极大促进作用，其定义就确定了它是为了人类科技的共同发展和交流而出现的，其出现意义极其深远。

自由软件赋予人们极大的自由空间，但这并不意味自由软件是完全无规则的，例如，GPL 就是自由软件必须遵循的规则，由于自由软件是“贡献型”，而不是“索取型”的，只有人人贡献出自己的一份力量，自由软件才能得以健康发展。Bill Gates 早在 20 世纪 80 年代，曾斥责“软件窃取行为”，警告世人这样会破坏整个社会享有好的软件的时候，自由软件的出现就是软件产业的一个分水岭。在拥戴自由软件的人们眼中，微软的垄断实质是阻止软件业的发展，抑制了软件对社会的作用，剥夺了人们“共享”与“修改”软件的自由。

GPL 协议可以看成为一个伟大的协议，是发扬人类智慧和科技成果的宣言书，是所有自由软件的支撑点，没有 GPL 就没有今天的自由软件。

2)Linux 操作系统

Linux 是由芬兰籍科学家 Linus Torvalds 于 1991 年编写完成的一个操作系统内核，当时他还是芬兰首都赫尔辛基大学计算机系的学生，在学习操作系统课程中，自己动手编写了一个操作系统原型，从此一个新的操作系统诞生了。Linus 把这个系统放在 Internet 上，允许自由下载，许多人对这个系统进行改进、扩充、完善，许多人做出了关键性贡献。Linux 由最初一个人写的原型变化成在 Internet 上由无数志同道合的程序高手们参与的一场运动。

在短短几年，Linux 操作系统已得到广泛使用。1998 年，Linux 已在构建 Internet 服务器上超越 Windows NT。计算机的许多大公司如 IBM、Intel、Oracle、Sun、Compaq 等都大力支持 Linux 操作系统，各种成名软件纷纷移植到 Linux 平台上，运行在 Linux 下的应用软件越来越多，Linux 的中文版已开发出来，Linux 已经开始在中国流行，同时，也为发展我国自主操作系统提供了良好条件。

Linux 是一个开放源代码，属于 Unix 类的操作系统。它不仅继承了历史悠久和技术成熟的 Unix 操作系统的特点和优点，还作了许多改进，成为一个真正的多用户、多任务通用操作系统。1993 年，第一个产品版 Linux 1. 0 问世的时候，全部按自由扩散版权进行扩散，即公开源码，不准获利。不久发现这种纯粹理想化的自由软件会阻碍 Linux 的扩散和发展，特别限制了商业公司参与并提供技术支持的积极性。于是Linux转向GPL版权，除允许享有自由软件的各项许可权外，还允许用户出售自由软件拷贝程序。这一版权上的转变后来证明对Linux的进一步发展十分重要。

Linux已在软件业中有着重要地位，从技术上讲它有如下特点：(1)继承了Unix的优点，又有了许多更好的改进，开放、协作的开发模式，是集体智慧的结晶，能紧跟技术发展潮流，具有极强的生命力；(2)通用的操作系统，可作为Internet上的服务器操作系统，可用于嵌入式系统，支持文件和打印等常规服务，也可供个人使用；(3)内置通信联网功能，可让异种机联网；(4)开放的源代码，有利于发展各种特色的操作系统；(5)符合POSIX标准，各种Unix应用可方便地移植到Linux下；(6)提供庞大的管理功能和远程管理功能；(7)支持大量外部设备；(8)支持32种文件系统，如EXT2、EXT、XI AFS、ISO FS、HP FS、MS DOS、UMS DOS、PROC、NFS、SYSV、Minix、SMB、UFS、NCP、VFAT、AFFS等；(9)提供GUI，有图形接口X-Windows，有多种窗口管理器；(10)支持并行处理和实时处理，充分发挥硬件性能；(11)可自由获得源代码，在Linux平台上开发软件成本低。

从Linux的发展可以看出，是Internet孕育了Linux，没有Internet就不可能有Linux今天的成功。从某种意义上来说，Linux是Unix和Internet国际互联网结合的一个产物。自由软件Linux是一个充满生机、已有巨大用户群和广泛应用领域的操作系统，看来它是惟一能与Unix和Windows较量和抗衡的一个操作系统了。

习　题　5

5-1　什么是操作系统？计算机系统中配置操作系统的主要目标是什么？

5-2　何谓虚拟机？

5-3　简述操作系统的基本功能。

5-4　简述操作系统的分类。

5-5　试比较批处理和分时操作系统的不同点。

5-6　什么是实时操作系统？叙述实时操作系统的分类。

5-7　什么是多道程序设计？采用多道程序设计技术有什么特点？

5-8　简述实现多道程序设计必须解决的基本问题。

5-9　何谓特权指令？为何把机器指令分成特权指令和非特权指令？

5-10　什么是多道程序？它有什么功能？

5-11　什么是进程？操作系统中为什么引入进程概念？其意义何在？

5-12　进程和程序有何区别？进程有哪些主要属性？

5-13　进程最基本的状态有哪些？简述其状态转换的三态模型。

5-14　什么是程序原语？它与程序、进程有什么区别？

5-15　进程控制有那些功能？它们对应的程序原语是什么？

5-16　简述进程的基本要素，并说明它们的作用。

5-17　操作系统中引入线程概念有什么意义？

5-18　试述多线程环境中，进程和线程的定义。

5-19　叙述并发多线程程序设计的主要优点及其应用。

5-20　进程互斥的概念是什么？

5-21　进程死锁的概念是什么？如何解除、预防死锁？

5-22　PV操作的概念是什么？试述其作用。

5-23 处理器调度分哪几种类型？简述各类调度的主要任务。
5-24 叙述作业调度和低级调度的关系。
5-25 试述作业、进程和程序三者的关系。
5-26 试述 CPU 调度算法的设计要点。
5-27 叙述高级调度与低级调度的主要任务。为什么要引入中级调度？
5-28 简述存储管理的基本功能。
5-29 叙述计算机系统中的存储器层次。
5-30 什么是逻辑地址和物理地址？
5-31 何谓地址转换？有哪些方法可以实现地址转换？
5-32 分区存储管理中常用哪些分配策略？比较它们的优缺点。
5-33 什么是存储保护？分区存储管理中如何实现分区的保护？
5-34 试述分页式存储管理的实现原理。
5-35 试述分段式存储管理的实现原理。
5-36 试论述分页式存储管理中，决定页面大小的主要因素。
5-37 什么是虚拟存储器？采用虚拟存储技术的必要性和可能性是什么？
5-38 叙述实现虚拟存储器的基本原理。采用页式存储管理的存储器是否就是虚拟存储器，为什么？实现虚拟存储器必须要有哪些软、硬件设施支撑？
5-39 什么叫“抖动”？
5-40 叙述设备管理的基本功能，列举几种常见的 I/O 设备。
5-41 简述各种 I/O 控制方式及其主要优缺点。
5-42 为什么要引入缓冲技术？其实现的基本思想是什么？简述常用的缓冲技术。
5-43 什么是设备独立性？它能带来什么好处？
5-44 什么叫虚拟设备？实现虚拟设备的主要条件是什么？
5-45 操作系统提供了 Spooling 功能后，系统在单位时间内处理的作业数是否增加了，为什么？每个作业的周转时间是延长了还是缩短了，为什么？
5-46 什么是设备无关性？
5-47 什么是文件？什么是文件系统？
5-48 列举文件系统面向用户的主要功能。
5-49 试阐述文件的逻辑结构和物理结构，它们各有哪几种组织方式？
5-50 叙述各种文件物理组织方式的主要优缺点。
5-51 文件系统提供的主要文件操作有哪些？叙述各自的主要功能。
5-52 目录是什么概念？它在文件系统中的作用是什么？
5-53 试比较文件系统和主存存储空间分配的异同。
5-54 对目录管理的主要要求是什么？
5-55 目前广泛采用的是哪种目录结构？它有什么优点？
5-56 什么叫“按名存取”？文件系统是如何实现按名存取文件的？
5-57 文件目录的形式有那些？简述其作用？

6 计算机网络基础

随着微电子技术、计算机技术和通信技术的迅速发展和相互渗透,计算机网络已成为当今最热门的学科之一,在过去的几十年里取得了长足的发展,尤其是在近十几年来得到了高速发展。在21世纪,计算机网络尤其是Internet技术必将改变人们的生活、学习、工作乃至思维方式,并对科学、技术、政治、经济乃至整个社会产生巨大的影响。

本章一方面以ISO/OSI参考模型为背景介绍了计算机网络的基本概念、原理和设计方法;另一方面以TCP/IP协议族为线索详细讨论了各种常用的网络互联协议和网络应用协议,并简单讨论了网络管理。

6.1 网络概论

6.1.1 计算机网络的定义

计算机网络是计算机技术和通信技术共同发展的结晶。1968年,美国国防部高级研究计划局(ARPA)和麻省剑桥的BBN公司签订协议,进行计算机之间的远程互联研究,研究的成果组成了著名的ARPANET。这也标志着世界上第一个计算机网络的诞生。自20世纪70年代中期开始,国际上各种广域网、局域网与分组交换网发展十分迅速。但随之而来的是网络体系结构和网络协议的国际标准化问题。国际标准化组织(ISO)推出了OSI/RM,对网络体系理论的形成和网络技术的发展起了重要的作用。20世纪90年代之后,Internet步入人们的生活,在经济、文化、科学研究、教育和人类社会生活等方面发挥着越来越大的作用,推动着社会进入一个全新的发展阶段。

在计算机网络发展的不同阶段,人们对网络有着不同的定义。其中最主要的是以下三种:

(1)从信息传输的观点出发,计算机网络可定义为:以计算机间传输信息为目的而连接起来,实现远程信息处理的系统。这个定义着眼于计算机通信,它不仅包括终端计算机,还包括用于处理通信和控制终端的计算机。

(2)从资源共享的观点出发,计算机网络可定义为:以能够相互共享资源的方式连接起来,并且各自具备独立功能的计算机系统的集合体。这个观点主要考虑的是计算机系统的互联和共享资源的管理。

(3)从网络的物理结构上看,计算机网络又可定义为:在协议的控制下,由若干计算机、终端设备、数据传输设备和通信控制处理机等组成的系统集合。这个定义指出了计算机网络是在协议的控制下,通过通信系统实现计算机之间的连接。

6.1.2 计算机网络的组成

计算机网络的基本功能包括数据处理和数据通信,从这个角度说,计算机网络在结构上可以分成两个部分:负责数据处理的主机与终端;负责数据通信处理的通信控制处理机

(Communication Control Processor, CCP)与通信线路。

从逻辑功能上看,典型的计算机网络可分为资源子网和通信子网两个部分。计算机网络的基本结构如图 6-1-1 所示。

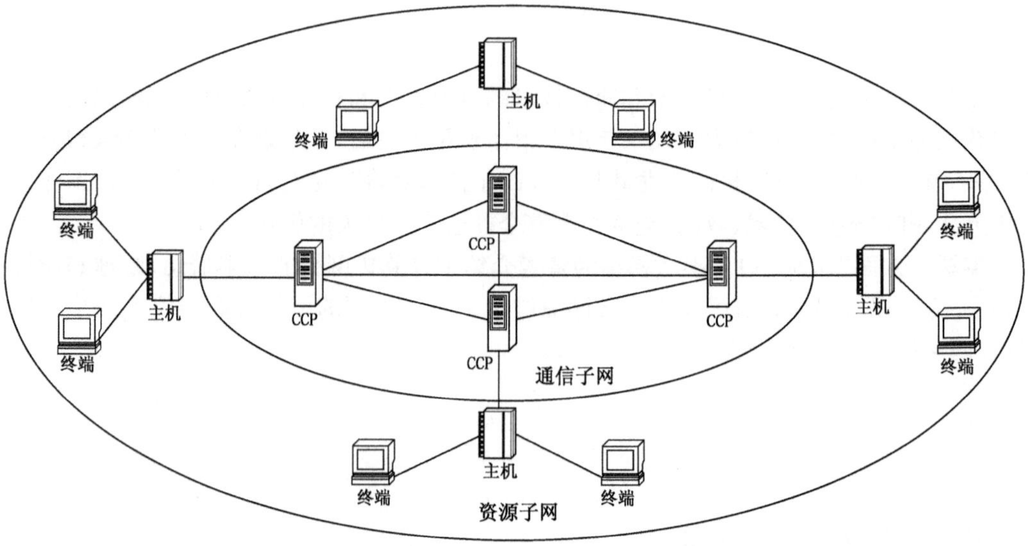

图 6-1-1　通信子网与资源子网

1)通信子网

通信子网负责数据的无差错和有序传递,包括通信控制处理机、集中器、复用器、路由器、网桥等设备,传输媒介可以是电话线路、有线电缆、光纤、无线、微波、卫星等。其处理功能包括差错控制、流量控制、路由选择、网络互联等。

(1)通信控制处理机(CCP)　在网络拓扑结构中,通信控制处理机又被称为网络结点。一方面,它作为资源子网的接口,将主机和终端连入网内;另一方面,它又作为通信子网中的分组存储转发结点,完成分组的接收、校验、存储和转发等功能。

(2)通信线路　通信线路也就是传输媒介,它为通信控制处理机与通信控制处理机、通信控制处理机与主机之间提供通信信道。

2)资源子网

资源子网负责全网的数据处理业务,是计算机通信的本地系统环境,包括主机、终端、各种软件资源和信息资源等。资源子网的主要功能是:用户资源的配置、数据的处理和管理、软件和硬件共享以及负载均衡等。资源子网向网络用户提供各种网络资源和网络服务。

(1)主机　主机是资源子网的主要组成部分,它通过高速通信线路与通信子网的通信控制处理机相连接。主机为本地用户访问网络其他主机设备与资源提供服务,同时也为网络远程用户共享本地资源提供服务。

(2)终端　终端是用户访问网络的界面。终端可以是简单的输入、输出终端,也可以是带有微处理机的智能终端。

所以,可以把计算机网络看作是一个由通信子网承载的、传输和共享资源子网的各类信息的系统。

6.1.3 计算机网络的分类

计算机网络的分类方法有很多,其中最主要的是以下两种:根据网络传输技术分类和根据网络规模分类。另外还有根据网络的拓扑结构分类及交换方式分类等。

1)按网络传输技术分类

网络所使用的传输技术决定了网络的主要技术特点,从广义上讲,有两种类型的传输技术:点对点方式和广播方式。因此,计算机网络也可以相应地分成两类:点对点网络和广播网络。

(1)点对点网络　点对点网络在每一对源端和目的端之间有一条传输通道。传输的消息按照某种格式组织成分组或包,为了能到达目的地,分组或包必须通过一个或多个中间交换结点的接收、存储和转发。从源结点到目的结点可能存在多条路由,因此点对点网络中的路由选择算法十分重要。

(2)广播网络　广播网络中,所有结点都共享一个公共通信通道。分组可以被任何结点发送并被其他所有的结点接收。在发送的分组中带有含目的地址和源地址的地址字段。一旦收到分组,各个端结点将检查地址字段,如果是发给自己的就对分组进行处理,否则丢弃。

2)按网络的覆盖范围与规模分类

由于网络覆盖的地理范围不同,网络所采用的传输技术也会不同,因此形成不同的技术特点和服务功能。按照网络覆盖范围和规模划分,计算机网络可分为三类:局域网、城域网和广域网。

(1)局域网(LAN)　局域网用于将有限范围内的各种计算机、终端与外部设备互联成网,比如处于同一建筑物、同一大院、同一校园或方圆数公里地域内的网络。

与其他网络相比,局域网具有覆盖范围小、传输速率高(10～10 Gb/s)、拓扑结构通常采用广播式网络等几个不同特征。

(2)城域网(MAN)　城域网通常指的是城市地区网,它基本上是LAN的扩展,是介于局域网和广域网之间的一种高速网络。它可能覆盖一组邻近的公司或办公室和一个城市,可以提供数据、语音、图形与视频等多种信息服务。

(3)广域网(WAN)　广域网也称为远程网,它覆盖的地理范围较大,可以覆盖一个国家、地区,或横跨几个洲,形成国际性的远程网络。广域网的通信子网主要使用分组交换技术,它可以利用公用分组交换网、卫星通信网和无线分组交换网,将分布在不同地区的计算机系统进行互联,达到资源共享。

3)按网络的拓扑结构分类

计算机的拓扑结构是指网络中通信线路和站点(计算机或设备)的几何排列形式。按照拓扑结构可分成:星型网络、总线型网络、树型网络、环型网络和网状型网络。

(1)星型网络　各个站点通过点对点的链路与中心相连。优点是容易在网络中增加新的站点,数据的安全性和优先级也容易控制;缺点是一旦中心结点出现故障会导致整个网络瘫痪。

(2)总线型网络　网络中所有的站点共享一条数据通道。优点是网络安装方法简单,成本低,结点的故障不会影响到整个网络;缺点是网络的安全性低,介质的故障会导致网络瘫痪。

(3)树型网络　树型网络是星型网络和总线型网络的综合。结点按层次进行连接,信息交换主要在上下结点之间进行。树型网络适用于汇集信息的应用要求。

(4)环型网络　典型的环型网络如令牌环网,它的各个站点通过点对点的链路连接成闭合环路。优点是结构简单,传输时延确定;缺点是环中任何一个结点的故障都会导致网络瘫痪。

(5)网状型网络　又叫无规则型,它是以上述各种拓扑结构为基础的综合应用。各个结点之间的连接是任意的,没有规律。优点是系统可靠性高;缺点是结构复杂,必须采用路由选择算法与流量控制方法。

上述几种拓扑结构如图 6-1-2 所示。

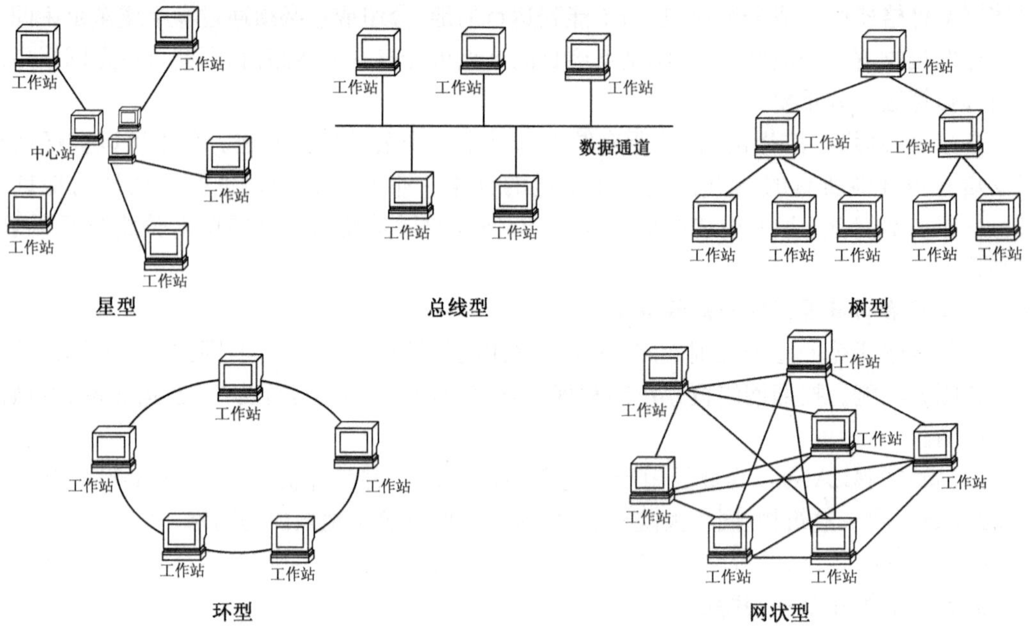

图 6-1-2　计算机网络的拓扑结构

4)按交换方式分类

(1)电路交换网　采用电话工作方式,具有建立链路、数据传输和释放链路三个阶段。通信过程中,自始至终占用这条链路,且不允许其他用户共享。

(2)报文交换网　交换机采用具有“存储—转发”能力的计算机,用户数据可以暂时存储于交换机中,等待线路空闲时进行数据的转发。

(3)分组交换网　类似于报文交换网,但规定了交换机处理和传输的数据的长度(称为分组),不同用户的数据分组可以交织在网络中传输。

6.1.4　计算机网络的功能与特点

计算机技术和通信技术相结合而形成的计算机网络,不但使计算机的作用范围超越了地理位置的限制,而且增强了计算机本身的功能。这是因为计算机网络具有以下的功能和特点:

(1)能实现数据信息的快速传输和集中处理　数据、程序和信息可以在网络中各计算机之间快速可靠地相互传输,并能根据需要对这些数据、程序和信息进行分散、分级或集中处理，如自动订票系统、银行财经系统、气象数据收集系统等。

(2)共享计算机系统资源　初期的资源共享主要是共享硬件设备，而现在的资源共享主要是共享数据和软件，如某些研制好的专用处理程序可供别处调用，或用来处理别处送来的数据。

(3)提高了计算机的可靠性及可用性　单机故障会引起停机，其可靠性较差。一旦计算机连成网络，各个计算机可通过网络互为后备，当某处计算机发生故障时，可由别处的计算机代为处理；另外还可以在网络的一些点上设置一定的后备设备，起到全网公用后备的作用。例如，许多发电厂连成电力系统以提高供电可靠性。

(4)能均衡负载，互相协作　当某些计算机的任务很重时，可通过网络将某些任务传送给空闲的计算机去处理。这样可以使整个网络资源互相协作，充分利用计算机资源。

(5)能进行分布式处理　利用网络技术可以将许多的小型机或微型机连成具有高性能的分布式计算机系统。对于综合性的大型问题，可以采用合适的算法，将任务分散到不同的计算机上进行分布处理。这样既解决了复杂问题，又可使费用大为降低。

(6)提高了性能价格比　计算机连成网络之后，其性能价格比有明显的提高，虽然也增加了通信费用，但维修使用费用明显下降，而且系统容易扩充。

6.2 协议体系结构

要实现计算机之间有序的信息流动，计算机相互之间必须形成默契，遵守一系列的规则，也就是协议。所谓协议，是指相互通信的双方或多方对如何进行信息交换达成一致的一整套规则。一个网络有一系列的协议，每个协议都规定了一个特定任务的完成。总的来说，协议的作用就是完成计算机之间有序的信息交换。

6.2.1 协议的分类和三要素

1)协议的分类

协议的类型大致包括以下几种：

(1)面向应用的协议　为完成某些特定应用而制定的协议，也可称为进程到进程的协议。从分层的协议结构来看，包括应用层的专用服务元素，例如，TCP/IP 协议模型中的 FTP、TELNET、SMTP 等，OSI/RM 协议模型中 FTAM、VT、JTM、MHS、DS 等。

(2)系统到系统协议　支持端系统中特定应用进程之间的数据交换，为应用进程提供网络通信服务，包括应用层的公用服务元素、表示层协议等。

(3)端对端协议　完成端对端的可靠传输，建立、保持及维护端对端的连接，包括会话层协议、TCP、UDP 等。

(4)其他网内协议　包括流控协议、寻址和路由控制等。

(5)点对点协议　实现直接相连的结点之间的数据传输，如数据链路协议 HDLC、Internet中的 PPP 协议等。

(6)网络接入协议　如介质接入控制(MAC)等。

(7)网间互联协议　从网络介质的延伸、不同网络用户的寻址、到异构网络间协议的转换。

2)协议的三要素

任何协议都具有下列三个要素：

(1)语法(Syntax) 指互相通信的信息结构，包括数据结构、编码、信号电平的表示法等。

(2)语义(Semantics) 指所互换信号的意义，包括用于协调及差错处理的控制信息等。

(3)时序(Timing) 指数据应传送或被接收机寻找的时间、信息的排序、速率匹配等。它规定了用什么样的方法和算法去完成所定义的协议功能。这些协议功能除了连接管理、通信方式管理、协议数据单元的发送和接收以及装配和拆卸等之外，还包括数据包的编码和解码、分解和组合、流量控制、拥塞控制、发送顺序控制、发送速率控制以及差错处理等。

6.2.2 分层的协议体系结构

网络协议是一个庞大复杂的体系，为便于对协议的描述、设计和实现，现在都采用分层的协议体系结构。所谓体系结构，是指计算机网络的分层、各层协议和层间接口的集合，也就是计算机网络及其部件所应完成的功能的精确定义。所以，体系结构可以看作是网络的一种抽象的、层次化的功能模型。

目前的计算机网络体系结构，是以高度结构化的方式设计的层次结构。分层的协议体系结构将庞大复杂的协议分成不同的层次，每一层完成不同的功能，低层功能主要是用来对用户提供通信连接，高层功能主要是保证数据以正确的形式进行互换并有序地处理数据。

分层结构的基本思想是把整套协议体系分成一些小块(层)。下一层对其上一层提供服务，每一层本身的功能与下一层提供的服务迭加在一起，从而使最高层能为用户提供一组完整的服务，以便实现数据通信或分布应用。

分层的基本原则是定义每一层向上一层提供的服务，以保证每层的功能相互独立，但不规定如何完成这些服务，这样就允许每一层能改变其所实现这些服务的方法，但要求提供的服务不变，而且不影响其他层。

6.2.3 OSI/RM 协议体系结构

国际标准化组织(ISO)于 1978 年提出了一套非常重要的网络互联标准的建议，称为开放系统互联 OSI(Open System Interconnection)参考模型，简称 OSI/RM。也就是常说的七层协议。

1)七层协议的基本描述

OSI 定义的七层协议，从低到高分别是物理层、数据链路层、网络层、传输层、会话层、表示层和应用层。OSI 参考模型如图 6-2-1 所示。

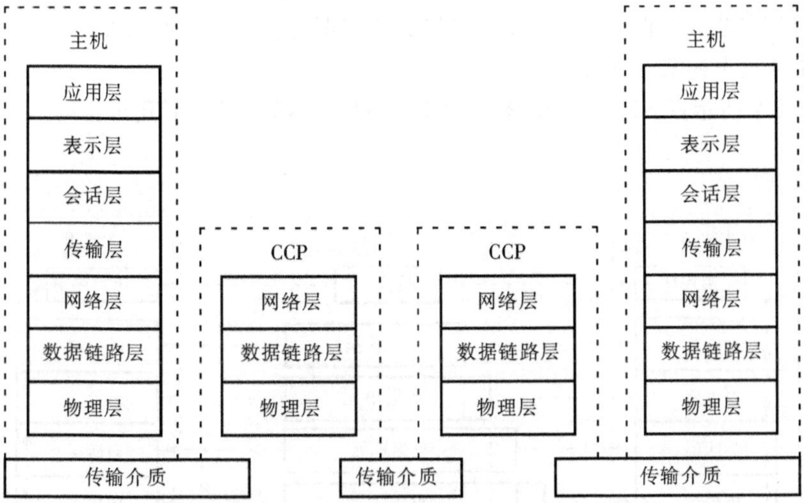

图 6-2-1 OSI 参考模型的结构图

宏观上看,从最高层到最低层是一个打包的过程,从最低层到最高层是一个解包的过程,即数据发送端是个打包过程,数据接收端是一个解包过程。

(1)物理层(Physical Layer) 物理层是参考模型的最低一层,是网络系统与通信介质的接口,也是整个开放系统的基础。物理层的主要功能是:利用传输媒介为通信的网络结点之间建立、管理和释放物理连接,实现数据比特流的透明传输,为数据链路层提供数据传输服务。物理层的数据传输单元是比特。

物理层接口和协议主要考虑通信媒介的机械、电气、功能和规程特性,如机械性能上要规定尺寸的大小、引脚的数目和排列等,电气特性上要规定信号的阻抗、电压、波形、速率等;此外,还要考虑引线的意义和传输方式,比如数据电路、控制电路和时钟电路。

(2)数据链路层(Data Link Layer) 数据链路层是参考模型的第二层。数据链路层的主要功能是:在物理层提供的服务基础上,数据链路层在通信的实体间建立数据链路连接,传输以帧为单位的数据包,并采用差错控制与流量控制方法,使有差错的物理线路变为无差错的数据链路。

(3)网络层(Network Layer) 网络层是参考模型的第三层。网络层的主要功能是:通过路由选择算法为分组通过通信子网选择最合适的途径,以及实现拥塞控制、网络互联等功能。网络层的数据传输单元是分组。

(4)传输层(Transport Layer) 传输层是参考模型的第四层。传输层的主要功能是:向用户提供可靠的端对端服务。传输层向高层屏蔽了下层数据通信的细节,它是计算机通信体系中非常关键的一层。

(5)会话层(Session Layer) 会话层是参考模型的第五层。会话层的主要功能是:负责维护两个结点之间会话连接的建立、管理和终结,以及数据的交换。

(6)表示层(Presentation Layer) 表示层是参考模型的第六层。表示层的主要功能是:用于处理在两个通信系统中交换信息的表示方式,主要包括数据格式变换、数据加密与解密、数据压缩与恢复等。

(7)应用层(Application Layer) 应用层是参考模型的最高层。应用层的主要功能是:

为应用程序提供网络服务。应用层需要识别并保证通信对方的可用性,使协同工作的应用程序之间得到同步,并建立传输错误纠正与保证数据完整性的控制机制。

2)OSI 环境中的数据传输过程

如图 6-2-2 所示,OSI 环境中的数据传输过程可以描述成以下几步:

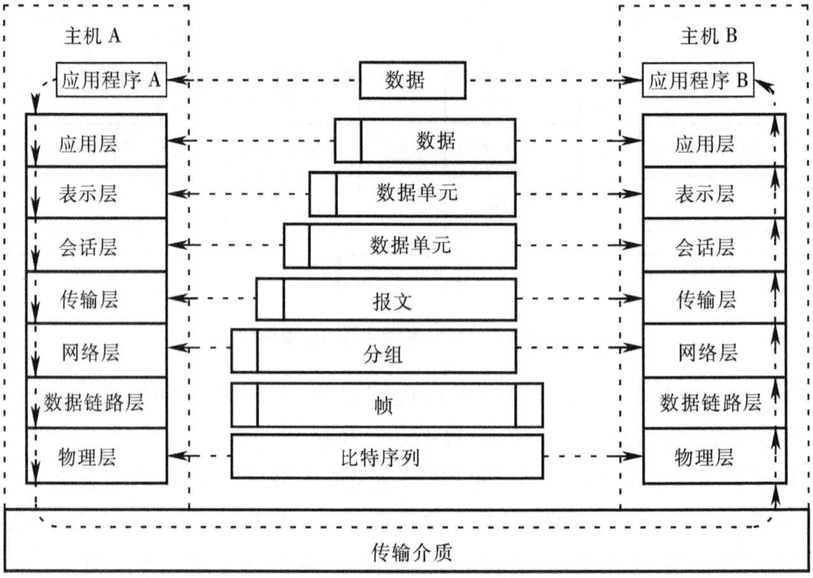

图 6-2-2 OSI 环境中的数据流

(1)当应用进程 A 的数据传送到应用层时,应用层为数据加上本层的控制报头后,组织成应用层的数据服务单元,然后再传输到表示层。

(2)表示层接收到这个数据单元后,加上本层的控制报头,组成表示层的数据服务单元,再传输到会话层。如此类推,数据传送到传输层。

(3)传输层接收到这个数据单元后,加上本层的控制报头,就构成了传输层的数据服务单元,它被称为报文。

(4)传输层的报文被传送到网络层后,由于网络层数据单元的长度有限制,传输层较长的报文将被分成多个较短的数据字段,再加上本层的控制报头,就构成了网络层的数据服务单元,它被称为分组。

(5)网络层的分组被传送到数据链路层后,加上数据链路层的控制信息,就构成了数据链路层的数据服务单元,它被称为帧。

(6)数据链路层的帧被传送到物理层后,物理层将把它以比特流的方式通过传输介质传输出去。当比特流到达目的结点计算机 B 时,再从物理层依层上传,每层对各层的控制报头进行处理,将用户数据依次上交到高层,最终将主机 A 的应用进程 A 的数据传送给了主机 B 的应用进程 B。

尽管应用进程 A 的数据在 OSI 环境中经过了复杂的处理过程,才能送入应用进程 B,但对于每台计算机的应用进程来说,OSI 环境中数据流的复杂处理过程是透明的。应用进程 A 的数据好像是直接传送给应用进程 B,而这也就是开放系统在网络通信过程中最本质的作用。

3)面向连接服务与无连接服务

(1)服务类型　计算机网络服务是指通信子网对主机数据传输的效率和可靠性所提供的保证机制。一般可分为两类:面向连接服务和无连接服务。

在网络数据传输的各层,如物理层、数据链路层、网络层和传输层都会涉及到面向连接服务与无连接服务的问题。

(2)面向连接服务(Connection-oriented Services)　面向连接服务的特点是:

①面向连接服务的数据传输过程必须经过连接建立、连接维护和连接释放三个过程。

②面向连接服务的数据在传输过程中,各分组不需要携带目的结点的地址。

面向连接服务的传输连接类似一个通信通道,一端发送数据,另一端接收数据。面向连接数据传输的收发数据顺序不变,因此其可靠性高,但是缺点是协议复杂,通信效率不高。

(3)无连接服务(Connectionless Services)　无连接服务的特点是:

①在无连接服务中,每个分组都携带完整的目的结点地址,各分组在系统中是独立传送的。

②由于各个分组可能经历不同路径去往目的结点,所以先发的不一定先到,因此目的结点接收到的数据分组可能出现乱序、重复或丢失的现象。

无连接服务的可靠性不是很好,但它却省去了许多保证机制,因此通信协议相对简单,通信效率较高。

4)确认和重传机制

网络数据传输的可靠性一般是通过确认和重传机制保证。

确认是指数据分组的接收结点在收到每个分组后,要求向发送点发送正确接收分组的确认信息。在规定的时间内,如果发送点没有接收到接收结点的确认信息,就认为该数据分组发送失败,发送结点将重新发送该数据分组。

确认和重传机制可以提高数据传输的可靠性,但是它需要制定复杂的确认和重传协议,并且需要增加网络额外的通信负荷,占用网络带宽。

6.2.4　TCP/IP 协议模型

TCP/IP(Transmission Control Protocol/Internet Protocol)是指传输控制协议/网际协议,表示了 Internet 中所使用的体系结构或指整个的 TCP/IP 协议族。

TCP/IP 网络体系起源于美国 ARPA net 工程,由它的两个主要协议即 TCP 协议和 IP 协议而得名;但实际上 TCP/IP 框架包含了大量的协议和应用,是多个独立定义的协议的集合,简称 TCP/IP 协议族。它已成为国际互联网上与所有网络进行交流的共同语言,是 Internet上使用的一组完整的标准网络连接协议。

1)TCP/IP 协议概述

TCP/IP 体系共有四个层次,TCP/IP 参考模型图 6-2-3 所示。

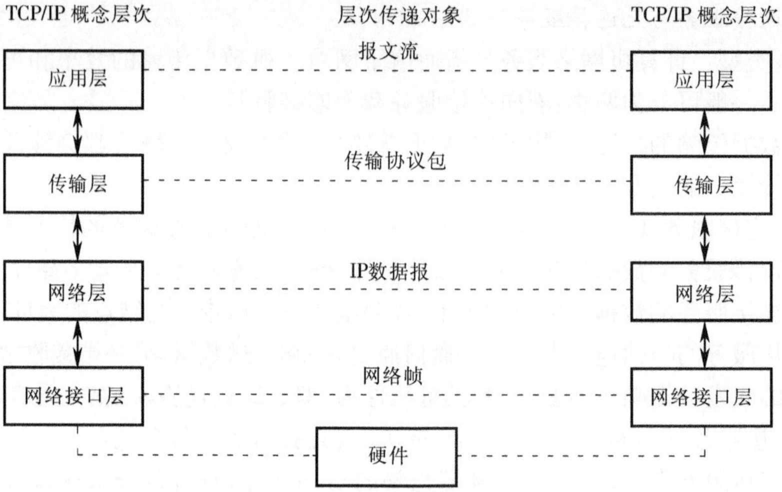

图 6-2-3　TCP/IP 参考模型

各层的主要功能简述如下：

(1)网络接口层　在 TCP/IP 参考模型中，网络接口层是参考模型的最底层，又称主机-网络层。它负责通过网络发送和接收 IP 数据报。

在 TCP/IP 的网络接口层中，它包括各种物理网协议，例如局域网的 Ethernet 和 Token Ring、分组交换网的 X. 25 等。

(2)网络层　在 TCP/IP 参考模型中，网络层是参考模型的第二层，它相当于 OSI 参考模型网络层。它负责将源主机的报文分组发送到目的主机，其主要功能是处理来自传输层的分组发送请求、处理接收到的数据报以及处理互联的路径、流控与拥塞问题。

TCP/IP 参考模型中网络层协议主要是 IP(Internet Protocol)协议。IP 协议是一种不可靠、无连接的数据报传送服务的协议，其协议数据单元是 IP 分组。

与 IP 协议配合使用的协议还有：

- Internet 控制报文协议 ICMP(Internet Control Message Protocol)。
- Internet 组报文协议 IGMP(Internet Group Message Protocol)。
- 地址解析协议 ARP(Address Resolution Protocol)。
- 逆地址解析协议 RARP(Reverse Address Resolution Protocol)。

(3)传输层　在 TCP/IP 参考模型中，传输层是参考模型的第三层，它负责在应用进程之间的端对端通信。其主要目的是在互联网中源主机和目的主机的对等实体间建立用于对话的端到端连接。

TCP/IP 参考模型中传输层可以使用两种协议：面向连接的传输控制协议 TCP 和无连接的用户数据报协议 UDP。在传输层中传送的数据单元是报文或数据流。

(4)应用层　在 TCP/IP 参考模型中，应用层是参考模型的最高层。它包括了所有的高层协议：

- 文件传送协议(FTP)。
- 远程登录协议(Telnet)。
- 简单邮件传送协议(SMTP)。
- 域名系统(DNS)。
- 简单网络管理协议(SNMP)。

· 超文本传送协议(HTTP)。

2)TCP 协议

TCP 协议属于传输层中的协议。它提供面向连接的、可靠的服务。数据从应用层以字节流的形式传送给 TCP,TCP 具有缓冲机制,当字节流累积到足够多的时候,TCP 就将这些字节构成一个报文段,然后才执行发送操作。

TCP 的数据传输机制称为正向认可与重传,即在传输数据过程中就进行了对方数据的确认。与发送方通信的接收者,每接收一次数据,就送回一个确认报文;发送者对每个发送出去的报文分组都留有一份记录,等收到确认之后再发出下一个报文分组。发送者发出一个报文分组时,启动一个计时器,若计时器计数完毕,确认还未到达,则发送者重新发送该报文分组。

TCP 通信建立在面向连接的基础上。在双方通信之前,先与接收方建立一条连接,然后双方就可以在其上发送数据流。TCP 连接的建立采用三次握手的过程,整个过程由发送方要求建立连接、接收方确认、发送方再发送三个过程组成。

3)IP 协议

IP 协议是网络层的主要协议。它的主要功能是无连接数据报传输、数据报路由选择以及差错控制。它将多个网络连成一个互联网,可以把高层的数据以多个数据报的形式分发出去。

IP 的基本任务是通过互联网传送数据报,各个 IP 数据报是相互独立的。主机的 IP 层向传输层提供服务。IP 从传输层取得数据,将数据封装成互联网数据报,并交给数据链路层协议通过局域网传送。若目的主机直接连在本网中,则可以直接通过网络将数据传送给目的主机;若目的主机在远地网络中,则 IP 路由器依次通过网络寻找目的主机,并把数据传送给目的主机。

IP 不保证服务的可靠性,在主机资源不足的情况下,它可能丢失某些数据报,也不检查被数据链路层丢失的数据报。

4)UDP 协议

UDP 协议是一种无连接的协议,是对 IP 协议组的扩充。每个 UDP 报文除了包含某用户进程发送的数据外,还有报文目的端口的编号和报文源端口的编号,从而使 UDP 软件可以把报文递送给正确的接收者,接收者在接收到报文之后要给出一个应答。

UDP 依靠 IP 协议来传送报文,因而它的服务与 IP 一样是不可靠的。它所提供的服务不用确认,不对报文排序,也不进行流量控制,故 UDP 报文可能会出现丢失、重复、失序等现象。

5)TCP/IP 的高层协议

(1)文件传送协议(FTP) FTP 是用于访问远程机器的一个协议,它使用户可以在本地机与远程机之间进行有关文件的操作。FTP 与一般的应用不同,它在本地机和远程机之间使用了两个 TCP 连接,一个用于传输文件,另一个用来传输命令和控制信息。

在进行文件传输之前,必须先使用 FTP 命令与远程系统建立连接,然后才能进行需要的操作。

(2)远程登录协议(Telnet) Telnet 是一个以联机方式访问远程计算机资源的通用工具,可以支持不同的物理终端类型。Telnet 的连接是一个 TCP 连接,用于传送具有 Telnet 控制信息的数据,提供与终端设备或终端进程交互的标准方法。

由于不同的物理终端具有不同的特性，Telnet 采用一种虚拟终端技术来解决这一问题。

(3)简单邮件传送协议(SMTP)　SMTP 是一个简单的基于文本的协议，用于可靠、有效的数据传输。它在 TCP 连接上传送邮件，或者简单地在同一主机的进程之间通过进程通信的通道来传送邮件。

邮件发送前必须定好发送者和接收者，这样邮件才能直接或者间接地交给接收者。在邮件传送过程中，所经过的路由将被记录下来，当邮件不能正常传输时，就可按原路由返回到发送者。

(4)域名系统(DNS)　DNS 是一个域名服务的协议，提供了域名和 IP 地址之间的转换。DNS 用于把主机名映射到网络地址，虽然网络主机都有一个惟一对应的 IP 地址，但 IP 地址不易记忆，为此给每个分配了 IP 地址的主机指定一个名字，按名记忆更符合人们的习惯。

计算机在网上寻址时，先将域名传输给域名服务器，再由它翻译，并将所得的 IP 地址结果传回。最终计算机通过 IP 地址来查找。

6.2.5　OSI/RM 模型和 TCP/IP 模型的比较

OSI 参考模型与 TCP/IP 参考模型的共同之处是：它们都采用了层次结构的概念，都是基于独立协议体系结构。但是，两者在层次的划分和使用的协议上有很大区别。无论是 OSI 参考模型与协议，还是 TCP/IP 参考模型与协议都不是完美的，对两者的评价与批评都很多。

1)对 OSI 参考模型的评价

OSI 参考模型与协议的设计者最开始的目的是建立一个全世界范围内的计算机网络都遵循的统一的标准，然而事与愿违，OSI 参考模型与协议并没有如他们当初想的那样风靡世界。

造成 OSI 参考模型与协议不能流行的原因之一是模型与协议自身的缺陷。很多人认为 OSI 参考模型的层次数量与内容几乎是最佳的选择，事实并非如此。比如，会话层在大多数应用中很少用到，表示层几乎是空的，在数据链路层与网络层有很多的子层插入，每个子层都有不同的功能。同时，寻址、流控与差错控制在每一层都重复出现。另外，数据安全性、加密与网络管理等方面的问题也在设计时被忽略了。

OSI 模型以及与之有关的服务定义和协议都特别复杂，它们几乎全部集中于列出一些细节，这不仅难以实现，而且使得 OSI 模型比其他某些体系结构的灵活性差，因为即使在某些情况下有些层是不需要的，它也不允许层的旁路，所以运行效率不高。

尽管 OSI 参考模型与协议存在着一些问题，但仍有一些机构对它感兴趣，特别是欧洲的电信管理部门。

2)对 TCP/IP 参考模型的评价

TCP/IP 模型同样面对着许多的批评，其自身的缺陷体现在以下这些方面：

(1)TCP/IP 参考模型没有明显地区分服务、接口和协议的概念。一个好的软件工程应该将功能与实现方法区分开来，它没有很好地做到这点。

(2)TCP/IP 参考模型不适合描述其他的协议体系结构，因为其设计并非一般化的。

(3)TCP/IP 参考模型的主机-网络层本身并不是实际的一层，它仅仅定义了网络层与数据链路层的接口。

(4)TCP/IP参考模型不区分物理层和数据链路层。一个合适的模型应该把这两层作为分离的层包含进去,它并没有这样做。

但是,TCP/IP协议却被广泛采用,其成功促进了Internet的发展,同时Internet的发展又进一步地扩大了TCP/IP协议的影响。TCP/IP协议自20世纪70年代诞生以来已经经历了30多年的实践检验,并成功地赢得了大量的投资和用户。

6.3 局域网和广域网

6.3.1 局域网

1)局域网的基本概念

(1)局域网的定义 局域网实质上是指覆盖范围仅限于有限地区的通信子网。它将分散在有限地理范围内的多台计算机通过传输媒体连接起来,通过功能完善的网络软件,实现计算机之间的相互通信和资源共享。

(2)局域网的特点 局域网的主要特点如下:

①局域网网络覆盖范围相对较小,常限于一个办公室、一幢大楼或一个公司的有限范围。地理范围和站点数目均有限,但所有的站点能共享较高的总带宽。

②局域网采用较高特性的传输媒体,因而具有较小的时延和较低的误码率。

③局域网组网设备少,媒体访问控制方法相对简单。

④局域网大多采用广播的方式传输信号,一个站点发出的信号可被网上所有的站点接收。

(3)局域网技术的三要素 局域网技术具有拓扑结构、传输介质和介质访问控制协议三要素。

①拓扑结构 局域网拓扑结构指的是各站点在网上互联的形式。一般可分为总线型、星型、树型和环型等。

②传输介质 常见的局域网传输介质有以下三种:

· 双绞线。

· 同轴电缆。

· 光纤电缆。

③介质访问控制协议 局域网的介质访问控制协议主要有以下三种:

· 适用于总线拓扑结构的带碰撞检测的载波监听多路访问协议。

· 适用于总线/树型拓扑结构的令牌总线协议。

· 适用于环型拓扑结构的令牌环协议。

2)星型网

(1)星型网的结构 星型网络是指不仅具有星型拓扑结构,并且其中央结点具有特殊处理能力的网络。从物理结构上看,它是由中央结点和分支结点构成,各个分支结点均与中央结点具有点对点的物理连接,分支结点之间没有直接的物理通路,分支结点之间的通信必须通过中央结点来完成;从处理能力上看,网络的各种控制功能集中在中央结点上,中央结点负责管理和维护整个网络的通信。一旦中央结点出现故障,整个网络将会瘫痪。

(2)星型网的工作方式　根据中央结点所实现的功能的不同,星型网有如下的工作方式:

①电路交换工作方式　当中央结点为计算机交换分机(CBX)时,其工作方式采用电路交换方式。这种方式类似于电话系统,数据通信要经过建立连接、传输数据和释放连接三个步骤。当某个结点需要发送数据时,向交换机申请建立与接收结点之间的物理连接。交换机根据接收结点的状态,确定是否可以提供发/收结点的连接。一旦连接建立,结点之间就可以进行无延迟的数据通信。数据传输完毕,便释放物理连接。

交换机通常可以提供多条连接,可以同时支持多对结点之间的信息传输。

②分组交换工作方式　当中央结点为分组交换机时,其工作方式为分组交换工作方式。这种方式类似于单个结点机的广域网,分组交换机负责结点之间的数据存储与转发。

③轮询工作方式　当中央结点为主计算机时,其工作方式为集中控制的轮询工作方式。这种方式下,主计算机称为主站,分支计算机称为从站。

主站负责建立和维护一个轮询表,表中给出轮询从站的顺序。主站根据轮询表,依次通知从站发送数据。如果从站有数据发送,则将数据发给主站,主站根据地址信息,将信息再转发给接收从站;如果从站无数据发送,则发送一个特定的信息给主站。

轮询工作方式中,可以通过修改轮询表来为不同的从站分配不同的优先级,或者分配不同的轮询次数,以使某些从站有更多的信息发送的机会。

3)总线局域网

总线型局域网中,所有的结点通过专门的网卡附接在一条总线上,并采用广播方式进行通信。其中总线是总线局域网中所有结点共享的资源。

在共享介质方式的总线局域网实现技术中,必须解决多个结点访问总线的介质访问控制问题。常用的是载波监听多路访问/冲突检测(CSMA/CD)和令牌总线(Token-Bus)两种。这两者都属于介质接入控制(MAC)的范畴。

(1)载波监听多路访问/冲突检测(CSMA/CD)

CSMA/CD 采用分布式控制方法,附接总线的各个结点通过竞争的方式,获得总线的使用权。只有获得总线使用权的结点才可以向总线发送信息帧,该信息帧将被附接在总线上的所有结点感知。

载波监听是指发送结点在发送信息帧之前,必须监听信道是否处于空闲状态。

多路访问既表示多个结点可以同时访问信道,也表示一个结点发送的信息帧可以被多个结点所接收。前者通过竞争确定占用信道的结点,后者通过地址确定接收信息帧的接收者。

冲突检测是指发送结点在发送信息帧的同时,还必须监听,判断是否发生冲突,即同一时刻,是否还有别的结点也在发送信息。

CSMA/CD 的过程可简述如下:

在发送信息帧之前进行监听:如果有结点正在发送信息,则可以在广播信道中检测到别的结点在发送信息帧的载波信号,表示信道正忙,则本结点就不发送,或者继续监听信道,或者等待一段随机时间后,再试图发送,并且发送之前也进行监听,看是否信道有空。一旦监听到信道空闲,则根据预定的控制策略来决定,是立即将信息帧发送出去,还是等待一定的时间再发送。因此,这种方式可以减少发送帧的盲目性。

在发送信息帧的过程中,还要进行载波监听,看是否发生冲突,并在检测到冲突后及时中断发送，这样可以减少信道工作的时间，进一步地提高系统的吞吐性能和减少帧传输时延。

(2)令牌总线(Token-Bus)

令牌总线是在总线的基础上，通过在网络结点之间有序地传递令牌来分配各结点对共享型总线的访问权利，形成闭合的逻辑环路。

令牌总线网完全采用半双工的操作方式，只有获得令牌的结点才能发送信息，其他结点只能接收信息，或者被动地发送信息(在拥有令牌的结点要求下，发送信息)。

为了保证逻辑闭合环路的形成，系统必须有初始化的功能。每个结点都被赋予一个顺序的逻辑编号，并且动态维护着一个连接表，表中记录着本结点的前驱结点、后继结点以及本结点的地址。获得令牌的结点在发送完数据之后，将令牌传递给后继结点。

4)环型局域网

环型网的所有结点通过环接口设备(称为环中继转发器)接入环路。每个结点所发出的帧都可以被环型网中所有结点接收。由于环型网上可以附接多个结点，并且每个结点都具有独立发送信息的能力，因此必须解决结点共享环路的问题。通常控制结点共享环路的方法有令牌环、时间片环和寄存器环，其中最常用的是令牌环。

环型网中只有一个令牌沿着传输介质在循环传送，各个结点要发送数据时，必须等到空令牌到达本结点时，才能发送数据。发送数据的同时将令牌置为忙标志。

令牌环网传送数据的过程可简述如下：

结点 A 想发送数据帧给结点 C，必须等待空令牌的到来。一旦结点 A 获得空令牌，修改空令牌为忙令牌，并发送数据帧。数据帧沿环传送，直到到达结点 C，结点 C 接收到数据帧后转发一个数据帧沿环传送到结点 A。结点 A 确认自己的数据帧已被结点 C 正确接收后，就产生一个新的空令牌顺序传给下一个结点。

6.3.2 广域网

1)广域网的基本概念

广域网是指覆盖范围广阔的一类通信子网，由结点交换机以及连接这些交换机的链路组成。结点交换机执行分组交换的功能，结点和结点之间是点对点的连接。与局域网的主要区别是：广域网覆盖的地理范围更广；局域网使用的协议主要在数据链路层，而广域网使用的协议主要在网络层。

Internet(因特网)就是当今最流行也最成功的广域网。

2)分组交换数据网络

分组交换数据网络(PSDN)通常采用分组交换的通信技术。分组交换是一种存储-转发方式的交换。进行数据交换时，发送端先要将传送的信息分割成若干个规定长度的数据块，再装配成一个个分组。装配过程中要对各个分组进行编号，并附加上发送端和接收端的地址以及约定的其他信息，这样每个分组都带有一个分组头和校验序列。然后将各个分组分别放入通信子网中进行交换传输。当这些分组到达目的端系统后，再重新组装成原来的报文，递交给用户。

分组交换数据网络通常采用分布式的网状拓扑结构，这种结构具有如下优点：

- 网络扩充和主机入网比较简单，只要不超过网络的最大容量。
- 网络完整性和可靠性较高，任何一对结点间都可以具有一条以上的路径，不会因为某些链路或某些结点的故障而导致全网瘫痪。

分组交换数据网络主要提供两种类型的分组传输服务，分别是数据报和虚电路。

（1）数据报　数据报又称为面向无连接的数据传输，工作过程类似于报文交换。数据报传输无需建立连接，只需在数据报中包含地址信息。当使用网状拓扑组建网络时，任何一个结点或者线路的故障都不会影响数据报的传输，因此可靠性较高。数据报适合结点之间短小数据的传输。

（2）虚电路　虚电路又称为面向连接的数据传输，工作过程类似于电路交换。数据进行传输时，一般包括三个过程：虚电路建立、数据传输和虚电路释放。如果虚电路中的某个结点或者线路出现故障，将导致虚电路传输失败。虚电路方式适合于结点之间大批量的数据传输。

分组交换数据网络的主要服务对象是面向终端集中式的，比较适用于交互式短报文的业务，例如，金融业务、计算机通信服务、管理信息系统等，但不适用于实时性要求较高的多媒体通信。另外，分组交换数据网络的传输效率不高。

3）帧中继网络

帧中继技术基于直通方式的交换。直通式交换是对分组交换的一种改进，当分组到达目的结点后，只要当合适的输出链路空闲，就可以将分组从输入链路上直接搬移到输出链路上，可以不进行存储而从结点上直通而过。仅当输出链路繁忙时才进行存储-转发，这样可避免对分组不必要的存储-转发排队。

帧中继技术主要用于传递数据信息，它将用户信息以帧的方式有效地进行传送。同时，它还淡化了交换设备上的层次概念，将数据链路层与网络层进行了融合。融合的目的一方面是减少了层次之间的接口处理；另一方面通过对融合的功能进行分析、简化，包括简化流量控制的功能，它将流量控制的功能交给高层协议去实现。

帧中继的过程可以简述如下：

发送方通过发送呼叫信令（数据链路连接标识符 DLCI）建立与接收方的连接，每个接收到呼叫信令的交换设备执行路由选择，确定逻辑链路。帧中继建立连接的过程类似于虚电路的建立过程。因此帧中继提供的是面向连接的数据传输服务。一般地，帧中继设备都可支持存储-转发和直通交换两种交换方式。连接建立之后，对等的帧中继实体使用正常的帧格式支持上层实体之间的信息交换。同时通知上层实体采取必要的流量控制措施。

目前，随着光纤的普及，帧中继技术被广泛使用。因为帧中继具有快速、高效的特点，帧中继网络已成为企业局域网与广域网互联方案时的首选。

4）综合业务数字网

综合业务数字网（ISDN）是在电话综合数字网（IDN）基础上发展起来的一种电信网络形态。它能实现用户线传输的数字化，提供一组标准的用户/网络接口，使用户能够利用已有的一对电话线，连接各类终端设备，分别进行电话、传真、数据、图像等多种业务通信，或者同时进行包括语音、数据和图像的综合业务通信。

最初的 ISDN 基于 PBX 实现，为了提供不同的服务，就得建立不同的网络，分别用于电话、电视和数据，同时运行几种网络，给维护和经济带来不便。故又称为窄带综合业务数字网（N-ISDN）。N-ISDN 采用双绞线作为传输媒体，采用同步传输模式 STM 作为其交换技术。

宽带综合业务数字网（B-ISDN）就是为了统一电信网络而设计的网络传输技术，它是一种可以统一处理声音、数据和各种服务的高速综合网络。B-ISDN 采用光纤作为其传输干线，其数字传输速率标准为 SONET 和 SDH。而 ATM 是支持 B-ISDN 服务的一种复用交换技术。

5)异步传输模式

异步传输模式(ATM)可作为 B-ISDN 的底层传输模式，又称为信元交换，它是建立在电路交换和分组交换基础上的新的快速分组交换技术，可以较好地对宽带信息进行交换，实现对网络资源的按需分配。ATM 是面向连接的，通过建立虚电路来进行数据传输。

ATM 采用固定长度的短信元(Cell)作为传输单位，这是它的主要优点。ATM 的信元头只有 5 个字节，可以使 ATM 交换机的功能比普通的分组交换精简得多。信元头的功能很有限，主要用来标识虚连接，即根据连接建立时产生的虚电路标志识别虚连接。使用这个标志就可以容易地将不同的虚连接复用到同一链路上。

ATM 用统计时分复用方式进行数据传输。统计复用是根据各种业务的统计特性，在保证业务质量要求的前提下，在各个业务之间动态地分配网络带宽，以达到最佳的资源利用率，改善 STM 中出现的带宽浪费问题。

ATM 可以综合处理和转发下列五种多媒体业务：

(1)恒定比特率业务(CBR)。

(2)实时变比特率业务(rt-VBR)。

(3)非实时变比特率业务(nrt-VBR)。

(4)可用比特率业务(ABR)。

(5)非特定比特率业务(UBR)。

6.3.3 网络互联

1)网络互联概述

在 OSI 环境或者 Internet 场合下，都存在着许多不同的自治的网络实体，它们使用着不同的协议。网络互联的目的就是将运行着不同协议的网络实体相互连接起来，以使处在不同网络上的用户之间能进行通信或共享资源。

网络互联的方式很多，但都需要具备以下的要求：

(1)提供网络之间的通信设施，即提供一条连接链路。最简单的就是提供通信路径及其控制规程。

(2)提供不同网络上用户之间的路由选择，用以交换数据。

(3)在不改变被互联的网络之体系结构的前提下提供各种必需的服务。

网络互联不是简单地直接相连，而是通过一个中间设备，称之为中继系统。按中继系统共享的协议层次进行划分，主要有这样几类设备：

(1)转发器(repeater) 物理层中继系统，仅在网络间传输比特信息。

(2)网桥(bridge) 数据链路层中继系统，可用于互联不完全相同但较接近的网络。

(3)路由器(router) 网络层中继系统，可用于互联不同的网络。

(4)网关(gateway) 网络层以上的中继系统，其实质是一个协议转换器。

2)转发器

转发器是最简单的互联设备，它仅在网络间传输比特信息。转发器不具备智能，没有逻辑判断和处理能力。它对比特流不作改变，不能控制和分析信息，只是简单地接收数据，逐一再生并放大信号，然后发往更远的网络结点，因此转发器只能用于同种网络的物理层上。

转发器对高层协议没有影响，一般认为它只是将一个网络的作用范围扩大了而已。可以使用转发器连接两个同类型的局域网，每个网被分别称为网段。当安装一个局域网而其物理范围超出了允许的范围时，就可以使用转发器将该局域网的范围进行延伸。转发器接收到一个网段发来的信号并重新放大后发送到另一个网段中，从而起到了扩展网络联网距离的作用。

3）网桥

网桥是一种存储-转发装置，可以用来互联相同或仅在低两层实现上有差异的局域网。网桥是互联网络中最简单的具有智能的中继系统。它在 OSI 参考模型的数据链路层连接局域网，其工作过程是：网桥接收整个帧，并把它送到数据链路层，在数据链路层计算校验和，然后把这一帧往下送到物理层再转发到不同的网上。

网桥的主要属性是透明，网桥的引入不应影响原有子网的通信能力。网桥不区分高层协议，也不对高层协议进行解释和修改。网络 A 和网络 B 之间的网桥可以定义为这样的设备，它完成如下的工作：

（1）读取网络 A 上的所有帧并接收那些指向网络 B 的帧。

（2）将接收的帧利用网络 B 的介质接入控制协议重新发送到网络 B 上。

（3）对从网络 B 到 A 的业务也完成相同的功能。

网桥和转发器的主要区别在于：网桥可用于互联两个独立的子网，实现信息帧的存储-转发；而转发器仅是网络的延伸，实现信息位的转发。

4）路由器

路由器用于互联两个或多个独立的不同类型的子网，通常是仅在低三层实现上有差异的网络。网桥常用于局域网中点到点的互联，而路由器则可用于建立巨大的、复杂的互联网。

路由器工作在 ISO 参考模型的网络层。路由器执行 OSI 网络层及其下层的协议转换，将局域网协议转换成广域网信息分组网络协议，并且在远端执行这个逆过程，从而实现具有相同 ISO 网络层协议的局域网和广域网的互联。

由于路由器一般只是实现一种特定的协议，因此，当广域网中存在着多种网络层的协议，就需要多个路由器来满足网络互联的目的。

转发器、网桥和路由器主要用于低三层有差异的子网的互联，互联后的网络仍然属于通信子网的范畴。

5）网关

网关是用来连接两类不相似的网络，并实现在不同类型网络之间进行信息交换的设备。网关工作在 OSI 参考模型的第 4～7 层，执行 OSI 传输层以及以上各层的协议转换，或者实现不同体系结构的网络协议的转换。

网关通常采用软件的方法予以实现，充当网关的设备一般是专用微型计算机。网关计算机运行两类系统间协议转换的程序，实现数据传输和协议对话。网关常与特定的应用服务一一对应，例如，随着 Internet 技术的广泛应用，越来越多的用户使用简单邮件传送协议（SMTP）进行信息交换，而同时 OSI 也定义了与之类似的服务：电文处理系统（MHS）。网关软件就可以用来实现这两个不同网络之间的邮件交换。

6.3.4 因特网

1)因特网概述

因特网(Internet)是一个全球的、开放的信息互联网络,也是目前世界上最大的计算机网络,几乎覆盖了整个世界。

(1)因特网的发展简史

因特网的前身是美国国防部高级研究项目机构(ARPA)研究开发的 ARPANET 计划。该计划的目的是建立一个分布式的、存活力强的全国性网络。1975 年,ARPANET 由实验性网络改为操作性网络。1980 年,TCP/IP 正式问世。随着 TCP/IP 协议被人们广泛接受和 Unix 操作系统的发展,越来越多的计算机连接到 ARPANET 上,于 1983 年产生了以 ARPANET 为主干网的因特网。

1986 年美国国家科学基金会 NSF 在全国建立基于 TCP/IP 协议族的计算机通信网 NSFNET。NSF 在全国建立了按地区划分的计算机广域网,并将这些地区网与超级计算机相连,最后再将各个超级中心互联起来。这一设计使 NSFNET 于 1990 年 6 月彻底取代了 ARPANET 成为因特网的主干网。

1993 年,美国政府公布了"国家信息基础设施建设日程表",简称国家信息基础设施,即 NII,它是指一个国家的信息网络可以使任何人在任何地方、任何时间将文本、声音、图像等信息传递给任何地点的任何人。进而于 1994 年又提出"全球信息基础设施计划",即 GII。由此,在全球范围内掀起了信息高速公路热,也标志着因特网进入了成熟与提高的阶段。

今天的因特网将世界各地各种规模的网络连成一个整体,人们可以将各自不同类型的计算机或工作站接入因特网。20 世纪 90 年代以来,上网人数逐年上升,截止到 2000 年 9 月,全球上网人数为 3.776 5 亿。

因特网在世界范围内得到普及的最重要原因是其丰富的应用环境和资源,因特网的资源包括超级计算机中心、图书目录库、公共软件程序库、科学试验数据库、网络信息中心等;因特网为用户提供的服务工具达 40 多种,主要有电子邮件(E-mail)、远程登录(Telnet)、文件传输(FTP)、文档查询(Archie)、信息鼠(Gopher)、广域信息服务(WAIS)、网络新闻和万维网(WWW)等。

因特网的日常运行工作由网络运行中心(NOC)和网络信息中心(NIC)负责。NOC 的职责是保证网络的正常运行,监督网络的活动等;NIC 的职责主要是通过网络为网络用户或用户服务机构提供中央支持。

(2)因特网在我国的发展简况

1986 年,中国科学院等单位通过长途电话拨号方式进行国际联机数据库检索,这标志着我国使用因特网的开始。

1994 年 4 月,中国科学技术网(CSTNET)建成,标志着我国正式接入因特网。我国是通过国际专线连入因特网的第 77 个国家。1995 年,我国又建成了中国教育和科研网(CERNET),主要为高等院校和科研单位服务。同年,中国公用计算机互联网(ChinaNET)建成开通,ChinaNET 是公用网,当时由邮电部主管。1996 年,我国第四个国家级的互联网——金桥网(ChinaGBN)建成开通,金桥网是国家经济信息通用网的简称,为用户提供专用信道、网络服务、信息服务和国际联网。

中国因特网的发展才十年左右的时间,但其发展的速度却让人震惊。1995 年,中国上网计算机不过 400 台，上网人数仅仅 7 000 人。而据 2002 年 7 月公布的数字，中国上网计算机总数已经达到 1 613 万台，上网人数已经达到 4 580 万人。网络已经开始全面地介入和改变我们的生活。

(3)相关的因特网名词术语

因特网发展历史中，形成了不少的名词术语，通过这些名词术语，可以较快地了解因特网的特点与技术。

· 冲浪　是指利用计算机在因特网中遨游。

· 调制解调器(Modem)　俗称"猫"，是通过电话线拨号上网的必需设备。它可以将计算机的数字信号转换成模拟信号，通过电话线传输。接收端再将其还原。

· 因特网服务提供商(ISP)　用户只有通过 ISP 才能连接到因特网。

· 超文本标识语言(HTML)　因特网上的标准文本格式。

· 服务器(Server)　一台功能强大的计算机，能在网络中为用户提供通信、文件共享、网络打印等功能。

· 主页(Home Page)　其全称是万维网主页，是指万维网服务的起始装入信息页。用户可通过主页上定义的超级链接(Hyper Link)访问其他网页。

· 万维网(World Wide Web)　漫游因特网的工具。它是一种基于超文本方式的信息检索工具，为用户提供了一种友好的信息查询接口，是因特网上的一种新型信息服务系统。

· 电子邮件(E-mail)　最常用的因特网功能，是一种最便捷的利用计算机和通信网络传递信息的手段。

· POP3 和 SMTP　POP3(邮局协议 3)是一种接收邮件的协议；SMTP(简单邮件传送协议)则保证服务器把邮件递送出去。

· 超文本传输协议(Http)　用来在网络上传送 Web 页。

· 统一资源定位格式(URL)　是 Web 的地址编码。Web 上所能访问的资源都有一个惟一的 URL。

· 互联网络协议地址(IPA)　即 IP 地址，因特网上每台主机都有一个惟一的地址，它是数字形式的一组地址，作为计算机在网络中的标识。

· 域名　因特网上主机的名字。

· 域名服务器(DNS)　其作用是将用户输入的域名地址翻译成 IP 地址。

· 远程登录(Telnet)　在网络通信协议的支持下，用户计算机可在联网后暂时成为远程计算机的终端。

· 文件传输协议(FTP)　FTP 实际上是一个应用程序，是因特网上的文件传递工具。网络中的用户可以通过 FTP 功能登录到远程计算机，完成下载和上传的操作。

· 新闻组(Newsgroup)　新闻组是因特网上提供的服务之一，是个人或单位向新闻组服务器所"投递邮件"的集合。访问新闻组的人可以投递、查找或阅读邮件。

· 电子公告栏(BBS)　是一个交互性强、内容丰富和及时的因特网电子信息服务系统。用户通过 BBS 可以获得各种信息服务，包括下载软件、发布信息、进行讨论和聊天等。

· 搜索引擎(Search Engineer)　是一个用来查询搜索世界各地因特网网络资源的 Web 服务器。

2)IP 地址和域名系统

如果一台计算机能与网络上的其他主机进行通信，这个计算机就应该有一个惟一的标识,用以说明它的存在。因特网定义了两种方法来标识网上的计算机,它们分别是 IP 地址和域名系统。

(1)IP 地址

在使用 TCP/IP 协议进行通信时,每台主机都有一个 IP 地址,用以标明该主机在网络中的位置。IP 地址由两部分组成,分别为网络标识(Netid)和主机地址(Hostid)。目前的 IP 协议规定 IP 地址的长度为 32 位,分成 4 个 8 位的二进制数,通常把它们写成 4 个十进制数,中间用圆点“.”隔开,每组十进制数的取值范围在 0～255 之间,这种表示方式叫间断十进制计数法或点分十进制计数法。

IP 地址通常分作 A,B 和 C 三类,在每类地址中的网络标识和主机地址都遵循如下原则:即 IP 地址＝网络标识＋主机地址,如图 6-3-1 所示。

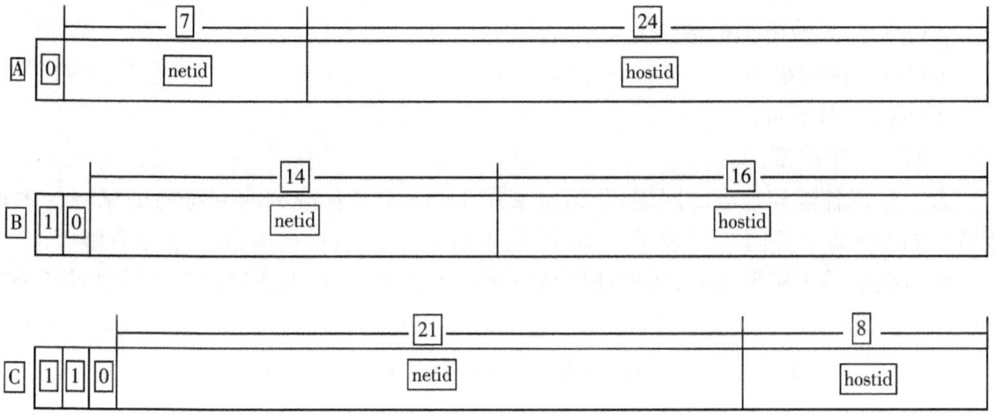

图 6-3-1 IP 地址的三类地址格式

A 类地址分配给少量大型网络使用,地址的最高位为“0”,余下 7 位表示网络标识;后 3 个字节为网内主机的主机地址。因此 A 类地址网络数最多为 2^7 个,网内主机数最多可达 2^{24} 台。

B 类地址用于中等规模的网络,地址的最高两位为“10”,随后 14 位表示网络标识;后 2 个字节为网内主机的主机地址。因此 B 类地址网络数最多为 2^{14} 个,网内主机数在 2^8～ 2^{16} 之间。

C 类地址用于小型网络,地址的最高三位为“110”,随后的 21 位表示网络标识;后 1 个字节为网内主机的主机地址。因此 C 类地址的网络数最多为 2^{21} 个,每个网络只能容纳 2^8 台主机。

IP 地址是由网络信息中心分配的,目前世界有三个这样的机构:

· 负责美国及其他地区的 INTERNIC。

· 负责欧洲地区的 RIPE-NIC。

· 负责亚太地区的 APNIC。

(2)域名系统

由于 IP 地址是数字编码,使用一个长的数字串来标识主机,对用户很不方便。为了向一般用户提供一种直观的主机标识符,TCP/IP 专门设计了一种字符型的主机名字机制,即域名系统。

域名采用一种层次型树形结构,它将名字分成若干部分,每个部分授权给某个机构管理，授权管理机构可以再将其管辖的名字空间进一步地划分，再授权给若干子机构管理，如此下去。这样，在树形结构中的每个结点都有一个相应的标识符，主机的名字就是从树叶到树根路径上各结点标识符的有序序列。

在域名系统中，树根是惟一的中央管理机构，称为网络信息管理中心 NIC(Network Information Center)，它不构成域名的一部分，除根系统外的最高层系统的域被称为顶层域，相应的域名称为顶层域名。

域名一般通俗易懂，大多由英文名称的缩写来命名。顶层域名的一些常用名和含义如下：

- COM 商业组织。
- EDU 教育机构。
- NET 网络机构。
- ORG 其他组织机构。
- INT 国际组织。
- GOV 政府部门。
- MIL 军事部门。

为了标识各国和地区的网络，开始也采用 ISO -3166 标准的两字符的国家码作为顶层域名。如 US 表示美国，CN 表示中国，JP 表示日本，UK 表示英国，HK 表示香港等。

域名系统采用树形结构，树根顶层被分成几个主要的组，由顶层往下呈"倒树形"分支继续扩展，每个分支被认为是一个域，每一级的名字和前面几级的名字一起构成它的域名。例如，下面的名字表示了不同的级，这些级都处在树的同一个分支上。

cn

edu. cn

ujs. edu. cn

www. ujs. edu. cn

域名的格式由最低层开始，向上直到树根。这样，树中的每一级域的管理机构负责管理自己的域，其中包括在树形结构中添加新的域。"ujs. edu. cn"的管理机构是"edu. cn"。另外还可以添加"lib"域，形成"lib. ujs. edu. cn"。

我们以查询主机"lib. ujs. edu"的 IP 地址为例说明如何进行地址查询工作。首先向根服务器询问". edu"服务器的地址，根服务器给出". edu"服务器的名字和 IP 地址，再由". edu"服务器查询". ujs. edu"服务器地址，如此依次下找，最后就可查询到"lib. ujs. edu"的 IP 地址。

3)因特网的服务

因特网提供的服务大致有：电子邮件服务、文件传输服务、远程登录服务和信息查询服务、新闻与公告类服务等。

(1)电子邮件(E-mail)服务

电子邮件是网络中应用最广泛的一种报文传输系统。其特点是传递信息迅速，它能快速发送和分拣大量的电子邮件；另一个特点是不要求双方在通信时刻都在场，电子邮件可以自动地存放在目的用户的邮箱中。

如果要使用电子邮件服务，首先需要拥有一个电子邮箱。电子邮箱是由提供电子邮件服务的机构(一般是 ISP)为用户建立的。当用户向 ISP 申请电子邮箱时，ISP 就会在邮件服务器上建立该用户的电子邮件账户，包括用户名和用户密码。任何人都可以把邮件发送到某个电子邮箱中，但只有输入正确的用户名和密码的用户才能够查看和处理该邮箱中的电子邮件。

(2)文件传输(FTP)服务

文件传输服务又称 FTP 服务，它是由 FTP 应用程序提供的，而 FTP 应用程序遵循的是 TCP/IP 协议族中的文件传送协议。它允许用户将文件从一台计算机传输到另一台计算机上，并且保证传输的可靠性。

常用的 FTP 客户程序有以下三种类型：

①传统的 FTP 命令行　它是最早的 FTP 客户程序，对 Windows 95 仍然适用，但必须进入 DOS 窗口才可使用。

②浏览器　可以通过浏览器直接登录到 FTP 服务器并下载或上传文件。

③FTP 下载工具　具有断点续传功能，可以在网络连接意外中断的情况下，重新连接进行剩余部分的传输。常用的 FTP 下载工具有：CuteFTP、LeapFTP、AceFTP 与 BulletFTP 等。

(3)远程登录(Telnet)服务

远程登录能提供类似仿真终端的功能，支持用户通过终端仿真共享其他主机的资源。通过远程登录，本地用户可以登录到远程系统，将远程系统当作是自己的电脑主机使用；可以对远程系统上编辑文件、管理文件、读写邮件等，甚至还可以利用该主机上的 Telnet 与其他远程系统相连接。

Telnet 远程登录的使用主要有两种情况：第一种是用户在远程主机上有自己的账号，即用户拥有注册的用户名和口令；第二种是许多 Internet 主机为用户提供了某种形式的公共 Telnet 信息资源，这种资源对于每一个 Telnet 用户都是开放的。

(4)信息查询服务

因特网上有着十分丰富的信息资源，为了帮助用户获得自己想要的信息，近年来开发了一批功能完善、用户接口友好的信息查询工具。常用的有如下几种：

①文档查询工具(Archie)　Archie 是基于 FTP 文件名的查询工具，主要完成两项工作：

· 定期维护文件目录数据库，即能查询到的所有 FTP 服务器中的文件目录的索引。

· 接受来自 Archie 客户程序的请求，通过查找自己的索引将客户要找的结果通知给客户程序。

②分布式文件查询系统(Gopher)　Gopher 是一种综合的网上文件查询系统。Gopher 服务器的任务是维护一个菜单集，并使每个菜单指向一个特定的信息。用户在菜单的引导下，可以对因特网上的远程联机信息系统进行实时访问。

③广域信息服务(WAIS)　WAIS 是一个分布式的文本搜索系统。用户既可以使用 Telnet 直接登录到 WAIS 服务器，也可以使用 Telnet 客户程序与 WAIS 服务器相连。通常，用户将搜索条件告知 WAIS 服务器，服务器对自己的索引进行搜索，把找到的文档目录传给用户，在客户端会显示一个目录菜单，用户就可以在菜单中选择自己需要的文档。

④万维网(WWW)　WWW 是一个基于超文本方式的信息查询工具，它将因特网网上不同地点的相关信息有机地组织在一起。用户可以通过 WWW 客户端浏览器对 WWW 服务器进行访问，服务器将保存的 Web 页发送给客户端；通过浏览器，呈现在用户面前的是

图、文、声并茂的 Web 页画面。此外，用户可以通过点击 Web 页中的链接，方便地访问其他的 Web 页，或是其他类型的信息资源。

WWW 服务具有如下特点：

· 以超文本方式组织网络多媒体信息，包括文本、语音、图形和视频信息。

· 用户可以在因特网范围内的任意网站之间查询、检索浏览及发布信息。

· 提供生动、直观、统一、易于使用的图形用户界面。

(5)新闻与公告类服务

因特网不但提供了丰富的资源，还可以让分布在世界各地的用户进行通信，并针对某些话题展开讨论。常用的新闻与公告服务有如下两类：

①电子公告板　电子公告板 BBS 是一种全新的个人和团体远程通信手段，它具有两个功能：

· 允许用户在上面自由发表意见，贴出公共信息或者回复他人的公告。

· 提供多个用户之间的实时双向对话。

②网络新闻组　网络新闻组是一种利用网络进行专题讨论的国际论坛，目前，最大也是最常用的是 Usenet。用户可以使用新闻阅读程序访问新闻组服务器，发表意见、阅读网络新闻等。网络新闻阅读程序是客户程序，它可以完成如下工作：

· 搜索用户指定的新闻组，列出用户未曾阅读的文章。

· 选择用户感兴趣的新闻组。

· 显示用户阅读的文章并保存。

· 允许用户提出问题或发表自己的意见。

4)因特网的未来

因特网的未来将深入到社会的各个方面，将会为未来的社会生活带来深远的影响。

(1)教育　因特网不但拥有丰富的知识资源，而且还为大家提供了公共讨论的场所，同时大大缩短了教育之间的距离。

(2)图书馆　未来的因特网将是一个巨大的图书馆，这个图书馆的资源可以共享，并且其检索工具又十分容易使用。

(3)科学研究　因特网最初也是为了科学研究而提供共享资源的，未来的因特网将把这方面发扬光大，它将以一种具有无限灵活性和实时性的方式传播信息，论文和信息可以通过因特网立即讨论和共享。

(4)商业化　当前已经有不少计算机公司和信息咨询公司利用因特网开展业务，而因特网的未来也将是商业经销的渠道和场所。

(5)家庭　如同个人 PC 进入千家万户一样，未来的因特网也会步入平常百姓家。

当前因特网不但改变了人们交流和沟通的方式，同时也改变了文化市场的形态，使市场的网络化发展成为潮流。在未来，因特网将继续改变人们的生活、学习、工作及思维方式，并对科学、技术、政治、经济及整个社会产生巨大的影响。

6.4 网络管理

6.4.1 网络管理的概念

随着网络在社会生活中的广泛应用，特别是在金融、商务、政府机关、军事以及信息处理等方面的应用，支持各种信息系统的网络的地位变得越来越重要。伴随着网络的业务和应用的丰富，对计算机网络的管理与维护也就变得至关重要。网络管理已成为现代计算机网络的关键技术之一，尤其在大型计算机网络中更是如此。

关于网络管理的定义目前很多，但都不够权威。一般来说，网络管理就是通过某种方式对网络进行管理，使网络能正常高效地运行。国际标准化组织(ISO)在 ISO/IEC 7498-4 中定义并描述了开放系统互联(OSI)管理的术语和概念，提出了一个 OSI 管理的结构并描述了 OSI 管理应有的行为。指出 OSI 管理就是对 OSI 环境下的资源的控制、协调和监视，这些资源保证 OSI 环境下的通信。从这个角度，可以定义网络管理就是监督、组织和控制网络通信服务以及信息处理所必需的各种活动的总称。其目的很明确，就是使网络中的资源得到更加有效的利用。它应维护网络的正常运行，当网络出现故障时能及时报告和处理，并协调、保持网络系统的高效运行等。

通常网络管理需要涉及网络提供、维护和处理三个方面的内容：网络服务提供是指向用户提供新的服务类型，增加网络设备和设施，提高网络性能；网络维护是指网络性能监控、故障报警、故障诊断、故障隔离与修复；网络处理是指对网络设备利用率、通信量等数据的收集和分析，作出相应的控制，以优化网络资源的使用效率。

6.4.2 网络管理的分类及功能

1)网络管理的分类

网络管理技术是伴随着计算机、网络和通信技术的发展而发展的，两者相辅相成。从网络管理范畴来分类，可大致分为以下几类：

- 对网"路"的管理，即针对交换机、路由器等主干网络进行管理。
- 对接入设备的管理，即对内部 PC、服务器、交换机等进行管理。
- 对行为的管理，即针对用户的使用进行管理。
- 对资产的管理，即统计 IT 软硬件的信息等。

根据网管软件的发展历史，可以将网管软件划分为三代：

第一代网管软件就是最常用的命令行方式，并结合一些简单的网络监测工具，它不仅要求使用者精通网络的原理及概念，还要求使用者了解不同厂商的不同网络设备的配置方法。

第二代网管软件有着良好的图形化界面。用户无须过多了解设备的配置方法，就能图形化地对多台设备同时进行配置和监控，大大提高了工作效率，但仍然存在由于人为因素造成的设备功能使用不全面或不正确的问题，容易引发误操作。

第三代网管软件相对来说比较智能，是真正将网络和管理进行有机结合的软件系统，具有自动配置和自动调整功能。对网管人员来说，只要把用户情况、设备情况以及用户与网络资源之间的分配关系输入网管系统，系统就能自动地建立图形化的人员与网络的配置关系，并自动鉴别用户身份，分配用户所需的资源(如电子邮件、Web、文档服务等)。

2)网络管理的功能

根据OSI管理模型,网络管理应具有五大功能,分别是:故障管理、配置管理、性能管理、安全管理和计费管理。

(1)网络故障管理

故障管理是网络管理的最基本功能,它是用来维持网络的正常运行的。网络故障管理包括及时发现网络中发生的故障,找出网络故障产生的原因,必要时启动控制功能来排除故障。

计算机网络服务发生意外中断是常见的,这种意外中断在某些重要的时候可能会对社会或生产带来很大的影响。一旦发生故障,可以根据网络管理数据库中的信息确定其原因和位置,继而采取补救措施,以维持网络的正常运行。

实用中,网络故障管理包括故障检测、隔离和纠正三个方面,由系统监控和维护予以完成。对于不严重的简单故障,通常被记录在错误日志中,并由网络设备通过本身具有的故障检测、诊断和修复措施予以解决;对于严重的或者无法修复的故障,则应当向网管中心报告,以便进行隔离和分析,排除故障;网管中心也可定期查询设备、部件和线路的工作状态,及时发现问题,诊断测试以发现故障原因。

(2)网络配置管理

网络配置是指网络中每个设备的功能、相互间的连接关系和工作参数,它反映了网络的状态。一个实际中使用的计算机网络是由多个厂家提供的产品、设备相互连接而成的,因此各设备需要相互了解和适应与其发生关系的其他设备的参数、状态等信息,否则就不能有效工作,甚至不能正常工作。尤其是网络系统常常是动态变化的,如网络系统本身要随着用户的增减、设备的维修或更新来调整网络的配置。

配置管理就是定义、收集、检测和管理系统的配置参数,其功能包括设置设备参数、初始化、关闭网络资源以及根据请求向网管中心反馈特定的数据等。

实用中,网络配置包括配置结点和网络设备的数量、设备的分布和互联状况、线路的数量和速率、设备的通信模板和端口个数等。

(3)网络性能管理

网络性能管理检验网络服务是否达到了预定的水平,找出已经发生或潜在的瓶颈,报告网络性能的变化趋势,为网络管理决策提供依据。因此,网络性能管理的主要内容是收集、存储、显示和分析统计数据,性能分析的结果可能会触发某个诊断测试过程,或者引起网络重新配置以维持网络预定的功能。

典型的网络性能管理可以分为两部分:性能监测与网络控制。性能监测是指网络工作状态信息的收集和整理;网络控制是指为改善网络设备的性能而采取的动作和措施。

另外,网络性能管理还应包括网络流量管理和路由管理,通过这些管理,使网络流量合理分配,提高网络的有效吞吐量,避免网络超载和死锁的发生等。

(4)网络计费管理

对于公用分组交换网与各种网络信息服务系统来说,用户必须为使用网络的服务而付费,网络管理系统则需要对用户使用网络资源的情况进行记录并核算费用。网络计费的主要内容包括:

①统计已被使用的网络资源和估算用户应付的费用。

②设置网络资源的使用计费限制,控制用户占用过多的网络资源。

③对实现某个特定的通信目标所引起的多个网络资源进行联合收费。

实用中,结点记录网络运行情况和用户使用资源的信息,并报告网管中心。网管中心据此评价网络的性能和计算用户应付的费用。

(5)网络安全管理

网络安全性直接影响到用户对网络系统的可信程度。安全管理功能是用来保护网络资源的安全。网络安全问题主要包括网络数据的私有性、授权控制和访问控制等,与此对应,网络安全管理的内容主要包括:

①授权管理,即分配权限给发送请求的实体。

②访问控制管理,即给实体分配口令,进入或修改控制表和能力表。

③安全检查跟踪和事件处理。

④密钥管理。

实用中,一般要对用户设置一些权限,制定判断非法入侵的条件以及检查非法操作的规则。另外,还要收集有关数据并产生报告,由网管中心的安全事务处理进程进行分析、记录、存档,并根据情况采取相应的措施,如给非法入侵的用户以警告并取消其使用网络的权利等。

6.4.3 网络管理协议

目前,常见的网络管理协议有两种,其中一种是 Internet 体系结构委员会开发的简单网络管理协议,它也是流传最广,应用最多,获得支持最广泛的一个网络管理协议;另外一种是 ISO 颁布的公用管理信息系统,其功能较全,但设计复杂,导致使用不便,其应用远没有 SNMP 广泛。

1)简单网络管理协议(SNMP)

SNMP 是一个与通信协议无关的网络管理协议,它可以提供相对比较简单但很有效的网络管理方法。SNMP 是由 Internet 工程项目组 IETF(Internet Engineering Task Force)开发的,其初衷是解决网络中的路由器的管理问题,后来扩展到对其他网络设备的管理。

SNMP 是基于 Internet TCP/IP 应用层的网络管理协议,用来管理网络设备间的信息交换,其基本功能包括监视网络性能、检测分析网络差错和配置网络设备等。SNMP 是一组协议,这些协议允许网络管理者从远程对一个被管理设备进行查询或者为这些对象设置新值,并允许被管理设备向网络管理系统发出警告。

SNMP 最大的一个优点就是简单性,它的结构简洁明晰,而且基于 UDP 的传输又使得管理数据在网中传输速率高且负载轻,因而比较容易在大型网络中实现。它代表了网络管理系统实现的一个很重要的原则,即网络管理功能的实现对网络正常功能的影响越小越好。

扩展性是 SNMP 的又一个优点。由于其简单化的设计,用户可以很容易地对其进行修改来满足其特定的需要。各厂商可以根据 SNMP 制订的规则,很容易地定义自己的管理信息数据库(MIB),并据此使自己的产品支持 SNMP。

SNMP 经历了两次版本升级,现在的最新版本是 SNMP 3.0。对比前两个版本,SNMP 的功能所包括的管理效率、管理层次等方面都得到了极大的增强,而在最新的版本中,SNMP 在安全性方面有了很大的改善,SNMP 缺乏安全性的弱点正逐渐得到克服。

2)公共管理信息服务/公共管理信息协议(CMIS/CMIP)

CMIS/CMIP 是 OSI 提供的网络管理协议簇。CMIS 定义了每个网络组成部分提供的网络管理服务，这些服务在本质上是很普通的，CMIP 则是实现 CMIS 服务的协议。

OSI 网络协议旨在为所有网络设备在 ISO 参考模型的每一层都提供一个公共网络结构，而 CMIS/CMIP 正是这样一个用于所有网络设备的完整网络管理协议簇。出于通用性的考虑，CMIS/CMIP 的功能与结构跟 SNMP 不相同，SNMP 是按照简单和易于实现的原则设计的，而 CMIS/CMIP 则能够提供支持一个完整网络管理方案所需的功能。

CMIS/CMIP 的整体结构是建立在使用 ISO 网络参考模型的基础上的，网络管理应用进程使用 ISO 参考模型中的应用层。也是在应用层上，公共管理信息服务单元提供了应用程序使用 CMIP 协议的接口。同时该层还包括了两个 ISO 应用协议：联系控制服务元素和远程操作服务元素，其中联系控制服务元素在应用程序之间建立和关闭联系，而远程操作服务元素则处理应用之间的请求/响应交互。另外，值得注意的是 OSI 没有在应用层之下特别为网络管理定义协议。

6.4.4 网络管理的发展

随着信息化的普及，用户对网络管理有了强烈的需求，对网络的安全管理以及故障管理方面的应用趋势尤为明显。网络性能的管理也成了一个用户关注的话题，用户已经不再局限于网络的联通时间，而进一步要求网络的性能能够达到一定的水平，因此用户对网管软件的需求也随之发生了相应的应用趋势：网络管理软件从侧重设备管理到侧重业务管理；从侧重故障管理到侧重性能管理；更加侧重系统的安全性和系统的互操作性等。

总体上来讲，新一代的综合网管软件必须具备开放系统的特性，即兼容性、可移植性、可互操作性、可伸缩性和易用性等特征，这也是网络管理软件及其技术发展的趋势。

便于远程管理的 B/S 结构也已逐渐成为主流，网络管理软件的体系架构呈现分布式、集中式和集中分布式等多种结构并存，分别适应不同规模网络的管理需求。

另外，基于 Web 技术的管理平台以其统一、友好的界面风格、地理和系统上的可移动性及系统平台的独立性，吸引着越来越多的用户和开发商。当前主流的网络管理软件都提供融合 Web 技术的管理平台，基于 Web 的网管模式的实现也将成为网络管理软件的趋势之一。

习 题 6

6-1 何谓通信子网、资源子网？它们相互之间有何关系？

6-2 计算机网络有哪几种分类方法？各种分类方法的依据和特点是什么？

6-3 计算机网络有哪些功能与特点？

6-4 OSI/RM 模型设置了哪些层次？每个层次的作用和功能是什么？

6-5 试描述在 OSI 参考模型中数据传输的基本过程。

6-6 试比较面向连接服务和无连接服务的异同点。

6-7 TCP/IP 参考模型设置了哪些层次？每个层次的作用与功能是什么？

6-8 TCP/IP 协议族有哪些主要的协议？试分别说明。

6-9 试比较 OSI 参考模型与 TCP/IP 参考模型的异同点。

6-10 局域网的主要特点是什么？构建局域网需要哪些技术？

6-11 星型网的结构有何特点？有哪几种工作方式？

6-12 总线型网的结构有何特点？如何解决其介质访问控制问题？

6-13 试描述令牌环网中数据的传送过程。

6-14 分组交换网提供哪些数据服务？试分别进行说明。

6-15 什么是帧中继技术？试描述帧中继的过程。

6-16 什么是 ATM？ATM 有什么特点？

6-17 为什么要进行网络互联？网络互联的设备有哪些？各有什么作用？

6-18 何谓 IP 地址？IP 地址是如何分类的？

6-19 什么是域名系统？域名采用什么样的结构？试举例说明。

6-20 因特网提供哪些主要的服务？试分别加以说明。

6-21 什么是网络管理？网络管理有哪些功能？

6-22 网络管理协议主要有哪几种？试分别加以说明。

7 信息安全基础

随着现代通信技术和计算机互联网的发展与迅速普及，信息共享应用日益广泛与深入。世界范围的信息革命激发了人类历史上最活跃的生产力，但同时也使信息的安全问题日渐突出。

本章首先对网络信息安全的威胁与需求进行了分析，提出了几种常用的网络安全技术；然后对网络安全技术进行了较为详细的介绍，包括防火墙技术、密码与认证技术、网络防攻击与入侵检测技术以及网络防病毒技术。

7.1 网络信息安全的基本概念

从技术的角度看，网络的不安全因素，一方面由于它是面向所有用户的，所有的资源通过网络共享；另一方面是由于它的技术是开放和标准的。

7.1.1 网络安全威胁

网络威胁指的是对网络安全性潜在的破坏。网络安全所面临的攻击和威胁因素很多，主要可分为以下几类：

1)信息的截获和窃取

如果没有采用加密措施或加密强度不够，攻击者可能通过互联网、公共电话网、搭线、电磁波辐射范围内安装截收装置或在数据包通过的网关和路由器上截获数据等方式，获取传输的机密信息，或通过对信息流量和流向、通信频度和长度等参数的分析，推出敏感信息等。

2)信息的篡改

当攻击者熟悉了网络信息格式以后，通过各种技术方法和手段对网络传输的信息进行中途修改，并发往目的地，从而破坏信息的完整性。这种破坏手段主要有三个方面：

(1)篡改　改变信息流的次序，更改信息的内容。

(2)删除　删除某个消息或消息的某些部分。

(3)插入　在消息中插入一些信息，让收方读不懂或接收错误的信息。

3)信息假冒

当攻击者掌握了网络信息数据规律或解密了传送的信息以后，可以假冒合法用户或发送假冒信息来欺骗其他用户。

4)抵赖

抵赖包括多个方面，如发信者事后否认曾经发送过某条信息或内容、收信者事后否认曾经收到过某条消息或内容等。

5)其他情况

比如非法登录、非授权访问、破坏通信规则和协议、拒绝合法服务请求、设置陷阱和重传攻击等等。要保证网络信息安全就必须想办法在一定程度上克服以上的种种威胁，学会识别这些破坏手段，以便采取技术策略和法律约束两方面的努力，保证网络信息的安全。

7.1.2 网络安全需求

计算机网络系统的安全需求主要包括机密性、完整性、认证性、可用性、不可抵赖性和访问控制。

1）机密性(Confidentiality)

信息的机密性是指信息不泄露给非授权用户、实体或过程，或供其利用的特性。网络中的信息直接代表着个人、机关或国家的机密。因此，要预防非法的信息存取和信息在传输过程中被非法窃取。机密性一般通过密码技术来对信息进行加密处理来实现。加密所采用的加密算法要有足够的保密程度，并具备有效的密钥管理措施。

2）完整性(Integrity)

信息的完整性是指信息未经授权不能进行改变的特性，即只有得到允许的人才能修改信息，并能够判断信息是否已被篡改。保持各方信息的完整性是网络应用的基础。因此，要预防对信息的随意生成、修改和删除，同时要防止数据传送过程中信息的丢失和重复并保证信息传送次序的统一。完整性一般可通过提取信息与消息摘要的方式来获得。

3）认证性(Authentication)

信息的认证性是对人或实体的身份进行鉴别，为身份的真实性提供保证，即双方能够在相互不见面的情况下确认对方的身份。这意味着当某人或实体声称具有某个特定的身份时，鉴别服务将提供一种方法来验证其声明的正确性，一般可通过证书机构 CA 和证书来实现。

4）可用性(Assured Usage)

信息的可用性是指保证合法用户能正确使用而不出现拒绝访问，并且要防止非法用户进入系统访问、窃取系统资源和破坏系统，也要防止合法用户对系统的非法操作或使用。可用性主要体现在识别机制上，对实体的某些参数进行有效性验证，确认使用者的身份，以及合同、文书或单据的可靠性。因此，要在信息的传输过程中为参与行为的个人、机关或国家提供可靠的标识。

5）不可抵赖性(Non Repudiation)

信息的不可抵赖性是指用户不能抵赖自己曾做出的行为，也不能否认曾经接收过对方的信息。因此，要在信息的传输过程中为参与这些行为的个人、机关或国家提供可靠的标识。不可抵赖性可通过对发送的消息进行数字签名来保证。

6）访问控制(Access Control)

访问控制也叫接入控制，是指对访问网络的用户实施控制，防止对网络资源的非授权访问。它规定了每个用户的接入权限，即规定了合法用户对数据的访问能力，包括哪些用户有权访问数据、访问哪些数据、拥有哪些操作权限等。

7.1.3 网络安全技术

网络安全措施以及与之对应的技术种类繁多而且相互交叉。一些常用的网络安全技术主要有以下几种：

1）防火墙技术

防火墙对于网络安全是必不可少的，它是网络系统的第一道屏障。防火墙位于可信赖网络和不可信赖网络之间,用以保护内部网络资源不被外部非授权用户使用,防止内部受到外部非法用户的攻击。

2)身份认证技术

身份认证的作用是阻止非法用户的不良访问。有多种方法用来鉴别用户的合法性,其中最常用的是密码。其他的方法比如对个人生理特征的识别、智能卡和 Toden 等。

3)数据加密技术

加密是通过对信息的重新组合,使得只有接收方才能解码还原出信息的方法。通过加密解密技术对各类数据进行处理,可以有效地防止信息泄露。目前典型的加密算法有数据加密标准 DES 和公开密钥密码体制 PKC。

4)入侵检测技术

入侵检测系统是基于软件的安全产品,是对防火墙的合理补充。入侵检测主要是针对网络攻击,其目的是监测和发现可能存在的攻击行为,包括来自系统外部的入侵行为和来自系统内部的非授权行为,并采取相应的防护手段,包括切断网络连接、记录事件和报警等。

5)网络防病毒技术

病毒已成为计算机应用领域里的一大公害。对于病毒的攻击需要进行安全监控。监控网络安全性的方法就是检查网络中的各个系统的文件和登录,对于不正常的活动和进程采取相应的措施,包括使用软件查毒杀毒、安装硬件形式的防病毒卡等。

7.2 防火墙技术

7.2.1 防火墙的基本概念

防火墙是网络系统的第一道屏障,其概念源于建筑行当,用以阻止火势从一个房间蔓延到另一个房间。防火墙技术基于访问控制的方法,限制使用者访问系统或网络资源的权限,以达到规范网络行为的目的。

一般来说,防火墙是一个或一组实施访问控制策略的系统,由一套硬件和合适的软件组成。它在内部网络与外部网络之间形成一道安全屏障,以防止非法用户访问内部网络上的资源和非法向外部传递内部信息,同时也防止非法破坏网络运行的行为。从逻辑上看,防火墙是一个分离器、一个限制器、一个分析器,有效地监控了内部网和外部网之间的任何活动,保证了内部网络的安全。

防火墙设置在可信赖的内部网络(专用网络)与不可信赖的外部网络(公用网络)之间,通过各种控制手段,保护内部网络不受外部网络的攻击。在两个网络进行通信时,防火墙执行一种相互访问控制的尺度,允许用户同意的人和数据进入用户的网络,同时将用户不同意的人和数据拒之门外,阻止黑客来访问他的网络,防止黑客更改、拷贝、毁坏用户的信息。另外,内部网络的人和数据未经许可也不能访问和进入外部网络。

7.2.2 防火墙的主要功能

1)过滤进出网络的数据

防火墙是网络之间信息数据通信的必经之路,它检查所有信息数据的细节,根据事先定义好的安全策略允许或禁止某些信息数据进行通信。

2)管理进出网络的访问

网络数据的传输大多是通过不同的网络访问服务来获取的,因此,有必要对这些网络访问服务加以限制,包括禁止一些存在安全脆弱性的服务进出网络,以此达到安全的目的。

3)记录通过防火墙的信息

如果所有的访问都经过防火墙,那么,防火墙就能记录下这些访问并作出日志记录,同时也能提供网络使用情况的统计数据。当发生可疑动作时,防火墙能进行适当的报警,并提供网络是否受到监测和攻击的详细信息。

4)对网络攻击检测和警告

一些本身就不安全的服务,比如 NFS 和 NIS,成为外界主机侦探和攻击的主要目标。因此,防火墙会封堵某些禁止的业务,主要包括以下几种:

(1)控制不安全的服务　只有授权的协议和服务才能通过防火墙,这样大大降低了内部网络的暴露度,提高了网络的安全度。

(2)站点访问控制　对进来的外部访问加以控制,从外界只能访问某些主机,不能访问另一些主机。

(3)集中安全保护　将安全软件集中放在防火墙系统上,而不是分散在每个主机上,这样会使整体的安全保护相对集中,简化网络的安全管理,提高网络的整体安全性。

7.2.3 防火墙的主要实现技术

防火墙的实现从层次上大体上可以分两种:包过滤和应用级网关。

1)包过滤

包过滤技术可以在 IP 层实现,它基于路由器技术,因此,它可以只用路由器完成。包过滤路由器按照系统内部设置的分组过滤规则,即访问控制表,检查每个分组的源 IP 地址、目的 IP 地址、协议类型、源 TCP 端口、目的 TCP 端口及报文传递方向等报头信息,决定该分组是否应该转发。

包过滤技术的应用非常广泛,因为 CPU 用来处理包过滤的时间可以忽略不计。而且这种防护措施对应用层的用户透明,合法用户在进出网络时,根本感觉不到它的存在,使用起来很方便。但是它只能进行比较初级的安全控制。

包过滤技术的缺点首先是在路由器中配置包过滤原则比较困难,其次是不能在用户级别上进行过滤,它只能控制到主机一级,不涉及包的内容与用户一级,即不能识别不同的用户和防止 IP 地址的盗用。如果攻击者把自己主机的 IP 地址设成一个合法主机的 IP 地址,就可以很轻易地通过包过滤路由器。

2)应用级网关

包过滤可以在网络层、传输层对进出内部网络的数据包进行监控,但是网络用户对网络资源和服务的访问发生在应用层,因此需要在应用层上实现对用户身份认证和访问操作分类检查与过滤,这个功能由应用级网关完成。

应用级网关放置在内部网和外部网之间,使两者不能直接通信。内部网络用户与网关采用一种通信方式,提供内部网络协议,如 NETBIOS、TCP/IP 等,而网关和外部网络之间采取标准的 TCP/IP 网络通信协议。这样,网络数据包就不能直接在内外网络之间进行相互通信。内部网络主机用户要访问外部网络,必须通过网关,这样就容易在网关上对内部网络主机进行较全面和有效的控制。另外,由于网关两端采用不同的协议标准也可以直接阻止外界非法入侵。

实际应用中，应用级网关的功能是由代理服务器(Proxy Server)去实现的。代理服务器实现的代理功能是双向的，既可以作为内部网络主机用户访问外部网络服务器的代理，也可作为外部网络主机用户访问内部网络服务器的代理。

代理服务器的工作机制可简单描述如下：

当内网用户需要访问外部网络的主机时，代理服务器会启动身份认证功能，检查用户是否为合法用户；如果是，则检查其提出的应用请求是否符合安全规则；如果符合，则为该用户的连接建立一个缓冲区，存储该用户连接的所有相关信息。同时，代理服务器采用网络地址翻译(NAT)技术将私有地址改为代理服务器的 IP 地址，并向被访问主机发出同样的连接请求，并建立连接。这样，内部主机和外部主机之间的通信就通过代理程序将相应的连接过程一一映射来实现，直到应用结束，释放连接和堆栈内存。对于用户而言，代理服务器是透明的，用户好像是直接和外部网络主机相连的。同样，外部合法用户也通过这种方式对内部网络主机进行访问。

基于代理服务器的防火墙不但可以有更强的身份认证的功能，而且一般都具有日志记录功能。日志中记录了网络上所发生的事件，网络管理员可以根据日志监控可疑的行为并做出相应的处理。

7.2.4　防火墙的局限性与发展方向

1)防火墙的局限性

防火墙的主要功能是控制对受保护网络的非法访问，它通过监视、限制、更改通过网络的数据流，使得内外网络之间的访问受限。但防火墙不是解决所有网络安全问题的万能良方，而只是网络安全政策和策略中的一个组成部分。

防火墙的局限性主要表现在它无法理解数据内容和无法控制绕过它的数据流两种情况。具体体现为以下几个方面：

(1)防火墙无法防范不经过防火墙的攻击　对一些不经过防火墙的攻击，比如内部网用户直接从因特网服务提供商那里购置直接的 SLIP 或 PPP 连接，则存在一个潜在的后门攻击渠道。攻击可以绕过精心构造的防火墙系统提供的安全保护。防火墙对此无能为力。

另外，来自内部变节者或对安全意识淡薄的不经心用户所带来的威胁，也使防火墙的安全防范受限。比如，用户误操作、口令泄露等导致的攻击使防火墙防不胜防。

(2)防火墙难于管理和配置　防火墙的维护、管理和配置相当复杂，要求防火墙管理员对网络安全攻击的手段及其与系统配置的关系有相当深刻的了解。不当的安装和配置都可能导致各种各样的安全漏洞。

(3)防火墙难以提供一致的安全策略　许多防火墙对用户的安全控制主要是识别和控制 IP 地址，却无法识别用户的身份；能够提供网络的服务，却无法控制数据的存取。这样很难为同一用户在防火墙内外提供一致的安全控制策略。

(4)防火墙只能提供粗粒度的访问控制　从安全控制的粒度来讲，防火墙只实现了粗粒度、泛泛的访问控制，而不是细微的、精确的访问控制，而且它不能与内部网使用的其他安全机制(如访问控制)集成使用，这样就必须为内部的身份验证和访问控制管理维护单独的数据库。另外，防火墙也不能防止传送已感染病毒的软件和文件。

(5)防火墙不能解决数据带来的所有安全问题 如果用户抓来一段程序在本地运行,那个程序很可能就包含一段恶意的代码或病毒,运行它们或者会泄露机密信息,或者会对系统进行破坏。随着Java,JavaScript和ActiveX控件及其浏览器的大量持续推广,这个问题已经越来越突出和尖锐。

另外防火墙也不能防止数据驱动式的攻击。当有些表面看来无害的数据拷贝到主机并被执行时,可能会发生数据驱动式的攻击,修改主机中与系统安全相关的配置文件,很容易获得对系统的访问权。

综上,防火墙技术是内部网最重要的安全技术之一,它担负着限制网络互访、保护内部网的重任。但由于其自身的局限性,防火墙技术只能作为辅助安全策略。

2)防火墙技术的发展方向

防火墙技术和产品应用广泛,目前常用的防火墙既有Norton、Sygate、MCAfee、ZoneAlarm等国外优秀品牌,又有无网、瑞星、江民王、熊猫卫士等国内后起之秀。随着网络攻击和安全防护手段的发展,防火墙技术和产品将不断演进,并有将网关与安全系统合二为一的趋势。目前一些防火墙产品已具有安全操作系统的功能,未来的防火墙技术主要包括以下几个方面:

(1)双端口或三端口的结构 新一代防火墙产品将具有两个或三个独立的网卡,内外两个网卡可不作IP转换而串接于内部网与外部网之间,另一个网卡可用于服务器的安全保护。

(2)透明的访问方式 新一代防火墙将一改要求用户作系统登录的访问方式,利用透明代理技术,从而降低了系统登录固有的安全风险和出错概率。

(3)灵活的代理系统 新一代防火墙采用两种代理机制:一种是采用网络地址转换(NAT)技术,用于代理从内部网到外部网的连接;另一种是采用非保密的用户定制代理或保密的代理系统技术,用于代理从外部网到内部网的连接。

(4)多级的过滤技术 新一代防火墙采用三级过滤措施:在分组过滤一级,能过滤掉所有的源路由IP源地址;在应用级网关一级,能控制和监测因特网提供的所有服务;在电路网关一级,能实现内部主机与外部站点的透明连接,并对服务的通行实行严格控制。

(5)网络地址转换技术 新一代防火墙利用网络地址转换(NAT)技术透明地对所有内部地址作转换,使外部网络无法了解内部网络的结构,同时允许内部网络使用自己编制的IP地址和专用网络。

(6)网关技术 新一代防火墙支持用户在因特网上的所有服务,同时防止与因特网服务有关的安全漏洞。它能以多种安全的应用服务器(包括FTP、WWW、News、Finger等)来实现网关功能。

(7)安全服务器网络(SSN) 新一代防火墙采用分别保护的策略对网络的对外服务器实施保护。SSN技术就是在用户享受因特网服务的同时对服务器进行保护的技术,它利用网卡将对外服务器作为一个独立的网络,对外服务器既是内部网的一部分,又与内部网关完全隔离。

(8)用户鉴别与加密 新一代防火墙采用一次性使用的口令系统来作为用户的鉴别手段,并实现对邮件的加密。

(9)用户定制服务 新一代防火墙在提供众多服务的同时,还为用户定制提供支持。

(10)审计和报警 新一代防火墙的审计和警告功能十分健全。其日志文件范围广泛,内容详细，有利于审计管理；同时告警功能会守住每一个 TCP 或 UDP 控寻，并能以多种方式报警，比如发出邮件、发出声响等。

7.3　密码技术与认证技术

密码技术是保证网络与信息安全的核心技术之一。密码技术结合了数学、计算机科学、电子与通信等诸多学科，不仅具有信息加密功能，而且具有数字签名、身份验证、系统安全等功能。使用密码技术不仅可以保证信息的机密性，而且可以保证信息的完整性和认证性，防止信息被篡改、伪造和假冒。

密码学(cryptography)包括密码编码学与密码分析学。密码编码学的主要内容是密码体制的设计，而密码分析学的主要内容是密码体制的破译。两者相互依存，相互支持。

7.3.1　密码技术的基本概念

1)加密的概念

加密是一种限制对网络上传输数据的访问权的技术，其基本思想是伪装明文以隐藏真实内容。原始数据(也称为明文，Plaintext)被加密设备(硬件或软件)和密钥加密而产生的经过编码的数据称为密文(Ciphertext)。将原始明文伪装成密文的过程称为加密，加密要在加密密钥的控制下进行；将密文还原为原始明文的过程称为解密，它是加密的反向处理，解密者必须利用相同类型的加密设备和密钥对密文进行解密。

组成最简单的密码的编码方法有换位和置换两种。换位指将信息字符的顺序打乱或颠倒，数据本身没有改变，只是变成了另外一种格式；置换会通过置换密码将每一个字符或数位字符替换为其他的东西。

加密的基本功能包括：

(1)防止不速之客查看机密的数据文件。

(2)防止机密数据被泄露或篡改。

(3)防止特权用户(如系统管理员)查看私人数据文件。

(4)使入侵者不能轻易地查找一个系统的文件。

2)加密的分类

信息加密的目的是保护网内的数据、文件、口令等信息以及保护网上传输的数据。信息加密可分为两种，在传输过程中的数据加密称为“通信加密”，对存储数据进行加密称为“文件加密”。

通信加密的目的是对传输中的数据流加密，以防止通信线路上的窃听、泄露、篡改和破坏。通信加密可在网络 OSI 七层协议的多层上实现，如果以加密实现的通信层次来区分，通信加密有三种方式：

(1)节点加密　在协议的第一层和第二层之间进行，主要是对源节点和目标节点之间传输数据进行加密保护。不过它仅对报文加密，不对报头加密。一般的节点加密使用特殊的加密硬件进行解密和重加密，而且该硬件通常放置于安全的保险箱中。

(2)链路加密　通常在数据链路层进行，主要用于对通信节点之间的链路上所传输的数据进行加密。链路加密对保密信息通过各链路采用不同的加密密钥提供安全保护，即不同的节点对之间使用不同的密码。加解密由置于线路上的密码设备实现。

(3)端对端加密　网络层以上的加密称为端对端加密，是面向网络层主体的加密。对应用层的数据信息进行加密，易于用软件实现，且成本低，但密钥管理问题困难，主要适合大型网络系统中信息在多个发方和收方之间传输的情况。

3)密码算法的分类

信息加密过程由形形色色的加密算法来具体实施，它以很小的代价提供很大的安全保护。密码算法的目的就是为了保护信息的机密性、完整性和安全性，简单地说就是信息的防伪造和防窃取。如果按照收发双方密钥是否相同来分类，可以将密码算法分为对称密钥密码算法和非对称密钥密码算法。

(1)对称密钥密码算法　在对称密钥密码算法中，收发双方都使用相同的密钥。发送方利用一个密钥对数据进行加密，接收方接收到数据后，需要用同一密钥来进行解密。这种加密技术的特点是数学运算量小，加密速度快，破译困难；其主要弱点在于密钥管理困难，而且一旦密钥泄露则直接影响到信息的安全性。

(2)非对称密钥密码算法　在非对称密钥密码算法中，收发双方使用的密钥不同，而且几乎不可能从加密密钥推导出解密密钥。发送信息时用对方的公开密钥加密，收信者用自己的私用密钥进行解密。公开密钥加密算法的核心是运用单向散列函数，即从一个方向求值是容易的，但其逆向计算却很困难。公开密钥加密技术不仅保证了安全性而且易于管理。其不足是算法复杂，加密和解密的速率较低。

7.3.2　对称密钥密码体制

1)对称加密的基本概念

对称加密体制是一种传统的加密算法，是指信息的发送方和接收方都使用相同的密钥进行加解密，因此又被称为密钥密码技术。加密方和解密方必须使用同一种加密算法和相同的密钥。对称加密的原理如图 7-3-1 所示。

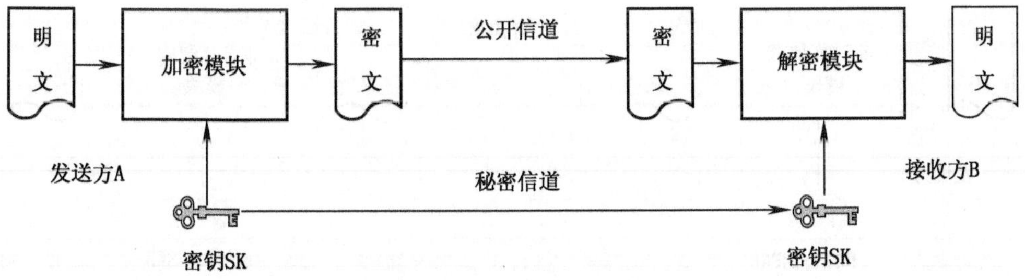

图 7-3-1　对称加密的原理

由于通信双方加密与解密使用同一个密钥，因此，一旦第三方获取该密钥就会造成失密。只要通信双方能确保密钥在交换阶段未泄露，那么就可以保证信息的机密性与完整性。因此，对称加密的安全性依赖密钥管理的安全性，密钥管理涉及到密钥的产生、分配、存储以及销毁。如何在公开的计算机网络上安全地传送和保管密钥是一个严峻的问题。如果加密算法设计得很好，但是密钥管理问题处理不好，这样的加密系统同样是不安全的。

2)典型的对称加密算法

对称密钥加密技术中最具有代表性的算法是 IBM 公司提出的 DES(Data Encryption Standard)算法，该算法于 1977 年被美国国家标准局 NBS 颁布为商用数据加密标准。ISO

也已将 DES 定为数据加密标准。

DES 是世界上最早被公认的实用密码算法标准，目前它已经受住了长达 33 年之久的实践考验。DES 综合运用了置换、代替、代数多种密码技术，采用 56 bit 长的密钥将 64 bit 长的数据加密成等长的密文。在 DES 的加密过程中，先对 64 bit 长的明文块进行初始置换，然后将其分割成左右各 32 bit 长的子块，经过 16 次迭代，进行循环移位与变换，最后再进行逆变换得出 64 bit 长的密文。DES 的解密过程与加密过程很相似，只需将密钥的使用顺序进行颠倒。

DES 的整个算法结构都是公开的，其安全性由密钥保证。DES 并不是非常安全的，只要使用运算能力足够强的计算机，对密钥进行逐个尝试就可以破译密文。但是，破译密码需要很长的时间，只要破译的时间超过密文的有效期，那么加密就是有效的。

DES 设计精巧，实现容易，使用方便，而且加密速度很快，可用硬件芯片实现，适合于大量数据加密。目前主要用于银行业中的电子资金转账领域。

DES 正式公布后，世界各国的许多公司都推出自己实现 DES 的软硬件产品。美国 NBS 至少已认可了 30 多种硬件和固件实现产品。硬件产品既有单片式的，也有单板式的；软件产品既有用于大中型机的，也有用于小型机和微型机的。

其他一些对称密码算法有：DES 的各种变形，比如 Triple DES、GDES、NewDES；欧洲的 IDEA；日本的 FEAL-N、LOKI-91. Skipjack、RC4. RC5 等。

7.3.3 非对称密钥密码体制

1）非对称加密的基本概念

非对称加密技术又称为公钥加密技术，它对信息的加密和解密使用不同的密钥，用来加密的密钥是公开的公钥，人们会将加密密钥公之于众，谁都可以使用；用来解密的密钥是需要保密的密钥，只有解密人自己知道。非对称加密的原理如图 7-3-2 所示。

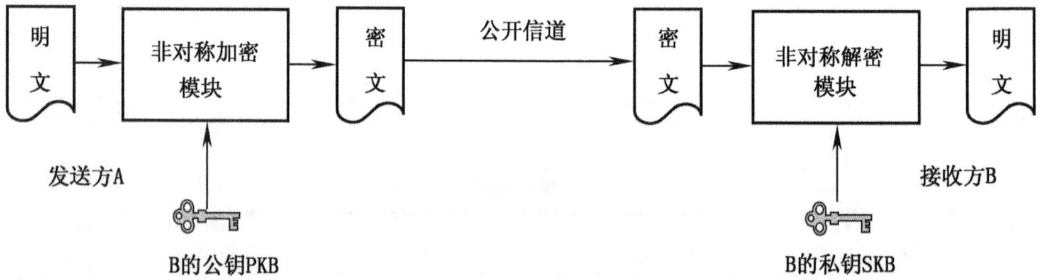

图 7-3-2　非对称加密的原理

公开密钥密码体制是现代密码学的最重要的发明和进展。一般理解密码学就是保护信息传递的机密性。但这仅仅是当今密码学主题的一个方面。对信息发送人与接收人的真实身份的验证、对所发出或接收信息在事后的不可抵赖以及保障数据的完整性是现代密码学主题的另一方面。公开密钥密码体制对这两方面的问题都给出了出色的解答，并正在继续产生许多新的思想和方案。

公共密钥密码的优点是不需要经安全渠道传递密钥，大大简化了密钥管理。其主要缺点是加密算法复杂，加密与解密的速度比较慢。

2)典型的非对称加密算法

RSA 是 Rivet,Shamir 和 Adleman 于 1978 年在美国麻省理工学院研制出来的,它是一种比较典型的公开密钥加密算法,目前它已被 ISO 推荐为公钥数据加密标准。

RSA 的安全性是建立在"大数分解和素性检测"这一已知的著名数论难题的基础上,即:将两个大素数相乘在计算上很容易实现,但将该乘积分解为两个大素数因子的计算量是相当巨大的,以至于在实际计算中是不能实现的。

RSA 算法的保密性随其密钥的长度增加而增强。但是,使用的密钥越长,加密与解密的时间也越长。因此,人们一般根据要保护信息的重要程度,攻击者破译所要花的代价,以及系统所要求的保密期限来综合考虑,选择密钥的长度。

目前 RSA 被广泛应用于各种安全或认证领域,如 Web 服务器和浏览器信息安全、E-mail 的安全和认证、对远程登录的安全保证和各种电子信用卡系统的核心。同时 RSA 也是第一个既能用于数据加密也能用于数字签名的算法。RSA 加密与解密算法是公开的,但是算法是不可逆的。

RSA 的最大弱点在于其安全性基于某个难解问题或抵抗某种攻击,不能在理论上得到证明。也就是说,在现有的条件设备情况下,它能够抵抗住现有的密码攻击。但随着技术的发展,计算速度的加快,破解 RSA 密码系统的时间限制将不断缩短,其安全性将难以得到保证。

其他的一些非对称密码算法有:ElGamal 算法、McEliece 密码、Diffe-Hellman 密钥交换、Rabin、Ong-FiatShamir、椭圆曲线算法等。

在实际应用中,人们通常是将对称密钥加密和公钥加密结合在一起使用,比如:利用 DES 或者 IDEA 来加密信息,而采用 RSA 来传递对称密钥。

7.3.4 数字签名与身份认证

1)数字签名的概念与基本原理

数字签名是将信息发送人的身份与信息传送结合起来,可以保证信息在传输过程中的完整性,并提供信息发送者的身份认证,以防止信息发送者抵赖行为的发生。

进行数字签名最常用的方法是利用非对称加密算法,比如,RSA 算法。

由于 RSA 算法运算效率比较低,并且对加密的信息块长度有一定的限制。因此,在使用 RSA 算法进行数字签名之前,不直接对信息进行签名,而是利用单向散列函数对信息进行处理,生成信息摘要,然后对信息摘要进行签名。数字签名的工作原理如图 7-3-3 所示,其具体过程可以描述为:

(1)发送方使用单向 Hash 函数对要发送的信息进行处理,生成信息摘要。

(2)发送方使用自己的私钥,利用非对称加密算法,对消息摘要进行数字签名。

(3)发送方将加密过的信息连同以签名的信息摘要一起通过网络发送给接收方。

(4)接收方先对密文解密,并使用与发送者相同的单向 Hash 函数,对解密后的信息进行运算,得到消息摘要。

(5)接收方使用发送方的公钥对接收到的信息摘要进行解密。

(6)将重新生成的信息摘要与解密的信息摘要进行比较。如果相同,表示信息本身在发送过程中未被篡改,而且可以证实信息的确是发送者所发。

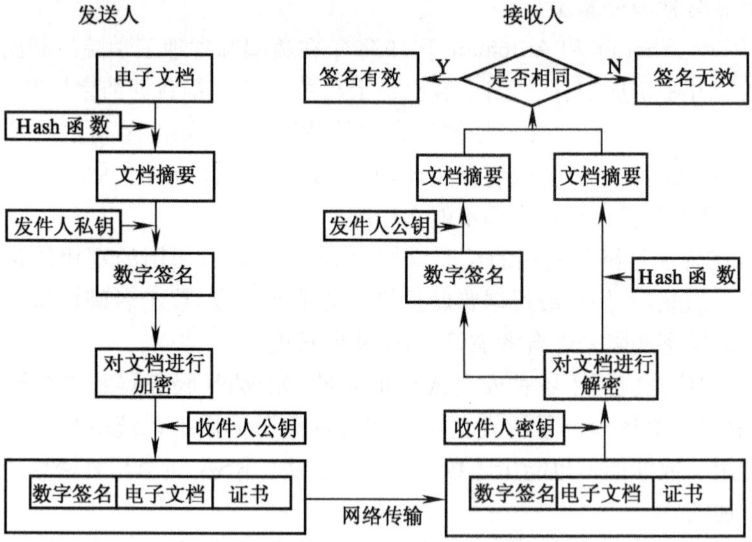

图 7-3-3　数字签名的工作流程图

利用数字签名不但可以保证信息传输过程中数据的完整性,而且还能实现对发送者的身份认证,防止抵赖行为的发生。目前,数字签名已被广泛用于银行、电子商务等的身份认证。

2)身份认证技术

身份认证是对网络中的主体进行验证的过程。通常有三种方法来验证主体的身份:

(1)只有该主体了解的东西,比如口令、密码等。

(2)只有该主体携带的物品,比如智能卡、令牌卡等。

(3)只有该主体具有的独一无二的特征或能力,比如指纹、声音、视网膜等。

根据不同的安全要求和用户可接受的程度,可选择这三种方法中的一种或几种,来设计一个身份认证系统。

在安全性要求较高的系统,由口令和证件等提供的安全保障是不完善的。口令可能泄露,证件可能丢失或伪造。更高级的身份认证是基于用户所特有的个人特征,它是一种可信度高、难以伪造的验证方法。

由于人体的个人特征具有不可复制的特点,生物识别技术可以用来完善系统的安全。许多的人体特征诸如指纹、掌纹、面孔、发声、虹膜、视网膜、骨架等都具有惟一性和稳定性,即每个人的个人特征都与别人不同,且终生不变。因此可以根据个人特征识别出人的身份。基于这些特征,人们发展了指纹识别、面部识别、发音识别等多种生物识别技术,目前许多技术都已经成熟并得以应用,其中的指纹识别技术更是生物识别技术的热点。

7.4　网络防攻击与入侵检测技术

随着计算机网络的不断发展,全球信息化已成为人类发展的大趋势。在如今的信息社会中,人类在享受信息技术带来的种种便利的同时,也遭受着黑客的攻击。为了有针对性地防范黑客攻击,需要深入研究黑客攻击技术,提高网络系统的安全防范能力。

7.4.1 黑客攻击方法分析

常见的黑客攻击方法有以下几种基本类型：

1)入侵系统类攻击

攻击者的目的是为了获得主机系统的控制权，从而破坏主机和网络系统。这类攻击又可分为以下三种形式：

(1)网络监听 入侵者通过网络监听工具，截取包括口令和账号在内的信息，为入侵做准备。

(2)口令攻击 入侵者通过对服务的监听获得账号，采用各种方法对其进行攻击，破译用户账号和密码。

(3)漏洞攻击 入侵者利用系统的安全漏洞，比如系统管理策略或配置文件的漏洞，获得比合法权限更高的操作权。

2)欺骗类攻击

包括IP欺骗、ARP欺骗、DNS欺骗、WWW欺骗、电子邮件欺骗等。其中IP欺骗已成为黑客攻击的一种重要手段。实施IP欺骗的方法是：选定目标主机，发现主机间的信任模式，对TCP序列号取样或伪造，冒充被信任主机进入系统，并留下后门供以后使用。IP欺骗不是攻击的结果，而是攻击的手段。

3)缓冲区溢出攻击

缓冲区溢出攻击的目的在于干扰具有某些特权运行的程序的功能，这样可以使攻击者获得程序的控制权，从而控制整个主机。

为了达到这个目的，攻击者通过往程序的缓冲区里写入超过其长度的内容，造成缓冲区的溢出，从而破坏了程序的堆栈，使程序转向执行其他指令。

4)拒绝服务攻击

拒绝服务攻击(Denial of Service，DoS)是破坏性极强的攻击，攻击者常使用“邮件炸弹”等方法，发送大量的信息或大块的数据给一些用户，使网站服务器充斥大量的要求回复的信息，消耗网络带宽或系统资源，导致网络或系统不胜负荷以至瘫痪，而停止提供正常的网络服务。

5)放置木马程序

特洛伊木马程序可以直接侵入用户的电脑并进行破坏，它常被伪装成工具程序或者游戏。一旦用户打开并执行了这些程序，它们就会在主机系统中隐藏一个可以在Windows启动时悄悄执行的程序。这样当主机启动并连接到因特网上时，木马程序会在某个特定的端口进行监听。攻击者利用监听到的信息和潜伏在主机中的程序，就可以任意地修改主机的参数设定、复制文件、窥视硬盘中的内容等，从而达到控制主机的目的。

6)后门攻击

黑客经常利用被称为后门(Back Orifice，BO)的计算机程序进入信息网络，可以绕过正常系统的防卫装置进入系统而自身不被发现。这种程序可以通过电子邮件或电子贺卡等形式，非法侵入网络，以貌似合法用户的身份偷窃或破坏网络信息资源。

7)对防火墙的攻击

防火墙在设计和实现上不可避免地存在着缺陷，很多防火墙不能有效地实现与外部网络的物理隔离，这就使得黑客很容易突破局域网的第一道防线。比如有些防火墙的IP很容易得到，甚至是公开的，使得黑客轻而易举地得知哪台主机是防火墙，从而重点攻击。

对防火墙的攻击方法主要有绕过防火墙认证和直接攻击防火墙系统。

8)利用病毒攻击

网络病毒具有传染性、隐蔽性、寄生性、繁殖性、不可预见性等特点，其破坏性极大。利用网络病毒进行攻击是黑客攻击网络的有效手段之一。

网络病毒攻击的传播途径有电子邮件、BBS、WWW 浏览、FTP 文件下载、网络新闻组，以及软盘、光盘等。

7.4.2 入侵检测技术

1)入侵检测基本概念

入侵检测是防火墙的合理补充，帮助系统对付网络攻击，扩展了系统管理员的安全管理能力(包括安全审计、监视、进攻识别和响应)，提高了信息安全基础结构的完整性。它从计算机网络系统中的若干关键点收集信息，并分析这些信息，看看网络中是否有违反安全策略的行为和遭到袭击的迹象。

入侵检测被认为是防火墙之后的第二道安全闸门，在不影响网络性能的情况下能对网络进行监测，从而提供对内部攻击、外部攻击和误操作的实时保护。这些都通过它执行以下任务来实现：

(1)监视、分析用户及系统活动。

(2)审计系统构造和弱点。

(3)识别反映已知进攻的活动模式并向相关人士报警。

(4)统计分析异常行为模式。

(5)评估重要系统和数据文件的完整性。

(6)审计跟踪管理操作系统，并识别用户违反安全策略的行为。

2)入侵检测的基本步骤

入侵检测一般分为三个步骤，依次为信息收集、数据分析、响应(被动响应和主动响应)。

信息收集的内容包括系统、网络数据及用户活动的状态和行为。入侵检测利用的信息一般来自系统日志、目录和文件中的异常改变、程序执行中的异常行为以及物理形式的入侵信息四个方面。

数据分析是入侵检测的核心。它首先构建分析器，把收集到的信息经过预处理，建立一个行为分析引擎或模型，然后向模型中植入时间数据，在知识库中保存植入数据的模型。数据分析一般通过模式匹配、统计分析和完整性分析三种手段进行。前两种方法用于实时入侵检测，而完整性分析则用于事后分析。

入侵检测系统(IDS)在发现入侵后会及时作出响应，包括切断网络连接、记录事件和报警等。响应一般分为主动响应(阻止攻击或影响，进而改变攻击的进程)和被动响应(报告和记录所检测出的问题)两种类型。主动响应由用户驱动或系统本身自动执行，可对入侵者采取行动(如断开连接)、修正系统环境或收集有用信息；被动响应则包括警告和通知、简单网络管理协议(SNMP)陷阱和插件等。

3)入侵检测的主要方法

对各种事件进行分析，从中发现违反安全策略的行为是入侵检测系统的核心功能。常用的入侵检测方法主要有静态配置分析、异常性检测和基于行为的检测。

静态配置分析通过检查系统的当前系统配置，诸如系统文件的内容或者系统表，来检查系统是否已经或者可能会遭到破坏。采用静态分析方法主要有以下几方面的原因：入侵者对系统攻击时可能会留下痕迹，这可通过检查系统的状态检测出来；系统管理员以及用户在建立系统时难免会出现一些错误或遗漏一些系统的安全性措施；另外，系统在遭受攻击后，入侵者可能会在系统中安装一些安全性后门以方便对系统进行进一步的攻击。

异常性检测技术通过为用户建立正常行为模式的特征轮廓，所有与特征轮廓中差别很大的行为均被视为异常。它是一种在不需要操作系统及其防范安全性缺陷专门知识的情况下，就可以检测入侵者的方法，同时它也是检测冒充合法用户的入侵者的有效方法。但是，在许多环境中，为用户建立正常行为模式的特征轮廓以及对用户活动的异常性进行报警的门限值的确定都是比较困难的事，所以仅使用异常性检测技术不可能检测出所有的入侵行为。目前这类入侵检测系统多采用统计或者基于规则描述的方法建立系统主体的行为特征轮廓。

基于行为的检测方法通过检测用户行为中那些与已知入侵行为模式类似的行为、那些利用系统中缺陷或间接违背系统安全规则的行为，来判断系统中的入侵活动。目前基于行为的入侵检测系统主要可以分为基于专家系统、基于状态迁移分析和基于模式匹配等几类。这些方法的主要局限性在于，只是根据已知的入侵序列和系统缺陷模式来检测系统中的可疑行为，而不能检测新的入侵攻击行为以及未知的、潜在的系统缺陷。

入侵检测方法虽然能够在某些方面取得好的效果，但总体看来各有不足，因而越来越多的入侵检测系统都同时采用几种方法，以互补不足，共同完成检测任务。

7.5　网络防病毒技术

计算机技术与信息技术在给人类带来巨大的社会效益和经济效益的同时，也带来了麻烦和问题。其中最令人深恶痛绝的就是计算机病毒，它已成为计算机应用领域的一大公害。计算机病毒对计算机系统和网络的破坏性极大，有针对性地了解计算机病毒方面的基本知识和防治方法成为计算机用户的当务之急。

7.5.1　计算机病毒概述

1)什么是计算机病毒

关于计算机病毒的确切定义，至今尚无一个公认的概念。简单地说，在计算机系统运行过程中，能对计算机系统及其资源实施侵害和传染功能的程序，称之为计算机病毒。计算机病毒与其他程序不同，它具有很强的破坏和感染力，当把它输入正常工作的计算机以后，会把已有的信息搞乱或者破坏。另外，它具有再生能力，会自动进入有关的程序进行自我复制，冲乱正在运行的程序，破坏程序的正常运转。

2)计算机病毒的特征

(1)传染性　传染性是病毒的基本特征。计算机病毒会通过各种渠道从已被感染的计算机扩散到未被感染的计算机，在某些情况下造成被感染的计算机工作失常甚至瘫痪。计算机病毒是一段人为编制的计算机程序代码，这段程序代码一旦进入计算机并得以执行，它会搜寻其他符合其传染条件的程序或存储介质，确定目标后再将自身代码插入其中，达到自我繁殖的目的。是否具有传染性是判别一个程序是否为计算机病毒的最重要条件。

(2)非授权可执行性　计算机病毒是非法程序,正常用户是不会明知是病毒程序,而故意调用执行。计算机病毒隐藏在合法的程序或数据中,当用户运行正常程序时,病毒伺机窃取到系统的控制权,得以抢先运行,然而此时用户还认为在执行正常程序。病毒的动作、目的对用户是未知的,是未经用户允许的。

(3)隐蔽性　病毒一般是具有很高编程技巧、短小精悍的程序,通常附在正常程序中或磁盘较隐蔽的地方,也有个别的以隐含文件的形式出现。病毒想方设法隐藏自身,就是为了防止用户察觉。正是由于隐蔽性,计算机病毒才得以在用户没有察觉的情况下能扩散到上百万台计算机中。

(4)潜伏性　计算机病毒具有依附于其他媒体而寄生的能力。依靠病毒的寄生能力,病毒传染合法的程序和系统后,不立即发作,而是悄悄隐藏起来,然后在用户不察觉的情况下进行传染。这样,病毒的潜伏性越好,它在系统中存在的时间也就越长,病毒传染的范围也越广,其危害性也越大。

(5)可触发性　计算机病毒一般都有一个或者几个触发条件。满足其触发条件或者激活病毒的传染机制,使之进行传染。触发的实质是一种条件的控制,病毒程序可以依据设计者的要求,在一定条件下实施攻击。这个条件可以是键入特定字符,使用特定文件,某个特定日期或特定时刻,或者是病毒内置的计数器达到一定次数等。

(6)破坏性　任何病毒只要侵入系统,都会对系统及应用程序产生程度不同的影响。轻者会降低计算机工作效率,占用系统资源,重者导致系统崩溃、数据丢失。病毒程序的破坏程度的大小取决于该病毒设计者的意图。一些病毒程序会显示一些文字或图像,影响系统的正常运行;还有一些病毒程序会删除文件,加密磁盘中的数据,甚至摧毁整个系统和数据,使之无法恢复,造成无可挽回的损失。

3)计算机病毒的种类

计算机病毒的类型根据不同的角度各有不同:按传染方式可分为引导型病毒、文件型病毒和混合型病毒;按病毒存在的媒体可以划分为网络病毒、文件病毒和引导型病毒;按其表现形式可分为良性病毒和恶性病毒;按其驻留的方法可分为驻留型病毒和非驻留型病毒等。下面介绍几种常见的病毒种类:

(1)引导型病毒　这类病毒隐藏在硬盘或软盘的引导区,当计算机从感染了引导型病毒的硬盘或软盘启动,或当计算机从受感染的软盘中读取数据时,引导型病毒就开始发作。此类病毒可在计算机运行前获得控制权,其传染性极强。一旦它们将自己拷贝到机器的内存中,马上就会感染其他磁盘的引导区,或通过网络传播到其他计算机上。

(2)文件型病毒　文件型病毒也称为寄生病毒,它寄生在其他文件中。文件型病毒通常感染可执行命令。一旦运行被感染了病毒的可执行文件,病毒便被激发,执行大量的操作,并进行自我复制,伺机传染其他文件或直接传染其他文件。

(3)宏病毒　宏病毒是一种特殊的文件型病毒,一些软件开发商在产品研发中引入宏语言。宏的功能十分强大,但是却给宏病毒留下可乘之机。宏病毒主要是利用软件本身所提供的宏能力来设计病毒,所以凡是具有写宏能力的软件都有宏病毒存在的可能,如 Word、Excel、AmiPro 等。

(4)网络蠕虫程序　网络蠕虫程序是一种通过间接方式复制自身的感染型病毒。它通过计算机网络传播,不改变文件和资料信息。利用网络从一台机器的内存传播到其他机器的内存,计算网络地址,将自身的病毒通过网络发送。一般除了内存不占用其他资源。但是它的传播速度相当惊人，成千上万的病毒感染也会造成网络服务器崩溃，给人们带来难以弥补的损失。

7.5.2 计算机病毒的结构和破坏机理

1)计算机病毒的结构

计算机病毒一般由感染标志、触发模块、感染模块、破坏(或表现)模块和主控模块五个部分组成。

(1)感染标志　当病毒感染主程序时，都要把感染标志写入主程序，作为该程序已被感染的标志。病毒在感染健康程序之前，先对感染对象进行搜索，查看它是否带感染标志。若带有感染标志，说明已感染过此病毒，则不再感染；否则，感染该程序。

(2)触发模块　触发模块根据预定的触发条件是否满足，来控制病毒的感染和破坏动作。根据触发条件控制感染和破坏动作的频率，使病毒在隐藏状态下进行感染和破坏动作。触发的条件可以是日期、时间、特定程序、感染次数等。

(3)感染模块　感染模块是使病毒进行感染动作的部分。它要做三件事：寻找一个可执行文件；检查该文件是否有感染标志；若无感染标志，则进行感染，将病毒植入主程序。

(4)破坏(或表现)模块　破坏(或表现)模块是病毒程序的主体，在一定程度上反映了病毒设计者的意图。它负责实施病毒的破坏动作，比如破坏文件、数据，格式化硬盘，破坏或强占计算机存储空间，或使系统崩溃之类的动作。有些病毒不执行破坏动作，只做特定的表现，比如在显示屏或发声等方面进行表现，这类病毒就没有破坏模块，而只有表现模块。

(5)主控模块　主控模块控制病毒的运行。当病毒程序运行时，首先运行的是病毒的主控模块。主控模块一般进行如下工作：

①调查运行环境，即确定内存容量、现行区段、磁盘设置等参数。

②常驻内存的病毒请求内存区，传递病毒代码等。

③发生意外情况时，保证病毒顺利运行。

2)计算机病毒的破坏机理

计算机病毒有两种状态，即静态和动态。静态病毒没有处于加载状态，不能执行病毒的感染和破坏功能；动态病毒是指已进入内存并处于运行状态的病毒，它时刻监视系统的运行状态，一旦传染条件满足，就进行感染和破坏。

计算机病毒的流程首先从执行引导模块开始，病毒的引导过程分为窃取内存、自身定位、保障功能三个部分。

(1)窃取内存　病毒若想在系统中有藏匿之所，必须在内存中找到栖身之地。因此，病毒一旦被激活，首先会想方设法窃取部分内存，将自身的代码隐藏于其中。

(2)自身定位　病毒驻留内存之后，需要完成与原系统功能模块的拼接，使病毒代码成为系统的有机组成部分。这样，只要系统运行，计算机病毒便可获取系统的控制权。

(3)保障功能　病毒侵入系统之后，还应当保证系统的原有功能。否则，如果破坏了原系统的诸多功能，病毒就容易被用户发现，也就不能有效地隐蔽自身。

引导模块执行后，将使病毒由静态转为动态。动态病毒通过某种触发手段不断检查是否满足条件，一旦满足，则执行感染和破坏功能。

7.5.3 计算机病毒的传播

1)计算机病毒的传播过程

引导型病毒把自己附属在系统磁盘的引导部分,当系统被引导时病毒取得控制权,驻留内存并对系统进行控制。引导型病毒随着磁盘的启动进入内存,并监视系统的运行。一旦满足其触发条件,便将自身复制到未感染的磁盘中,形成新的感染源,从而达到病毒感染的目的,进而进行破坏。

文件型病毒可附着在系统的任何可执行文件之中,当执行这些被感染的文件时,病毒也随之被执行。病毒通过修改中断向量,以新的指令代替原指令,首先转移到病毒程序进行执行。每运行一个可执行文件,病毒都将检查文件中是否有感染标志。若有,转而执行原文件程序;否则,对其先进行感染再执行原文件操作。

操作系统病毒把自己黏附在操作系统的一个或几个模块上,这是一种破坏性很强的病毒,它们破坏系统文件,丢失或破坏数据,并可能破坏硬盘的主引导区,导致磁盘无法启动,甚至无法进入。它们一般隐藏在主引导扇区或引导扇区中,当系统启动时,病毒便侵入系统。当对磁盘(软盘或硬盘)进行操作时,病毒程序会检查引导扇区中是否有感染标志,若有,则不再感染;否则,立即进行感染。

2)计算机病毒的传播途径

计算机病毒的主要传播途径有以下几种:

(1)软盘　软盘是最常用的交换媒介。在计算机应用早期,软盘是计算机病毒最主要传染媒介。许多可执行文件均可通过软盘相互拷贝、安装,这样病毒就能通过软盘传播文件型病毒;另外,引导型病毒也会在软盘与硬盘引导区互相感染。

(2)光盘　光盘因为容量大,可存储大量的可执行文件,大量的病毒就有可能藏身于光盘中。当使用带病毒的光盘时,病毒便会侵入系统。

(3)硬盘　若硬盘带病毒,则该硬盘上的程序都有染上病毒的可能。带病毒的硬盘在本地或移到其他地方使用或维修,将会使干净的软盘传染并再扩散。

(4)BBS　BBS站一般没有严格的安全管理,亦无任何限制,这样就给一些病毒程序编写者提供了传播病毒的场所。随着BBS的普及,病毒的传播又增加了新的介质。

(5)网络　现代通信技术为计算机病毒的传播提供了新的“高速公路”。计算机病毒可以附着在正常文件中被传送。随着Internet的风靡,病毒的传播又增加了新的途径,并将成为第一传播途径。Internet开拓性的发展使病毒可能成为灾难,病毒的传播更迅速。Internet带来两种不同的安全威胁,一种威胁来自文件下载,另一种威胁来自电子邮件。

7.5.4 计算机病毒的防范

1)计算机病毒的防范机理

计算机完整的工作过程包括六个环节:感染源、感染媒介、激活、触发、破坏或表现、感染对象。根据计算机病毒的一般工作过程,防范病毒入侵的最好办法就是堵塞这些传播途径。在实际工作中,人们提出限制传播的预防手段,如“四模型”理论,即基本的限制、分割模型、流模型和限制解释模型。

基本的限制是指取消信息共享,将系统隔离起来,病毒就不可能随外部信息传播进来。基本的限制是防范计算机病毒的最基本方法。

分割模型是指对信息流采取限制，将系统分割成各个独立的子系统，从而使病毒被限制。病毒一旦侵入，只会侵入到封闭的子系统中而不会在各子系统之间传播。

流模型是指对信息流过的距离设立一个值，当使用超过这个距离值时，就可能存在被病毒感染的危险，便发出限制使用的警告。

限制解释模型是对语句的解释进行某种限制。这种策略实际上是限制控制权和相对地隔离用户，以便采取有效的隔离措施来防范病毒的侵入。

2)计算机病毒的预防措施

计算机病毒防治的关键是做好预防工作，即防患于未然。计算机病毒的预防措施包括管理措施和技术措施两个方面。

(1)管理方面采取的措施

①普及防治病毒的基本知识和技术措施。

②加强计算机从业人员的职业道德教育，自觉地遵纪守法。

③定期检查和清除病毒。

④不要乱用来历不明的程序或软件，也不要用非法复制或解密的软件。

⑤尽量做到专机专用。

⑥定期建立备份，以减少损失。

⑦控制共享数据，及时发现和排除病毒。

⑧对经常使用的存有信息的软盘尽量加写保护。

(2)技术措施主要包括软件预防和硬件预防

①软件预防是指通过计算机软件的方法来防范病毒的入侵。如安装病毒预防软件，并使预防软件常驻内存，当病毒入侵时，及时报警并终止处理，达到不让病毒感染的目的。

②硬件预防是指通过硬件来防御病毒的入侵，如采用防病毒卡。防病毒卡不但可以主动防御病毒的入侵，而且自身还具有抗病毒的特性。

7.5.5 计算机病毒的检测与消除

计算机病毒给广大计算机用户造成严重的甚至是无法弥补的损失。要有效地阻止病毒的危害，关键在于及早发现病毒，并将其消除。目前计算机病毒的检测和消除办法有两种：一是人工方法，二是自动方法。

人工方法检测和消除就是借助于一些软件工具（如 DEBUG.COM、PCTOOLS.EXE、NU.COM、SYSINFO.EXE 等）进行手工检测和消除处理。病毒感染文件或系统会引起各种变化，从这些变化中找出某些本质性的变化，作为检测病毒的依据。这种方法需要检测者十分熟悉机器指令和操作系统，且操作复杂，容易出错，有一定的危险性，一旦操作不慎就会导致意想不到的后果。它的基本过程是利用一些工具软件，对易遭病毒攻击和修改的内存及磁盘的有关部分进行检查，通过和正常情况下的状态进行对比分析，来判断是否被病毒感染。这种方法常用于消除自动方法无法消除的新病毒。

自动检测和消除是针对某一种或多种病毒使用专门的反病毒软件或防病毒卡自动对病毒进行检测和消除处理。这种方法比较简单，一般用户都可以进行，但需要较好的反病毒软件或防病毒卡。自动方法不会破坏系统数据，而且运行速度快，可以方便地检测大量的病毒，是一种较为理想、也是目前较为通用的检测和消除病毒的方法。但是，自动检测和消除工具只能识别已知病毒，而且自动检测和消除工具的发展总是滞后于病毒的发展，所以自动检测和消除工具总是对相当数量的未知病毒不能识别。

两种方法相比较，手工方法操作难度大，技术复杂，它需要操作人员有一定的软件分析经验以及对操作系统有一定深入的了解。自动方法操作简单，使用方便，适合于一般的计算机用户学习使用。但是，由于计算机病毒的种类较多，程序复杂，再加上不断出现病毒的变种，所以自动方法不可能检测和消除所有未知的病毒。在出现一种新型病毒时，如果现有的各种检测工具无法检测这种病毒，则只能用手工方法进行病毒的检测和消除。手工检测和消除是最基本和最有力的工具。

习 题 7

7-1 什么是网络安全威胁？计算机网络存在着哪些安全威胁？

7-2 计算机网络系统有哪些安全需求？如何保证计算机网络系统的安全？

7-3 什么叫防火墙？防火墙的主要功能是什么？

7-4 防火墙的实现技术有哪些？各有什么特点？

7-5 什么叫加密？加密可以分成哪几类？加密算法可以分成哪几类？

7-6 对称加密和非对称加密各有什么特点？试举例说明。

7-7 什么是数字签名？试简单描述数字签名的工作过程。

7-8 黑客主要采用哪些方法实施攻击？

7-9 什么是入侵检测？入侵检测可以分几个步骤？采用什么方法实现入侵检测？

7-10 什么是计算机病毒？计算机病毒有什么特征？可以分为哪些种类？

7-11 计算机病毒由哪几部分组成？每个部分各起什么作用？

7-12 计算机病毒是如何传播的？有哪些主要的传播途径？

7-13 如何进行计算机病毒的防范？可以采取哪些预防措施？

7-14 有哪些方法可以实现计算机病毒的检测和消除？各有什么特点？

8 管理信息系统

8.1 管理信息系统概述

在社会高度信息化的今天，在国内外市场经济的激烈的竞争中，各类企事业单位如何高效地收集和利用信息资源，将是他们获得生存的关键。因此需要建立一个理想的、实用的信息管理系统，以便能够及时的、准确的、全面的收集、管理和提供各类有用信息，支持各个层次管理人员做出正确的决策，寻求在竞争中取得优势，以达到提高经济效益的目的。

随着计算机应用的高速发展，管理信息系统(Management Information System，MIS)作为经济管理工具已是目前国民经济领域中最基本的计算机应用系统。在现代社会已深入到各行各业。由于计算机技术的迅速发展和普及，MIS 于事实上已成为计算机 MIS。

目前，由于开发高质量 MIS 的能力大大落后计算机硬件日新月异的进展，加上社会对 MIS 发展和完善需求的增加以及对 MIS 开发过程中出现的错误认识和行为而导致 MIS 开发的失败，这些情况已严重妨碍了计算机技术的进步。因此对 MIS 有关的内容进行深入研究，提高工作效率，提高 MIS 开发成功率已变得十分重要。

8.1.1 MIS 的概念及解释

MIS 是一个不断发展的新型学科，MIS 的定义随着计算机技术和通信技术的进步也在不断更新，在现阶段普遍认为 MIS(管理信息系统)是一个以人为主导，利用计算机的硬件、软件、网络通信这些设备和其他的办公设备进行信息的收集、传输、加工、储存、更新和维护以达到企业战略竞优、提高效益和效率的目的，来支持企业的高层决策、中层控制和基层运作的集成化的人机系统。

著名的管理学教授德劳顿说：管理信息系统是基于信息技术对环境提出的挑战、组织和管理的解答。管理人员要面对客观环境对于企业的挑战，首先在管理信息技术的支持下，要有一个管理信息系统。管理信息系统运用了先进的、管理的、信息的处理技术来针对环境的挑战，它实际是随着信息技术不断地前进而前进，随着环境不断地变化而变化的。这样就有了新的解答——管理信息系统是逐步发展的过程。

管理信息系统的定义也提出了企业信息系统实际上是描述了企业经理的希望、梦想和现实，就是管理人员把自己对于企业如何管理、对企业的希望、梦想都体现在管理信息之中，通过管理信息系统来实现。所以，我们应该对管理信息系统进行全面地理解，它是支持管理人员的一个重要的人机对话系统。

1)MIS 的对象——信息

MIS 的对象是信息。数据和信息在管理信息系统数据处理中是最最基础的一个概念，关于这个概念也有很多不同的解释，比较广泛的解释是：

(1)数据是记录下的事实

在管理过程中很多情况都需要把它记录下来。

(2)信息是对事物的特征及其运作的描述

信息是经过加工的数据，是对决策者有价值的数据。信息的主要特征是来源分散，数量庞大。信息来源于生产第一线，来源于社会环境，来源于市场，来源于行政管理等部门。信息具有时间性。信息的加工方式有多种形式。下面是一些生产过程中的经常碰到的案例。

比如：领料有领料单；给工人分派了工作有派工单；工人完成工作以后，在派工单上又记录了具体的工作报告，像这些都是记录下来的事实。

这些记录下来的事实统称为数据。数据经过加工以后就可以得到信息，所以信息又可以称为加工以后的数据。

把工人的工作单都收集起来，就可以了解整个工作完成的情况，包括一共完成了多少零部件的加工？用了多少工时？用了多少材料？有多少废品、多少合格品？再同计划相比较得出结论：计划要完成的工作量；实际完成量；计划完成合格品数量；实际完成合格品数量；废品的数量、所用的工时和材料的数量……通过这些就可以了解计划的完成情况及加工这些零部件的成本。

以上这些都是生产过程中非常有意义的信息，所以我们说：信息是加工以后的数据，它是数据的含义，数据是信息的一个表现形式。

2)系统

系统是由相互联系、相互作用的若干要素按一定的法则组成并具有一定功能的整体。系统有两个以上要素，各要素和整体之间，整体和环境之间存在一定的有机联系。系统由输入、处理、输出、反馈、控制五个基本要素组成。信息系统是输入的数据，经过处理，输出的是信息的系统。

3)MIS 的组成

MIS 由信息的采集、信息的传递、信息的储存、信息的加工、信息的维护和信息的使用共五个方面组成。

任何地方只要有管理就必然有信息，如果形成系统就形成 MIS。计算机设备使 MIS 更有效，尤其是现代社会，MIS 已经和计算机设备不可分离，因此，一般来说，MIS 就是计算机 MIS。MIS 包括计算机、网络通信设备等硬件成分，包括操作系统、应用软件包等软件成分，随着计算机技术和通信技术的迅速发展，MIS 中还会出现更多的内容。需要我们注意的是，计算机设备并不是 MIS 的必要条件。

8.1.2 MIS 的结构、类型及相关学科

1)MIS 的结构

MIS 的结构，是指组成 MIS 各部件的构成框架。对部件的不同理解，就产生了 MIS 的各种结构，其中最重要的有概念结构、功能结构、硬件和软件结构。

(1)MIS 的概念结构

从概念上看，MIS 由信息源、信息处理器、信息用户和信息管理者四大部件组成(见图 8-1-1)。

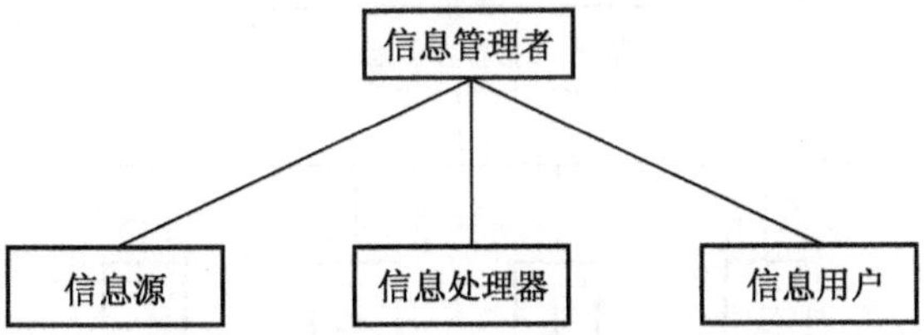

图 8-1-1 MIS 的概念结构

信息源是信息的产生地，即 MIS 的数据来源；信息处理器主要进行信息的接收、传输、加工、存储、输出等任务；信息用户是信息的使用者，包括企业内部同管理层次的管理者；信息管理者则依据信息用户的要求，负责 MIS 的设计开发、运行管理与维护。

(2)MIS 的功能结构

从使用者角度来看 MIS，它包含一个总的目标，具有多种功能。各种功能之间又有各种信息联系，从而构成一个有机结合的整体，形成一个功能结构。图 8-1-2 所示的 MIS 功能/层次矩阵反映了支持整个组织在不同层次的各种功能。每一列代表一种管理功能，管理功能的划分因组织的规模不同而不同，没有标准的划分；每一行表示一个管理层次；行列交叉则表示一种功能子系统。

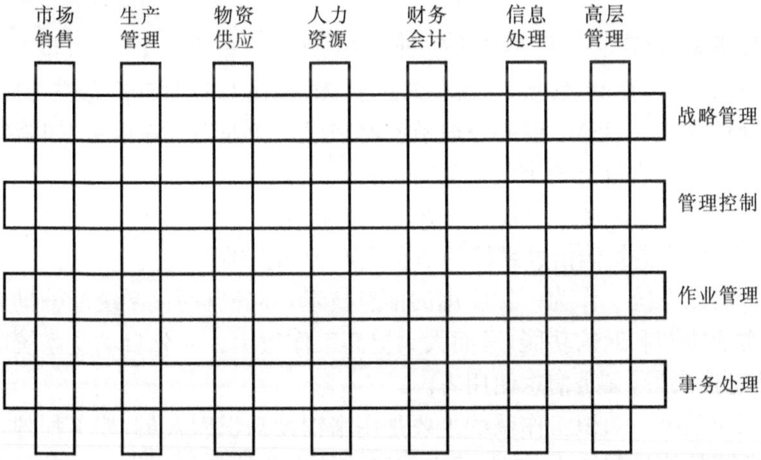

图 8-1-2 MIS 功能/层次矩阵

(3)MIS 的硬件与软件结构

MIS 的硬件结构描述的是 MIS 所依托的计算机及其网络系统的硬件设备组成及其联结方式、各硬件设备的功能和技术参数。

MIS 的软件结构是指用于构建 MIS 而在 MIS 的硬件设备上(主要是计算机)安装的系统软件，及由 MIS 开发人员开发的应用软件模块所组成的系统结构。

MIS 的应用软件结构一般用分层的树状结构图来表示，如图 8-1-3 所示。

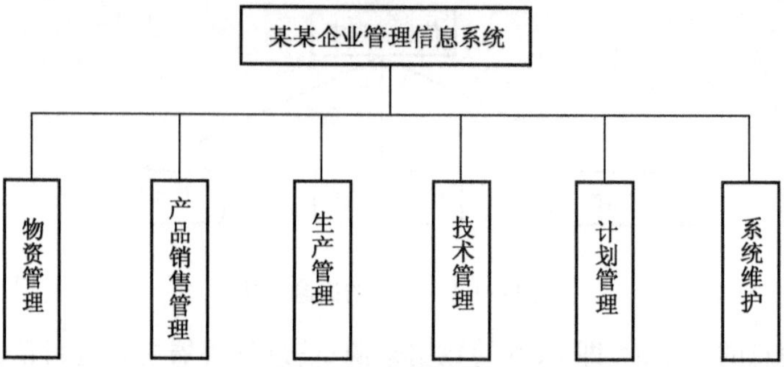

图 8-1-3 MIS 应用软件结构示意图

MIS 的功能结构有时候也采用树状结构图的形式来描述，但此时为了说明各模块间、各子系统间的联系方式，需增加适当的文字说明。

一般情况下，在描述现有系统(旧系统)时采用功能结构，而在描述目标系统(新系统)时采用应用软件结构。

2)MIS 的类型

不同的管理层次和功能对应着不同的 MIS。在一个企业或组织中，有六种主要的 MIS。

(1)信息处理系统(IPS) 据不完全统计，信息处理占整个 MIS 运行量的 70%左右，主要包括信息收集、输入、存储、转换、分类、排序、传输、输出及对原有信息进行检索和更新等。

(2)事务处理系统(TPS) 事务处理系统用来记录和处理日常事务，如销售订单管理系统、酒店预约系统等。它具有两个明显的特征：

① 事务处理系统是连接组织及其外部环境的桥梁。

② 事务处理系统是其他信息系统的信息生产者和提供者。

(3)办公自动化系统 作为一种实用的信息技术，办公自动化系统能辅助办公室职员进行信息处理，实现协调和通信功能，进而大大提高工作效率。办公自动化系统既是企业其他信息系统的信息提供者，又是信息使用者。

(4)知识工作系统 知识工作系统主要是用来辅助知识型人员，如工程师、医生、律师及科学家等，创造新的信息和知识，并保证它们能够被充分的利用。作为一种科学的工程设计系统，计算机辅助软件(CAD)系统就是一种典型的知识工作系统。

随着社会的发展和进步，世界经济逐渐由生产产品向提供知识、信息和服务转变，因此，不难看出，一个企业乃至整个社会劳动生产率的提高将越来越依赖于完善、高效的知识工作系统。这也是在过去十多年中知识工作系统得到巨大发展的原因之一。

(5)决策支持系统 决策支持系统是以管理科学、运筹学、控制论和行为科学为基础，以计算机技术、人工智能技术、仿真技术和信息技术为手段，面对半结构化或非结构化的决策问题，辅助支持中、高层决策的决策活动，具有智能作用的人—机系统。

(6)执行支持系统 执行支持系统主要为战略管理层的高级管理人员服务，它直接面对的是变化无常的外部环境和各种非结构化决策问题。与决策支持系统不同，它不是给决策者提供某种特有的解决问题的能力，而是为其提供一种抽象的计算机通信环境。通过对事务处理系统、办公自动化系统、知识工作系统和决策支持系统中的关键数据进行过滤、压缩和追踪，并结合企业外部环境，如有关新税法的信息、有关竞争对手的信息等，执行支持系统能以极快的速度和极低的成本向决策者提供有用信息，从而保证管理者能进行及时的决策，避免耽误决策时机。

3)MIS的相关学科

MIS是一个交叉性综合性学科，组成部分有：计算机学科（网络通信、数据库、计算机语言等）、数学（统计学、运筹学、线性规划等）、管理学、仿真等多学科。随着科学技术的高速发展，MIS涉及的范围还可能进一步扩大。

(1)计算机技术

计算机技术是MIS开发的基础，MIS的开发必须时刻关注计算机技术的最新进展。

回顾计算机技术的发展历史，可以清晰的整理出计算机研究发展的主干，即计算机硬件技术、计算机软件技术和智能接口技术。

据有关专家分析，未来计算机技术的发展将体现四个特点：①人—机和谐交互；②软件开足硬件马力；③超级服务器突破应用瓶颈；④以人为本计算模式。

(2)计算机通信技术

通信是指在两点或多点之间进行的信息交换过程。计算机通信就是经过计算机进行的通信，是在计算机之间，或计算机与其终端、打印机或其他外围设备之间，进行的数据交换的过程。

最简单的远程通信网的基本组成包括以下五类基本元素：①终端；②远程通信处理器；③远程通信通道和介质；④计算机；⑤网络通信控制软件。

无论现实世界中的网络有多大、多么复杂，都是由这五类基本元素在工作并且支持组织的远程通信活动。

计算机通信的建立使得计算机用户之间做到资源共享，使得许多单机可以联网运行，充分发挥每台计算机的作用，使得传统通信更加快捷而方便。

(3)网络技术

计算机网络是指在计算机间以实现资源共享和传输信息为目的而连接起来的计算机系统的集合。网络可以根据服务对象的多少及区域进行分类，一般分为局域网、城域网、广域网和因特网。

相对于现在的互联网来说，下一代互联网将更快、更安全、更迅捷。下一代互联网的速度将在现有网络速度的基础上提高1,000～10,000倍，将启用IPv6地址协议，届时将可以为所有家庭中的每个电子设备分配一个独立的IP地址，让数字化生活真正成为现实。

(4)数据库技术

数据库是指存储在一起的有组织、可共享的数据集合。这些数据不存在冗余，可为多种应用服务，数据的存储独立于使用它的程序。数据库管理系统是管理数据库数据的一组软件，负责数据的定义、装载、修改、检索和维护等功能。一个数据库系统应具备以下六种性能：

①数据的逻辑独立性　是指数据逻辑组织的改变不影响或少影响原来的应用程序执行，如数据模型中增加新的纪录，某个记录中增添了新的数据项等。

②数据模型的复杂性　是指数据库必须有能力描述客观事物及其联系的复杂性。常用的数据模型主要有层次模型、网状模型和关系模型，每个数据库系统只能使用其中的一种模型。

③数据的共享性　是指允许多个用户同时存取数据库中的数据，也允许通过多种高级

语言程序或命令文件使用数据。数据库可用最优方式,适于多个用户和应用程序的需要。

④数据的安全保密性　数据要被多个用户共享,就必须保护数据,防止不合法的使用。常常采用一些安全保密措施,如用口令或其他手段检查用户的身份,以检查用户能否对数据进行存取操作。

⑤数据的完整性　数据的完整性包括数据的正确性、有效性和兼容性。正确的数据不一定有效,系统必须有检验措施,以控制数据在一定范围内有效,或者这一部分数据与另一部分数据必须满足一定的关系。

⑥良好的人—机界面　为满足用户和数据打交道,系统必须有良好的人—机界面,使用户较容易掌握、使用方便,系统的响应速度要快,数据库在单位时间内的吞吐量要大。

8.2　MIS 的开发

对于任何一个想要利用计算机改善管理工作的企业来说,首先面临着建立以计算机为基础的 MIS 的问题,即系统开发问题。系统开发工作的好坏,直接影响到整个计算机辅助管理工作的成败。系统开发和采用何种方式进行系统开发、如何组织开发过程是一个 MIS 能否成功的关键点。

8.2.1　MIS 的开发原则

企业是一个人工、动态、开放的系统,MIS 从信息流的角度反映企业系统。这个系统应该具有目的性、整体性、相关性、环境适应性等一般系统的特征。MIS 的开发过程本身也是一个系统原则和思想的应用过程。因此,系统工程理论应该是系统开发的方法论基础,对应的指导原则有如下五点:

(1)创新原则　创新原则是指 MIS 的设计能够尽量的体现先进性。计算机技术的发展十分迅速,要及时了解新技术,使用新技术,使目标系统较原系统有质的飞跃。

(2)面向用户原则　面向用户原则是系统目的性的体现。MIS 的目的是及时、准确的收集企业的数据,并且加工成信息,保证信息的畅通,为企业各项决策、经营、计划和控制活动提供依据,使企业各机构和生产环节联结为一个统一的整体。

在系统开发的过程中,开发人员应该始终与用户保持密切联系,不断地、及时地了解用户的要求和意见。同时,需要得到广大管理人员的支持,并且组织他们参与到开发小组中,这是开发工作取得成功的必要条件之一。

(3)整体原则　系统的设计要体现一定的完整性。企业管理可以理解为一个合理的“闭环”系统,目标系统应当是这个“闭环”系统的完善。企业完整地实现计算机管理不一定必须在企业的各个方面同时实现,但必须完整地设计系统的各个方面。同时我们需要站在整个企业的角度来通盘考虑,克服本位观念。有些在局部看来最优,在整体看来不优的决策一定不要引入。各部门的职能分工、任务安排也要考虑相互协调的问题,局部服从整体。

(4)动态适应性原则　随着企业发展规模的扩大以及外界环境的变化,会不断出现新的管理内容,旧的管理内容也会有所更改与变动。为了适应这种变化,MIS 必须具有良好的可扩展性和易维护性。同时系统的设计要能够体现一定的超前性。为了提高使用率,有效地发挥 MIS 的作用,应当注意技术的发展和环境的变化。MIS 在开发过程中应注重不断发展和超前意识。

(5)经济原则　这里所提到的经济原则就是需要 MIS 体现较好的实用性。大而全和高精尖并不是成功 MIS 的衡量标准。事实上许多失败的 MIS 正是由于盲目追求高新技术而忽视了其实用性，盲目追求完善的 MIS 而忽视了本单位的技术水平、管理水平和人员素质。效益是企事业单位的生命与活力所在，所以在设计开发 MIS 时，MIS 必须要向管理要效益。

8.2.2 MIS 的开发方式

通常，由于各种原因会促使用户提出开发新系统的要求。例如，现行系统的信息处理已不能适应单位或组织的管理的要求，特别是某些薄弱环节已成为制约本部门业务发展的关键环节；由于环境的要求和客观形式的发展，要求进一步提高工作效率和信息处理能力；单位或组织的机构有所改革，特别是企业的合并或再造等，要求信息系统适应新机构的要求；由于信息处理新技术的发展，需要信息系统在原有基础上进一步换代更新。

开发一个新的 MIS 可以用各种方式。目前较流行的开发方式有自行开发、委托开发、联合开发、购买现成软件包进行二次开发等几种形式，一般来说根据企业的技术力量、资源及外部环境而定。

(1)自行开发方式

自行开发方式是指依靠本单位的技术力量开发系统。这种方式要求本单位必须具有熟练的系统分析和系统设计力量，需要有一支计算机程序设计队伍以及计算机硬件的安装调试人员。

这种开发方式虽然相对来说开发费用较低，开发的周期较长，但是，可得到适合本单位的满意系统，同时培养了自己的系统开发人员和系统维护人员，而且能够保障系统的运行和维护。该方式需要强有力的领导，同时，在开发过程中需要邀请行业内的专家进行一定的咨询。

(2)委托开发方式

委托开发方式是将信息系统的开发委托科研院所或者软件公司来完成。如果本单位的系统分析和系统设计力量不是很强，而程序设计、系统调试的力量又较弱，可以考虑采用委托开发方式。

委托开发方式开发的费用虽然比较大，但是，它能够根据用户单位的业务流程和业务需求进行开发，对于用户而言，只要向开发单位提出系统需求、不断检查项目的实施情况、严格验收就可以，单位所投入的人力较少。

此种开发方式对单位而言，需要配备精通业务的人员参与开发过程，并经常进行监督、监察和协调。

(3)联合开发方式

联合开发方式是介于独立开发和委托开发之间的一种开发方式。它是由本单位和软件公司(或科研院所)共同组织开发力量，共同进行开发工作。要求本单位要有部分技术力量参与系统分析和设计，参与程序开发和调试，参与计算机硬件的安装和测试。

这种开发方式开发费用较少，对于本单位的系统分析、系统设计人员的培养很有益处。而且，所开发的系统能够按照本单位的业务流程以及用户需求进行开发，符合本单位对信息系统的要求。由于有本单位的技术人员参与，他们对系统的结构、软硬件的情况比较熟悉，因此，当系统投入运行后，整个系统的日常维护可由本单位技术人员完成，可保障系统长期稳定的运行。

(4)购买软件包方式

这种方式就是通过对软件市场的调查,购买适合本单位管理业务活动软件包。如果本单位的系统分析和设计力量极缺,而要求系统投入使用的时间又比较紧迫,可以采用此种方式。另外,如果本行业已有较成熟的系统,而且应用效果很好,也可以采用此种方式。

购买现成的管理软件包的费用虽然不是很大,但是,要考虑到系统维护的费用。由于是全盘购买现成的管理软件包,因此,依靠本单位的力量进行系统维护是比较困难的。一般来说,使用软件的单位必须按年度缴纳软件维护费用,这样才能使系统的正常运行有保障,也可以保证系统不断的同步升级。

上面讨论了信息系统四种不同的开发方式,实际上,每一种方式都各有优点和不足之处,需要根据本单位的资源情况、技术力量、外部环境等各种因素进行选用。但是,无论采用哪种方式开发,都要求必须有本单位的业务人员参与,并在系统开发的全过程中培养他们,以此来壮大本单位的系统开发和维护人员队伍,因为维护人员队伍的建立是整个系统正常、高效运行的可靠保证。

8.2.3 MIS 的开发方法

MIS 的开发是一项艰巨的工作,需要大量的人力、财力和时间的投入。系统开发的效率、质量、成本及用户的满意程度,除了管理、技术等方面的因素外,很大程度上取决于系统开发方法的选择。传统的系统开发方法,在编程前不重视系统分析和设计,不重视在系统开发前完成必要的文档。20 世纪 70 年代以来,西方在经历了“软件危机”以后,开始重视系统开发方法的研究,提出许多新的系统开发方法,常用的有结构化生命周期开发方法、原型法、面向对象的方法和信息工程方法等。

1)结构化开发方法

结构化开发方法(Structured System Analysis and Design,SSA&D)亦称结构化生命周期开发方法,该方法的依据是软件生存期的概念。一个 MIS 从它的提出、开发、应用到系统的更新,经历了从生长到消亡的过程,整个过程周而复始。

和其他应用软件一样,MIS 的生命周期(见图 8-2-1)包括四个阶段:

(1)系统调查与分析阶段　对用户提出的初始要求进行调查、可行性分析、详细调查以及在分析的基础上建立系统的逻辑模型。

(2)系统设计阶段　在系统调查与分析的基础上,对系统进行物理设计、总体设计、代码设计、输入输出设计、数据存储设计,并制定系统实施方案。

(3)系统实施与转换阶段　按照实施方案对系统进行环境的配置、程序设计、调试、转换和系统验收,最后交付用户使用。

(4)系统管理与维护阶段　包括系统投入正常运行后的管理、维护与评价。

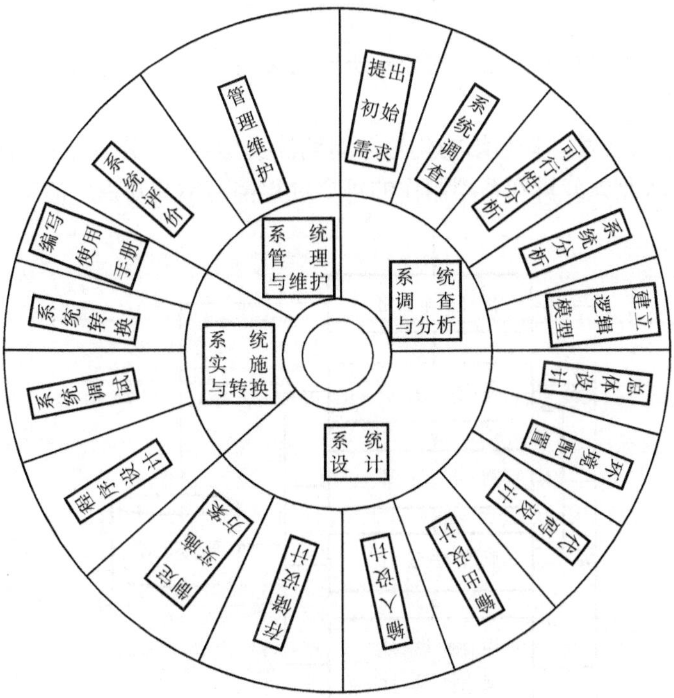

图 8-2-1 系统生命周期图

2)原型法

原型法(Prototyping Approach,PA)是近年来针对 SA—SD—SP 的缺陷提出的新的设计途径,是适应当前计算机技术的进步及对软件需求的极大增长而出现的,是一种快速、灵活、交互式的软件开发方法(见图 8-2-8)。其核心是用交互的、快速建立的原型取代了形式的、僵硬的(不易修改的)、大块的规格说明。用户通过在计算机上实际运行和试用原型而向开发者提供真实的反馈意见。原型法的实现基础之一是可视化的第四代语言的出现。其实现方法是从基本需求入手,快速构筑系统原型,通过原型确认需求并对原型进行改进,最终达到建立系统的目的。

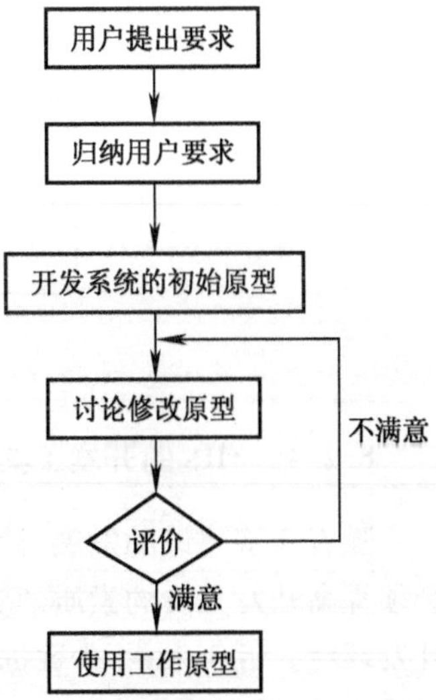

图 8-2-2 原型法的开发步骤

3)面向对象的开发方法

面向对象的开发方法(Object Oriented,OO)是从 20 世纪 80 年代各种面向对象的程序设计方法(如 Smalltalk, C++)逐步发展而来的。面向对象方法不像其它的功能分析方法,只能单纯地反映管理功能的结构状态;数据流程模型只是侧重反映事物的信息特征和流程,信息模拟只能被动地迎合实际问题需要的做法,而是从面向对象的角度进行系统地分析与设计,为人们认识事物,进而为开发系统提供一种全新的思路和方法。

该方法的基本思想是:以对象考察客观事物,从客观事物的共性中抽象出对象类,通过封装和继承,构造系统的类层次结构,并根据对象间的关系,建立对象(类)的消息通信机制,用户通过消息的改善与传递,实现对象的操作,从而求得问题的解。可以将面向对象法简单的表示为：

面向对象方法＝对象＋类＋封装与继承＋消息通信

4)信息工程方法

信息工程方法的开发过程与结构化生命周期法类似，也是分阶段进行的。该方法引入了知识库的概念，从业务分析到系统制作的每个过程都离不开知识库的支持(见图 8-2-3)。

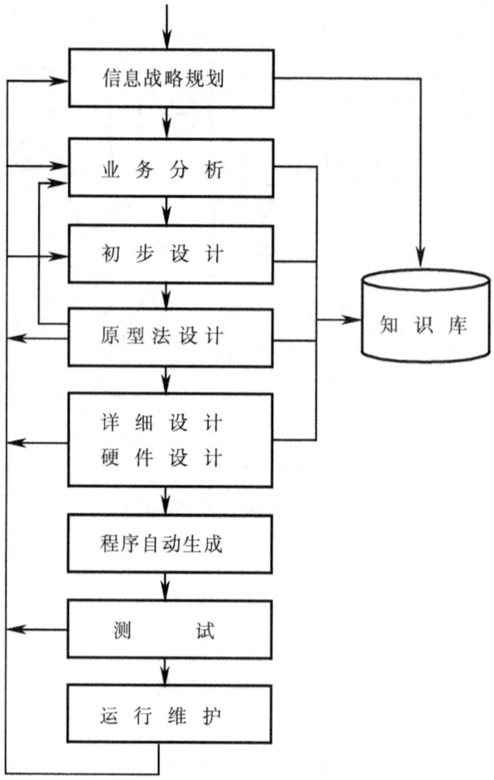

图 8-2-3　信息工程方法的开发流程

8.2.4　MIS 的开发工具

随着经济建设的发展，社会对 MIS 的需求越来越大，为提高 MIS 的开发效率和质量，必须提高开发人员的素质，完善和发展软件工程学方法，并运用各种开发工具来建立良好的开发环境。近年来，不少数据库语言和程序设计语言系统都增加了系统开发和程序设计的工具集，以及商品化的 MIS 生成器，这些都极大地推动了 MIS 的应用和发展。

MIS 的开发工具是为支持 MIS 开发过程中各个阶段而研制的。它包括系统分析、设计、编码、测试、维护等工具和项目管理工具，一般可以分为三大类：

(1)各种文本或图形的编辑工具　例如，各类文字编辑器、功能结构图编辑器、数据流图和数据字典编辑器。

(2)生成型工具　例如，协助开发人员生成编码、屏幕画面、菜单、报表格式以及文档资料的各类生成器。

(3)管理型工具　例如，支持开发人员对项目进行管理的计划评审工具、进度管理工具、版本管理工具等。

随着计算机技术的发展和应用的需要，MIS的开发工具正向着集成化、交互化图形表示、可视化和商品化方向发展。

第四代语言是非过程化语言，它使计算机操作人员不必过问怎样去编写程序，而是直接去描述所要完成的任务，至于怎么做，由计算机自动完成，因此第四代语言又称为用户驱动语言。应用第四代语言可以自动生成高度独立的模块，方便地从软件库中检索可用的模块，支持软件的可重用性，而且它独立于硬件平台、操作系统、网络环境、用户界面以及不同的数据源，使用户和开发者能同时访问不同硬件平台、不同操作系统和不同网络环境上的多种数据和文件。目前市场上销售的以Lotus-1-2-3为代表的电子表格软件包，该软件包集数据处理、表格统计、图形绘制为一体，是第四代软件工具的代表。Foxbase/Foxpro等微机上流行的数据库语言已接近第四代数据库语言。

MIS开发环境（MIS Development Environment，MISDE）是近年来发展起来的一门技术，其目标在于使整个软件生命周期开发过程自动化。MIS开发环境主要由信息数据库、软部件库、工具库和交互式的人—机界面组成：

（1）信息数据库　它由两类信息构成：一类是面向用户的信息，包括供用户参考用的知识性信息（如各种软件规范说明、文档格式、图示符号解释等）和为开发环境配置的服务信息（如软部件库目录、工具库清单等）。这些信息可以由用户通过人—机界面直接存取与修改；另一类是面向环境的信息，包括支持各种软部件、工具和环境本身工作的基础信息，例如驱动软部件和工具运行的基础数据。这些信息由软部件库和工具库控制存取。

（2）软部件库　是指具有某种完整功能的程序段。它们可以是子程序、过程，或者是一个功能模块或相对固定的子系统。软部件通常是面向用户的，但同时又包含对工具库的支持。它可以由用户根据需要进行调用、装载、组合等操作。

（3）工具库　它是一个实用程序库，由支持MIS开发各个阶段的单个工具组成（例如，各种程序生成器、文档编辑器、报表格式生成器、菜单生成器和测试数据发生器等）。

（4）交互式人—机界面　它是MIS开发人员与开发环境之间的接口部件。它充分运用终端设备和具有强有力交互功能的屏幕显示技术、图形处理技术、窗口技术和菜单技术等，向用户提供一个友好的、以三库为基础的统一界面。

8.3　MIS的建设策略

许多企业已经或正准备投入高额资金、花大力气建立大规模的计算机MIS，但是普遍存在着系统建设难以达到预期效果的问题。有的开发规模很大，实际应用的范围却很小；有的系统用与不用似乎没有明显的差别；还有的系统由于技术落后，维护工作量太大，若在原有的基础上扩充功能还不如推倒重来。就系统开发的某一具体问题来说，主要是开发用于数据处理的程序，既不需要高深的物理（如电力系统）概念，也不需要复杂的数学算法，一般来说是比较容易实现的，并且大都采用最新的、高性能的计算机软硬件平台，由优秀的计算机技术人员实施开发，很少出现因网络或程序调试不通而中止开发的事情。因此，预期的目标难以达到的原因不是简单的技术问题，值得深入研究。

8.3.1　MIS建设的基本问题

MIS建设中系统的最终目标和内容常常难以确定。比如，电厂的设备管理系统，设备的种类成千上万,其规格型号、归属部门、安装位置等千差万别。MIS要管理的内容、达到的效果及运行后的状态等涉及的内容很多,系统开发者很难通过调研从而完全确定所有的内容。事实上,MIS建设和一般工程的根本区别就是不能在开发前完全确立系统的目标和内容,即不可能企望有一个详尽的设计去简单地、全方位地组织和控制系统的建设,这是MIS建设的最大特点。因此,简单的用一般工程建设的方式去对待MIS建设,希望先有一个详尽的设计,再根据设计实施开发,这种要求开发者不仅要在短时间内把原有的工作方式完全掌握,而且要设计出一种新的工作方式的办法,实际开发过程中是很难做到的。

我国目前还处于实现工业化的进程中,工业体制本身不够完善,并且还处于迅速的发展变化之中,这就要求MIS建设必须可以随时方便地进行修改,否则,系统很有可能会被推倒重来。这使得首先确立系统开发的各种功能然后再进行系统开发的企图变得更加不可能。

组织系统开发并使之能够长期的运行必须有相应的方法。

以分类组织数据为核心,无论计算机内部多复杂,MIS建设所用到的通常只是计算机的操作。随着计算机技术的飞速发展,其功能越来越强,使用却越来越简单,计算机技术本身已不再是MIS建设中的难题。系统开发中,有关计算机要解决的关键问题是怎样以计算机为平台组织新的系统。

MIS的开发是根据计算机的特点重新设计出一种新的工作模式。实际工作中我们常常忽视这一点,甚至完全根据人工方式的特点设计计算机的功能。就像工匠们用手工生产方式设计汽车工业的生产线,实际上并不能真正提高效率一样,这样的MIS建设并不能发挥出应有的作用。

美国学者詹姆斯·马丁(James Martin)指出:在企业的数据处理工作中,"数据是稳定的,处理是多变的,数据位于现代数据处理的中心"。由此他提出了"总体数据规划"的方法。就像"要把汽车制造从个体手工生产方式变为大批生产方式,需要建立一种真正的基础结构"一样,新的计算机系统的"基础结构"是对企业的数据进行总体的规划和组织,建立起统一的数据平台。

以数据平台为中心,将系统开发划分为形成数据平台和由数据平台变换出结果两个部分,在整体上使系统结构简单明了:一方面,建立了统一的数据平台,凭借现有的开发工具,各种结果都可以方便地变换出来,而不必要事先将各种功能完全确定;另一方面,无论管理体制如何变化,涉及的基础数据却是稳定不变的,改变功能只需改变相应的程序,以适应企业改革的需要。

有些系统的数据内容及其分类较为明确,如民航及铁路售票系统、图书馆系统等,这种系统可以直接从组织数据入手实施开发。而更多的系统所包含的数据内容则较为隐蔽,如电厂的设备管理系统,数据量极大,数据关系复杂,短时间内完全掌握几乎是不可能的,应在开发的过程中逐步地识别数据,通过对数据的分类组织逐步建立起数据平台。

8.3.2 开发过程的组织与控制

系统开发的工作量一般很大,组织者和开发者应有一个通盘的考虑,把握和控制开发过程,使之有条不紊。由于开发过程的主要工作最终的表现形式是大量的程序开发,人们常常仅仅关注程序的开发,这很不够。就像战争虽然最终要表现为战场上的厮杀,而厮杀背后的策划对战争的胜负至关重要一样,对开发过程的组织与控制决定着系统将来的稳定性。这里提出以下方法:

(1)平稳安排 从一个旧的工作方式逐步过渡到一个依靠计算机系统的新的管理方式中,对用户来说应是一个渐进的发展过程,不能一蹴而就。MIS 建设中,常常有开发了大量的程序,再一次性地投入试运行,就是缺乏必要的安排;还有的对开发工作中的问题和困难估计不足,把开发规模展开的过大而无法控制。这些都会使工作量和难点过于集中,使用户和开发者都陷入忙乱之中,妨碍系统建设。通过对系统的分解,根据工作量、用户情况、在系统中的作用等因素排列出开发顺序,并根据子系统的开发情况随时调整和部署开发工作,使系统开发能有一个由小到大的、平稳发展的过程,这样就能方便地形成系统。

(2)整体控制 MIS 建设是一个形成系统的过程,但在开发过程中,许多出于局部利益的问题会影响整个系统的形成。有的用户对计算机不了解,常常在完成了一个功能以后又提出新的要求,而开发者看来这是应该统一考虑的问题;有的用户掌握一定的计算机知识,但是真正了解和接受系统观念的极少,他们会从孤立的角度提出和系统相悖的要求,甚至仅仅把开发者当作程序员,自己直接安排开发工作,并认为实现他们提出的功能要求比较简单,开发者应该马上完成。开发者如果不够冷静,很容易陷入到具体问题中去,失去对开发过程的整体把握与控制。在这种情况下,MIS 建设是不会成功的。因此,开发者应善于了解和把握系统性、本质性的问题,有一个明确的系统概念,同时,要采取有效的技术和组织措施,确保在开发工作中处于主动。

(3)吸引用户 用户的参与对整个系统建设是至关重要的。在系统开发阶段,用户有自己原有的日常工作和方式,他们不可能始终围着开发者的工作转,对系统开发也会不太适应,这会使开发者希望他们做的许多工作无法落实。因此,需要有效的措施去吸引用户,仅仅靠说服有关领导、使用行政命令迫使用户参与开发会使用户消极甚至反感,导致开发和应用的脱节。常常有开发者抱怨用户不能很好地配合,甚至认为用户的素质低或者在中国搞 MIS 超前,其原因就是没有做好用户参与开发的工作。及时投入试运行是吸引用户参与开发工作并与他们具体交流的有效途径,为此,子系统的分解要便于开发和试运行。在诸多子系统中,应注意选取那些使用效果明显又易于开发的子系统首先开发,其运行效果会增强用户对系统建设的信心及对开发者的支持。另外还应利用用户间处理数据的制约关系,使用户掌握新的工作方式,积极配合开发工作的进行。

(4)迅速过渡 整个系统的形成需要有一个渐进的过程,不可操之过急,而子系统的开发则必须迅速完成,才能确保整体上的从容部署,这是系统建设的节奏。在试运行基本稳定以后,应果断地终止原有的工作方式并使新的方式尽快地稳定下来。

8.3.3 系统建设的基础性工作

MIS 系统大大简化了管理人员的工作,使管理人员中高层对中层、中层对基层、基层对设备系统逐级加强管理、监督和控制等。业务工作量减少,系统的维护工作量增大,大量的业务改进工作转向系统的改进,系统的正常运行成为企业运转的生命线,因此,选拔、培养出合格人员特别是各层次计算机系统负责人是企业 MIS 建设的基础。

计算机系统负责人仅仅具备一定的计算机知识对于抓好 MIS 建设是远远不够的。分管计算机应用的人员不仅能够发现、解决计算机本身的问题,更重要的是能够向领导提出适度的系统开发应用规划,作为企业领导进行 MIS 建设乃至企业改革的决策依据。国外的经验证明,企业的 MIS 建设关键是系统管理人员的选拔与培养。

系统的建设和运行涉及到数据的共享、计算机软硬件、工作模式等许多方面,应该有统一的规则和约定，作为系统各元素之间联结的规则，使系统成为有机的整体，保障系统的开发及运行。制定一系列的标准和规范是系统建设的另一个基础性工作，主要有三个方面的内容：

(1)信息规范　如代码、事物特性表等。这方面标准规范的制定和执行是原有方式向新系统转换的前提条件。

(2)计算机的软硬件平台规范　其中包括计算机硬件、操作系统、数据库及网络等内容。这些规范是实现联网的保证。

(3)维护管理模式　其中包括系统运行规程、岗位设置、计算机技术人员的上岗标准等。这是管理工作接受新系统使之稳定运行的保证。

8.3.4　小结

MIS 建设中，开发组织者首先面对的是用户和他们所使用的工作方式，这要深入实际，对具体情况做出具体分析，要有建立新的工作模式的创造力，并用组织措施控制开发过程。这方面工作需要一定的管理理论知识特别是现代 MIS 理论，MIS 建设的目的是要实现以计算机系统为中心的新的工作方式，其结果无论是计算机系统内部还是人的工作都将是明确的、规范的。MIS 建设面对的是 MIS 和计算机系统结合的问题，决不能忽视管理系统的改进，也不能单纯用计算机技术去对待整个 MIS 建设。

作为一个崭新的领域，MIS 建设方法论在国外是一项非常活跃的研究领域，我们正致力于 MIS 开发方法论的研究，希望能和对此问题有兴趣的领导和专家经常交流，共同摸索 MIS 建设的规律。

8.4　MIS 的开发步骤

8.4.1　MIS 开发应遵循的基本原则

MIS 的开发是一个长期而复杂的过程，它的各个工作环节，前后之间都存在内在的联系。不同的开发策略与方法对应的开发过程及侧重面均有所不同，例如生命周期法严格划分不同的阶段，强调阶段的完整性和开发过程的顺序性，而原型法则把它们融合在开发周期的一个循环中反复进行。但不论采用哪种开发方法，都有其共同遵循的原则，在这里重点强调以下几点：

(1)开发过程必须划分阶段，规定各个阶段的任务、工作起点和终点以及应得到的结果。

(2)开发过程中各个阶段首先要考虑全局的问题，即组成系统的各大部分之间的联系，然后再考虑以下各层的问题，并遵守下层服从上层，局部服从整体的原则。

(3)工作成果要成文，资料格式要标准化。

(4)开发人员对系统的目标、功能、环境、费用、效益等重大问题必须进行充分地调查研究和判断，以获得最佳方案。

把上述观点集中到一起就是结构化系统分析和设计以及系统工程思想，它强调开发过程的阶段化、层次化和工程化。

MIS 是一个复杂的应用软件系统，必须遵照软件工程的开发规范和步骤。因此在后面具体步骤的介绍中，将着重介绍与开发 MIS 有关的部分，其他与软件工程规定的要求、规范以及实现方法一致的部分,就不多赘述了。

MIS 的开发步骤主要分为:系统规划、系统分析、系统设计和系统实施四个阶段。

8.4.2　系统规划

MIS 的总体规划通常又称 MIS 的战略规划,是对组织总的信息系统的目标、战略、信息系统资源和开发工作的一种综合性计划。其重要作用是保证 MIS 支持组织的长期战略计划的实现,更有效地开发和管理组织的信息资源和信息系统资源,使信息系统的建设在统一的目标、战略及有序的环境下进行。

系统规划要求在一个比较短的时间内对整个 MIS 作出一个规划,包括定义系统的环境、目标、基本结构框架,给出系统可行性分析报告,在系统开发策略上做出决策,因此系统规划可看作高层次的系统分析。

1)定义系统环境

调查并分析组织的概貌,确定 MIS 运行的主要环境,包括职能机构的调查,主要是为了解管理层次上职能部门的隶属关系,最后应绘制一张组织结构图。

此外还应调查组织的资源情况,它包括地理资源、人员资源、生产过程的物料资源、物资供应与备品资源、设备资源及财务资金资源。通过对上述资源的调查可以掌握一个组织的主要生产经营和管理活动及对 MIS 的主要功能与信息处理的要求,了解各职能部门及各管理层次之间的信息交换、各种基础数据种类,以确定 MIS 资源分配策略。

2)可行性研究

开发 MIS 必须要有一定的基础,在系统规划中应进行可行性研究,它包括:

(1)系统可行性　从管理水平、人员素质、基础数据管理、计算机技术人员队伍等方面确定是否具备开发 MIS 的条件。

(2)技术可行性　调查使用现有技术在现有系统环境下能否实现 MIS 的目标要求。这些技术应包括 MIS 开发方法与技术、网络技术、数据库技术及决策技术等。

除了应用现有技术来研究技术可行性外,还应根据系统长远目标与技术发展预测来评价上述技术可行性研究。

(3)经济可行性　主要包括系统费用统计、效益估计与效益/费用比较。在效益估算中,从数量上估计经济效益不很容易,一般采用对比法或者统计法,就是参考规模类似的成功系统的统计数字去估计,或者用统计方法大致估算。另一方面还需阐明 MIS 在哪些方面改善决策策略,缩短决策周期,这是提高经济效益的巨大潜力所在。

系统规划结果应整理成书面形式,即可行性报告,它应该包括以下内容:

①开发任务的提出,包括建立系统的背景、必要性和意义。

②系统的目标、功能和开发的进度要求。

③初步调查情况,包括系统的组织、现行系统概况、用户认识基础和资源条件等。

④初步实施方案,包括系统规模、组成和结构,投资数量与来源,人力投入及培训计划等。

⑤可行性研究,包括系统、技术、经济可行性分析。

8.4.3　系统分析

系统分析是从高到低各管理层次上的系统需求分析,是 MIS 开发的第二个阶段,主要解决系统"能做什么"的问题。通过详细调查研究需求分析,深入描述及研究现行系统的工作流程及用户的各种需求,构思和设计用户比较满意的新系统逻辑模型,并且提出适当的计算机软硬件配置方案。系统分析阶段工作的深入与否直接影响新系统的设计质量和经济性,在整个系统开发过程中起着极其重要的作用。

系统分析主要由系统功能分析(子系统划分)、数据分析(数据逻辑模型)以及管理模型建立三部分工作组成。

1)功能分析

功能分析的主要任务是给出 MIS 的结构框架。子系统的划分是在高层次上给出系统的结构设计,是系统自顶向下进行结构化分析的第一步。只有合理的划分子系统,进一步的系统分析才有基础,系统开发人员才能够进行分工,从而进一步进行系统设计与开发。

在进行子系统划分工作前,必须要进行信息需求分析和过程需求分析工作。

(1)信息需求分析

信息需求分析是为了识别系统中数据类及建立数据与职能部门之间的关系。

系统中的信息资源是与系统中的资源密不可分的。因为系统中各层管理都要涉及资源管理。例如,策略管理层是为系统的目标制定资源分配使用的策略规划;管理控制层的任务是确保资源的有效使用;而操作层则是具体实现数据资源的转换。

识别资源种类对于识别系统中数据类起着很重要的作用。系统的资源可以分为关键性资源和支持性资源两大类。关键性资源是指产品及服务资源(如产品销售);支持性资源是为实现系统目标所必须使用或者消耗的资源,如原材料、资金、人员等。对于一个工厂而言,关键性资源是指有关生产管理的数据和信息,而支持性资源主要包括资金、劳资人事、设备材料等管理。图 8-4-1 列出了某工厂的资源分类情况。

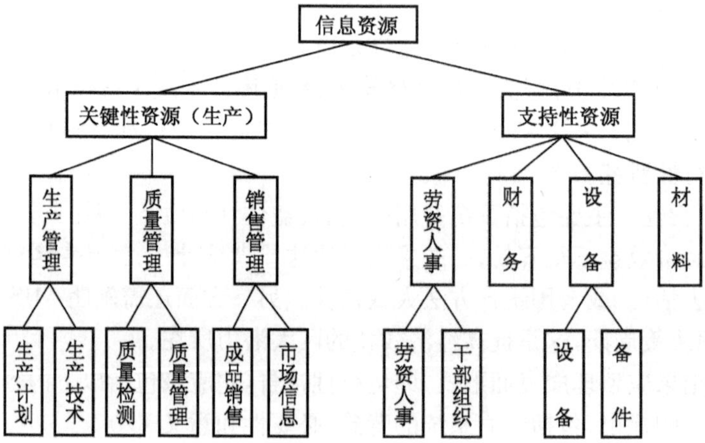

图 8-4-1　某工厂的资源分类

(2)过程需求分析

过程是使数据转换状态或变为信息的操作。过程需求分析是要查明系统需要哪些处理过程,查明过程之间的数据流动,查明过程与使用这些过程的职能部门之间的关系,最后建立过程与职能部门之间的联系。

通过上述"数据—职能部门与过程—职能部门"的关系,可以得到"数据—过程"间的关系,称为"数据类—过程"类关联矩阵,又称为 U/C 矩阵,例如,一个工厂的 U/C 矩阵如图

8-4-2所示。

过程类	数据类															
	客户	订货	产品	操作顺序	材料表	成本	零件规格	原材料库存	成品库存	职工	销售区域	财务	计划	机器负荷	材料供应	工作令
经营计划						U						U	U			
财务规划						U				U		U	U			
资产规模												C				
产品预测	C		U								U		U			
产品设计开发	U		C		C		C									
产品工艺			U		C		U	U								
库存控制								C	C						U	U
调　　度			U											U		C
生产能力计划				U										C	U	
材料需求			U		U										C	
操作顺序				C										U	U	U
销售区域管理	C	U	U													
销　　售	U	U	U								C					
订货服务	U	C	U													
发　　运		U	U						U							
通用会计	U		U							U						
成本会计		U				C										
人员计划										C						
人员招聘、考核										U						

图 8-4-2　某工厂的 U/C 矩阵图

U/C 矩阵的建立为子系统的划分做好了准备。

划分子系统是为了减小 MIS 的复杂程度，就像在系统中对大系统进行解耦分析一样。划分子系统应遵循的原则是：

①适应性　每个子系统必须适应用户整体需求和系统条件变化能力，对某一个子系统的修改不会影响其他子系统。

②可分离性　每个子系统的成分是惟一的，它同其他子系统是可分离的，这样使每个子系统可以独立进行系统分析和系统设计。

③可理解性　每个子系统包含的过程类总数适宜，以确保子系统大小适宜、容易理解、开发和维护。

④整体性　每个子系统都能独立、完整地实现所要求的功能，这要求从整体角度为各子系统规定系统目标和各子系统之间的接口。

划分子系统的方法很多，这里介绍采用 BSP 方法划分子系统。

BSP(Business System Planning)由 IBM 公司提出，它利用已建立的 U/C 矩阵识别出系统中主要的应用系统，确定应用系统间数据流结构，从而建立信息系统结构。识别一个应用系统的方法为：

① 在 U/C 矩阵中，C 表示一个数据类是由某一个过程类所产生的，U 表示数据类被某些过程类使用。调整矩阵，使 C 尽量落在对角线上或附近。

② 把不产生数据类的过程(仅有 U 的过程类)适当调整其排列。

③ 把对角线上 U,C 比较集中的部分用方框勾画出来,得出应用系统轮廓,如图 8-4-3 所示。

过程类	数据类															
	计划	财务	产品	零件规格	材料表	原材料库存	成品库存	工作令	机器负荷	材料供应	操作顺序	客户	销售区域	订货	成本	职工
经营计划	C	U													U	
财务规划	U	U													U	U
资产规模		C														
产品预测	U		U									U	U			
产品设计开发			U	C	U							U				
产品工艺			U	U	C	U										
库存控制						C	C	U		U						
调　　度			U					C	U							
生产能力计划									C	U	U					
材料需求			U		U					C						
操作顺序								U	U	U	C					
销售区域管理			U									C		U		
销　　售			U									U	C	U		
订货服务			U									U		C		
发　　运			U				U							U		
通用会计			U									U				U
成本会计														U	C	
人员计划																C
人员招聘、考核																U

图 8-4-3　调整后的 U/C 矩阵图

④ 落于各应用系统方框外的 U 符号,正好是一个应用系统使用另外一个应用系统的标识,从而可以得出应用系统各子系统之间的数据流结构图,如图 8-4-4 所示。

2)数据分析

数据分析是对组织的信息流程的调查分析,目的是为了了解组织中数据的流动与存储情况,对数据及其处理情况进行综合分析。数据分析结果应给出组织的信息流程图及数据库的逻辑模型。数据分析一般由以下几个步骤组成:

(1) 收集分析所需的资料　收集原系统中全部输入单据、凭证、输出报表和数据存储介质(如账本、清单),弄清各环节上的处理方法和计算方法,注明各项数据的类型(数字、字符)、长度、取值范围等。

(2) 绘制原系统的数据流图　数据流图是一种全面的描述信息系统逻辑模型的主要工

具。它由数据流、加工、文件及数据源点或终点四种基本符号组成。

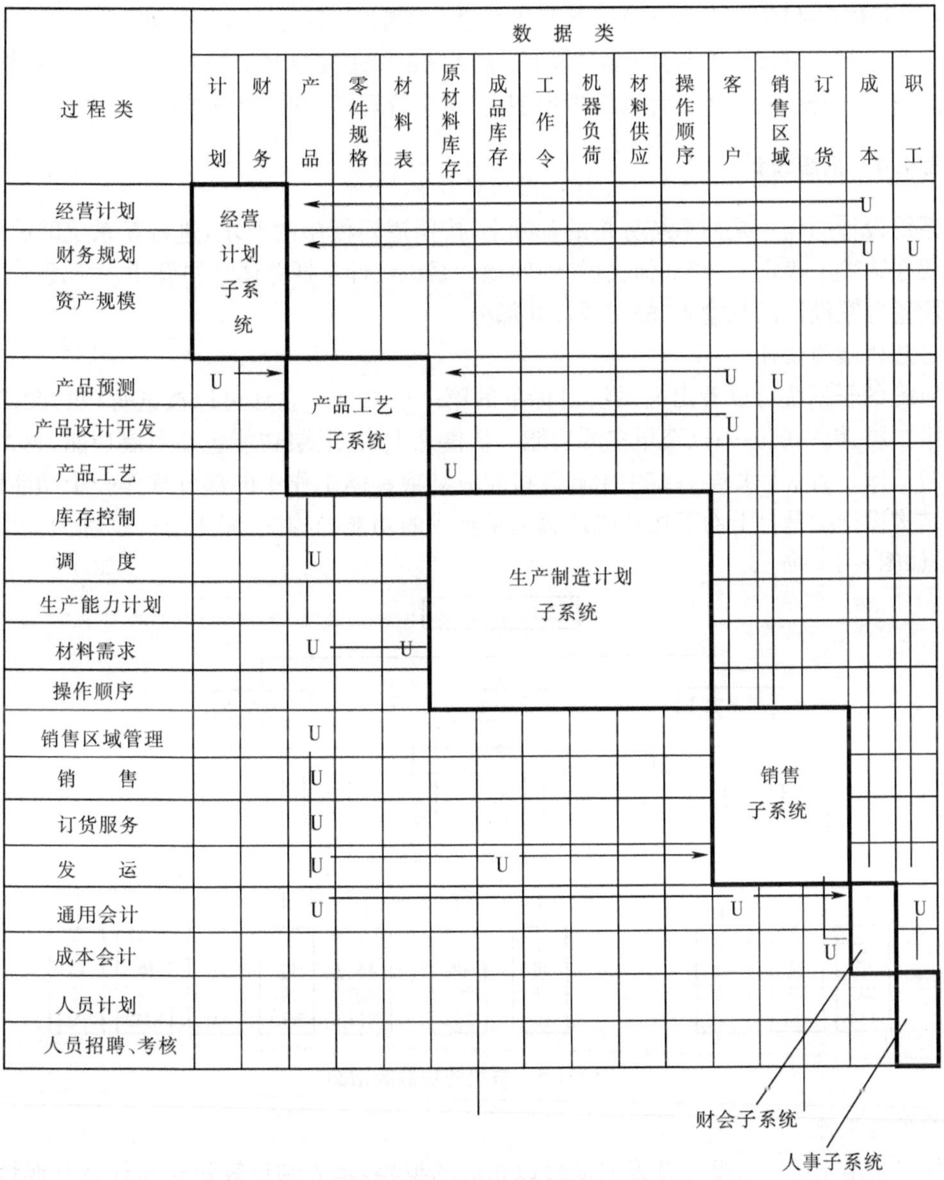

图 8-4-4　子系统之间的数据流结构图

(3) 数据存储分析　数据存储分析包括分析存储的内容和数据之间的关系。它是在收集各种单据、账册，结合数据流图基础上，利用规范化理论进行数据存储的逻辑设计以建立概念数据模型。数据存储分析，即数据库的逻辑设计，可以采用基于 3NF 的方法和实体一联系(E-R)方法。

(4)编写数据字典　建立数据词典是为了对数据流图上的各个元素做出详细的定义和说明。数据流图配以数据词典，就可以从图形和文字两个方面对系统的逻辑模型进行描述，从而形成一个完整的说明。

3)管理模型的建立

在 MIS 的开发中，管理模型对于系统的结构和确定具体管理环节上的处理功能有直接的影响。一般来说,分析人员在系统调查分析时,就有必要根据管理科学的知识,对新系统的管理模式和各个具体管理环节上的数量关系模型进行深入的考虑和优化。这些模型有些需要在实践中抽象出来,有些需要改进或者引入新的模型。新系统的管理模型大致有以下五类:①成本管理模型;②库存管理模型;③生产计划管理模型;④财会管理模型;⑤经营管理管理模型。

8.4.4 系统设计

系统设计的任务是在系统分析的基础上,按照逻辑模型的要求,进行新系统的设计,也就是要在物理上确定系统"如何去做"的问题。系统设计包括总体结构设计、代码设计、系统物理配置方案设计以及输入、输出设计几部分。

1)总体结构设计

MIS 的子系统可以看出是系统目标下的第一层功能。它还可以按其每项功能继续分解为第二层、第三层……以至更多的功能。从概念上讲,上层功能包括下层功能,越到下层功能越具体。通常把复杂系统中由计算机完成某项具体工作中的部分称作一个功能模块。总体结构设计就是自上而下按功能从属关系画成的功能结构图,图中每一框称为一个功能模块,如图 8-4-5 所示。

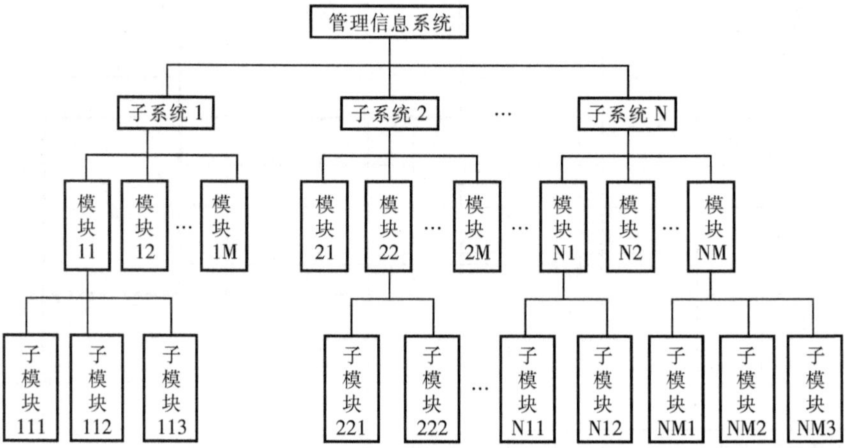

图 8-4-5 系统的功能结构图

2)代码设计

代码是给系统中某些实体及其属性以相应的编码,是人和计算机对实体及其属性进行识别、记载和处理的共同语言。它是人和机器交换信息的有力工具,同时也能便于数据的存储与检索,提高数据处理的效率。

(1)代码设计的原则

①惟一性、确定性 每一个被表示的实体只有一个确定的代码。

②标准化、通用性 应当尽量采用上级部门规定的编码标准。

③可扩充性、稳定性 代码结构和编码规则应在一段时期内不变,尽量避免由于代码体系变动引起数据存储结构及程序系统的大修改。

④便于识别和记忆。

⑤力求短小、格式统一。

⑥容易修改。

(2)代码结构的类型

代码结构的类型即各种编码的分类形式，常用的结构类型有：

①顺序码　它是用连续数字代表编码对象，例如用 01 代表数学系，02 代表物理系等。顺序码的优点是位数少，简单明了，便于按照顺序定位和查找，但没有逻辑含义，缺乏分类特征，通常与其他形式分类编码结合在一起使用。

②区间码　把数据项分成若干组，每一区间代表一个组，码中数字的值和位置都代表一定意义。例如学生学号 95034 表示 95 级学生编码，前两位为入学年号，后三位为本年级学生编号。

区间码中数字的值和位置都代表一定的意义，因而使得排序、分类、检索等操作容易进行，但每个区间码的长度与分类属性的数量有关，有时候，为了使各区间留有足够的空间，会使码比较长。

③助记码　用文字、数字结合起来描述，可以通过联想帮助记忆。例如，TV-B-14 代表 14in 黑白电视，TV-C-25 代表 25 in 彩色电视机。

④缩写码　把惯用的缩写字用作代码，例如用 Amt 代表总额(Amount)，No 代表序号(Number)等。

一些重要的代码常有意识的在原来的代码基础上另加上一个检验码，通过事先设定的数学方法计算检验位的值，并将它与原来输入的校验位进行比较，以证实输入是否有错。

3)系统物理配置方案设计

系统物理配置方案设计包括机器设备的选择和软件配置方案的确定。这项工作要花费大量的资金，它为系统奠定实现的物理基础。通常从以下几方面进行：

(1)确定系统设备配置的拓扑结构　应当根据系统调查与分析的结果，从系统的功能、规模、主要的处理方式和用户的需要和条件来考虑，充分运用计算机系统技术、通信技术和网络技术等，构筑一个机器设备的总体方案。例如，系统是采用集中式还是分布式方案，是多用户联机还是网络方式，是总线型结构还是星型结构等。

(2)机器选型　包括主机结构、CPU 型号、处理速率、内存大小、I/O 通道、外存容量和性能价格指标、外设的型号及性能指标以及配件的性能指标与兼容性等。

(3)软件配置　主要是系统软件与工具软件的配置，包括：操作系统、网络管理软件、中文系统、数据库管理系统、程序语言以及应用系统开发环境与工具。

4)输出设计

输出是向用户提供信息处理结果的惟一手段，也是评价一个 MIS 优势的重要依据之一。输出主要指输出的内容与格式是否符合系统功能和用户的需求。

确定输出内容的原则是首先满足上级部门的要求，凡是上级需要的文件和报表，应优先给予保证，再根据不同管理层次和业务性质，提供本单位管理人员所需的输出。

输出的方式是指实现输出需要采用哪些设备和介质。目前可供选择的输出设备和介质有终端显示器、打印机、磁盘、绘图仪等。应根据信息的用途、信息量的大小、软硬件资源能力和用户要求来考虑。

不同的输出方式有不同的输出格式。在显示输出和打印输出中常用的格式有表格式、多窗口关联式和坐标图式，如图 8-4-6 所示。

职工代码	姓 名	出生年月	出生地	政治面貌	职 务

(a)

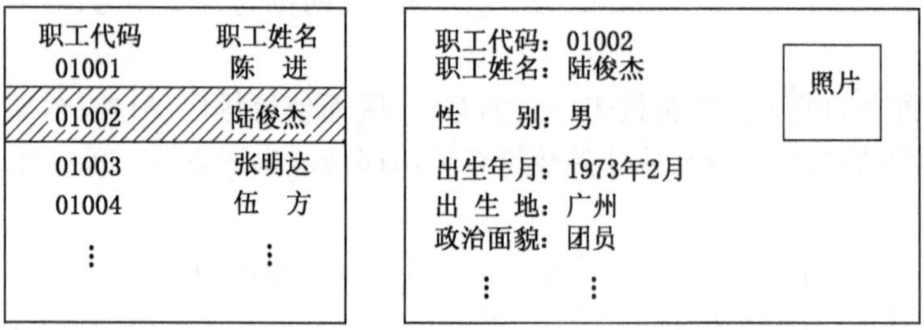

(b)

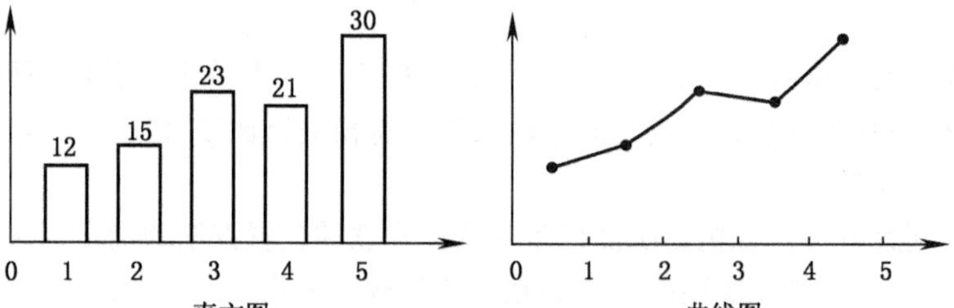

(c)

图 8-4-6　输出格式

5）输入设计

将机外的信息通过某种介质输入到计算机内，这种过程称为信息的输入设计。信息输入是用户和计算机联系的关键部分，工作量大，手工作业多，容易出错。因此输入设计应遵循的原则是：输入量尽可能的少，输入过程尽量简单方便，对输入数据尽早进行检验。

输入设备通常为终端键盘，大量数据输入可以使用磁盘机，图形图像输入可用扫描仪。通过终端屏幕以人—机对话方式输入数据是目前广泛使用的输入方式，通常采用菜单式、填表式和应答式三种方式。图 8-4-7 为填表式输入的示例。

输入数据可能由于原始数据抄写或录入时出错，或是由于数据收集过程中产生多余或不足出现错误，因此必须对输入数据进行出错校验，校验的方法有人工直接校验、由计算机程序校验等多种方法。

职工人事信息卡录入

职工代码		姓名		性别		籍贯	
出生年月		政治面貌		文化程度		职务	
所属部门		工人/干部		参加工作时间			
标准工资		技术职称		离退时间			
联系地址							
电话				邮政编码			

图 8-4-7 填表式输入示例

8.4.5 系统实施

系统实施是新系统付诸实现的阶段,本阶段包含系统环境的实施、程序设计和调试、系统转换以及系统的管理维护和评价等几个过程。

1)系统环境的实施

在系统设计阶段,已为系统环境考虑了一套完整的配置方案,现在的工作是需要把方案付诸实施。其主要的任务是设备的购置、连接、软件安装及系统环境调试。系统环境还包括机房、恒温防尘、电力供应等问题,因此它也是一项工程,是 MIS 实施过程中的一项重要工作,必须按照规章制度办理。

2)程序设计和调试

这是系统实施中工作量最大、耗时最多的工作,是开发应用软件的主要环节。对于大型软件,人们首先强调程序的可维护性、可靠性和可理解性,然后才是效率。

编写程序应符合软件工程的规范,否则会给系统的维护、扩充、推广带来不可逾越的障碍。软件工程方法之一就是结构化程序设计方法。近年来人们开始研制各种软件开发工具,利用它可以减少、甚至避免大规模软件编程,提高开发效率。

(1)电子表格软件　如 Lotus1-2-3 中设定了许多统计和财会中常用的函数和模型,可以接受多种语言建立的数据文件,并把它们转换成工作表文件。

(2)数据库语言　现在的 DBMS 不仅用于管理数据,而且具备了一定的生成功能。例如,Oracle 数据库管理系统中,利用 SQL * FORMS 可以通过选择一些菜单和相应功能键方便地进行库操作;利用 SQL * REPORT 和 SQL * GRAPH 为生成报表、图形提供方便。又如,FoxPro 和 Windows 具有功能很强的菜单生成器、屏幕编辑器、报表编写器、应用生成器和跟踪调试工具,可以快速地生成各种菜单、程序、输入输出屏幕、报表和应用程序。

(3)套装软件　它将流行的若干软件集成起来形成一套软件,如美国微软公司套装软件 Office 就是将文字处理软件(Word)、电了表格软件(Excel)、数据库管理软件(Access)和绘图软件(Power Point)融合在一起,其中 Excel 还具备一定规模的生成模型函数的功能。

(4)可视 BASIC 编程工具(Visual BASIC)　它是一种可编程的应用软件,提供给用户一种可以跨越多个软件平台(如电子表格软件、FoxPro 数据库、字处理软件、绘图软件)的通用宏语言，开发人员只要掌握一种核心的宏语言，就可以方便地与其他软件连接。

程序调试的目的是发现程序和系统中的错误并及时纠正。在调试前要设计测试数据，测试数据除采用正常数据外，还应设计一些异常和错误数据，用来考验程序的正确性。程序调试包括分调和总调两步，每一步都应按照软件工程关于软件测试的要求进行。

3）系统转换、运行和维护

（1）系统转换　由新系统取代旧系统通常采用平行转换的方法，即新旧两套系统同时运行，对照两者的输出，利用原系统来检验新系统。一般分两步走：第一步以原系统的作业为正式作业，新系统的处理作校验用；第二步以新系统处理为正式作业，原系统作业作校验用。并行处理时间短则2～3个月，长则半年至一年。转换不仅是机器和程序的转换，更难得是人工的转换，因此转换工作不能急于求成。

（2）系统运行管理及维护　为使系统长期高效的工作，必须进行日常管理工作，这主要是由系统值班人员完成。

①系统日常维护　包括数据采集、整理、录入及处理结果的整理与分发以及硬件设备的简单维护。

②系统运行情况纪录　及时、准确、完整地记录正常运行情况（如处理效率、文件存取等），还要及时记录各种意外情况。

③程序、文件、代码的维护　要修改程序、文件、代码必须填写修改登记表，这样有助于明确责任，防止和及时订正错误。

4）系统的评价

MIS投入运行后，要定期地对其运行状况进行集中评价，通过对新系统运行过程和成效的审查，来检查新系统是否达到了预期的目标。

系统评价的主要依据是系统日常运行记录和现场实际监测数据。一般新系统的第一次评价与系统的验收同时进行，以后每隔半年或一年进行一次。系统评价的内容为：

（1）系统性能评价　它包括系统平均无故障时间、联机响应时间、数据吞吐量和处理速度、操作方便性与灵活性、可扩充性等。

（2）经济效益评价　它包括系统费用、系统收益、投资回收期、系统维护与扩充的费用估计。

（3）系统管理水平评价　包括各级人员对系统的认识水平、使用者对系统的态度、管理制度的建立与执行情况等。

至此，对MIS开发过程与一般性方法的讨论到此结束。在结合某炼油厂MIS的设计实例来讨论MIS建设之前，先看一看现今MIS的发展状况与发展趋势，重点讲述企业资源计划——ERP的形成、发展及其主要功能模块。

8.5　MIS的发展

MIS经历了20多年的发展，至今已具有相当高的水平，这都是与新的思想和技术分不开的。新的开发方法和模型的出现，使其概念结构和物理结构不断得到完善，应用领域不断扩大和深入。计算机软硬件技术和数字通信技术的最新成就给MIS提供了强有力的技术支持。同时随着应用领域的扩大也造就了大批的系统开发、应用、管理和维护人员，培养了一大批懂得现代管理思想、掌握先进管理手段的管理人才，这些都是推动MIS向更深更广层次发展的动力。

现今,电子数据交换(EDI)、经理信息系统(EIS)、战略信息系统(SIS)、计算机集成制造系统(CIMS)、制造资源计划Ⅱ(MRPⅡ)、企业资源计划(ERP)、客户关系管理(CRM)是MIS发展的几个重要方向,而这其中企业资源计划——ERP是近几年来大家关注的热点,许多国际大企业就ERP的真正涵义,ERP的作用,ERP与MRP、MRPⅡ以及CIMS的联系与区别,MRPⅡ/ERP的应用情况,ERP事业路在何方等许多问题展开了大量的实质性的讨论与研究。下面我们将对ERP进行简单的描述,使读者对ERP的形成、发展及其主要功能模块能够有一定的认识与了解。

最近几年,ERP是一个被翻来覆去炒过一轮又一轮的概念,然而这个概念却变得越来越陌生。要更好地理解ERP的概念,必须提到它的前身——MRP和MRPⅡ。

1965年,针对当时企业出现的供应滞后、交货不及时等问题,APICS(美国生产与库存管理协会)提出了MRP(物料需求计划)的概念。通过MRP管理软件的信息集成系统,企业对生产制造过程中的销产供等实现了信息集成,使得企业在库存管理上进行有效的计划和控制。但是,MRP提出"减少库存"的目标,在企业仍然围绕生产为目标的运作模式下,事实上难以实现。到了20世纪80年代,企业开始通过对整个内部供应链的监控和计划来指导生产,以面向市场为管理中心,随时了解和控制产品的最终成本,MRPⅡ(制造资源计划,也称制造资源管理)的概念以及相应的软件应运而生。

ERP的正式命名始于1990年,美国Gartner Group公司在当时流行的工业企业管理软件MRPⅡ的基础上,提出了评估MRPⅡ的内容和效果的软件包,这些软件包被称为ERP。这最初的,ERP定义只是一个为企业服务的管理软件。之后,全球最大的企业管理软件公司SAP在20多年为企业服务的基础上,对ERP的定义提出了革命性的"管理 + IT"的概念,即:

(1)ERP不只是一个软件系统,而是一个集组织模型、企业规范和信息技术、实施方法为一体的综合管理应用体系。

(2)ERP使得企业的管理核心从"在正确的时间制造和销售正确的产品",转移到了"在最佳的时间和地点,获得企业的最大利润",这种管理方法和手段的应用范围也从制造企业扩展到了其他不同的行业。

(3)ERP从满足动态监控,发展到了商务智能的引入,使得以往简单的事物处理系统,变成了真正具有智能化的管理控制系统。

(4)从软件结构而言,现在的ERP必须能够适应互联网,可以支持跨平台、多组织的应用,并和电子商务的应用具有广泛的数据、业务逻辑接口。

因此,今天我们所说的ERP,通常是基于SAP公司在1990年以后的定义来说的。所谓ERP,就是通过信息技术等手段,实现企业内部资源的共享和协同,克服企业中的官僚制约,使得各业务流程无缝平滑地衔接,从而提高管理的效率和业务的精确度,提高企业的盈利能力,降低交易成本。

8.5.1 ERP的价值

一个真正优秀的ERP软件产品,除了具备先进的管理思想和丰富的实践经验以外,软件本身的技术设计和架构是整个ERP的基础。如果没有功能先进、结构优异的软件设计艺术,ERP系统就只能是一个中看不中用的漂亮外壳。虽然SAP、Oracle等不同的ERP产品各有不同的技术特点，但是总结起来，ERP 的核心技术应该具有以下特点：

(1)完整、强大、开放的功能模块　由于企业管理涉及的领域非常广阔，需要实现的管理目标也很多，ERP 系统的结构设计相应的是一个非常复杂的工程。SAP 在提出 ERP 之初，就充分考虑了企业的复杂应用环境，采用了模块化的软件设计思想。用户可以根据自己的实际状况有针对性地选择不同的应用模块，也可以选择不同供应商的产品，而 ERP 应该具有良好的开放性，便于厂商引入第三方软件或后续开发。

(2)数据采集和自动处理功能　对企业来说，数据采集和归档是整个 ERP 系统启动的基础，离开了大量、真实、有效的数据收集，企业就不可能建立起相应的数据分析和处理模型，也就不可能对数据实现智能化、自动化的分析、判断和预测。

(3)智能化的商务应用层与数据库和显示层的连接和集成　虽然不同的 ERP 厂商具有不同的架构和特点，但核心一定包含了数据库、应用和显示这三个部分。SAP 的 ERP 产品 R/3 系统具有独有的三层结构，即最底层的数据库服务器、中间层的应用服务器和最上层的显示层，它的出色和成功之处在于将所有的商业智能设计都包括在中间的应用服务器层，而与底层数据库采用的是哪一家的产品、显示层是基于客户端还是浏览器无关。

(4)先进、合理的企业流程建模和模型　对企业来说，建立业务流程模型关系到整个 ERP 的成功与失败，一个优秀的业务流程模型可以极大地优化和帮助企业成功实施 ERP，相反，一个与真实业务流程不相符的模型往往也是 ERP 失败的开始。可见，业务建模必须建立在大量、丰富的管理和实践经验基础上。SAP 通过 30 年来为全球 21 个行业、17 500 多家客户服务的经验，在 SAP 的产品库里可以迅速找到与用户最相似、最适合的业务模型。这是一些在 ERP 领域里只有一两年历史的 ERP 厂商所无法比拟的。

8.5.2　ERP 的主要核心思想

作为 ERP 的前身，MRP 的概念在 20 世纪 80 年代进入中国，90 年代初发展成为 MRP Ⅱ。90 年代中期，中国企业知道了什么叫 ERP，但到了 90 年代末，虽然国内已有企业开始实施这一先进系统，但真正理解了 ERP 思想的企业却不是很多。

其实对于企业来说，ERP 首先应该是管理思想，其次是管理手段与信息系统。管理思想是 ERP 的灵魂，不能正确认识 ERP 的管理思想就不可能很好地去实施和应用 ERP 系统。那么，ERP 的管理内涵是什么？其先进的管理思想具体体现在哪些方面？下面从六方面进行论述。

(1)帮助企业实现体制创新

新的管理机制必须能迅速提高工作效率，节约劳动成本。ERP 帮助企业实现体制创新的意义在于，它能够帮助企业建立一种新的管理体制，其特点在于能实现企业内部的相互监督和相互促进，并保证每个员工都自觉发挥最大的潜能去工作，使每个员工的报酬与他的劳动成果紧密相连，管理层也不会出现独裁现象。

ERP 作为一种先进的管理思想和手段，它所改变的不仅仅是某个人的个人行为或表层上的一个组织动作，而是从思想上去剔除管理者的旧观念，注入新观念。从这个意义上讲，不管是国外的 ERP 产品还是本土的 ERP 产品，关键看其管理思想是否新颖又实用，并且不脱离现实。必须要指出的是：目前我国企业中的确存在捧着“金饭碗”要饭的情况，即企业花巨资购买并实施了 ERP 系统，但却发挥不出该系统的作用，也就是说买而不用。这样，不要说实现企业体制管理创新，连企业基本的信息化也很难实现。

(2)"以人为本"的竞争机制

近年来,许多企业都不约而同地提到了"以人为本"的管理思想。我们不禁要问,什么叫"以人为本"? 是不是企业以人为主导作用,就叫做"以人为本"? 这种解释应该没有错误,但太笼统,会给企业员工造成模糊不清的认识。ERP 的管理思想认为,"以人为本"的前提是,必须在企业内部建立一种竞争机制,仅靠员工的自觉性和职业道德是不够的,因此,应首先在企业内部建立一种竞争机制,在此基础上,给每一个员工制定一个工作评价标准,并以此作为对员工的奖励标准,使每个员工都必须达到这个标准,并不断超越这个标准,而且越远越好。随着标准不断提高,生产效率也必然跟着提高。这样"以人为本"的管理方法就不会成为空泛的教条。

(3)把组织看作是一个社会系统

ERP 吸收了西方现代管理理论中社会系统学派的创始人巴纳德的管理思想,他把组织看作是一个社会系统,这个系统要求人们之间的相互合作。在 ERP 的管理思想中,组织是一个协作的系统,应用 ERP 的现代企业管理思想,结合通信技术和网络技术,在组织内部建立起上情下达、下情上达的有效信息交流沟通系统,这一系统能保证上级及时掌握情况,获得作为决策基础的准确信息,又能保证指令的顺利下达和执行。

这样一种信息交流系统的建立和维护,是一个组织存在与发展的首要条件,其后才谈得上组织的有效性和高效率。另外,在运用这一系统时,还应当注意信息交流系统的完整性。

(4)以供应链管理为核心

ERP 基于 MRPⅡ,又超越了 MRPⅡ。ERP 系统在 MRPⅡ 的基础上扩展了管理范围,它把客户需求和企业内部的制造活动以及供应商的制造资源整合在一起,形成一个完整的供应链(SCM),并对供应链上的所有环节进行有效管理,这样就形成了以供应链为核心的 ERP 管理系统。供应链跨越了部门与企业,形成了以产品或服务为核心的业务流程。以制造业为例,供应链上的主要活动者包括原材料供应商、产品制造商、分销商、零售商和最终用户。

以 SCM 为核心的 ERP 系统,适应了企业在知识经济时代、市场竞争激烈环境中生存与发展的需要,给有关企业带来了显著的利益。SCM 从整个市场竞争与社会需求出发,实现了社会资源与业务的重组,大大改善了社会经济活动中物流与信息流运转的效率和有效性,消除了中间冗余的环节,减少了浪费,避免了延误。

(5)以客户关系管理为前台重要支撑

在以客户为中心的市场经济时代,企业关注的焦点逐渐由过去关注产品转移到关注客户上来。由于需要将更多的注意力集中到客户身上,关系营销、服务营销等理念层出不穷。与此同时,信息科技的长足发展从技术上为企业加强客户关系管理提供了强有力的支持。

ERP 系统在以供应链为核心的管理基础上,增加了客户关系管理后,将着重解决企业业务活动的自动化和流程改进,尤其是在销售、市场营销、客户服务和支持等与客户直接打交道的前台领域。客户关系管理(CRM)能帮助企业最大限度地利用以客户为中心的资源(包括人力资源、有形和无形资产),并将这些资源集中应用于现有客户和潜在客户身上。其目标是通过缩短销售周期和降低销售成本,通过寻求扩展业务所需的新市场和新渠道,并通过改进客户价值、客户满意度、盈利能力以及客户的忠诚度等方面来改善企业的管理。

(6)实现电子商务,全面整合企业内外资源

随着网络技术的飞速发展和电子化企业管理思想的出现,ERP 也进行着不断调整,以

适应电子商务时代的来临。网络时代的 ERP 将使企业适应全球化竞争所引起的管理模式的变革，它采用最新的信息技术，呈现出数字化、网络化、集成化、智能化、柔性化、行业化和本地化的特点。

电子商务时代的 ERP 将围绕如何帮助企业实现管理模式的调整以及如何为企业提供电子商务解决方案来迎接数字化知识经济时代的到来。它支持敏捷化企业的组织形式（动态联盟）、企业管理方式（以团队为核心的扁平化组织结构方式）和工作方式（并行工程和协同工作），通过计算机网络将企业、用户、供应商及其他商贸活动涉及的职能机构集成起来，完成信息流、物流和价值流的有效转移与优化，包括企业内部运营的网络化、供应链管理、渠道管理和客户关系管理的网络化。电子商务时代的 ERP 系统还将充分利用 Internet 技术及信息集成技术，将供应链管理、客户关系管理、企业办公自动化等功能全面集成优化，以支持产品协同商务等企业经营管理模式。

通过以上的分析，可以认为，借助 IT 技术，ERP 系统得以将很多先进的管理思想变成现实中可实施应用的计算机软件系统，但如果 ERP 一味固守原有的管理思想，只停留在企业内部流程的管理上，将不能适应电子商务时代资源优化及企业间协同发展的需要。由于 IT 技术与现代管理思想的不断发展，业内有些人士认为 ERP 过时了，CRM 将应运而生，并有取代 ERP 之势。实际上，CRM 的价值在于突出了客户服务与支持、销售管理、营运管理等方面的重要性，它完全可以被视为广义 ERP 系统的一部分，两者完全可以形成无缝的闭环系统，为企业在电子商务时代的发展提供新的机遇。

8.5.3 ERP 的主要功能模块简介

在很多教材中往往是以某个产品为背景来介绍 ERP 系统，但是由于各个厂家产品的风格与侧重点不尽相同，因而其 ERP 产品的模块结构也相差较大。对于初次了解 ERP 的读者来说，有时可能会觉得弄不清到底哪个才是真正的 ERP 系统。所以，在这里撇开实际的产品，从企业的角度来简单描述一下 ERP 系统的功能结构，即 ERP 能够为企业做什么，它的模块功能到底包含哪些内容，这是本文叙述的重点。

ERP 是将企业所有资源进行整合集成管理，简单地说是将企业的三大流——物流、资金流、信息流进行全面一体化管理的 MIS。它的功能模块不同于以往的 MRP 或 MRPⅡ的模块，它不仅可用于生产企业的管理，而且在许多其他类型的企业如一些非生产、公益事业的企业也可导入 ERP 系统进行资源计划和管理。这里将仍然以典型的生产企业为例来介绍 ERP 的功能模块。

在企业中，一般的管理主要包括生产控制（计划、制造）、物流管理（分销、采购、库存管理）和财务管理（会计核算、财务管理）三方面的内容。这三大系统本身就是集成体，它们互相之间有相应的接口，能够很好的整合在一起来对企业进行管理。另外，要特别一提的是，随着企业对人力资源管理重视的加强，已经有越来越多的 ERP 厂商将人力资源管理纳入了 ERP 系统的一个重要组成部分，对这一功能，下面也会进行一些简要的介绍。

1）财务管理模块

企业中，清晰分明的财务管理是极其重要的。所以，在 ERP 整个方案中它是不可或缺的一部分。ERP 中的财务模块与一般的财务软件不同，作为 ERP 系统中的一部分，它和系统的其他模块有相应的接口，能够相互集成，比如，它可将由生产活动、采购活动输入的信息自动计入财务模块生成总账、会计报表，取消了输入凭证繁琐的过程，几乎完全替代以往传统的手工操作。一般的 ERP 软件的财务部分分为会计核算与财务管理两大块。

(1)会计核算

会计核算主要是记录、核算、反映和分析资金在企业经济活动中的变动过程及其结果。它由总账、应收账、应付账、现金、固定资产和多币制等部分构成。

①总账模块　它的功能是处理记账凭证输入、登记,输出日记账、一般明细账及总分类账,编制主要会计报表。它是整个会计核算的核心,应收账、应付账、固定资产核算、现金管理、工资核算和多币制等各模块都以其为中心来相互信息传递。

②应收账模块　是指企业应收的由于商品赊欠而产生的正常客户欠款账,包括发票管理、客户管理、付款管理、账龄分析等功能。它和客户订单、发票处理业务相联系,同时将各项事件自动生成记账凭证,导入总账。

③应付账模块　会计里的应付账是企业应付购货款等账,它包括了发票管理、供应商管理、支票管理和账龄分析等。它能够和采购模块、库存模块完全集成以替代过去繁琐的手工操作。

④现金管理模块　它主要是对现金流入流出的控制以及零用现金及银行存款的核算,它包括了对硬币、纸币、支票、汇票和银行存款的管理。在 ERP 中提供了票据维护、票据打印、付款维护、银行清单打印、付款查询、银行查询和支票查询等和现金有关的功能。此外,它还和应收账、应付账、总账等模块集成,自动产生凭证,过入总账。

⑤固定资产核算模块　即完成对固定资产的增减变动以及折旧有关基金计提和分配的核算工作。它能够帮助管理者对目前固定资产的现状有所了解,并能通过该模块提供的各种方法来管理资产,以及进行相应的会计处理。它的具体功能有:登录固定资产卡片和明细账,计算折旧,编制报表,以及自动编制转账凭证,并转入总账。它和应付账、成本、总账模块集成。

⑥多币制模块　这是为了适应当今企业的国际化经营,对外币结算业务的要求增多而产生的。多币制将企业整个财务系统的各项功能以各种币制来表示和结算,且客户订单、库存管理及采购管理等也能使用多币制进行交易管理。多币制和应收账、应付账、总账、客户订单、采购等各模块都有接口,可自动生成所需数据。

⑦工资核算模块　自动进行企业员工的工资结算、分配、核算以及各项相关经费的计提。它能够登录工资、打印工资清单及各类汇总报表,计算计提各项与工资有关的费用,自动做出凭证,导入总账。这一模块是和总账、成本模块集成的。

⑧成本模块　它将依据产品结构、工作中心、工序、采购等信息进行产品的各种成本的计算,以便进行成本分析和规划。还能用标准成本或平均成本法按地点维护成本。

(2)财务管理

财务管理的功能主要是基于会计核算的数据,再加以分析,从而进行相应的预测、管理和控制活动。它侧重于财务计划、控制、分析和预测:

· 财务计划　根据前期财务分析做出下期的财务计划、预算等。

· 财务分析　提供查询功能和通过用户定义的差异数据的图形显示进行财务绩效评估,账户分析等。

· 财务决策　财务管理的核心部分,中心内容是作出有关资金的决策,包括资金筹集、投放及资金管理。

2)生产控制管理模块

这一部分是ERP系统的核心所在,它将企业的整个生产过程有机地结合在一起,使得企业能够有效地降低库存,提高效率。同时使各个原本分散的生产流程自动连接,也使得生产流程能够前后连贯地进行,而不会出现生产脱节,耽误生产交货时间。

生产控制管理是一个以计划为导向的先进的生产、管理方法。企业首先确定它的一个总生产计划,再经过系统层层细分后,下达到各部门去执行,即生产部门以此生产,采购部门按此采购等等。

(1)主生产计划

它是根据生产计划、预测和客户订单的输入来安排将来的各周期中提供的产品种类和数量。它将生产计划转为产品计划,在平衡了物料和能力的需要后,精确到时间、数量的详细的进度计划。它是企业在一段时期内的总活动的安排,是一个稳定的计划,是以生产计划、实际订单和对历史销售分析得来的预测产生的。

(2)物料需求计划

在主生产计划决定生产多少最终产品后,根据物料清单,把整个企业要生产的产品的数量转变为所需生产的零部件的数量,并对照现有的库存量,可得到还需加工多少,采购多少的最终数量。这才是整个部门真正依照的计划。

(3)能力需求计划

它是在得出初步的物料需求计划之后,将所有工作中心的总工作负荷,在与工作中心的能力平衡后产生的详细工作计划,用以确定生成的物料需求计划是否是企业生产能力上可行的需求计划。能力需求计划是一种短期的、当前实际应用的计划。

(4)车间控制

这是随时间变化的动态作业计划,是将作业分配到具体各个车间,再进行作业排序、作业管理、作业监控。

(5)制造标准

在编制计划中需要许多生产基本信息,这些基本信息就是制造标准,包括零件、产品结构、工序和工作中心,都用惟一的代码在计算机中识别。

①零件代码　对物料资源的管理,对每种物料给予惟一的代码识别。

②物料清单　定义产品结构的技术文件,用来编制各种计划。

③工序　描述加工步骤及制造和装配产品的操作顺序。它包含加工工序顺序,指明各道工序的加工设备及所需要的额定工时和工资等级等。

④工作中心　使用相同或相似工序的设备和劳动力组成,从事生产进度安排、核算能力、计算成本的基本单位。

3)物流管理模块

(1)分销管理

销售的管理是从产品的销售计划开始,对其销售产品、销售地区、销售客户各种信息的管理和统计,并可对销售数量、金额、利润、绩效、客户服务做出全面的分析,这样在分销管理模块中大致有三方面的功能。

①对于客户信息的管理和服务　它能建立一个客户信息档案,对其进行分类管理,进而对其进行针对性的客户服务,以达到最高效率的保留老客户、争取新客户。在这里,要特别提到的就是最近新出现的CRM软件,即客户关系管理,ERP与它的结合必将大大增加企业

的效益。

②对于销售订单的管理　销售订单是ERP的入口，所有的生产计划都是根据它下达并进行排产的。销售订单的管理贯穿了产品生产的整个流程，它包括：

· 客户信用审核及查询　客户信用分级，来审核订单交易。

· 产品库存查询　决定是否要延期交货、分批发货或用代用品发货等。

· 产品报价　为客户作不同产品的报价。

· 订单输入、变更及跟踪　订单输入后，变更及订单的跟踪分析。

· 交货期的确认及交货处理　决定交货期和发货事物安排。

③对于销售的统计与分析　这时系统根据销售订单的完成情况，依据各种指标做出统计，比如客户分类统计、销售代理分类统计等等，再就这些统计结果来对企业实际销售效果进行评价：

· 销售统计　根据销售形式、产品、代理商、地区、销售人员、金额、数量来分别进行统计。

· 销售分析　包括对比目标、同期比较和订货发货分析，来从数量、金额、利润及绩效等方面作相应的分析。

· 客户服务　客户投诉记录，原因分析。

(2)库存控制

库存控制用来控制存储物料的数量，以保证稳定的物流支持正常的生产，但又最小限度的占用资本。它是一种相关的、动态的、真实的库存控制系统，能够结合、满足相关部门的需求，随时间变化动态地调整库存，精确地反映库存现状。这一系统的功能又涉及：

①为所有的物料建立库存，决定何时订货采购，同时作为交与采购部门采购、生产部门作生产计划的依据。

②收到订购物料，经过质量检验入库，生产的产品也同样要经过检验入库。

③收发料的日常业务处理工作。

(3)采购管理

确定合理的定货量、优秀的供应商和保持最佳的安全储备。能够随时提供定购、验收的信息，跟踪和催促对外购或委外加工的物料，保证货物及时到达。建立供应商的档案，用最新的成本信息来调整库存的成本。具体有：

①供应商信息查询　查询供应商的能力、信誉等。

②催货　对外购或委外加工的物料进行跟踪催货。

③采购与委外加工统计　统计，建立档案，计算成本。

④价格分析　对原料价格分析，调整库存成本。

4)人力资源管理模块

以往的ERP系统基本上都是以生产制造及销售过程(供应链)为中心的。因此，长期以来一直把与制造资源有关的资源作为企业的核心资源来进行管理。但近年来，企业内部的人力资源，开始越来越受到企业的关注，被视为企业的资源之本。在这种情况下，人力资源管理，作为一个独立的模块，被加入到了ERP的系统中来，和ERP中的财务、生产系统组成了一个高效的、具有高度集成性的企业资源系统。它与传统方式下的人事管理有着根本的不同。

(1)人力资源规划的辅助决策

对于企业人员、组织结构编制等多种方案，进行模拟比较和运行分析，并辅之以图形的直观评估，辅助管理者做出最终决策。

制定职务模型：包括职位要求、升迁路径和培训计划，根据担任该职位员工的资格和条件，系统会提出针对本员工的一系列培训建议，一旦机构改组或职位变动，系统会提出一系列的职位变动或升迁建议。

进行人员成本分析：可以对过去、现在、将来的人员成本作出分析及预测，并通过 ERP 集成环境，为企业成本分析提供依据。

(2)招聘管理

人才是企业最重要的资源。优秀的人才才能保证企业持久的竞争力。招聘系统一般从以下几个方面提供支持：

①进行招聘过程的管理，优化招聘过程，减少业务工作量。

②对招聘的成本进行科学管理，从而降低招聘成本。

③为选择聘用人员的岗位提供辅助信息，并有效地帮助企业进行人才资源的挖掘。

(3)工资核算

①能根据公司跨地区、跨部门、跨工种的不同薪资结构及处理流程制定与之相适应的薪资核算方法。

②与时间管理直接集成，能够及时更新，对员工的薪资核算动态化。

③回算功能。通过和其他模块的集成，自动根据要求调整薪资结构及数据。

(4)工时管理

①根据本国或当地的日历，安排企业的运作时间以及劳动力的作息时间表。

②运用远端考勤系统，可以将员工的实际出勤状况记录到主系统中，并把与员工薪资、奖金有关的时间数据导入薪资系统和成本核算中。

(5)差旅核算

系统能够自动控制从差旅申请，差旅批准到差旅报销的整个流程，并且通过集成环境将核算数据导进财务成本核算模块中去。

8.6 MIS 的开发实例——某炼油厂 MIS 的设计

1)系统目标

某炼油厂是一家大型企业，生产装置多，流程复杂，产品种类多，信息量大。对于这样一家大型企业采用计算机技术进行信息处理、加快信息反馈、改善企业决策、提高企业竞争力，是十分必要的。该石化总厂炼油厂 MIS 要实现的具体目标如下：

(1)建立一个综合应用的厂级网络，处理经营、生产、物资、设备、人事等信息，并采集生产过程中实时数据。

(2)支持 200 个并发用户。

(3)广泛的资源共享。

(4)广泛的可连接性，任何工作站可连到任何服务器上。

(5)用户界面友好并尽量一致，以便于培训使用人员。

(6)可与其他网络连接，并通过网络与外界连接。

2)逻辑结构设计

根据生产经营信息量大、既有联系、又有独立性的分布特点,系统整体结构采用分布式计算机网络。为了使系统高效运行,需要一套完善的网络管理功能,该系统提供了强大的网络服务功能及C/S结构的服务程序,可以方便地管理及控制网络上的各种资源,实现资源共享。不同级别用户共享资源时,提供各种级别的保密措施。为了提高网络效率,结构分为两级——主网和若干子网,采用路由器和网桥连接。网络的可靠性得以提高,一个子网出现故障不影响其他子网的正常运行。

(1)主网设计

该厂办公楼是资源集中的地方,有4台小型机,约60个工作站,主网核心放在办公楼。主网设计主要考虑了以下因素:

①能跨越较大物理范围,连接主要子网。

②能支持多种网络协议,如TCP/IP、DECnet和Novell的SPX/IPX。

③有利于提高网络安全性和可靠性。

④有利于网络的管理和维护。

楼内使用粗缆进行连接,楼间用光纤或无线通信,各子网间用网桥或多协议路由器连接。

(2)子网设计

在子网的设计中,考虑了以下因素:

①子网有相应的网络管理和网络服务,是独立的网络。

②一般不跨越单位,便于管理。

(3)应用软件选择及集成

为使应用软件的寿命尽量长一些,并方便用户使用、设计,应遵循以下原则:

①维护、移植、扩展方便,文档齐全、规范。

②用户界面应当尽量一致、友好。

③提示全面,修改功能完善。

④信息代码一致、齐全,便于各子网信息共享。

整个系统均采用Oracle数据库,软件也以Oracle数据库为依托,其软件结构如图8-6-1所示。系统根据数据来源和信息分类,分为与各业务处对应的模块集合,其处理流程如图8-6-2所示。

根据共享需要,计划、销售、供应、质检、人事、财务等系统以及来自炼油厂外部的信息数据中更新频率较低并且有共享需求的存入主系统中,用于分析和静态查询。子系统中有生产需要的实时数据,并不存储于主系统中,用于动态查询。

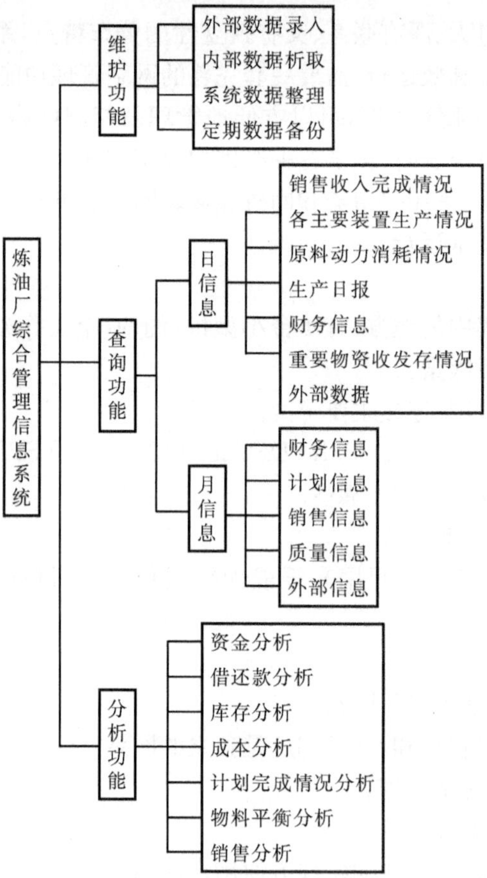

图 8-6-1　应用软件结构图

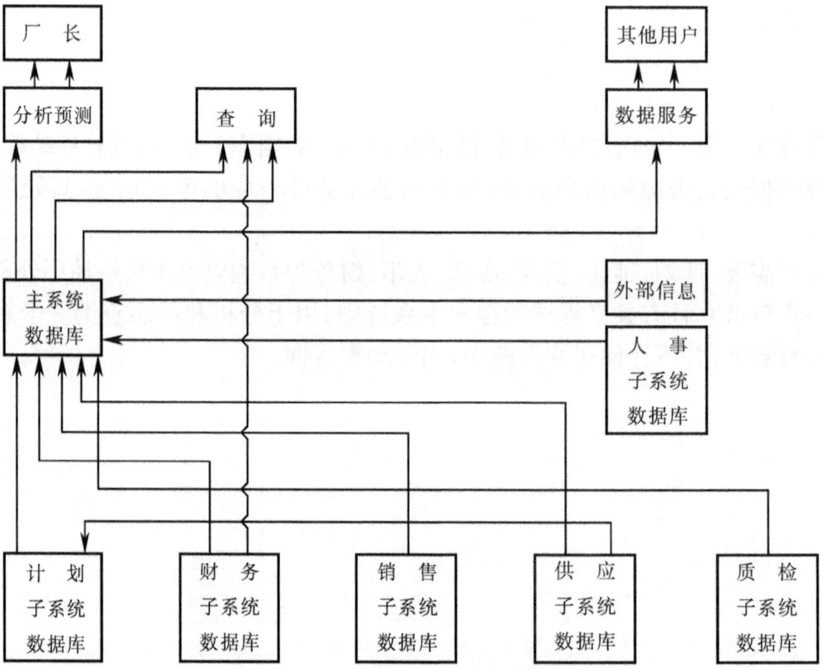

图 8-6-2　应用软件处理流程图

4)经验总结

大型局域网多由几台小型机、专用服务器、多种型号的几十台微机和多种操作系统组成,其生命周期都很长,在生命周期中要不断更新。为了保证系统的完整性和保护投资,该系统在设计过程中对网络设计总结出以下经验:

(1)开放性 支持几种流行的网络协议,使内部不同的网络系统可以方便地共享信息,并可方便地与外部网络联网。需求增加、技术发展时还可连接新型的网络系统,并逐步向ISO/DSI模式过渡。

(2)二级网络 以超小型机做服务器形成主干网,信息量大的部门如经营、物资、设备以小型机和微机专用服务器做文件服务器形成子网,其他信息少的部门,工作站直接连到主网。

(3)可扩充性与可移植性 选用主服务器时留有一定的余地,需求增加时只需要扩展内存、硬盘即可扩大处理和存储能力。

(4)充分利用现有资源 对现有的硬件和软件尽可能利用,以减少人力和物力投资,从而提高开发速率。

(5)统一规划,分步实施 大型局域网硬件投资和软件开发往往不可能一步到位,需要分步实施,而网络结构又要保证完整性。因此,网络开发需要做好整体规划。

习 题 8

8-1 什么是MIS?它与一般的计算机应用有哪些不同?

8-2 MIS的结构是什么?构成的原则是什么?如何在应用系统开发中应用这些原则?

8-3 MIS的开发原则是什么?开发方式有哪些?开发工具有哪些?有哪些开发方法?

8-4 比较几种MIS系统开发方法的优劣。

8-5 在MIS建设的过程中,应当注意哪些问题?

8-6 系统开发有哪些阶段?各阶段的主要工作内容是什么?并且需要注意哪些问题?

8-7 系统维护工作包括哪些内容,试讨论之。

8-8 ERP有哪些功能模块?

9 软件工程

9.1 软件工程概述

9.1.1 引言

社会正在步入知识经济时代。知识经济的特点在于创造价值的源泉已不再主要是依赖于资源、资本和人的简单劳动，而是依赖于科技。科技的更新将引起新兴产业的产生和发展。软件产业是典型的高科技产业。一些反映软件新技术的新名词、新概念被广泛流传，如C/S、面向对象、因特网、内联网、外联网、构件、B/S、JAVA、CORBA、DCOM、OLE、NET、J2EE等。有些公司也提出了一些新概念，如微软的“计算机神经网络”、IBM公司的“电子商务”、HP的“电子世界”等，可以说是层出不穷使人眼花缭乱。

如果把软件技术的新动向归纳一下，可以概括为以下三点，即媒体数字化、计算机网络化和软件构件化。其中软件构件化的发展过程如下：20世纪六七十年代大型软件系统开发引起的软件危机，导致了E. Yourdon和T. DeMarco的结构化分析与结构化设计的软件工程方法的盛行；20世纪80年代出现了面向对象的方法，20世纪90年代形成了统一建模语言UML；20世纪90年代发展了软件的构件化和集成新技术等。

一般认为软件由三部分组成：程序（在运行时能提供所希望的功能和性能的指令集）；数据结构（使程序能够正确运行的数据结构）；文档（描述程序研制过程、方法及使用的文档）。软件的发展经历了程序设计时代（1946～1956）、程序系统时代（1956～1968）、软件工程时代（1968～至今）三个阶段的发展。而软件工程方法和技术源于软件开发的实践，同时随着计算机软件生产的系列化、产品化、工程化和标准化，软件工程又成为指导软件开发实践的理论依据与支撑软件产品的理论依托。必须要建立基于自主技术的、完整的软件产业体系。

9.1.2 软件危机和软件工程

软件工程（Software Engineering）起源于软件危机。随着计算机应用的逐步扩大，软件需求量迅速增加，规模也日益增长。长达数万行、数十万行乃至百万行以上的软件，已不鲜见。例如，美国阿波罗登月计划的软件长达1 000万行，航天飞机软件长达4 000万行，Windows 2000有5 000万行代码。像这类大型软件的开发是由许多人来共同完成的，这也带来了许多新的问题，如何将一个系统分解成若干个部分，以便各人分工开发；如何精确地说明每个部分的规格要求；怎样才能使软件产品易于修改维护……传统的编程没有考虑这些问题。

研制软件系统需要投入大量的人力和物力，但系统的质量却难以保证，也就是说，开发软件所需的高成本同产品的低质量之间有着尖锐的矛盾，这种现象就是所谓的“软件危机（Software Crisis）”。软件危机曾经给软件项目带来了极为严重的后果。最为突出的例证就是20世纪60年代美国IBM公司在开发OS/360系统（约有346万条汇编语句）时，在

1968～1978 年共投入 5 000 人年工作量，修改了 21 版，每个版本都是从上一个版本找出上千个错误而修订的结果，花费了大量资金，但却未能取得预期的效果。

1968 年，由北大西洋公约组织（NATO）在德国 Garmish 召开的学术会议上，Feitz Bauer首先提出了“软件工程”概念，引入了现代软件开发的方法，希望用工程化的原则和方法来克服软件危机。它反映了软件人员认识到软件危机的出现以及为谋求解决这一危机的一种努力。

1971 年，IBM 公司运用一些软件工程技术成功地研制了纽约时报情报库系统和空间实验室的飞行模拟系统。尽管两个系统都很庞大，用户要求又有很多变化，并又减少了人力和削减了经费，但由于适当地采用了工程化的技术，还是按时、高质量地完成了，软件生产率比以前提高了一倍。事实说明用工程化的思想作指导，可以大大减少软件开发成本并提高软件质量。

人们曾从不同的角度，给软件工程下过各种定义，如：

· Fritz Bauer 在 NATO 会议上给出的定义：“软件工程是为了经济地获得可靠的和能在实际机器上高效运行的软件而确立和使用的健全的工程原理（方法）。”

· IEEE（IEE83）给出的软件工程定义：“软件工程是开发、运行、维护和修复软件的系统方法。”

· IEEE（IEE93）给出了一个更加综合的定义：“将系统化的、规范的、可度量的方法应用于软件的开发、运行和维护的过程，即将工程化应用于软件中。”

· 软件工程是应用计算机科学、数学及管理科学等原理开发软件的工程，它借鉴传统工程的原则、方法，以提高质量、降低成本为目的。

不论是哪种定义，它的中心思想，是把软件当作一种工业产品，要求“采用工程化的原理与方法对软件进行计划、开发和维护”。这样做的目的，不仅是为了实现按预期的进度和经费完成软件生产计划，也是为了提高软件的生产率与可靠性。

9.1.3 软件工程的基本原理

自从 1968 年提出“软件工程”这一术语以来，研究软件工程的专家学者们陆续提出了 100 多条关于软件工程的准则或信条。美国著名的软件工程专家 B. W. Boehm 综合这些专家的意见，并总结了 TRW 公司多年开发软件的经验，于 1983 年提出了软件工程的七条基本原理。

Boehm 认为，这七条原理是确保软件产品质量和开发效率的原理的最小集合。它们是相互独立的，是缺一不可的最小集合；同时，它们又是相当完备的。人们当然不能用数学方法严格证明它们是一个完备的集合，但是可以证明，在此之前已经提出的 100 多条软件工程准则都可以由这七条原理的任意组合蕴含或派生。

下面简要介绍软件工程的七条基本原理。

1）用分阶段的生存周期计划严格管理

经统计表明，不成功的软件项目中有一半左右是由于计划不周造成的。Boehm 认为，在软件的整个生存周期中应制定并严格执行项目概要计划、里程碑计划、项目控制计划、产品控制计划、验证计划、运行维护计划六类计划。

2）坚持进行阶段评审

大部分错误是在编码之前造成的，错误发现与改正得越晚，所需付出的代价越高。因此，在每个阶段都进行严格的评审，以便尽早发现在软件开发过程中的错误。

3)实行严格的产品控制

在软件开发过程中不要随意改变需求，因为改变某项需求往往需要付出较高的代价，但在实践中用户往往会提出需求变更，因此需要采取科学的产品控制技术。目前主要实行基准配置管理。基准配置是指经过阶段评审后的软件配置成分，如各个阶段产生的文档或程序代码。对涉及基准配置的修改，必须经过严格的评审，通过后才能实施修改。

4)采用现代程序设计技术

实践表明：采用先进的技术既可提高软件开发的效率，又可提高软件维护的效率。20世纪80年代及之前主要采用结构化分析、设计技术，20世纪90年代采用面向对象分析、设计技术。

5)结果应能清楚地审查

软件产品是看不见、摸不着的逻辑产品，开发过程难以评价和管理。根据软件开发项目的总目标及完成期限，规定开发组织的责任和产品标准，使所得的结果能够清楚地审查。

6)开发小组的人员应该少而精

开发小组人员的素质和数量是影响软件产品质量和开发效率的重要因素。开发小组人员数目的增加，使相互交流复杂、费用增加。

7)承认不断改进软件工程实践的必要性

遵循前六条基本原理，就能够按照当代软件工程基本原理实现软件的工程化生产，但不能保证赶上时代前进的步伐。根据这条原理，不仅要积极采纳新的软件开发技术，还要注意不断总结经验，收集进度和消耗等数据，进行出错类型和问题报告统计。这些数据既可以用来评估新的软件技术的效果，也可以用来指明必须着重注意的问题和应该优先进行研究的工具和技术。

9.2 软件生存周期

9.2.1 软件生存周期的瀑布模型

软件生存周期(Software Life Cycle)是指一个软件从被提出开始研制至软件最终被废弃不再使用为止的全过程，称为软件生存周期。由于软件生存周期模型形状如奔流不息的瀑布，从高向低流淌，因此称为“瀑布模型(Waterfall Model)”，它是 W. Royce 于 1970 年首先提出的。

该模型把软件生命期划分为问题定义、可行性研究、需求分析、设计、编码、测试、运行维护等七个阶段，每个阶段都有明确的任务，并需产生一定规格的文档资料交付给下一阶段，下一阶段在上阶段交付的文档的基础上继续开展工作，如图 9-2-1 所示。

软件生存周期一般划分为计划、开发和运行三个时期：计划时期有问题定义和可行性研究两个阶段；开发时期有需求分析、设计、编码和测试四个阶段；运行时期主要是系统运行维护阶段。下面结合图 9-2-1 说明软件生存周期各阶段的主要任务。

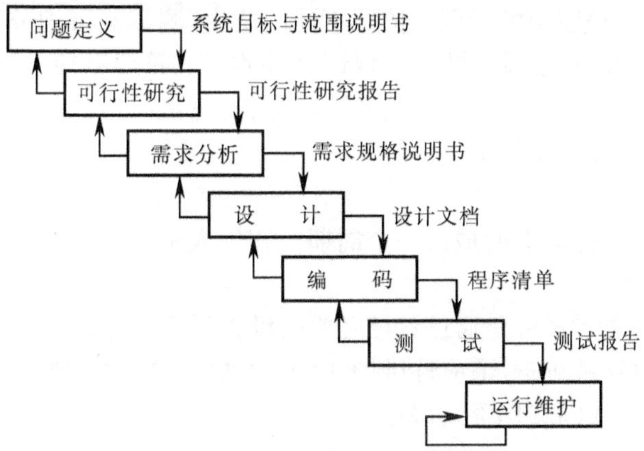

图 9-2-1 软件生存周期模型

1)计划时期

计划时期的主要任务是调查和分析:调查用户需求,分析新系统的主要目标,分析开发该系统的可行性。

(1) 问题定义阶段 问题定义阶段必须回答的关键问题是:"要解决的问题是什么?"系统分析人员通过对系统的实际用户和使用部门的调查访问,扼要地写出他们对问题的理解,并征求用户的意见,澄清含糊不清的地方,改正理解不正确的地方,最后提交一份双方认可的"系统目标与范围说明书"。

(2) 可行性研究阶段 可行性研究阶段的主要任务是:"确定问题定义阶段定义的问题是否有可行的解?"因为并不是所有问题都有简单明显的解决方法。实际上,有许多问题不能在预定的系统规模之内解决。如果问题没有可行的解,那么花在这项开发上的任何时间、资源、人力和经费都是无谓的浪费,因而,可行性研究非常重要。其目的是为前一步提出的问题寻求一种至数种在技术上可行且在经济上有较高效益的可操作解决方案。

可行性研究的结果是使部门负责人做出是否继续进行这项工程的决定的重要依据。一般说来,只有投资可能取得较大效益的那些工程项目才值得继续进行下去;对不值得投资的工程项目,系统分析员则应建议终止,以避免更大的浪费。这个阶段最后形成"可行性研究报告"。

2)开发时期

开发时期要完成设计和实现两大任务。其中设计任务用需求分析、设计两个阶段完成,实现任务用编码和测试两个阶段完成。

(1) 需求分析阶段 需求分析阶段的任务是解决软件"做什么"的问题。系统分析员要与用户密切合作,对用户在系统功能方面的需求进行详细定义,并精确地分析系统中数据及各数据之间的逻辑关系与数据流向,从而得到经过用户确认的数据流图、数据字典及简要算法描述的系统逻辑模型,最后形成需求规格说明书,它是进行下一步设计的依据。

(2) 设计阶段 设计阶段的基本任务是要在需求规格说明书的基础上建立软件系统的结构,包括数据结构和模块结构。此阶段又可细分为总体设计和详细设计,前者主要考虑模块的分解,后者考虑每个模块内部的细节。设计阶段要编写设计文档:模块说明书、数据库或文件结构说明等。

(3) 编码阶段 即按照选定的程序设计语言,把设计的过程性描述翻译为源程序。与需求分析或设计相比,编码要简单得多。直到这一阶段,才产生能在计算机上执行的源程序。

(4) 测试阶段 测试阶段是开发时期最后一个阶段,它的主要任务是对软件进行全面测试，以便发现并改正程序中的错误。按照不同的层次，测试又可细分为单元测试、综合测试、确认测试和系统测试等步骤。测试是保证软件质量的重要手段。为确保这一工作不受干扰，大型软件的测试通常由独立的部门和人员进行，测试阶段的文档称为"测试报告"，包括测试计划、测试用例和测试结果等内容。

3)运行时期

运行时期是软件生存周期的最后一个周期。软件人员在这一时期的工作，主要是做好软件维护。

运行维护阶段的主要任务是通过各种必要的维护活动使系统持久地满足用户的需求。维护活动通常分为改正性维护、适应性维护、完善性维护和预防性维护。每一项维护活动都应该准确记录，作为正式的文档资料保存。

9.2.2 传统瀑布模型开发软件的特点

1)阶段间具有顺序性和依赖性

这有两重含义：第一，必须在前一阶段的工作完成之后，才能开始下一阶段的工作；第二，前一阶段产生的文档，是下一阶段工作的依据。只有前一阶段的工作是正确的，下一阶段工作的正确性才能得到保证。反之，如果前一阶段的工作有错误，等到后面的阶段才发现，则要花费较大的代价。

2)推迟实现的观点

软件开发人员接受任务后，往往急于求成，总想早点开始编码。实践表明，对于规模较大的软件，编码开始得越早，最终完成所需要的时间反而越长。这是因为过早地考虑程序的实现，往往导致大量的返工，甚至带来灾难性的后果。

瀑布模型在编码阶段以前有需求分析和设计阶段，这两个阶段只考虑目标系统的逻辑模型，不涉及软件的物理实现。所以直到设计阶段结束，设计人员完成的设计文档仍是独立于设备的抽象的逻辑模型。清楚地划分逻辑设计和物理设计，尽可能推迟程序的物理实现，是按照瀑布模型开发软件的一条重要的指导思想。

3)质量保证的观点

软件工程的基本目标是优质、高产。为了保证所开发软件的质量，在瀑布模型的每个阶段都应坚持两点重要做法：

(1) 每个阶段必须完成规定的文档。完整、准确、合格的文档不仅是软件开发时期各类人员之间相互通信的媒介，也是运行时期对软件进行维护的重要依据。

(2) 每个阶段结束前都要对完成的文档进行严格的复审，以便尽早发现问题并纠正错误。经验表明，越早潜伏的错误，越晚发现，纠正错误所花费的代价也越高。因此，及时审查和纠正错误是保证软件质量、降低开发成本的重要措施。

9.3 软件项目计划

由图 9-2-1 可知，软件计划时期是软件生存周期的第一个时期，由问题定义和可行性研究两个阶段组成。

9.3.1 概述

问题定义(Problem Definition)是整个软件生存周期的第一个阶段。如果不知道要解决的问题是什么，或者只是了解一点皮毛，就急于去开发软件，显然是盲目的，只能白白浪费时间和费用，开发出的软件肯定是毫无实际意义。通过问题定义，系统分析员最终提交一份"系统目标与范围说明书(Statement of Scope and Objectives)"，请用户审查和认可。接着就可以进入可行性研究阶段。

GB 8566—88《计算机软件开发规范》中指出：可行性研究(Feasibility Study)的主要任务是"了解客户的要求及现实环境，从技术、经济和社会因素三方面研究并论证本软件项目的可行性，编写可行性研究报告，制定初步项目开发计划"。可行性研究阶段的目的是用最小的代价在尽可能短的时间内确定问题是否能够解决。但可行性研究阶段不是解决问题，而是研究在当前的具体条件下，开发新系统是否具备必要的资源和其他条件。为了达到这个目的，必须认真了解用户的要求及现实环境，探索若干种可供选择的主要解法，并对每种解法的可行性进行仔细论证。一般来说应从以下几个方面进行论证：

(1)技术可行性　分析系统采用的技术是否先进，能否实现系统目标，开发人员的素质是否具备，开发项目的所有硬件、软件资源能否按期得到等等。

(2)经济可行性　分析估算软件开发成本、软件交付使用后的运行维护成本以及效益等。分析目标系统能否用最小的代价获得最大的经济效益、社会效益和技术进步。

(3)操作可行性　分析系统的操作方式在用户组织内是否可以有效的实施。

(4)法律可行性　分析系统开发可能造成的责任问题，如合同责任问题、法律责任问题、专利版权问题、软件开发平台的版权问题等。

计划时期的具体实施步骤如图 9-3-1 所示。

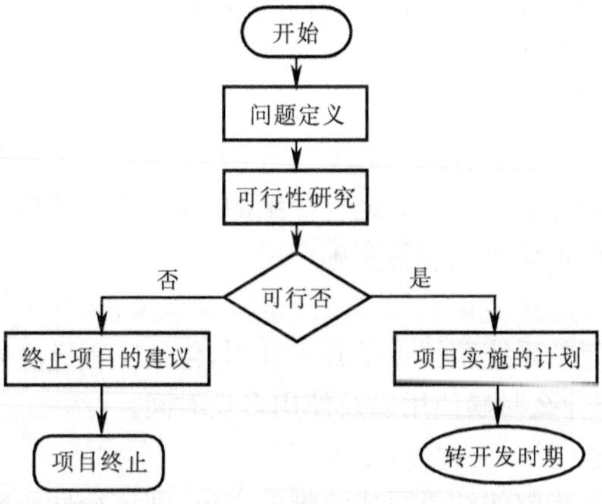

图 9-3-1　计划时期的实施步骤

问题定义阶段提出的对工程目标和规模的报告通常比较含糊。可行性研究阶段应导出系统的高层逻辑模型，并且在此基础上更准确、更具体地确定工程规模和目标，然后分析员更准确地估计系统的成本和效益。可行性研究报告是使部门负责人作出是否继续进行这项工程决定的重要依据。

9.3.2　可行性研究的步骤

1)复查系统目标和规模

分析员应访问关键人员，仔细阅读和分析有关材料，以便进一步复查、确认系统的目标和规模，改正含糊或不确切的叙述，清晰地描述对目标系统的一切限制和约束。这个步骤的工作,实质上是为了确保分析员正在解决的问题确实是要求他解决的问题。

2)研究目前正在使用的系统

分析员应该仔细阅读分析现有系统的文档资料和使用手册,也要实地考察现有的系统,注意了解它怎样做,还要了解使用这个系统的代价以及其存在的缺点。这个步骤的目的是了解现有系统能做什么,而不是了解它怎样做这些工作,故不必花费太多时间去了解系统实现的细节。在这个步骤中,分析员应该画出描绘现有系统的高层系统流程图,记录现有系统和其他系统之间的接口情况,并请有关人员检验其正确与否。

3)导出新系统的高层逻辑模型

通过前一步的工作,分析员对目标系统应具有的基本功能和约束条件已有一定的了解,能够从现有的物理系统出发,导出现有系统的逻辑模型,描绘数据在系统中流动和处理情况,从而概括地表达出对新系统的设想。

4)重新定义问题

新系统的逻辑模型实质上表达了分析员对新系统必须做什么的看法。分析员也应该和用户一起再次复查问题定义,再次确定工程规模、目标和约束条件,并修改已发现的错误。

可行性研究的前四个步骤实质上构成一个循环:分析员定义问题,分析这个问题,导出一个试探性的解,在此基础上再次定义问题,再次分析,再次修改……继续这个过程,直到提出的逻辑模型完全符合系统目标为止。

5)导出和评价供选择的方案

分析员从系统的逻辑模型出发,导出若干较高层次的(较抽象的)物理解法供比较和选择。从技术、经济、操作等方面进行分析比较,并估算开发成本、运行费用和纯收入。在此基础上对每个可能的系统进行成本/效益分析。

6)推荐一个方案并说明理由

如果分析员认为值得继续进行这项开发工程,则应推荐一个最好的方案,并且说明选择这个方案的理由。对被推荐的方案还需进行仔细的成本/效益分析,才能让使用部门负责人根据经济上是否划算来决定该工程能否实施。

7)草拟开发计划

分析员进一步为推荐的系统草拟一份开发计划,包括工程进度表,各种开发人员和各种资源的需要情况,并指明什么时候使用以及使用多长时间。

8)书写文档提交审查

把上述可行性研究各步骤的结果写成清晰的文档,即可行性研究报告,请用户和使用部门的负责人仔细审查,以决定是否继续这项工程以及是否接受分析员推荐的方案。

9.3.3 可行性研究报告

可行性研究的结果应写成书面报告,提交审查。可行性研究报告的大纲如下:

(1)背景情况　包括国内外发展水平、历史现状和市场需求。

(2)系统描述　包括总体方案和技术路线、课题分解、计划目标和阶段目标等。

(3)技术风险分析　即技术可行性,包括技术实力、设备条件和已有工作基础。

(4)成本/效益分析　即经济可行性,包括经费概算和预期经济效益。

(5)操作可行性和法律可行性分析。

(6)结论　可行性研究报告最后必须有一个结论。结论可区分为可立即执行、推迟执行和不能或不值得进行三类。通过可行性论证分析,如果问题求解没有可行方案,分析员应该建议终止项目计划;如果问题的回答是肯定的,则确定软件开发工程必须完成的目标,准确估计软件规模和项目开发成本效益,由此导出软件项目实施计划。

9.4 软件需求分析

软件需求分析是软件开发时期的第一个阶段,也是关系到软件开发成败的关键步骤。在这个阶段,要对计划时期制定的系统目标和功能进一步详细论证,对用户需求、硬件需求、软件需求等进行更深入的分析,对开发计划进一步细化,为下一阶段提供一个软件需求规格说明书(Software Requirement Specification,SRS,简称需求说明书)。

9.4.1 需求分析的任务

需求分析的任务是准确地定义未来系统的目标,确定为了满足用户的需求系统必须做什么。用需求规格说明书规范的形式准确地表达用户的需求。在需求分析阶段,系统分析员的主要焦点是"做什么(what)",不是"怎样做(how)"。具体而言,需求分析主要有两个任务:第一,通过对问题及其环境的理解、分析和综合,建立分析模型(Analysis Model);第二,在完全弄清用户对软件系统的确切要求的基础上,用软件需求规格说明书把用户的需求表达出来。

1)建立分析模型

一般来说,现实世界中的系统总可以通过分析和归纳从中找出一些规律,再通过抽象建立起系统的模型。分析模型是描述软件需求的一组模型。这种模型一方面用于精确地记录用户对原始问题和目标软件的描述;另一方面,它也将帮助分析人员发现用户需求中的不一致性,排除不合理的部分,挖掘潜在的用户需求。它是形成需求说明、进行软件设计与实现的基础。

2)编写需求说明

用户和软件人员充分地理解了用户的要求之后,要将共同的理解明确地写成需求说明书,所以需求说明书就是用户要求的明确表达。

需求说明书是软件生存周期中一份至关重要的文档,在分析阶段必须及时地建立并保证其质量,需求说明书实际上是为软件系统描绘一个逻辑模型。因此,在开发早期就为尚未诞生的软件系统建立起一个可见的模型,将是确保产品质量的有力措施,并可保证开发工作顺利进行。

作为设计的基础和验收的依据,需求说明书应该是精确而无二义的,这样才不致被人误解。用户能看懂需求说明书,并能发现和指出其中的错误是保证软件系统质量的关键,所以需求说明书必须简明易懂,尽量不包含计算机技术上的概念和术语,使用户和软件人员双方都能接受它。

总之,需求说明书应该既完整、一致、精确、无二义,又要简明易懂并易于修改。

9.4.2 需求分析的步骤

必须在分析中采取合理的步骤,才能准确地获取软件的需求,产生符合要求的 SRS。整个需求分析一般分四个步骤进行:

1)需求获取

需求获取通常从分析当前系统包含的数据开始。系统需求包括用户对软件功能的需求和界面的需求。为了收集到全面完整的信息,需将客户按使用频率、使用特性、优先级等方面进行分类,每类选择若干用户代表,从代表那里收集他们希望的软件系统功能、用户与系统间的交互和对话方式等需求。在确定功能需求后,还需考虑对质量的要求,包括性能、有效性、可靠性和可用性等,提高用户对软件的满意程度。常用的需求获取方法包括建立一个联合分析小组、客户访谈、问题分析与确认等。

2)需求提炼:分析建模

需求提炼的主要任务是建立分析模型。图形化的分析模型是说明软件需求极好的手段,常用的模型包括数据流图、实体联系图、控制流图、状态转换图、用例图等。除建立系统模型外,有些软件还需要绘制系统关联图、创建用户接口原型、确定需求优先级别等。系统关联图用于定义系统与系统外部实体间的界限和接口的简单模型,同时也明确了通过接口的信息流和物质流。当开发人员或用户一时难于确定需求时,也可以开发一个用户接口原型,通过评价原型使用户和其他参与者能更好地理解所要解决的问题。

3)需求描述:编写需求规格说明书

软件需求规格说明书必须用统一格式的文档进行描述。为了使需求描述具有统一的风格,可以采用已有的且可满足项目需要的模板,例如在国际标准 IEEE 标准 830—1998(IEEE—1998)中和中国国家推荐性标准 GB9385 中描述的 SRS 模板;也可以根据项目特点和软件开发小组的特点对标准进行适当的改动,形成自己的 SRS 模板。

为了让所有项目相关人员明白 SRS 中为何提出这些功能需求,应该指明需求的来源。最好为每项需求注上标号,以便对需求进行跟踪,记录需求的变更,并为需求状态和变更活动建立度量。

4)需求验证

由分析员提供的软件需求规格说明书初稿往往看起来觉得是正确的,实现时却出现需求不清、不一致等问题;有时以需求说明为依据编写测试计划,也可能发现说明中有二义性。所有这些都必须通过需求验证来改善,确保需求说明可作为软件设计和最终系统验收的依据。

9.4.3 结构化分析方法

结构化分析(Structured Analysis,SA)方法是一个简单实用、使用很广的方法。它适用于分析大型的数据处理系统,特别是企事业管理方面的系统。这个方法通常与设计阶段的结构化设计(SD)方法衔接起来使用。

1)结构化分析方法概述

由于目前还没有既能精确地描述大型系统的用户要求,又是简明易懂的形式语言,因此 SA 方法采用了介于形式语言和自然语言之间的描述方式。它虽然不如形式语言精确,但是简明易懂,所表达的意义也比较明确。

用 SA 方法获得的需求说明书由以下几部分组成:

(1) 一套分层的数据流图。

(2) 一本数据字典。

(3) 一组小说明。

(4) 补充材料。

这套文档中,数据流图描述系统的分解,即描述系统由哪些部分组成、各部分之间有什么联系等;数据字典描述系统中的每一个数据;小说明则详细描述系统中的每一个加工;上述资料再加上视系统而定的各种补充材料就可明确而完整地描述一个系统的功能。

SA 方法在描述方式上的特点是尽量采用图形表示,因为图形比较形象、直观、易于理解,一张图的表达效果可能比几千字的叙述还要好。

2)数据流图(DFD)

数据流图(Data Flow Diagram,DFD)是描述数据处理过程的有力工具,是一种描述分解的图示工具。它用直观的图形清晰地描绘了系统的逻辑模型,图中没有任何具体的物理元素,只是描述数据在系统中的流动和处理的情况,具有直观、形象、容易理解的优点。对大多数数据处理系统来说,从数据流的角度来描述一个企事业组织的业务活动是比较合适的。

如图 9-4-1 所示,数据流图只使用 4 种基本图形符号:方框表示数据的源点和终点;圆框代表加工;双杠表示数据文件或数据库;箭头代表数据的流向,数据名称总是标在箭头的边上。

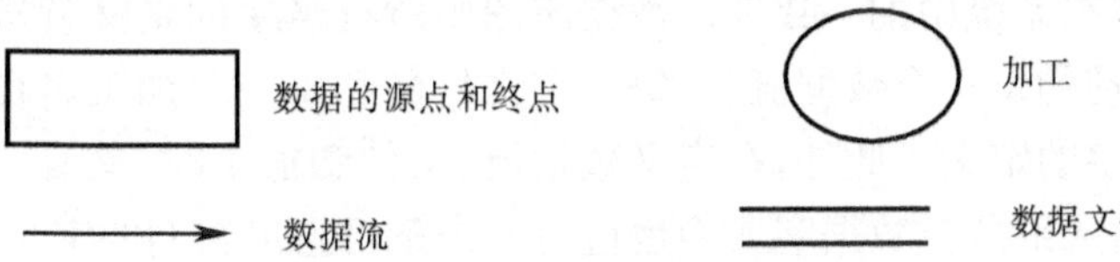

图 9-4-1　数据流图的组成符号

(1) 源点和终点　为了便于理解,可以画出数据流的源点和终点来说明它的来龙去脉。源点和终点通常是存在于系统之外的人员或组织,画出源点和终点只是起到注释作用帮助理解而已,所以源点和终点的表达不必很严格。

(2) 加工　加工是对数据进行的操作。加工的名字也应适当地反映这个加工的含义,使之容易理解。每个加工还有一个编号,编号说明这个加工在层次分解中的位置。

(3) 数据流　数据流由一组固定成分的数据组成。数据流可以从加工流向加工,也可以从加工流向文件或从文件流向加工,也可以从源点流向加工或从加工流向终点。两个加工之间可以有几股数据流。一般来说,除了流向文件或从文件流出的数据流不必命名之外(在这种情况下,有文件名已足够了),每个数据流必须有一个合适的名字。名字一方面是为了区别,同时也是给人一个直观的印象,使人容易理解这个数据流的含义。为数据流命名时,可从其组成成分或含义的角度来考虑。应该注意的是,数据流图中描述的是数据流而不是控制流。

(4) 数据文件　文件是暂时存储的数据。文件的名字也应适当地选择,以便理解。注意加工与文件之间数据流的方向:如果加工要读文件,则数据流是从文件流出的;如果加工要写文件或修改文件(虽然修改文件一般先要读文件,但其本质是写),则数据流是流向文件的;如果加工既要读文件(除了修改文件之外)又要写文件,则数据流是双向的。

图 9-4-2 是一个订货系统的数据流图。图中,数据的源点是:仓库管理员,数据的终点是:采购员。加工有两个:处理事务和产生报表,其编号分别为:加工 1、加工 2;文件也有两个:库存清单和订货信息。用箭头来表示的都是数据流,事务、订货报表都是数据流名。

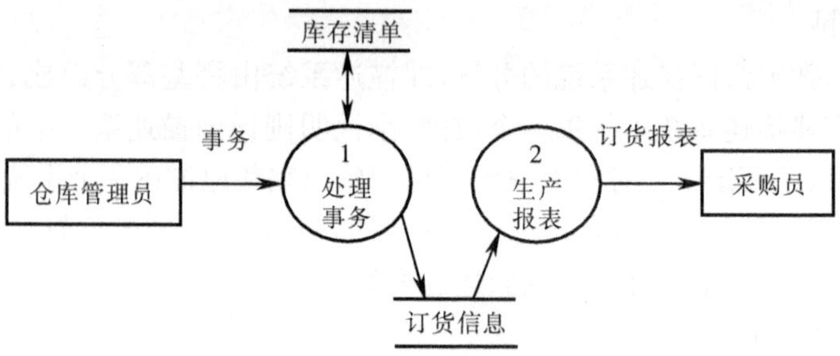

图 9-4-2　订货系统的数据流图

注意,数据流图只描述了系统的分解,它并没有表达出每个数据和加工的具体含义,这些信息需要在数据词典和小说明中表达出来。

3)数据字典(DD)

一个软件系统含有许多数据。数据字典的作用,就是对软件中的每个数据规定一个定义条目,以保持数据在系统中的一致性。数据流图中所有名字的定义就构成了一本数据字典。数据流图中出现的每一个数据流名、每一个文件名和每一个加工名在字典中都应有一个条目给出这个名字的定义。此外,在定义数据流、文件和加工时,又要引用到它们的组成部分,所以每一个组成部分在数据字典中也应有一个条目给出它们的定义。

数据字典中可有以下三种类型的条目:数据流、数据文件、数据项。

(1) 数据流条目　数据流条目给出某个数据流的定义,它通常是列出该数据流的各组成数据项。

数据流定义时使用的简单符号:

＋　表示"与"。

[|]　表示"或",即选择括号中的某一项。

{ }　表示"重复",即括号中的项要重复若干次,重复次数的上、下限也可在括号边上标出。

( )　表示"可选",即括号中的项可能没有。

数据流条目的例子:

例如,数据流"购书发票"由"学号"、"姓名"、"书号"、"单价"、"数量"、"总价"和"书费合计"等数据项组成,则数据字典中的"购书发票"条目是:

购书发票＝学号＋姓名＋{书号＋单价＋数量＋总价}＋书费合计

(2) 数据文件条目　数据文件条目给出某个数据文件的定义和记录的组成方式。数据文件条目的表达往往采用表的形式。表中项目一般包括文件名、简述、输入数据、输出数据、组成、数量及存取方式等。

(3) 数据项条目　数据项条目给出每个数据项的单项定义,包括数据项名称、数据类型、字长、取值范围及简单描述等。

4)加工小说明(Process SPECification,PSPEC)

将一个大型复杂的系统逐层分解成许多个足够简单的基本加工,然后分别理解每个基本加工,并为每个基本加工详尽地写下小说明,再将所有这些小说明组织起来就得到了整个系统的说明书。

分析阶段的任务是理解和表达用户的要求,而不是具体考虑系统怎么样实现,所以对一个加工应描述的是用户要求这个加工"做什么",而不是用编程语言来描述具体的加工过程。

加工小说明通常用结构化语言(Structured Language)、判定表(Decision Table)或判定树(Decision Tree)作为描述工具。

(1) 结构化语言

结构化语言介于自然语言和程序设计语言之间。它是在自然语言的基础上加上有限的词汇和语句而形成的语言。它的语法通常分为内外两层:外层语法描述操作的控制结构,如顺序、选择、循环等,这些控制结构把加工中的各个操作连接起来;内层一般用自然语言描述。

(2) 判定表

有一类问题不易用语言表达清楚,此时可用判定表来表示这个加工逻辑。判定表能够清晰地表示复杂的条件组合与应做的动作之间的对应关系。对于多嵌套、分支结构的系统用判定表描述清楚,但判定表的形式转化成代码的形式有一定的距离且不易阅读。

一张判定表由四部分组成:左上部列出所有条件;左下部是所有可能做的动作;右上部为各种可能组合条件,其中每一列表示一种可能组合;右下部的每一列是和每一种条件组合所对应的应做的工作。

例如,"检查订购单"的加工逻辑是:"如果金额超过 1 000 元,又未过期,则发出批准单和提货单;如果金额超过 1 000 元,但过期了,则不发批准单;如果金额低于 1 000 元,则不论是否过期都发出批准单和提货单,在过期的情况下还需发出通知单。"此加工逻辑的判定表如图 9-4-3 所示。

金额状态	>1 000 未过期	>1 000 已过期	≤1 000 未过期	≤1 000 已过期
发出批准单	✓		✓	✓
发出提货单	✓		✓	✓
发出通知单				✓

图 9-4-3　判定表示例

(3) 判定树

判定树是判定表的变种,能清晰地表示复杂的条件组合与应做的动作之间的对应关系。它形式简单,易于掌握和使用。但初始的判定条件不易确定,可能导致最后判定树的形式不够简洁。

例如,某校制定了教师的讲课课时津贴标准。对于各种性质的讲座,无论教师是什么职称,每课时津贴费一律是 50 元;而对于一般的授课,则根据教师的职称来决定每课时津贴费:教授 30 元,副教授 25 元,讲师 20 元,助教 15 元。

教师课时津贴判定树如图 9-4-4 所示。

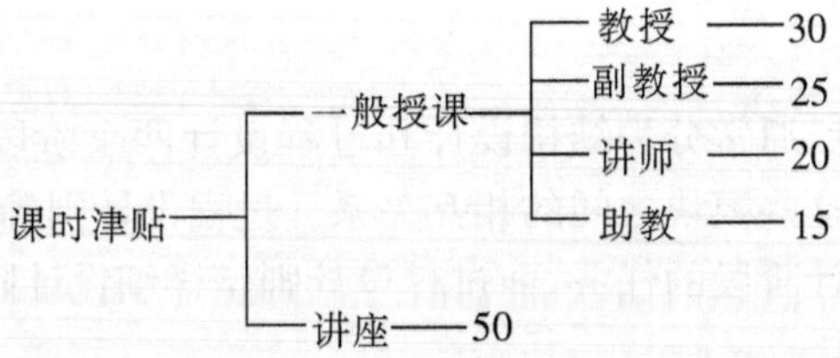

图 9-4-5　判定树示例

5)结构化分析方法的实施步骤

最初把整个系统表示成一张环境总图,标出系统边界及所有的输入、输出;逐步对系统进行细化,每细化一次,就把一些复杂的功能分解成较简单的功能,并增加细节描述;继续这种细化,直到所有功能都足够简单,不需再继续细化为止。具体步骤如下:

(1) 确定系统边界,画出系统环境图。

(2) 自顶向下,画出各层数据流图。

(3) 定义数据字典。

(4) 定义最底层数据流图中包含的所有加工。

(5) 综合前面各步骤的结果,建立系统模型。

9.5 总体设计

软件设计是开发阶段最重要的步骤,是将需求准确地转化为最终软件产品惟一途径。软件设计的方法有多种,如结构化设计方法、面向数据结构的设计方法、面向对象的设计方法等。结构化设计方法把软件设计进一步分为总体设计和详细设计两个阶段,本节将讨论结构化软件设计中的总体设计。总体设计的任务和目的就是回答“概括地说,系统应该如何实现”这个问题。因此,总体设计还只是系统设计的初步阶段,它的每个元素的描述仍然是黑盒子级。

9.5.1 总体设计的过程

1)设计供选择的方案

需求分析阶段得出的数据流图是总体设计的根本出发点。通常,选取的这些方案中至少应包括低成本、中成本和高成本的三种方案类型。

对每个合理方案要提供以下几方面资料:

(1) 系统流程图。

(2) 数据字典。

(3) 成本/效益分析。

(4) 实现这个系统的进度计划。

2)推荐最佳方案

分析员从合理方案中选择一个最佳方案向用户推荐,并为推荐的方案制定详细的实现计划。对于分析员推荐的最佳方案,用户和有关专家应该认真审查。如果确认该方案确实符合用户的需要,并且在现有条件下完全能够实现,则应该提请使用部门负责人进一步审批。在使用部门负责人也接受了分析员所推荐的方案之后,方可进入总体设计过程的下一步工作,即结构设计阶段。

3)设计软件结构

对于大型系统的设计,通常分为结构设计和过程设计两个阶段。结构设计需要确定系统由哪些模块组成,以及这些模块之间的相互关系。过程设计则确定每个模块的处理过程。其中,结构设计是总体设计阶段的任务,而过程设计则是详细设计阶段的任务。

4)数据库设计

数据库的应用越来越广泛,目前大多数的系统都要用到数据库技术。数据库设计是一项专门的技术,包括模式设计、子模式设计、完整性和安全性设计和优化处理等。

5)制定测试计划

在软件开发的早期阶段提前考虑软件的测试计划是很有必要的。这样能促使软件设计人员在设计时注意到软件的测试问题,从而有利于提高软件的可测试性。

6)书写总体设计阶段的文档

(1) 总体设计说明书(包括系统实现方案和软件模块结构)。

(2) 测试计划(包括测试策略、测试方案、预测的测试结果、测试进度计划等)。

(3) 用户手册(根据总体设计阶段的结果,编写初步的用户操作手册)。

(4) 详细的实现计划。

(5) 数据库设计结果。

7) 审查和复查

最后的阶段即是方案的审查和复查。

9.5.2 软件设计基本原理

1)模块化

模块(Module)又称构件,是能够单独命名并独立地完成一定功能的程序语句的集合。例如高级语言中的过程、函数、子程序等都可作为模块。模块化是软件的一个重要属性。模块化的特性提供了人们处理复杂问题的一种方法,同时也使得软件能够被有效地管理。

单独解决问题 P1 和 P2 所需的工作量之和,比把 P1 和 P2 合起来作为一个问题来解决时所需的工作量要少。这种“分而治之”的思想提供了模块化的根据:把复杂的问题分解成许多容易解决的小问题,原来的问题也就容易解决了。

模块数目与软件成本存在如图 9-5-1 所示的关系。可以看出,每个软件都存在一个最小成本区,把模块数控制在这一范围,可以使软件成本保持最小。

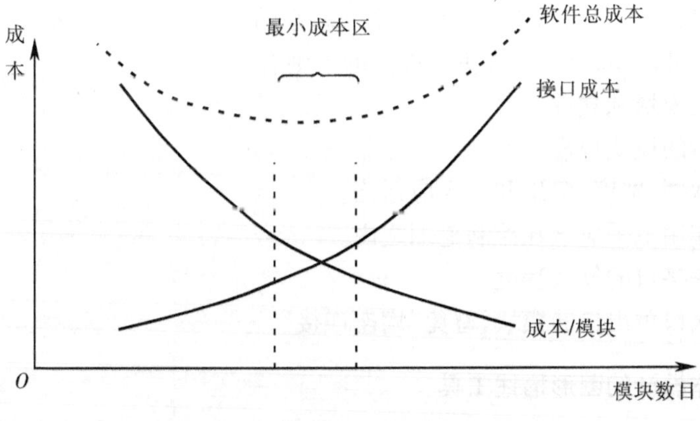

图 9-5-1 模块数目与软件成本的关系

2)抽象

考虑问题时,集中考虑和当前问题有关的方面,而忽略和当前问题无关的方面,这就是抽象(Abstraction)。或者说抽象就是抽出事物的本质特性而暂时不考虑它们的细节。软件工程过程的每一步,都是对软件解法的抽象层次的一次细化。在可行性研究阶段,软件被看作是一个完整的系统部分;在需求分析期间,使用在问题环境中熟悉的术语来描述软件的解法;当由总体设计阶段转入详细设计阶段时,抽象的程度进一步减少;最后,当源程序写出来时,也就达到了抽象的最低层。

3)信息隐蔽

信息隐蔽(Information Hiding)原理认为:模块所包含的信息(过程和数据)对于其他模块来说应该是隐蔽的。即模块应当被这样规定和设计,使得包含在模块中的信息(过程或数据)对于其他不需要这些信息的模块来说,是不能访问的,或者说是"不可见"的。

信息隐蔽对于软件的测试与维护都有很大的好处。因为对于软件的其他部分来说,绝大多数数据和过程都是隐蔽的,这样,在修改期间由于疏忽而引入的错误所造成的影响就可以局限在一个或几个模块内部,不致波及到软件的其他部分。

4)模块独立性

模块的独立性(Module Independence)是软件质量的关键,模块化程度较高的软件容易开发,也比较容易测试和维护。

模块独立性的度量标准有耦合(Coupling)和内聚(Cohesion)。

(1) 耦合　耦合是软件结构中各个模块之间相互关联程度的度量。常见的耦合由弱到强有:非直接耦合;数据耦合;特征耦合;控制耦合;外部耦合;公共耦合;内容耦合。耦合越弱,则表明模块的独立性越强。设计原则是尽量使用数据耦合,少用控制耦合,限制公共耦合的范围,避免使用内容耦合。

(2) 内聚　内聚是模块内部各个元素彼此结合的紧密程度的度量。常见的内聚由弱到强有:偶然内聚;逻辑内聚;时间内聚;过程内聚;通信内聚;顺序内聚;功能内聚。功能性模块具有内聚强、与其他模块的联系少等优点。"一个模块,一个功能",已成为模块化设计的一条准则,也是设计人员争取的目标。应尽量使用高内聚模块,低内聚模块因块内各成分的联系松散,可维护性和可重用性都比较差,在设计中应尽可能避免使用。

9.5.3　模块化设计准则

把大型软件按照规定的原则划分成一个个较小的、相对独立但又相互关联的模块,叫做模块化设计(Modular Design)。模块化设计的准则有:

(1)尽力提高模块独立性。

(2)选择合适的模块规模。

(3)模块的深度、宽度、扇出和扇入应适当。

(4)模块的作用范围应该在控制范围之内。

(5)降低模块接口的复杂程度。

(6)设计单入口单出口的模块,避免"病态连接"。

9.5.4　总体设计的图形描述工具

总体设计的常用描述工具有:层次图、HIPO图和结构图。

1)层次图

层次图常用来描绘软件的层次结构。图中的每个方框代表一个模块,方框间的连线表示模块的调用关系。图9-5-2是层次图的一个实例,最顶层的方框代表正文加工系统的主控模块,它调用下层模块完成正文加工的全部功能;第二层的每个模块完成正文加工的一个主要功能。层次图很适合在自顶向下设计软件的过程中使用。

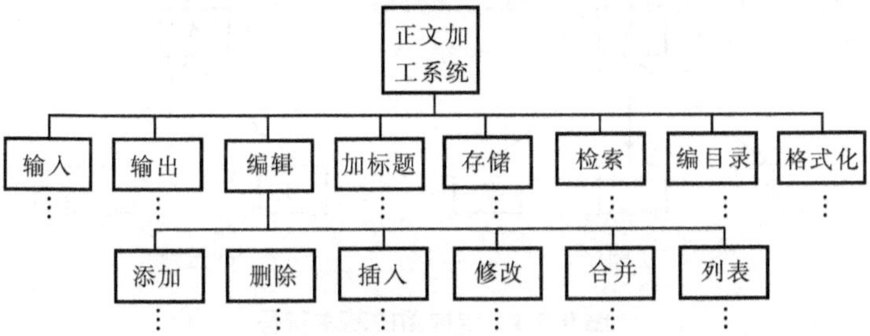

图 9-5-2　正文加工系统的层次图

2)HIPO 图

HIPO 图是由美国 IBM 公司发明的“层次图＋输入/处理/输出图”的英文缩写，HIPO 图实际上是由 H 图和 IPO 图两部分组成，H 图就是层次图加上编号而成；IPO 图则是输入/处理/输出图的简称。H 图的编号规则如下：最顶层方框不编号，第一层中各模块的编号一次为 1.0，2.0，3.0…；如果模块 3.0 还有下层模块，那么下层模块的编号依次为 3.1，3.2，3.3…；如果模块 3.1 又有下层模块，那么下层模块的编号依次为 3.1.1，3.1.2，3.1.3…；以此类推。如图 9-5-3 所示就是一张带编号的层次图，即 H 图。

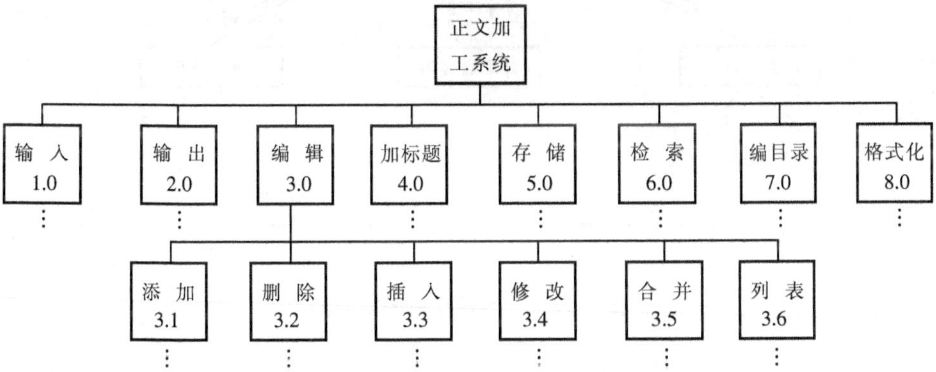

图 9-5-3　带编号的层次图(H 图)

和 H 图中的每个方框相对应，应该有一张 IPO 图描述这个方框代表的模块的处理过程。IPO 图的基本形式是：在左边的框中列出有关的输入数据，在中间的框中列出主要的加工，并在加工框中表示出执行次序，在右边的框中列出产生的输出数据。这里就不举例了。

3)结构图

Yourdon 提出的结构图也是描述软件结构的图形表示，结构图的基本符号如图 9-5-4 所示。

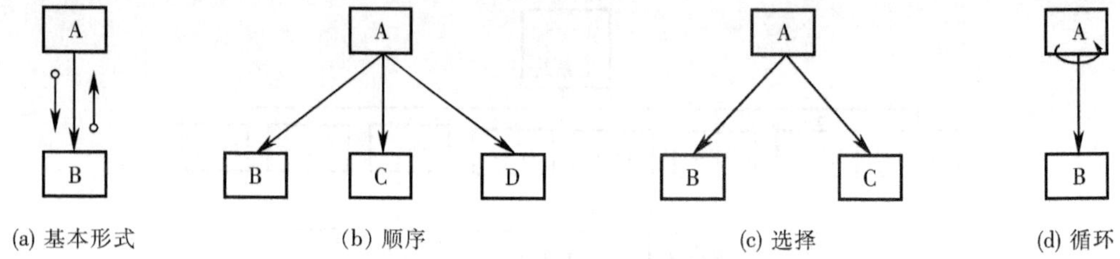

图 9-5-4　结构图的基本符号

结构图的描述能力比层次图更强，图中每个方框代表一个模块，框内注明模块的名字或主要功能。方框之间的直线表示模块之间的调用关系(上方的模块调用下方的模块)。在结构图中通常还用带注释的箭头表示模块调用过程中来回传递的信息，如果希望进一步标明传递的信息是数据还是控制信息，则可以利用注释箭头尾部的形状来区分：尾部的空心圆表示传递的是数据，实心圆表示传递的是控制信息。图 9-5-5 是一个结构图的示例。

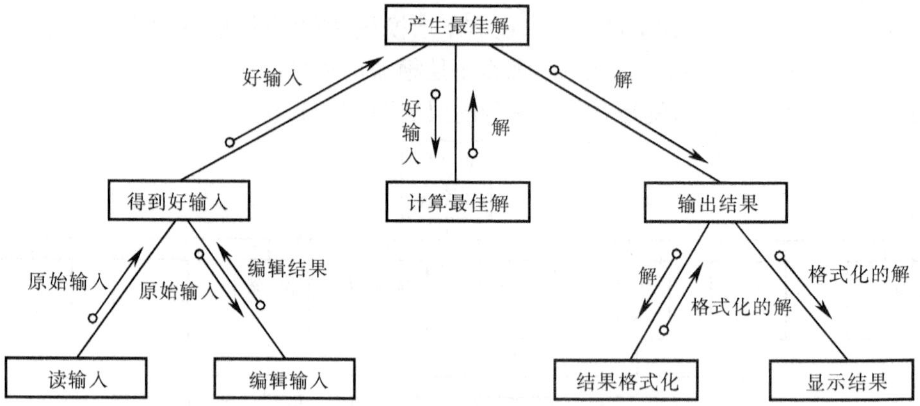

图 9-5-5　产生最佳解的结构图

9.5.5　结构化设计

1)结构化设计方法概述

结构化设计(Structured Design，SD)方法是 20 世纪 70 年代中期由 Stevens、Myers 与 Constantine 等人率先倡导的。20 世纪 70 年代后期，Yourdon 等人提出了 SA 方法，把结构化的思想推广到分析阶段，进而形成了包括 SD 与 SA 在内的基于数据流的系统设计方法。由于大多数软件实际上都能表示为 DFD 图，这种方法在理论上可以适用于任何非并发软件的开发工作。

SD 方法的基本思想是采用自顶向下的模块化设计方法，按照模块化设计准则和软件设计基本原理，将软件分析得到的数据流图，映射成由相对独立、单一功能的模块组成的软件结构。用 SD 方法设计的软件，由于模块之间是相对独立的，所以每个模块可以独立地被理解、编程、调试、排错和修改，这就使复杂的研制工作得以简化，缩短了软件开发周期，也减少了开发软件所需的人力。模块的相对独立性也能有效地防止错误在模块之间扩散蔓延，因而提高了系统的可靠性。

2)数据流图的分类

在软件设计开始之前，首先要分清 DFD 图所显示的系统特征。在 DFD 图所代表的 SA 模型中，所有系统均可纳入两种典型的形式，即变换型结构和事务型结构。

(1) 变换型结构

图 9-5-6 所示的就是变换型结构。由图可见,变换中心(Transform Center)的任务,就是通过计算或者处理,把系统的输入变换为系统的输出。

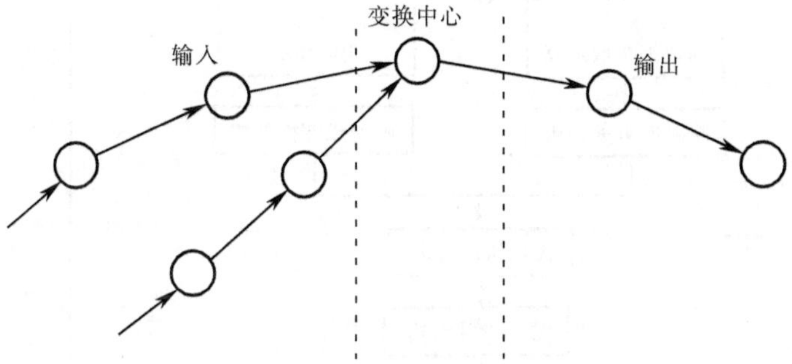

图 9-5-6 变换型结构

(2) 事务型结构

"事务"一词,常见于商业数据处理系统,一次交易、一笔账目,都可以称为一次事务。在更广泛的意义上,一次动作、事件或状态变化也可称为一次事务。其结构如图 9-5-7 所示。这类系统的特征,是具有在多种事务中执行某类事务的能力。当外部信息进入系统后,经过事务中心(Transaction Center)获得某一个特定值,就能据此启动某一条动作路径的操作。

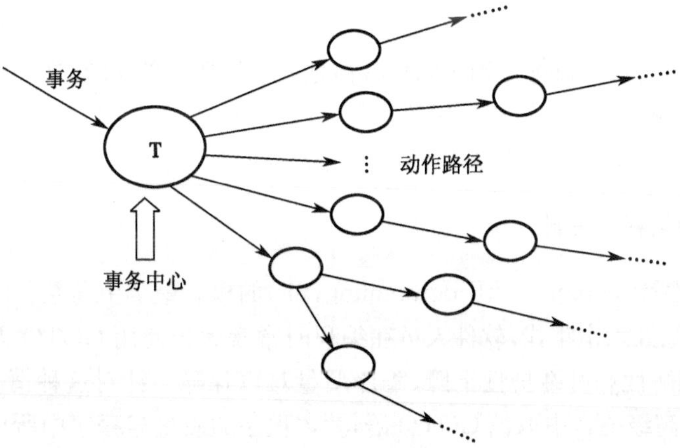

图 9-5-7 事务型结构

在一个大型系统的 DFD 图中,变换型结构和事务型结构往往同时存在。

3)SD 方法的设计步骤

为了有效地实现从 DFD 图到 SC 图的映射,SD 方法的设计步骤如图 9-5-8 所示。

(1) 复审 DFD 图,必要时可再次进行修改或精化。

(2) 鉴别 DFD 图所表示的软件系统的结构特征,确定它所代表的软件结构是属于变换型还是事务型。

(3) 按照 SD 方法规定的一组规则,把 DFD 图转换为初始的 SC 图。

(4) 按照优化设计的指导原则改进初始的 SC 图,获得最终 SC 图。

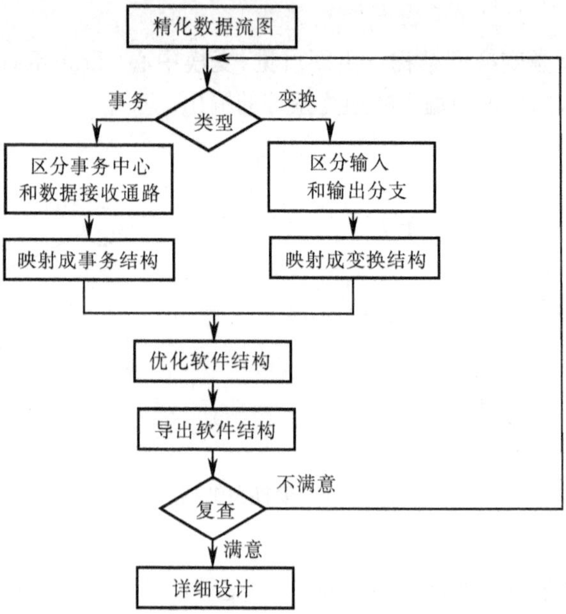

图 9-5-8　SD 方法的设计步骤

9.6　详细设计

详细设计阶段的根本目标是确定怎样具体地实现所要求的系统，即经过详细设计，应该得出对目标系统的精确描述，从而在编码阶段可以把整个描述直接翻译成用某种程序设计语言写的程序。详细设计的结果基本上决定了最终的程序代码的质量。

9.6.1　结构化程序设计

结构化程序设计(Structured Programming，SP)的概念最早由荷兰科学家 E. W. Dijkstra 提出。20 世纪五六十年代，软件人员在编程时常常大量使用 GOTO 语句，使得程序结构非常混乱，可理解性和可维护性下降，程序质量难以保障。针对这种情况，1965 年 Dijkstra 指出"可以从高级语言中取消 GOTO 语句"，"程序的质量与程序中所包含的 GOTO 语句的数量成反比"。1966 年，Bohm 和 Jacopini 证明，只用顺序、选择和循环三种基本的控制结构就能实现任何单入口单出口的程序。这为结构化程序设计技术奠定了理论基础。

结构化程序设计技术是一种设计程序的技术，它采用自顶向下逐步求精的设计方法和单入口单出口的控制结构，并且只包含顺序、选择和循环三种控制结构。逐步求精方法是由 Wirth 提出的一种早期的自顶向下的设计策略。面对现实的复杂问题，首先不要一下子就力图触及到问题解法的细节，而应当先从问题的全局出发，用较自然的抽象语句来表示问题，从而得到抽象算法。这时的算法主要是描述"做什么"，或者说是把问题描述为几个子问题或子功能。接下来对子问题，也就是对抽象算法进行细化，在这一阶段设计的算法中，已经开始含有程序设计语言的成分。随着算法的不断细化，越来越多地开始完成"如何做"，算法中程序设计语言的成分也越来越多，当最后把算法全部细化为程序设计语言描述时，程序设计也就随之完成了。

结构化程序设计的原理和逐步求精的实现方法，是完成模块详细设计的基础。

9.6.2 结构化的控制结构

如果在详细设计中，所有的模块都只使用单入口单出口的三种基本控制结构，如图9-6-1所示，则不论一个程序包含多少个模块，也不论一个模块包含多少基本控制结构，整个程序将仍能保持一条清晰的线索。这就是常说的控制结构的“结构化”，它是详细设计阶段确保模块逻辑清晰的关键技术。

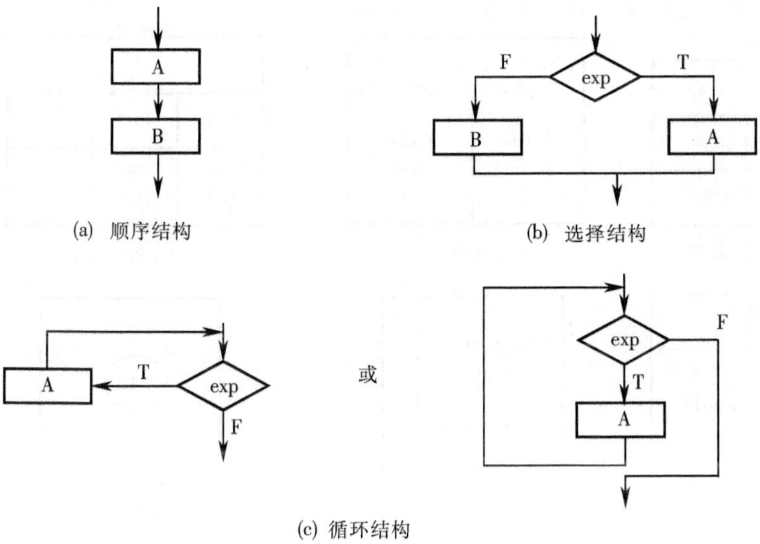

图 9-6-1 三种基本的控制结构

为了方便使用或者提高程序效率，大多数软件开发项目还允许在详细设计中补充使用DO _ UNTIL 和 DO _ CASE 两种控制结构，其流程图分别如图 9-6-2(a)和(b)所示。

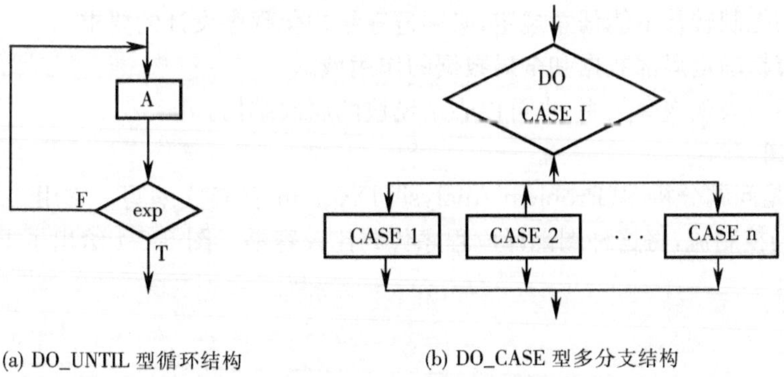

图 9-6-2 其他常用的控制结构

9.6.3 详细设计的常用工具

1)程序流程图

程序流程图比较直观，灵活，并且比较容易掌握，但是它的随意性和灵活性却使它不可避免地存在着一些缺点：

(1) 由于程序流程图的特点,它本身并不是逐步求精的好工具。因为它使程序员容易过早地考虑程序的具体控制流程,而忽略了程序的全局结构。

(2) 程序流程图中用箭头代表控制流,这样使得程序员不受任何约束,可以完全不顾结构程序设计的精神,随意转移控制。

(3) 程序流程图在表示数据结构方面存在不足。

2)盒图(N-S 图)

在 20 世纪 70 年代早期,基于结构化程序设计的精神,Nassi 和 Shneiderman 提出了盒图,又称 N-S 图。它的基本符号如图 9-6-3 所示。

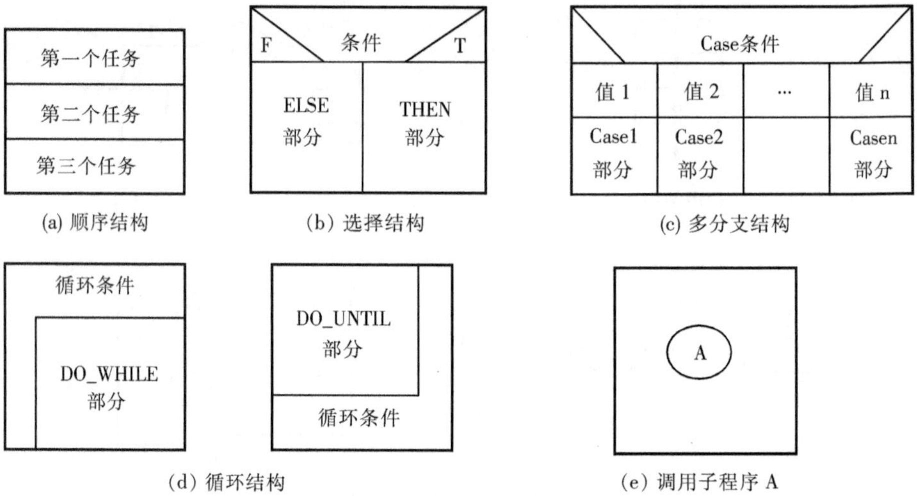

图 9-6-3 N-S 图的基本符号

N-S 图有以下一些特点:

(1) 功能域(即某一个特定控制结构的作用域)有明确的规定,并且可以很直观地从 N-S 图上看出来。

(2) 它的控制转移不能任意规定,必须遵守结构化程序设计的要求。

(3) 很容易确定局部数据和全局数据的作用域。

(4) 很容易表现嵌套关系,也可以表示模块的层次结构。

3)PAD 图

PAD 图是问题分析图(Problem Analysis Diagram)的英文缩写。它用二维树形结构图来表示程序的控制流,将这种图翻译成程序代码比较容易。图 9-6-4 给出了 PAD 图的基本符号。

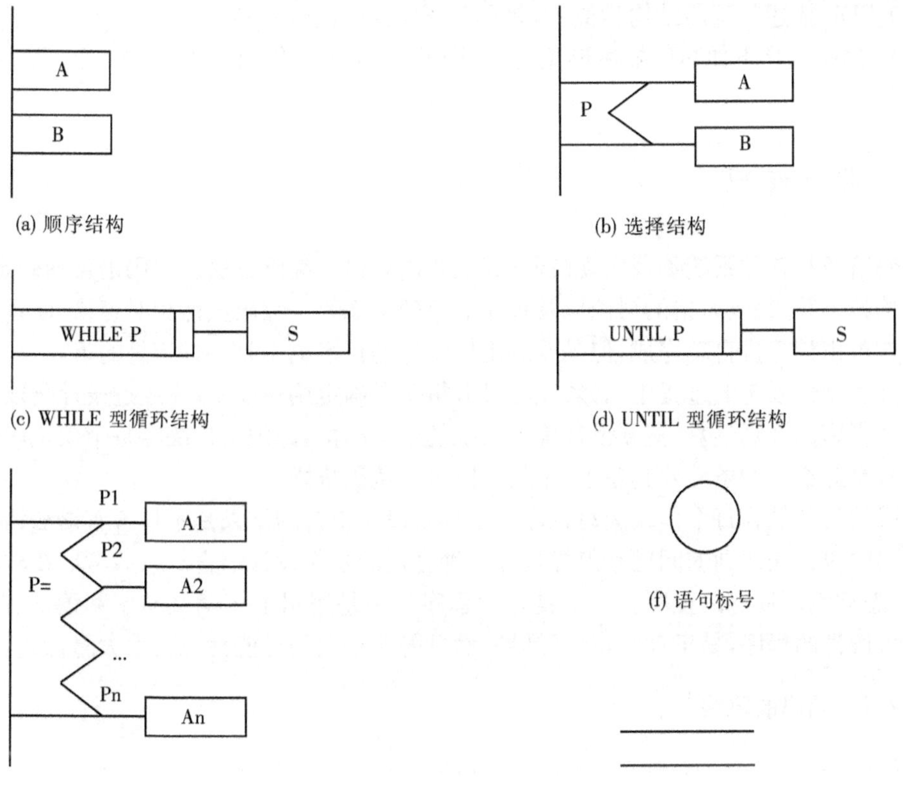

(a) 顺序结构 (b) 选择结构 (c) WHILE 型循环结构 (d) UNTIL 型循环结构 (e) 多分支结构 (f) 语句标号 (g) 定义

图 9-6-4 PAD 图的基本符号

PAD 图的主要优点：

(1) 使用表示结构化控制结构的 PAD 符号所设计出来的程序必然是结构化程序。

(2) PAD 图所描绘的程序结构十分清楚。

(3) 用 PAD 图表吸纳程序逻辑，易读、易懂、易记。

(4) 容易将 PAD 转换成程序。

(5) 既可以描绘程序逻辑，也可以描绘数据结构。

(6) PAD 的符号支持自顶向下、逐步求精方法的使用。

4)伪代码和 PDL 语言

伪代码属于文字形式的表达工具。它并非是真正的代码，也不能在计算机上执行，但形式上与代码相似。用它来描述软件设计，工作量比画图小，又较易转换为真正的代码。PDL (Program Design Language)则是由 Caine 与 Gordon 设计的一种伪代码。

PDL 语言具有下述特点：

(1) PDL 虽然不是程序设计语言，但是它与高级程序设计语言非常类似，只要对 PDL 描述稍加变换就可变成源程序代码。因此，它是详细设计阶段很受欢迎的表达工具。

(2) 用 PDL 写出的程序，既可以很抽象，又可以很具体。因此，容易实现自顶向下逐步求精的设计原则。

(3) PDL 描述同自然语言很接近，易于理解。

(4) PDL 描述可以直接作为注释插在源程序中，成为程序的内部文档，这对提高程序的可读性是非常有益的。

(5) PDL 描述与程序结构相似，因此自动产生程序比较容易。

PDL 的缺点是不如图形描述形象直观，因此人们常常将 PDL 描述与一种图形描述结合起来使用。

9.7 软件编码

编码阶段是软件系统物理实现阶段，其主要内容包括编码方法及编码语言的确定、程序内部文档的书写、编码风格的讨论以及程序效率的考虑等。编码虽然相对容易，而且大部分编码工作可由计算机自动完成，但是要编出质量好的程序也不是一件容易的事。

在开发软件系统的过程中，必须先经过分析阶段确定用户要求，再经过设计阶段为编码制定一个周密的计划(包括概要设计确定系统的模块结构，详细设计决定每个模块内部的控制流程)，至此编码的条件才具备了，于是可以进入编码阶段。

编码的任务是为每个模块编写程序。编程阶段应交付的结果是不再含有语法错误的程序。编码阶段首先遇到的问题是怎样选择一种合适的程序设计语言。然后考虑在软件工程背景下，怎样编写良好的程序。一个良好的程序应该是逻辑上正确又易于阅读的程序。具有良好可读性的程序，易于理解，易于维护，而且隐含错误的可能性也将大大降低。

9.7.1 编码的风格

编码风格(Coding Style)又称程序设计风格。从 20 世纪 70 年代以来，编码的目标从强调效率转变到强调清晰。良好的编码风格能在一定程度上弥补语言存在的缺点，反之，不注意风格，即使使用了结构化的现代语言，也很难写出高质量的程序。下面将从控制结构、GOTO 语句、代码文档化和输入输出等四个方面，简述编码风格的要求。

1)使用标准的控制结构

大多数现代语言提供了比三种基本结构还多的控制结构。以 Pascal 为例，它有三种选择结构，三种循环结构，全都是单入口单出口的，但这些结构都可用三种基本结构来描述。提供这些附加结构，是为了增加表达上的便利或改进程序的可读性，有时还能提高执行的效率。因此在使用这类现代语言编码时，允许使用三种基本结构以外的附加控制结构。这种编码称为扩展的结构程序设计。在尽量采用标准结构的同时，还要避免使用容易引起混淆的结构和语句。

2)有限制地使用 GOTO 语句

GOTO 语句会引起迂回曲折，使程序难以理解，应尽量少用或不用，但也不应完全禁止。在现代语言中，可以使用 GOTO 语句和 IF 语句组成由用户定义的新控制结构。此外，GOTO 语句还经常用来实现提前退出循环，或者把控制转移到出错处理。在效率成为首要考虑的模块中，有时也利用 GOTO 语句来消除程序中的重复代码。除了这几种应用外，GOTO 语句应尽量不用。

3)实现源程序的文档化

软件＝程序＋文档。为了提高程序的可维护性，源代码也需要实现文档化(Code Documentation)。源代码的文档化主要包括三方面的内容：有意义的变量名称；在每一程序单元开始处、重要的程序段和难懂的程序段加上适当的注释；用统一的、标准的格式来书写源程序清单，常用的方法有：用分层缩进的写法显示嵌套结构的层次、在注释段的周围加上边框、每行只写一条语句、在注释段与程序段以及不同程序段之间插入空行等等，以提高源程序的可读性。

4)输入输出风格

程序设计在输入输出方面应该遵守以下原则：

(1) 输入方面

· 让程序对输入数据进行有效检验，防止对程序的有意和无意的破坏。

· 输入格式力求简单、一致，并尽可能采用自由格式输入。

· 使用数据结束或文件结束标志来终止输入，不要让用户来计算输入的项数或记录数。

· 向用户显示"请输入"的提示信息，同时说明允许的选择范围和边界值。

· 对多个相关输入项的组合进行检查，删除似是而非的输入值。

(2) 输出方面

· 标志所有的输出数据，加以必要的说明。

· 使所有报表、报告具有良好的格式。

9.7.2 程序设计语言

程序设计语言也可称为编程语言，是描述应用的必要工具。它直接关系到应用可移植性。

1)程序设计语言的发展

(1) 面向机器的语言

包括第一代机器语言和第二代汇编语言。这两代语言依赖于机器的结构，其指令系统随机器而异，不仅生产率低，容易出错，而且维护困难，主要用于描述与计算机应用密切相关的部分，例如，用于编制设备驱动器的程序，或受存储器容量限制的实时嵌入式控制系统等。

机器语言是计算机硬件系统能够识别、执行的一组指令。机器语言通常分为操作码和操作数两大部分。操作码表示计算机执行什么操作，操作数表示参加操作的数本身或操作数所在的地址。机器语言程序不易编制也不易理解。以机器代码编写的应用仅能在具有相同体系结构(包括指令系统及其操作代码和配置)的机器之间进行移植，所以这类编程语言未达到广泛意义上的应用可移植性。

汇编语言是用助记符来代替操作码，用地址符号来代替地址码的语言。这些助记符通常使用指令功能的英文单词的缩写。这样，每条指令都有明显的特征，易于理解和记忆。汇编语言的语句基本上是与机器指令一一对应的。汇编语言通常还提供定义常数、条件汇编、宏汇编等广义指令，并允许在程序中加上注释。虽然编制汇编语言程序不必用二进制来编程，比起机器语言来说要方便，但是程序的代码量却和机器语言程序差不多。把汇编语言程序翻译成机器语言程序的程序称为汇编程序，翻译的过程称为汇编。相应地，把机器语言程序转换成汇编语言程序叫做反汇编。它同机器语言一样，应用也仅能在具有相同体系结构和配置的计算机间进行移植。

(2)高级语言(3GL)

1956 年，第一个高级语言 FORTRAN 在美国诞生，成为最早的第三代程序设计语言(3GL)。3GL 与第一、二代语言有着本质的差别，它是面向过程的语言。面向过程是指人们使用计算机解题时，着重算法的逻辑和过程的描述，告诉计算机"怎样做"。高级语言有相应的语法，它独立于具体的机器。为了使计算机能读懂高级语言源程序，需要把源程序翻译成相应的机器语言程序。这种翻译程序有两种类型:一种是编译程序(Compiler),另一种是解释程序(Interpreter)。

· 编译程序是将源程序翻译成相应的机器语言的目标程序,然后,通过连接装配程序将目标程序连接成可执行程序,再直接运行可执行程序得到运行结果。编译之后的目标程序和连接之后的可执行程序可以保存起来,以后要运行只要直接运行可执行程序,不必对源程序重新编译和连接。

· 解释程序是将送入计算机中的源程序逐条解释,逐条执行,执行后即得到运行结果,但不保存执行后的机器码。这样,下次运行时,还要重新对源程序解释执行。

3GL 进一步消除了程序员对硬件的依赖性,可对不同的硬件平台生成各种编译器和解释器,使应用的可移植性成为可能。从 FORTRAN 到 Ada,大多数常用的 3GL 都是面向过程的。随着面向对象程序设计的推广,在 20 世纪八九十年代,一批著名的常用语言扩展了面向对象的功能,出现了 C++、Object Pascal、Ada95 等面向对象的第三代语言,以及全新的面向对象高级语言,如 Java、Eiffel 等。

(3)第四代语言(4GL)

第四代语言是非过程化的程序设计语言,目的在于直接地实现各类应用系统。这种语言只需告诉计算机应该"做什么",无需详细说明"怎样做"。它是类自然语言结构与数据库集成,为存储、操纵和检索信息提供了更强有力的工具。前三代语言的基础着重算法的描述,一次仅处理一个记录或数据元素,不支持对大量共享数据的处理。4GL 以数据为主,以对数据集合的处理代替对单个记录或数据元素的处理,有能支持对大型数据库进行高效处理的机制,所以 4GL 的产生标志着信息时代的开始。设计第四代语言的一条基本原理是最低技能原理。它有一个非常吸引人的机制,就是使用图形编辑器进行应用系统设计,可以直接从所设计的图形生成程序,因此,用户使用 4GL 几乎不需硬件基本知识,也不需要了解各类服务的可用细节。

典型的 4GL 是 3GL 的某些特征与应用开发环境和数据库的组合,它提供了开发应用的快速、有效方法。总目标是允许软件开发者能比以往的编程语言更加快速和有效地编制应用,且在功能上超过以往任何一种语言。4GL 的数据管理能力和非过程化命令语句,已经在应用开发中显示出明显的优越性。用这类语言来开发事务型的应用软件,其开发时间和语句行数只相当于使用 BASIC 或 COBOL 语言的 1/5 到 1/10,软件维护也比 3GL 方便。

总的来看,4GL 应该具有以下特征:

· 它应该具有很强的数据管理能力,能对数据库进行有效地存取、查询和其他有关操作。

· 能提供一组高效的、非过程化的命令,组成语言的基本语句。编程时用户只需要用这些命令说明"做什么",不必描述实现的细节。

· 能满足多功能、一体化的要求,以适应多种应用开发的需要。

有人把 IBM 公司的 SQL 关系数据语言称为最早的 4GL。到目前为止已有数百种 4GL,因缺乏标准难以支持应用移植。从众多的 4GL 中选择出适用的、有效的语言,这是求解应用问题的关键之一。J. Martin 在《Fourth Generation Languages》一书中给出的第四代语言类型有:简单查询语言、复杂查询语言和更新语言、报表生成器、图形语言、决策支持语言、应用生成器、规格说明语言、甚高级程序语言、参数化的应用软件包、应用语言等十类。这类语言的通用性、侧重面各有千秋,有些适用于最终用户,有些适用于系统分析员或专业程序员,即没有一个 4GL 能处理所有的计算机应用问题,人们必须小心地选择 4GL 产品。

2)程序设计语言的选择标准

每一种程序设计语言都有其自身的特点。因此,选择语言时要根据它们的特点慎重进行。程序设计语言选择的一般准则有以下几项:

(1) 项目的应用领域 。

(2) 算法和计算复杂性。

(3) 数据结构的复杂性。

(4) 目标系统的性能要求。

(5) 软件的执行环境。

(6) 软件开发人员的水平。

(7) 软件的可移植性要求。

9.8 软件测试

测试是软件开发时期的最后一个阶段,测试工作完成情况直接影响到软件的质量。

9.8.1 软件测试的目的和原则

软件测试是为了发现程序中的错误而执行程序的过程。好的测试方案是尽可能发现迄今为止尚未发现的错误的测试方案。成功的测试是发现了至今为止尚未发现的错误。测试不能表明软件中不存在错误,它只能说明软件中存在错误。

软件测试的原则:不应测试自己开发的程序;设计测试用例时,不仅有确定的输入数据,还有确定的输出数据;测试用例不仅有合理的,也要有非合理的;除了检查程序是否做完了它应该做的事,还要检查它是否做了不应该做的事;保留全部测试用例,作为软件的组成部分;程序中存在错误的概率与在该段程序中已发现的错误数成正比。

9.8.2 软件测试步骤

1)单元测试

单元测试又称模块测试,它是对一个模块或几个模块组成的小功能单元作测试,一般以白盒测试为主,多个模块可以并行进行。模块测试内容包括模块接口、局部数据结构、重要的执行通路、出错处理通路以及影响上述各方面特性的边界条件。单元测试是整个测试的基础,能够发现编码阶段的错误。据估计,单元测试发现的错误,约占总错误数的 65%。

2)集成测试

在单元测试的基础上,需要将所有模块按一定的策略组装为完整的程序。在组装过程中进行的测试,就称为集成测试或组装测试。集成测试可以发现软件设计阶段的错误。

集成测试的策略可以分为自顶向下和自底向上两种方法。

(1) 自顶向下结合　从主控模块(主程序)开始,沿着软件的控制层次向下移动,从而逐渐把各个模块结合起来。在组装过程中,可以使用深度优先的策略,或宽度优先的策略。

(2) 自底向上结合　自底向上测试从原子模块(即在软件结构最低层的模块)开始组装和测试。

自顶向下法的主要优点:不需要测试驱动程序,能够在测试阶段的早期实现并验证系统的主要功能，而且能在早期发现上层模块的接口错误。

自顶向下法的主要缺点：需要存根程序，可能遇到与此相联系的测试困难，低层关键模块中的错误发现较晚，而且用这种方法在早期不能充分展开人力。

自底向上法的优缺点与自顶向下法刚好相反。

(3) 混合策略　在具体测试中，采用混合策略：

· 改进的自顶向下法　基本使用自顶向下法，但在测试早期，使用自底向上法测试少数的关键模块。

· 混合法　对软件结构中较上层，使用的是自顶向下法；对软件结构中下层，使用的是自底向上法，两者相结合。

3）确认测试

确认测试又称有效性测试，一般是一系列的黑盒测试以验证是否与需求规格说明书的描述相符，测试计划中要列出这类测试的规程并专为其设计测试用例。确认测试是由软件开发单位组织实施的最后一项开发活动。测试结束后，软件就要交付验收了。确认测试可以发现软件分析阶段的错误。

4）系统测试

软件说到底是信息系统或计算系统的一部分，最后要集成为一个整体，包括硬件、软件、与此相关的其他设备。此时的测试称系统测试。系统测试是验收工作的一部分，应由用户单位组织实施。

9.8.3　测试方法

按照 Myers 的定义，测试是一个执行程序的过程，即要求被测程序在机器上运行。其实，不执行程序也可以发现程序的错误。为便于区分，一般把前者称为动态测试，后者称为静态分析。广义地说，它们都属于程序测试。

静态分析就是通过对被测程序的静态审查，发现代码中潜在的错误。它一般用人工方式脱机完成，故亦称人工测试或代码评审(Code Review)；也可以借助静态分析器在机器上以自动方式进行检查，但不要求程序本身在机器上运行。按照评审的不同组织形式，代码评审又可区分为代码会审、走查和办公桌检查三种。对某个具体的程序，通常只使用一种评审方式。

动态测试也可分为两类：一类把被测程序看成一个黑盒，根据程序的功能来设计测试用例，称为黑盒测试(Black Box Testing)；另一类则根据被测程序的内部结构设计测试用例，测试者需事先了解被测程序的结构，故称白盒测试(White Box Testing)。

9.8.4　测试用例的设计

1）白盒法

白盒法需要了解程序的功能与结构，测试用例必须根据程序内部的逻辑来设计。如果想用白盒法发现程序中的所有错误，则至少必须使程序中每种可能的路径都执行一次。彻底地测试是不可能的，故策略是：在一定的研制时间、研制经费的限制下，通过执行有限的测试用例，尽可能多地发现一些错误。

白盒法又称为逻辑覆盖法，目前常用的覆盖法有：

(1) 语句覆盖　即每个语句至少能执行一次。

(2) 判定覆盖 判定覆盖又叫分支覆盖,含义是:每个判定的分支至少执行一次。

(3) 条件覆盖 即一个判断语句中往往包含了若干条件。通过给出测试用例,使判断中的每个条件都获得各种可能的结果。

(4) 判定/条件覆盖 选取足够多的测试数据,使判断中每个条件都取得各种可能值,并使每个判断表达式也取到各种可能的结果。

(5) 条件组合覆盖 使得每个判断中条件的各种可能组合都至少出现一次。

2) 黑盒法

测试人员将程序看成是一个黑盒,即不关心程序内部是什么,只要检查程序是否符合它的功能说明。黑盒法可分为下列几种方法(关键在于确定测试数据):

(1) 等价分类法 等价分类法是将输入数据的可能值分成若干等价类,每一类以一个代表性的测试数据进行测试,这个数据就等价于这一类中的其他数据。

该法的关键在于如何将输入数据分类。

例如,输入的数据范围是1～999,可以划分三类:x＜1,1＜＝x＜999,x＞＝999。

(2) 边界值分析法 用边缘特殊值测试。经验表明:程序往往在边缘情况时犯错误,故测试边缘情况比较有效。

例如,输入数据的值的范围是:－1.0～1.0,则可选－1.0,1.0,－1.001,1.001等数据作为测试数据。

(3) 因果图法 等价类法与边缘值分析法的缺点是没有检查各种输入条件的组合。因果图法则着重分析输入条件的各种组合,每种组合条件就是“因”,它必然有一个输出的结果,这就是“果”。

(4) 错误推测法 通过经验或直觉推测程序中可能存在的各种错误,从而有针对性设计测试用例。

3) 综合的测试策略

实际应用中常将白盒法和黑盒法结合起来进行综合测试。综合的测试策略如下:

(1) 在任何情况下都使用边界值分析的方法。

(2) 必要时用等价分类法补充测试方案。

(3) 必要时再用错误推测法补充测试方案。

(4) 对照程序逻辑,检查已经设计出的测试方案。可以根据对程序可靠性的要求采用不同的逻辑覆盖标准,如果现有测试方案的逻辑覆盖程度没达到要求的覆盖标准,则应再补充一些测试方案。

总之,以黑盒法为主,白盒法为辅。但即使采用综合策略设计方案,仍不能保证测试将发现一切程序错误。

9.9 软件维护

一个大型软件系统的开发,由于耗费了大量的人力、物力,因此,人们总是希望尽可能延长其运行期,使软件系统发挥尽可能大的效益。另外,因大型软件本身的复杂性,其维护工作涉及的面很广,维护的费用极大。所以如何对大型软件进行维护就变得非常重要。

软件维护是软件生存周期的最后一个阶段,它是指软件系统交付使用以后,为了改正错误或满足新的需要而修改软件的过程。

9.9.1 软件维护的原因

开发阶段结束以后，在软件运行过程中仍然存在一些原因需要对软件进行变动。这些原因主要是：

(1) 在运行中发现软件错误和设计缺陷，这些错误和缺陷在测试阶段未能发现。

(2)需要改进设计，以便增强软件的功能，提高软件的性能。

(3)要求已运行的软件能适应特定的硬件、软件、外部设备和通信设备等的工作环境，或是要求适应已变动的数据或文件。

(4)为使投入运行的软件与其他相关的程序有良好的接口，以利于协同工作。

(5) 为使运行软件的应用范围得到必要的扩充。

维护工作是生存周期中花钱最多、延续时间最长的活动。典型的情况是，软件维护费用与开发费用的比例为 2 ∶1，一些大型软件的维护费用，甚至达到开发费用的 40～50 倍。这也是造成软件成本大幅度上升的一个重要原因。因此，应充分认识到维护工作的重要性和迫切性，否则可能会导致已开发的软件无法发挥其应有的效益。

9.9.2 软件维护的种类

软件维护工作可分为以下四类：

1)完善性维护(Perfective Maintenance)

当一个软件系统投入使用和成功地运行时，用户会根据业务发展的实际情况，提出增加新功能、修改已有功能以及一般的改进要求等。虽然这些内容在需求说明书中并未规定，但是，为了扩充原有系统的功能、提高原有系统的性能，满足用户的实际需要，这项工作是必不可少的。在整个维护工作量中，完善性维护约占 50%，居第一位。

2)适应性维护(Adaptive Maintenance)

随着新的计算机硬件系统的不断发展，新的操作系统或操作系统的新版本会不断推出。此外，外部设备和其他部件也要经常修改和改进。与此同时，应用软件的使用寿命也超过了最初开发这个软件时系统环境的寿命。例如，数据库的变动、数据格式的变动，数据输入输出方式的变动以及数据存储介质的变动等，都会直接影响到软件的正常工作。适应性维护就是要使运行的软件能适应外部环境的变动。这类维护约占整个维护的 25%。

3)纠错性维护(Corrective Maintenance)

软件测试不可能找出一个软件系统中所有潜伏的错误，所以，当软件在特定情况下运行时，这些潜伏的错误可能会暴露出来。此外，软件运行时也会出现一些问题，譬如用到了从未用过的输入数据组合，或者与其他软件、硬件接口不符。这些故障若不能及时解决，势必使软件系统的工作被迫停止。因此，纠错性维护是在软件运行中发生异常或故障时进行的。然而，对所发现的程序错误进行修改，一般都应该十分谨慎，以防造成不良后果。这类维护约占总维护量的 21%。

4)预防性维护(Preventive Maintenance)

预防性维护是 J. Miller 首先创导的，他主张，维护人员不要单纯等待用户提出维护的请求，应该选择那些还能使用数年、目前虽能运行但不久就需作重大修改或加强的软件，进行预先的维护。其直接目的是改善软件的可维护性，减少今后对它们维护时所需要的工作量。这类维护约占总维护量的 4%。

以上四种维护工作在整个软件维护中所占的比例如图 9-9-1 所示。

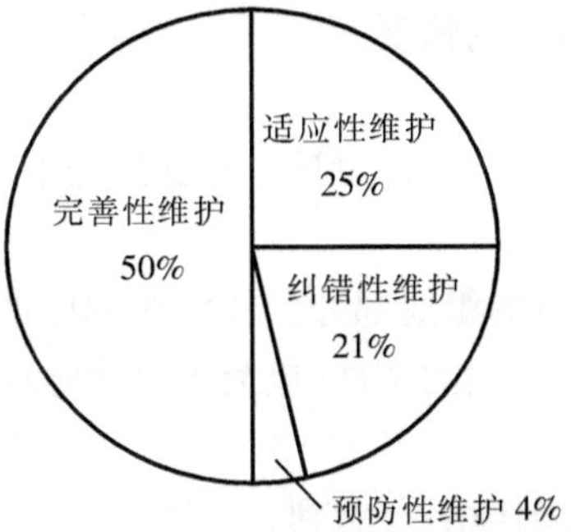

图 9-9-1 各类维护占总维护的比例

9.9.3 软件维护的工作流程

软件维护的工作流程如图 9-9-2 所示。

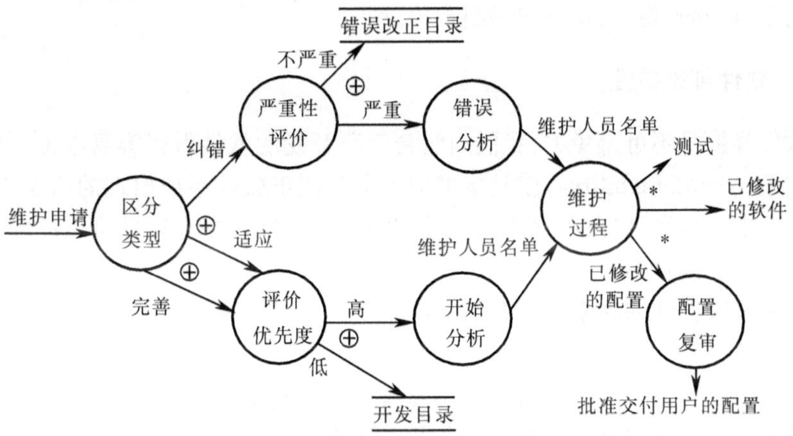

图 9-9-2 软件维护的工作流程

由图 9-9-2 可知，管理部门在接到维护申请后，首先要区分维护的类型。如果是纠错性维护，应该先估计错误的严重性。凡属严重的错误，须立即进行初步的分析，指定维护人员开始工作。对于不太严重的错误，可暂记入“错误改正目录”文件，定期地安排维护。如果是适应性或完善性维护的申请，则应在与用户充分协商的基础上确定轻重缓急。除去个别特别紧迫、列入高优先度的项目需要马上开始外，其余的申请都可以看成新的软件开发项目，记入“开发目录”等待统筹安排。

在图 9-9-2 中，“维护过程”只用了一个圆框来表示，实际上，它包含了修改软件设计、设计复审、代码修改、单元测试、综合测试、直到确认测试等全部维护工作。

9.9.4 维护的副作用

软件维护时，必须对源程序进行修改，这样就有可能引入新的错误。好的设计文档和仔细的回归测试有助于减少错误，但是，维护的副作用是不可能完全消除的。

所谓维护的副作用是指因修改软件而造成的错误或其他不希望发生的情况。主要有以下三种：

1)修改代码的副作用

在修改源代码时，容易引入新的错误。

2)修改数据的副作用

在修改数据结构时，有可能造成软件设计与数据结构不匹配，因而导致软件出错。

3)修改文档的副作用

文档与程序是软件中不可分的组成部分。任何对程序的修改，都应该及时反映到有关的文档上。如果只改程序，未改有关的文档(包括用户手册)，必将在今后的使用和维护中造成混乱。

为了控制因修改而引起的副作用，要做到：

(1)按模块把修改分组。

(2)自顶向下地安排被修改模块的顺序。

(3)每次只修改一个模块。

(4)对于修改的模块，在安排修改下一个模块之前，要确定这个修改的副作用。可以使用交叉引用表、存储映像表、执行流程跟踪等。

9.9.5 软件可维护性

既然软件维护是不可避免的，我们当然希望所开发的软件做得容易维护一些。所谓软件的可维护性(Maintainability)，就是指维护人员为纠正软件系统出现的错误或缺陷，以及为满足新的要求而理解、修改和完善软件系统的难易程度。提高软件可维护性是软件开发阶段各个时期的关键目标。

决定软件可维护性的因素主要有三个：

1)可理解性(Understandability)

可理解性被定义为人们通过阅读源代码和相关文档了解软件系统的结构、接口、功能、内部过程以及如何运行的难易程度。一个可理解的系统应具备如下一些特性：模块化；程序设计风格的一致性；不使用令人捉摸不定或含糊不清的代码；使用有意义的数据名和过程名；采用结构化的程序设计方法；具有正确、一致和完整的文档。

2)可测试性(Testability)

可测试性被定义为诊断和测试系统的难易程度。一个可测试的系统应具备下列特性：具有模块化和良好的结构；具有可理解性；具有可靠性；能显示任意的中间结果；以清楚的描述方式说明系统的输出；能根据要求显示所有的输入；能跟踪及显示逻辑控制流程；能适应软件开发每一阶段结束的检查要求；能显示带说明的错误信息；具有正确、一致和完整的文档。

3)可修改性(Modifiability)

可修改性被定义为修改软件系统的难易程度。一个可修改的系统应具备以下的特性：具有模块化和良好的结构；具有可理解性；避免在算术、逻辑表达式、表/数组的大小以及输入/输出设备命名符中使用文字常数；具有用于支持系统扩充的附加存储空间；具有评价修改系统所带来的影响以及修改部分说明的资料；建立公用模块/子程序以取消冗余的代码；使用提供常用功能的标准库程序；尽可能固定每一变量的使用；具有通用性和灵活性。

此外，影响软件可维护性的因素还包括软件的可靠性、可移植性、可使用性和效率。而且，对于不同类型的维护，这几种因素的侧重点也不相同。当然文档是影响软件可维护性的另一决定因素。一个好的文档应具有简明性和书写风格的一致性，这样，就能提高系统的可读性和可修改性。

可维护性是所有软件系统都应具备的特点。在软件工程的每一阶段都应该努力提高系统的可维护性，在每个阶段结束前的审查和复审中，应着重对可维护性进行复审。

9.10 面向对象的软件工程(OOSE)

面向对象(Object Oriented)方法简称 OO 方法。它的出发点和基本原则是：尽可能模拟人类习惯的思维方式，使开发软件的方法与过程尽量接近人类认识世界、解决问题的方法与过程。OO 方法将客观世界看成是由许多不同种类的对象构成，每个对象都有自己的内部状态和运动规律，相对复杂的对象可由简单的对象以某种方式复合而成，不同对象之间的相互联系和相互作用就构成了完整的客观世界。OO 方法就是通过分析、研究客观世界中的实体、实体的属性及其相互关系，从中抽象出要解决问题的对象，再对具有相同属性和功能的对象进行更高级的抽象得到能够求解的对象类，最后求解对象类，得到问题的解。

9.10.1 面向对象方法的基本概念

1)对象(Object)

对象是 OO 方法的核心。世界上一切事物都是对象。对象不仅能表示具体的实体，也能表示抽象的规则、计划或事件。对象作为把信息和对信息的一组操作封装起来的单元，用计算机软件术语描述则可用“对象＝数据＋动作”的形式来表达。

2)消息(Message)

消息，就是要求某个对象执行在定义它的那个类中所定义的某个操作的规格说明。

3)方法(Method)

方法是包含在一个对象内的操作，只能以消息响应方式启动它的执行。对象间通信是通过发送消息来调用方法的执行。

4)类(Class)

类就是对具有相同数据和相同操作的一组相似对象的定义，也就是说，类是对具有相同属性和行为的一个或多个对象的描述，通常在这种描述中也包括怎样创建该类的新对象的说明。简单地说，类是对象的抽象，对象则是所属类的一个实例(Instance)。

把一组对象的共同特性加以抽象并存储在一个类中的能力，是面向对象技术最重要的一点。是否建立了一个丰富的类库，是衡量一个面向对象程序设计语言成熟与否的重要标志。

5)继承(Inheritance)

继承是指能够直接获得已有的性质和特征，而不必重复定义它们。在面向对象技术中，继承是子类自动地共享基类中定义的数据和方法的机制。面向对象技术的许多强有力的功能和突出的优点，都来源于把类组成一个层次结构的系统(类等级)：一个类的上层可以有父类，下层可以有子类。子类直接继承父类的全部描述(数据和操作)。

继承性分为单重继承和多重继承两类。单重继承时，一个子类只有一个父类；多重继承时一个子类可以有多于一个的父类。继承关系是可传递的，即最下层的子类可继承其上各层父类的全部描述(数据和操作)。

6)封装(Encapsulation)

封装是定义信息隐蔽性的一种形式,它使最终用户在改变系统实现方法时所花的代价最小。封装是把数据和对数据上的操作即方法包装在一起的一种技术。

在对象中的状态数据被认为是来自外部世界的封装,这意味着对一个内部数据仅能通过对象的消息界面(接口)进行访问。这样被访问的内部数据对请求访问者是隐蔽的,因为只有通过消息才能调用方法的执行,对于应用开发者而言无需知道所调用方法的实现细节。

7)多态性(Polymorphism)

在面向对象技术中,多态性是指子类对象可以向父类对象那样使用,同样的消息既可以发送给父类对象也可以发送给子类对象。多态性机制不仅增加了面向对象软件系统的灵活性,进一步减少了信息冗余,而且显著提高了软件的可重用性和可扩充性。

9.10.2 面向对象的分析

面向对象的分析(Object-Oriented Analysis,OOA)的核心思想是利用面向对象(OO)的概念和方法来构建软件需求模型,更加关注对象的内在性质以及对象的关系与行为。OOA 的最终目的是产生一个符合用户需求,并能够直接反映问题域的 OOA 模型及其软件需求规格说明。

1)OOA 的有关术语

在 OOA 方法中,用到一些新的概念和术语:

(1) 主题(Subject)

主题是指把一些具有较强联系的类组织在一起而得到的类的集合。对大的系统而言,当类较多时,会增加人们阅读和理解的难度。运用主题划分的原则,把众多类组合成数量较少的几个主题,通过控制可见性,对人们的注意力加以引导,使人们可以从更高的宏观角度观察这些主题,有助于理解总体模型。

(2) 问题域(Problem Domain)

问题域是指被开发系统的应用领域,即在客观世界中由该系统处理的业务范围。

(3) 关联(Association)

关联是指对象之间存在的静态联系。如果这种联系是系统责任所需要的,则要求在 OOA 模型中通过连接明确地表示出来。

(4) 聚合(Aggregation)

聚合又称组装,是指把一个复杂的事物看成若干个简单的事物的组装体,用于简化对复杂事物的描述。

(5) 主动对象

主动对象是指至少有一个方法不需要接受消息就能主动执行的对象。

2)构造 OOA 模型的方法

(1) 确定对象及类

即找出问题域中对象及类。具体做法是:首先在需求陈述中找出所有候选的类及对象,再从候选的类及对象中筛选掉不正确或不必要的。分析人员通过分析把与问题域有关的对象找出来,一般采用两种方法:基于语言的信息分析法(LIA);三视图模型法(3VM)。

(2) 建立结构

建立结构就是从对象的外部研究其结构特征,从而在更深层次上认识对象的本质和规

律。对象(及对象类)之间存在以下两种结构关系:

①对象之间的分类关系,即对象类之间的一般—特殊关系(继承关系),用一般—特殊结构表示。

②对象之间的组成关系,即整体—部分关系,用整体—部分结构表示。

一般—特殊结构是由一组具有继承关系的类组成的结构。为简化特殊类的描述,OO方法通过继承机制使一般类中已经定义的属性与方法不必再在特殊类中显式地定义,只要指明一个类是另一个类的特殊类,继承机制将保证特殊类自动地拥有一般类的全部属性与方法。这种结构是问题域的事物之间客观存在的一种关系,在OOA模型中建立这种结构,是为了使系统模型更清晰地映像问题域中事物的分类关系。

整体—部分结构用于描述系统中各类对象之间的组成关系,通过它可以看出某个类的对象以另外一些类的对象作为其组成部分。整体—部分结构体现了OO方法的聚合原则,是OOA表示复杂事物的另一个重要手段。

(3) 建立主题

可以通过建立多个主题来处理规模较大的复杂模型。每个主题可以看作一个子模型或是一个分系统。主题的概念是从观察者的角度来看的。分析人员可以根据子应用域、子系统,甚至是组织或物理组成等来确定主题。如果将一个主题看作应用域中的整体—部分关系,则对模型的建立更为有利。不同的主题之间可以有重叠部分。对于那些复杂的模型,可以发现有不少对象存在于多个主题中。采用自顶向下或自底向上的方法都可以建立主题。

(4) 定义属性

属性是对象性质的刻画和描述。类中的每个对象都有它自己的属性值,要为所有的类定义它们的属性。定义属性的过程包括分析和选择两个步骤。

①分析　分析即是从各个不同的角度发现对象的属性。

②选择　对分析出来的属性再进行选择,从中删掉不正确或不必要的属性。属性描述的是对象状态,实例连接则通过刻画一个对象与其他对象的映射关系,进一步加强了这种描述能力。

(5) 确定消息和方法

在定义方法时,既要考虑该类实体的常规行为,又要考虑在本系统中特殊需要的方法。与方法有关的一个概念就是消息连接。消息连接是在属性的强制封装性和处理这些属性的方法之间建立必要而有限的接口,完全是为了方法而存在的。

以上介绍的构造OOA模型的五个活动不必顺序进行,它们可以并行或交叉进行。

9.10.3 面向对象的设计

1)OOD概述

软件设计的任务是把客观世界的对象和操作变换成计算机可接受的形式,面向对象的设计(Object-Oriented Design,OOD)方法提供了对象、方法和消息等一整套概念,使这种从问题空间到解空间的变换显得非常直观、合理。OOD方法提供了抽象数据类型机制,使设计人员能更自然、更方便地遵循软件设计的三条重要原则,即抽象、信息隐蔽和模块化,与其他方法相比,OOD的模块化不再仅仅局限于过程处理部分,而是通过将数据及对数据的操作封装在一起,共同完成信息和处理的双重模块化。

面向对象分析、面向对象设计和面向对象编程是构造一个面向对象系统的三个主要步骤,其中面向对象的分析和设计又是密不可分的过程。

面向对象分析(OOA)与面向对象设计(OOD)很难截然分开,一般认为OOA是一个分类活动,即从问题陈述中把直接反映问题域和系统行为的对象、类及类之间的联系孤立出来,而OOD进一步说明为实现需求必须引入的其他类和对象,以及从提高软件设计质量和效率方面考虑如何改进类结构,重用类库中的类。此外OOD还应提供某种表示法,用以刻画对象之间的关系。

OOD把软件设计的三大活动——总体结构设计、数据设计和过程设计结合为一体。因为定义对象即把数据和操作封装为一个模块。而对象以及对象之间消息的发送与接收机制又自然勾画出软件结构及界面描述。

由P. Coad和E. Yourdon提出的面向对象设计模型OOD,如图9-10-1所示,由问题域部分(PDC)、人机交互部分(HIC)、任务管理部分(TMC)和数据管理部分(DMC)四部分组成。

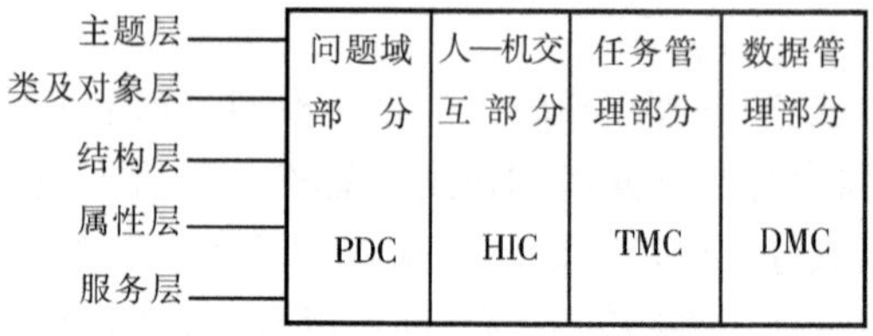

图9-10-1 OOD模型

以下简单介绍OOD的四个部分的设计。

2)问题域子系统的设计(PDC)

(1)调整需求 当用户需求或外部环境发生变化以及对问题域的理解不断深化,都要相应修改已确定的系统需求。通常是简单地修改OOA结果,然后再把这些修改反映到问题域子系统中。

(2)重用设计 根据问题的需要,从类库或其他来源中寻找合适类,并将已有类加入到问题解决方案中。若要设计新类,则在设计这些新类的协议时,要考虑将来的可重用性,重用是提高软件生产率和可靠性的有效途径。

(3)组合问题域相关的类 在设计时,从类库中引入一个根类,把所有与问题域有关的类组合在一起,建立类的层次。把同一问题域的一些类集合起来,存于类库中。

(4)增添一般化类以建立协议 当某些特殊类要求一组类似的服务时,应加入一个一般化类,定义为所有这些特殊类共用的一组服务名,这些服务都是虚函数。在特殊类中定义其实现。

(5)调整继承层次 如果OOA模型中包含多重继承关系,但实现时所使用的程序设计语言却并不提供多重继承机制,则必须修改OOA的结果。

(6)改进性能 提高执行效率和速度是系统设计的主要指标之一。有时,必须改变问题域的结构以提高效率。如果类之间经常需要传送大量消息,可合并相关的类以减少消息传递引起的速度损失。增加某些属性到原来的类中或增加低层的类,以保存暂时结果,避免每次都要重复计算造成速度损失。

(7)加入较低层的构件 设计人员在找出高层的类和对象时,必须考虑到底需要用到哪些较低层的类和对象。

3)用户界面子系统的设计(HIC)

用户界面的设计主要由以下几方面组成：

(1) 用户分类 进行用户分类的目的是明确使用对象，针对不同的使用对象设计不同的用户界面，以适合不同用户的需要。分类的原则有：

①按技能层次分类：外行、初学者、熟练者、专家。

②按组织层次分类：行政人员、管理人员、专业技术人员、其他办事员。

③按职能分类：顾客、职员。

(2) 描述用户 对以上定义的每一类用户，列出对以下问题做出的考虑：

①用户类型。

②使用系统的目的。

③特征(年龄、受教育程度、限制因素等)。

④关键的成功因素(需求、爱好、习惯等)。

⑤熟练程度。

⑥完成本职工作的任务脚本。

(3) 设计命令层次

①研究现行的人—机交互活动的内容和准则。

②建立一个初始的命令层。

③细化命令层。

(4) 详细设计的交互 用户界面设计有若干原则，如一致性、减少操作步骤、提供撤销命令、提供联机帮助信息、尽量采用图形界面等等。

(5) 继续做原型 要对提交的人—机交互活动进行体验和操作。使用快速原型工具，对各种命令方式做出一些可供选择的原型，让用户使用，收集用户的反映，通过修改，使界面越来越有效。

(6) 设计人—机交互类 设计人—机交互类，首先从组织窗口和部件的用户界面的设计开始。窗口需要进一步细化。每个类包括窗口的菜单条、下拉菜单、弹出菜单的定义。还要定义用于创建菜单加亮选择项的相应操作。每个类还负责窗口的实际显示。所有有关物理对话的处理都封装在类的内部。

4)任务管理部分的设计(TMC)

任务是由目标软件系统中一段代码决定的处理行为。在OOD中引进任务管理部件的原因有两点：一是在多用户、多任务或多线程操作系统上开发应用程序的需要；二是通过任务描述目标软件系统中各子系统间的通信和协同。引入任务概念能简化某些应用的设计和编码。

任务管理部件的设计工作有：

(1) 识别事件驱动任务 事件驱动的任务是指与设备、与屏幕上一个或多个窗口，与其他任务或处理器通信的任务。例如，专门提供数据到达信号的任务，数据可能来自于终端，也可能来自缓冲区。

(2) 识别时间驱动任务 时间驱动的任务是指按一定时间周期激活的任务，如用设备实现定时采集数据的功能。

(3) 识别关键性任务及任务优先级 关键性任务是指对整个系统成败起重要作用的任务，这些处理要求有较高的可靠性。任务优先级能根据需要调节实时处理的优先级次序，保证紧急事件能在限定的时间内得到处理。

(4) 定义任务协调器　三个或三个以上的任务应增加一个任务协调器(一个新类),专门负责任务之间的调度、协同和仲裁。

(5) 定义任务　说明任务的名称;描述任务的功能;优先级;包含此任务的服务;任务与其他任务的协同方式以及任务的通信方式(如采用终端输入、邮箱、缓冲区或信号量等)。

(6) 必要时在 OOD 中扩充有关任务的类及对象,调整原有的语法成分,以适应任务定义的要求。

5)数据管理部分的设计(DMC)

设计数据管理部件的目的是:将目标软件系统中依赖开发平台的数据存取部分与其他功能分离,数据存取通过一般的数据管理系统(如文件系统、关系数据库或面向对象数据库)实现,但实现细节集中在 DMC 中。这样既有利于软件的扩充、移植和维护,又简化了软件设计、编码和测试的过程。

DMC 设计包括定义数据格式和定义相应操作两部分:

(1) 定义数据格式　定义数据格式的方法与所使用的数据存储管理模式密切相关,数据管理模式主要有文件管理系统、关系数据库管理系统(RDBMS)和面向对象数据库管理系统(OODBMS)三种。

①文件管理系统　提供基本的文件处理能力。

②关系数据库管理系统　RDBMS 建立在关系理论的基础上,它使用若干表格来管理数据。

③面向对象数据库管理系统　在实践中,OODBMS 有如下两种实现途径:一是扩展的关系数据库途径:与关系型数据库管理系统相同的方法;二是扩展的面向对象程序设计语言途径:因为数据库管理系统本身具有把对象值映射成存储值的功能,不需要规范化属性的步骤。

(2)定义相应的操作　对于对象需要存储的类,应增加一个属性和操作,说明对象所属类及对象如何存储自己。但在一般场合应将它们与对象中其他属性和操作分离,不在属性层和服务层暴露,只用正文隐式地在对象的定义中说明。特别地,若系统支持多重继承,此属性和操作应专门定义于一个类 Object Server 中,通过继承关系使那些需要存储对象的类获得此属性和操作。

6)OOD 的基本准则

OOD 方法给出了以下的基本准则:

(1) 模块化　在 OO 方法中,对象是封装了数据结构和行为方法这种特殊形式构成的模块。OOD 支持把系统分解成模块的设计原理。

(2) 抽象　OO 方法中的类本身就是一种抽象数据类型。在 OOD 中,从问题域中的实体开始,运用规范化的抽象技术,最后得到可求解的类。对外界用户而言,只要知道类的服务名称以及所需数据的格式,就可以使用这些类。在多数 OOPL 中都支持用户自定义类,从而使描述复杂问题的能力大大加强,拓宽了求解域。

(3) 信息隐蔽　在 OO 方法中,通过对象的封装性实现信息隐藏。软件设计通过信息隐藏可以增强抽象能力,既方便用户,又提高开发效率。

(4) 弱耦合　弱耦合有助于使因系统局部变化而产生的影响降到最小,所以是 OOD 的一个重要标准。

(5) 强内聚 强内聚有助于系统的可维护性和可重用性。

(6) 可重用 软件重用是提高软件开发生产率和目标系统质量的重要途径。

9.10.4 统一建模语言 UML

UML(Unified Modeling Language)是一种正式的语义规范,它包括抽象语法、符合规范的规则和动态语义。UML 又是一种面向对象方法的建模语言,它可以用图形方式表现典型的面向对象方法设计的系统的整个结构。同时,UML 还是一种世界公认的建模语言,通过其所规定的图,可以实现为不同领域的开发人员提供统一的交流标准。

1)UML 语言的发展

公认的面向对象建模语言出现于 20 世纪 70 年代中期。从 1989 年到 1994 年,其数量从不到十种增加到了五十多种。但是,面向对象方法的用户并不了解不同建模语言的差异,因而很难根据自身应用特点选择合适的建模语言。而且,众多的建模语言在实际上又是各有千秋,另外,虽然不同的建模语言大多雷同,但仍存在某些细微的差别,这极大地妨碍了用户之间的交流。因此在客观上,极有必要比较不同的建模语言优缺点,总结面向对象方法建模的实践,组织人员,根据应用需求,取其精华,去其糟粕,建立统一的建模语言。

1994 年 10 月,Grady Booch 和 James Rumbaugh 开始致力于这一工作。并于 1995 年 10 月发布了第一个公开版本,称之为统一方法 UM 0.8(Unified Method)。1995 年秋,OOSE 的创始人 Ivar Jacobson 加盟到这一工作。经过 Booch、Rumbaugh 和 Jacobson 三人的共同努力,于 1996 年 6 月和 10 月分别发布了两个新的版本,即 UML 0.9 和 UML 0.91,并将 UM 重新命名为 UML(Unified Modeling Language)。1996 年,一些机构将 UML 作为其商业策略已日趋明显。UML 的开发者得到了来自公众的正面反应,并倡议成立了 UML 成员协会,以完善、加强和促进 UML 的定义工作。当时的成员有 DEC、HP、I-Logix、Itellicorp、IBM、ICON Computing、MCI Systemhouse、Microsoft、Oracle、Rational Software、TI 以及 Unisys。这一机构对 UML 1.0(1997 年 1 月)及 UML 1.1(1997 年 11 月 17 日)的定义和发布起了重要的促进作用。1997 年 11 月 17 日,OMG 采纳 UML 1.1 作为基于面向对象技术的标准建模语言,然后成立任务组进行不断的修订,并产生了 UML 1.2、UML 1.3 和 UML 1.4 版本,其中 UML 1.3 是较为重要的修订版。经过对 UML 的重大修订,在 UMI 官方网站上已经正式推出 UML2.0。UML 代表了面向对象方法的软件开发技术的发展方向,同时也提供软件工程化的思想和方法。

从 UML 的早期版本开始,便受到了计算机产业界的重视,OMG 的采纳和大公司的支持把它推上了实际上的工业标准的地位,使它拥有越来越多的用户。它被广泛地用于应用领域和多种类型的系统建模,如管理信息系统、通信与控制系统、嵌入式实时系统、分布式系统、系统软件等。近几年还被运用于软件再工程、质量管理、过程管理、配置管理等方面。而且它的应用不仅仅限于计算机软件,还可用于非软件系统,例如硬件设计、业务处理流程、企业或事业单位的结构与行为建模。

不过 UML 在取得巨大成功的同时,也不断地受到批评。来自工业界的批评主要是,它过于庞大和复杂,用户很难全面、熟练地掌握它,大多数用户实际上只使用它一小部分的概念;它的许多概念含义不清,使用户感到困惑。来自学术界的批评则主要针对它在理论上的缺陷和错误,包括语言体系结构、语法、语义等方面的问题。

2)UML 的内容

UML 吸收了以前诸多建模语言方法中的基本概念，所以 UML 可以说是个集大成的一种建模语言。从 UML 的诞生到其发展壮大，又有很多人对其提出自己的建议或是进行修改，这对 UML 的成长起着决定性的意义。就对 UML 的内容而言，其具体的定义是可以分为两个部分：UML 语义和 UML 表示法。

什么是 UML 语义呢？UML 语义就是描述基于 UML 的元模型定义。由于元模型为 UML 在语法和语义上提供了统一的定义性说明，开发者能在语义保持一致性，从而消除了因人而异的不同表达方法所造成的影响。

而 UML 表示法就是定义了 UML 符号的表示方法，这样就为开发者使用这些图形符号和文本语法提供了统一的标准。

UML 内容通过下列的五类图(共 9 种图形)来定义：

(1) 第一类是用例图(Use Case Diagram)　从用户角度描述系统功能，并指出各功能的操作者。

(2) 第二类是静态图(Static Diagram)　包括类图(Class Diagram)、对象图和包图。其中类图是描述系统中类的静态结构。它不仅定义系统中的类，而且表示类与类之间的联系，如关联、依赖、聚合等，也包括类的内部结构(类的属性和操作)。类图描述的是一种静态关系，在系统的整个生存周期都是有效的。对象图是类图的实例，几乎使用与类图完全相同的标识。它们的不同点在于对象图显示类的多个对象实例，而不是实际的类。一个对象图是类图的一个实例。由于对象存在生存周期，因此对象图只能在系统某一时间段存在。包图由包或类组成，表示包与包之间的关系。包图用于描述系统的分层结构。

(3) 第三类是行为图(Behavior Diagram)　描述系统的动态模型和组成对象间的交互关系。其中状态图描述类的对象所有可能的状态以及事件发生时状态的转移条件。通常，状态图是对类图的补充。在实用上并不需要为所有的类画状态图，仅为那些有多个状态其行为受外界环境的影响并且发生改变的类画状态图。而活动图描述满足用例要求所要进行的活动以及活动间的约束关系，有利于识别并行活动。

(4) 第四类是交互图(Interactive Diagram)　描述对象间的交互关系。其中顺序图(Sequence Diagram)显示对象之间的动态合作关系，它强调对象之间消息发送的顺序，同时显示对象之间的交互。协作图(Collaboration Diagram)描述对象间的协作关系，协作图跟顺序图相似，显示对象间的动态合作关系。除显示信息交换外，协作图还显示对象以及它们之间的关系。如果强调时间和顺序，则使用顺序图；如果强调上下级关系，则选择协作图。这两种图合称为交互图。

(5) 第五类是实现图(Implementation Diagram)　其中构件图描述代码部件的物理结构及各部件之间的依赖关系。一个部件可能是一个资源代码部件、一个二进制部件或一个可执行部件，它包含逻辑类或实现类的有关信息。构件图有助于分析和理解部件之间的相互影响程度。

3)UML 的应用领域

UML 是以面向对象图的方式来描述任何类型的系统，而且具有很宽的应用领域。其中最常用的是建立软件系统的模型，但它同样可以用于描述非软件领域的系统，如业务过程。总之，UML 是一个通用的标准建模语言，可以对任何具有静态结构和动态行为的系统进行建模。此外，UML 同样适用于系统开发过程中从需求规格描述到系统完成后测试的不同阶段。在需求分析阶段,可以用用例来反映用户需求。通过用例图,描述与系统有关系的外部角色及其对系统的功能要求,也就是对用例的要求。分析阶段主要关心的问题是一些主要的概念(类和对象),需要识别这些类以及它们相互间的关系,并用 UML 类图来描述。为实现用例,类之间需要协作,这可以用 UML 动态模型来描述。编程工作是一个独立的开发阶段,其任务是用面向对象编程语言将来自设计阶段的类转换成实际的代码。在用 UML 建立分析和设计模型时,应尽量避免考虑把模型转换成某种特定的编程语言。

一句话概括,建模语言 UML 适用于以面向对象技术来描述任何类型的系统,而且适用于系统开发的不同阶段,从需求规格描述直至系统完成后的测试和维护。

4)UML 语言的开发工具 Rose 简介

Rose 是美国 Rational 公司的面向对象建模工具,利用这个工具,可以建立用 UML 描述的软件系统的模型,而且可以自动生成和维护 C++、Java、VB、Oracle 等语言和系统的代码。下面简单地介绍一下 Rose 这个建模工具。

Rose 是一个利用菜单驱动的应用程序,用工具栏帮助使用常用特性。它的界面分为三个部分:Browser 窗口、Diagram 窗口和 Document 窗口。Browser 窗口用来浏览、创建、删除和修改模型中的模型元素;Diagram 窗口用来显示和创作模型的各种图;而 Document 窗口则是用来显示和书写各个模型元素的文档注释。

Browser 窗口中是一个默认的 Rose 模型。这个 Rose 模型包括四个视图,分别是:Use Case 视图、Logical 视图、Component 视图和 Deployment 视图。每个视图针对不同对象,具有不同用途。

(1) Use Case 视图包括系统中的所有角色、案例和 Use Case 图,还包括一些 Sequence 图和 Collaboration 图。

(2) Logical 视图关注系统如何实现使用案例中提到的功能。它提供系统的详细图形,描述组件间如何关联。除其他内容之外,Logical 视图还包括需要的特定类、Class 图和 State Transition 图。利用这些细节元素,开发人员可以构造系统的详细设计。

(3) Component 视图包括模型代码库、执行库和其他组件的信息。组件是代码的实际模块。Component 视图的主要用户是负责控制代码和执行编译应用程序的人。有些组件是代码库,有些组件是运行组件,如执行文件或动态链接库(DLL)文件。

(4) Collaboration 图关注系统的各个对象的布置,可能与系统的逻辑结构不同。整个小组都用 Collaboration 图了解系统部署,但用户是发布应用程序的人员。

Rose 是一个庞大的 UML 开发工具,它将 UML 开发变成为可视化,这无疑是对建模工作的发展一个推动。对于 Rose 的学习就是件不容易的事情,对于 Rose 的使用应该是一种经验的积累过程,需要不断地使用才能发现 Rose 的高人之处。还有,Rose 本身具有查错功能,如果用户建模时某个过程是不符合建模要求的话,它会提示用户注意。

使用 Rose 的几个特点:

(1) 用例图是可以随时修改的　在画用例图时,一定要将某个用例所代表的意思都写在注解中,这样不仅使用户在开发过程中工作显得更清晰,而且使别人对用户设计的了解更容易。还有,不要想一次将所有的用例都考虑得面面俱到,这也是不可能的,可以在日后的再开发中为系统添加所需要的用例,当然这是不需要对以前的设计进行任何改动的。

(2) 类图与程序关联得很紧密,是动态模型的基础　类图最大的一个特点就是它和程序有着极密切的联系。设计类图需要对要开发的程序有一个整体的勾画,要有整体观和大局观，而且类图设计的好坏，直接影响到动态模型的设计进度。如果类图设计得很实际，那么动态模型绘制得就很迅捷；如果设计得不好，那么动态模型的绘制就显得慢，而且还要对设计不合理的类进行改动。

（3）动态模型与类图的关系很紧密　在这个设计中，动态模型只涉及到顺序图和协作图。要有一个完整准确的类图，才能很好地设计出相关的一系列顺序图和协作图。顺序图和协作图都是基于类图之上的。尤其是在设计顺序图的时候能够体现这一点。在设计顺序图中，会涉及两个类之间的消息传递。如果仅仅是传递一个消息时，只需注明消息的名称；如果是利用一个操作实现两个类之间的联系，可以由一个选项列表中选出用户想要使用的操作，这一切都是与类图分不开的，但有时也需要进行必要的修改。同样，协作图也如此。

习　题　9

9-1　什么是软件危机？为什么会产生软件危机？

9-2　什么叫软件工程？软件工程的基本原理有哪些？

9-3　什么是软件生存周期？软件生存周期如何划分？

9-4　简述可行性研究的目的、内容和步骤。

9-5　需求分析的任务是什么？需求分析要经过哪些步骤？

9-6　结构化分析从哪些方面进行？分析的结果包括哪几个部分？

9-7　数据流图的作用是什么？它有哪些基本成分？

9-8　数据字典的作用是什么？它有哪些基本条目？

9-9　用数据流图画出学生到图书馆借还书的流程图。最好能用分层数据流图进行详细的描述，并给出一个有关的简单数据字典。

9-10　简述总体设计的过程和设计准则。

9-11　软件设计的基本原理有哪些？各有什么基本要求？

9-12　详细设计的常用工具有哪几种？各有什么特点？

9-13　简述程序设计语言的发展过程和选择标准。

9-14　单元测试、集成测试和确认测试分别发现哪些阶段的错误？

9-15　什么是黑盒测试和白盒测试？各有哪些常用的具体方法？

9-16　简述软件维护的原因和种类。

9-17　决定软件可维护性的因素有哪些？

9-18　面向对象方法与结构化开发方法有什么区别？使用面向对象方法的优点是什么？

9-19　UML 中提供了哪 9 种图，试述每种图所描述的内容。

9-20　某航空公司拟开发一个机票预定系统。只要把预定机票的旅客信息（姓名、性别、身份证号、联系电话、旅行时间、旅行目的地）输入到系统中，系统将为旅客安排航班，并输出取票通知和账单。旅客在飞机起飞前 48 h 凭取票通知和账单交款取票，系统校对无误即印出机票给旅客。请按软件工程方法设计该系统，要求：

（1）写出系统可行性分析报告。

（2）写出系统需求分析说明书，用数据流图描绘系统功能需求。

（3）用结构化设计方法设计系统的软件结构，并用层次图表示。

（4）完成系统详细设计，用盒图、PAD 图或 PDL 语言表达设计结果。

参考文献

1 沈被娜. 计算机软件技术基础. 北京:清华大学出版社,2000
2 施伯乐. 程序员级、高级程序员级软件知识. 北京:清华大学出版社,1997
3 张福炎. 程序员级、高级程序员级程序设计. 北京:清华大学出版社,1997
4 冯耀霖主编. 操作系统. 西安:西安电子科技大学出版社,1989
5 孟静编著. 操作系统原理教程. 北京:清华大学出版社,2000
6 严蔚敏,吴伟民. 数据结构. 北京:清华大学出版社,1998
7 严蔚敏,吴伟民. 数据结构题集. 北京:清华大学出版社,1998
8 谭浩强编著. C 程序设计. 北京:清华大学出版社,1991
9 施伯乐,丁宝康. 数据库技术. 北京:科学出版社,2002
10 萨师煊,王珊. 数据库系统概论. 第 2 版. 北京:高等教育出版社,1991
11 陈春玲等. 软件工程与数据库概论. 西安:西安电子科技大学出版社,2002
12 黄志球,李清等. 数据库应用技术基础. 北京:机械工业出版社,2003
13 顾尚杰,薛质. 计算机通信网基础. 北京:电子工业出版社,2000
14 吴国新,吉逸. 计算机网络. 南京:东南大学出版社,2000
15 吴企渊. 计算机网络. 北京:清华大学出版社,2001
16 佟震亚等. 现代计算机网络教程. 第 2 版. 北京:电子工业出版社,2001
17 谢希仁. 计算机网络. 第 2 版. 大连:大连理工大学出版社,1996
18 肖永生,王燕伟. 计算机网络原理与应用. 北京:北京航空航天大学出版社,2001
19 吴功宜. 计算机网络. 北京:清华大学出版社,2003
20 李海泉,李健. 计算机网络安全与加密技术. 北京:科学出版社,2001
21 聂元铭,丘平. 网络信息安全技术. 北京:科学出版社,2001
22 陈立新. 计算机病毒防治百事通. 北京:清华大学出版社,2000
23 孔淑红. MBA 管理信息系统. 安徽:安徽人民出版社,2002
24 王要武. 管理信息系统. 北京:电子工业出版社,2003
25 史济民等. 软件工程——原理、方法与应用. 北京:高等教育出版社,2002
26 张海藩. 软件工程导论. 第 3 版. 北京:清华大学出版社,1998
27 郑人杰等. 实用软件工程. 第 2 版. 北京:清华大学出版社,1997
28 冒东奎. 计算机软件技术基础. 重庆:重庆大学出版社,2003

参考文献